BIG DATA

PRINCIPLE AND PRACTICE

大数据
原理与实战

赵渝强 ◎ 编著

中国水利水电出版社
www.waterpub.com.cn
· 北京 ·

内 容 提 要

《大数据原理与实战》一书覆盖完整的大数据生态圈体系，包括 Hadoop 生态圈体系、Spark 生态圈体系、Flink 生态圈体系、NoSQL 数据库及相关组件。本书侧重动手实操，提供完整详细的实验步骤，可以让读者真实模拟大数据平台体系的运行环境，在虚拟机上构建自己的大数据集群；同时，本书也兼顾必要的理论讲解，深入浅出，让读者在了解大数据基本架构和原理机制的基础上，能够通过实验真正掌握大数据平台体系中的技术组件。

《大数据原理与实战》适合具有一定 Java 编程基础的人员阅读，如平台架构师、开发人员、运维管理人员等。本书内容详尽，不仅可以作为初学者的学习用书，而且可以作为开发人员等工作中的参考手册。

图书在版编目（CIP）数据

大数据原理与实战 / 赵渝强编著 . -- 北京 : 中国
水利水电出版社 , 2022.1（2022.12重印）
　ISBN 978-7-5226-0011-6

　Ⅰ . ①大… Ⅱ . ①赵… Ⅲ . ①数据处理 Ⅳ .
① TP274

中国版本图书馆 CIP 数据核字 (2021) 第 200491 号

书　　　名	大数据原理与实战 DASHUJU YUANLI YU SHIZHAN
作　　　者	赵渝强　编著
出版发行	中国水利水电出版社 （北京市海淀区玉渊潭南路 1 号 D 座　100038） 网址：www.waterpub.com.cn E-mail：zhiboshangshu@163.com 电话：（010）62572966-2205/2266/2201（营销中心）
经　　　售	北京科水图书销售中心（零售） 电话：（010）88383994、63202643、68545874 全国各地新华书店和相关出版物销售网点
排　　　版	北京智博尚书文化传媒有限公司
印　　　刷	河北鲁汇荣彩印刷有限公司
规　　　格	190mm×235mm　16 开本　29.75 印张　771 千字
版　　　次	2022 年 1 月第 1 版　2022 年 12 月第 2 次印刷
印　　　数	3001—4500 册
定　　　价	99.80 元

前　言

Preface

　　随着信息技术的不断发展，数据出现爆炸式的增长。为了实现对大数据的高效存储管理和快速分析与计算，出现了以 Hadoop、Spark 和 Flink 为代表的大数据平台生态圈体系。"得数据者得天下"，随着数据的不断增长，大数据生态圈体系也在不断地发展。尤其是在国内，许多科技公司纷纷推出了自己的大数据平台，如阿里云大数据平台、腾讯大数据平台、华为大数据平台等。

　　本书作者拥有大数据平台方向多年的教学与实践经验，在实际大数据运维和开发工作中也积累了一些经验，因此系统地编写了这本关于大数据生态圈方面的书，力求能够完整地介绍大数据生态圈体系。本书一方面总结了作者在大数据平台方面的经验，另一方面也希望对大数据平台方向的从业者和学习者有所帮助，同时希望给大数据生态圈体系在国内的发展贡献一份力量。相信通过学习本书，读者能够全面且系统地掌握大数据平台体系，并能够在实际工作中灵活地运用大数据平台体系。

本书特点

　　本书将从大数据生态圈技术的基础理论出发，为读者系统地介绍每个相关知识点。每个实验步骤都经过作者验证，力求能帮助读者在学习过程中搭建学习及实验的环境。

　　本书涵盖了大数据平台体系中的 Hadoop 生态圈、Spark 生态圈和 Flink 生态圈，内容涉及体系架构、管理运维和应用开发，全书共 16 章。如果读者有一定的经验，可以不按照章节顺序进行学习，而是选择比较关注的章节进行学习；如果读者是零基础，建议按照本书的章节顺序，并根据书中的实验步骤进行环境的搭建，相信各位读者在阅读此书的过程中会有巨大的收获。

读者对象

　　由于大数据生态圈体系是构建在 Java 语言之上的，因此本书适合具有一定 Java 编程基础的人员阅读，特别适合以下读者：

　　● 平台架构师：平台架构师通过阅读本书，能够全面和系统地了解大数据生态圈体系，提升系统架构的设计能力。

　　● 开发人员：基于大数据平台进行应用开发的开发人员通过阅读本书，能够了解大数据的核心实现原理和编程模型，提高应用开发的水平。

　　● 运维管理人员：初、中级的大数据运维管理人员通过阅读本书，在掌握大数据生态圈体系架构的基础上，能够提升大数据平台的运维管理经验。

在线服务

在写作本书的过程中尽管作者尽可能地追求严谨，但书中仍难免存在纰漏之处，欢迎读者前来探讨。本书提供资源下载及售后疑难解答服务，有以下两种方式：

（1）扫描下方二维码（左），关注微信公众号"IT 阅读会"，在后台输入"大数据原理与实战"获取本书相关学习资源；也可以在后台直接发送学习问题，与本书作者交流、探讨。

（2）扫描下方二维码（右），加入"《大数据原理与实战》读者交流圈"，关注圈子置顶动态，获取本书相关学习资源；也可以与本书其他读者一起，分享读书心得、提出对本书的建议，以及咨询本书作者问题等。此外，读者还可以在本交流圈获取本书新增内容的电子书，新增内容有：3.4.4 小节——基于 RBF 的联盟架构、13.4 节——基于 Flink 的流批一体架构、15.3 节——使用 CDC、15.4 节——使用 DataX，以及第 17 章——列式数据库系统 ClickHouse。

　　　IT 阅读会　　　　　　　本书专属读者交流圈

赵渝强

2022 年 12 月

目　　录

Contents

第 1 章　大数据核心理论基础与架构

在学习大数据平台架构之前，首先要对大数据体系中涉及的一些基础理论有一定的了解，这对于进一步掌握大数据平台体系中的知识非常重要。大数据平台的核心是为了解决数据存储和数据计算问题，从而有了 Hadoop、Spark 和 Flink 等大数据生态圈组件。这些组件其本质都可以看作数据仓库（Data Warehouse，DW 或 DWH）的一种实现方式。因此，在学习大数据平台体系之前，需要对这些内容有一定的了解。进一步来说，为什么大数据平台体系可以解决数据存储和计算问题？它采用的是什么思想和原理？每个生态圈体系中又包含哪些具体的组件？这些就是本章将要重点介绍的内容。

有了这些知识以后，就可以在自己的虚拟机环境中部署大数据平台体系中的组件。由于大数据平台的核心体系架构采用的是主从架构，因此存在单点故障问题。关于单点故障的解决方案和实现，将会在第 4 章详细介绍。

1.1　大数据概述

1.1.1　大数据的基本概念和特性

大数据的基本概念非常抽象，下面通过两个具体的案例帮助读者理解大数据的基本概念及大数据平台体系中要解决的核心问题。

1. 电商平台的推荐系统

相信读者对该案例不会感到陌生，在任何一个电商平台上都会有推荐的信息。某电商平台首页的商品推荐信息如图 1.1 所示。

图 1.1　某电商平台首页的商品推荐信息

现在提出一个具体的需求：把电商平台中过去一个月销售较好的商品推荐到网站首页。该功能描述非常简单，但具体如何实现呢？另外，推荐系统应该满足最基本的千人千面的要求，即不同的人看到的推荐商品信息应该是不一样的，那么应如何根据用户的喜好进行推荐呢？这也是在具体实现推荐系统时需要考虑的问题。

要实现把过去一个月中销售较好的商品推荐出来，就需要基于过去一个月交易的订单进行分析和处理。这样的订单会有多少？对于一个大型电商平台来说，这样的订单数据量肯定是一个非常庞大的数据流。所以，在具体实现时，如何实现订单数据的存储和订单数据的分析计算，就成为推荐系统所要解决的核心问题。如果可以找到一种技术手段解决这样的问题，就可以利用机器学习中的推荐算法实现商品的推荐系统。

2. 基于大数据的天气预报系统

在实现天气预报时，如预报北京地区未来一周的天气情况，我们可能会把北京地区各个气象观测点的天气数据汇总起来，使用气象中的专业知识进行分析和处理，从而设计出一个天气预报系统。但是，这样的数据汇总起来会非常困难，因为其数据量非常庞大。因此，如何进行大量气象数据的存储和大量气象数据的分析计算将成为天气预报系统的关键技术点。天气预报系统如图 1.2 所示。

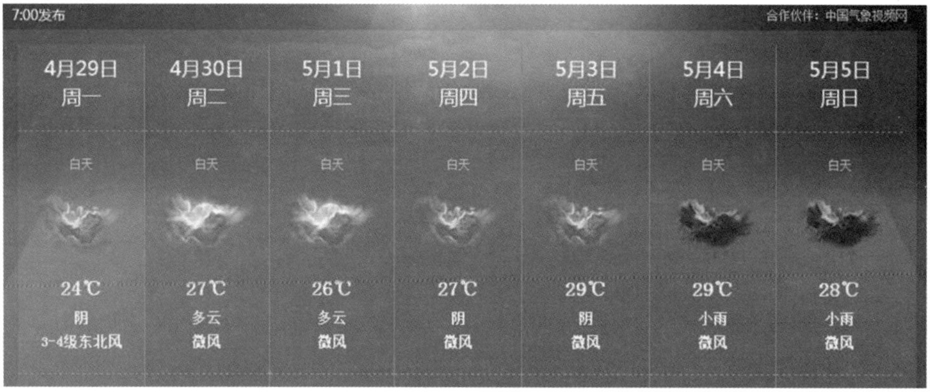

图 1.2   天气预报系统

通过上面两个案例，读者不难总结出在大数据平台体系中所要解决的核心问题不外乎两方面，一是数据的存储，二是数据的计算。解决了这两个核心问题后，就可以得到分析计算的结果，从而帮助我们进行决策和判断。大数据的基本概念如下：

大数据（Big Data），指无法在一定时间范围内用常规软件工具进行捕捉、管理和处理的数据集合，是需要新处理模式才能处理的海量、高增长率和多样化的信息资产。

1.1.2   大数据平台所要解决的核心问题

1. 数据存储

由于数据量非常庞大，因此无法采用传统的单机模式存储海量数据，其解决方案就是采用分布式文件系统。简单来说，就是一台机器无法容纳这些数据，就使用多台机器一起存储数据。Google 的 GFS（Google File System，Google 文件系统）就是一个典型的分布式文件系统，Google 将 GFS 的核心思想和原理以论文形式阐述出来，从而奠定了大数据平台体系中数据存储的基础，进一步有了 Hadoop 分布式文件系统（Hadoop Distributed File System，HDFS）。

图 1.3 为分布式文件系统的基本架构，其存储机制和原理将在第 3 章详细介绍。

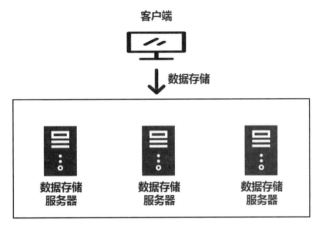

图 1.3　分布式文件系统的基本架构

2. 数据计算

与数据存储面对的问题一样，由于数据量非常庞大，因此无法采用单机环境完成数据的计算。所以，大数据的计算采用的也是分布式思想，即分布式计算模型。简单来说，就是一台机器无法完成计算，就多使用几台机器一起执行计算。图 1.4 为分布式计算系统的基本架构。关于分布式计算模型的处理思想，将会在第 5 章中结合 MapReduce 进行详细介绍。

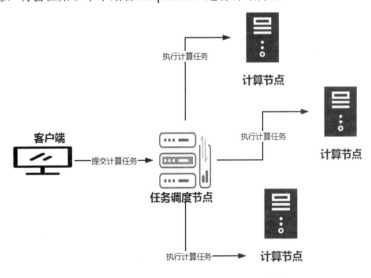

图 1.4　分布式计算系统的基本架构

大数据生态体系中的计算可以分为离线计算和实时计算两种方式。在学习具体的计算引擎之前，需要对一些常见的大数据计算引擎有一个初步的了解。

（1）大数据离线计算，也称批处理计算，主要处理的是已经存在的数据，即历史数据。常见的大数据离线计算引擎有 Hadoop 中的 MapReduce、Spark 中的 Spark Core 和 Flink 中的 DataSet API。这里需要注意的是，Spark 中的所有计算都是 Spark Core 的离线计算，即 Spark 中没有真正的实时计算。关于该内容，将在第 9 章介绍 Spark 时进行讲解。

（2）大数据实时计算，也称流式计算，主要处理的是实时数据，即任务开始执行时数据可能还不存在，一旦数据源产生了数据，就由相应的实时计算引擎完成计算。常见的实时计算引擎有 Apache Storm、Spark Streaming 和 Flink 中的 DataStream。这里需要强调的是，Spark Streaming 本质上不是真正的实时计算，而是一个批处理的离线计算引擎。

1.1.3　数据仓库与大数据

前面提到的大数据生态圈组件其实是数据仓库的一种实现方式。关于数据仓库，百度百科中的定义如下：

> 数据仓库是为企业所有级别的决策制定过程提供所有类型数据支持的战略集合。它属于单个数据存储，其创建的主要目的是分析报告和提供决策支持。数据仓库为需要业务智能的企业提供指导业务流程改进、监视时间、成本、质量及控制等服务。

简单来说，数据仓库其实就是一个数据库，其可以使用传统的关系型数据库实现，如 Oracle 和 MySQL 等；也可以使用大数据平台的方式实现。一般在数据仓库中只进行数据的分析处理，即查询操作。数据仓库一般不支持修改操作，也不支持事务。利用传统的关系型数据库搭建数据仓库的过程如图 1.5 所示。

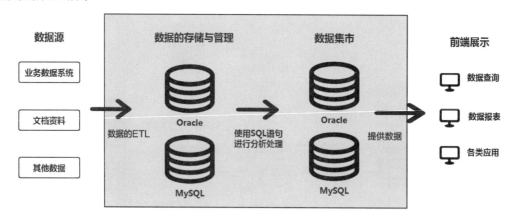

图 1.5　利用传统的关系型数据库搭建数据仓库的过程

在搭建数据仓库时，首先需要有数据源提供各种各样的数据，如关系型数据、文本数据等；然后，需要通过 ETL 把数据源的数据采集到数据存储介质中，即抽取（Extract）、转换（Transform）和加载（Load）的过程。图 1.5 是使用传统的 Oracle 和 MySQL 进行数据的存储与管理的过程。接下来，根据应用场景的需要，使用 SQL（Structured Query Language，结构查询语言）语句对原始数据进行分析和处理，把结果存入数据集市。数据集市最大的特点是面向主题，即面向最终业务的需要。最后，把数据集市中的分析结果提供给最前端的各个业务系统。图 1.6 为使用 Oracle 创建数据仓库的界面。

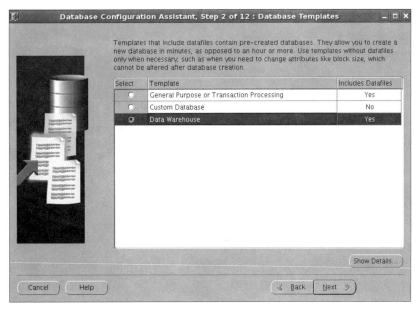

图 1.6　使用 Oracle 创建数据仓库的界面

图 1.7 为基于大数据组件的数据仓库搭建过程。

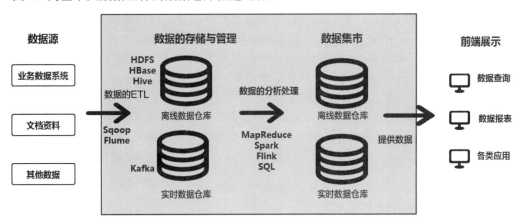

图 1.7　基于大数据组件的数据仓库搭建过程

📢 注意：

这里只介绍大数据生态圈体系本身提供的组件，对于第三方提供的组件则不进行介绍。

在数据仓库的每个阶段，大数据生态圈体系都提供了对应的组件来实现，下面分别进行介绍。

（1）数据的 ETL。数据的 ETL 主要完成数据的抽取、转换和加载过程。大数据生态圈体系中提供了 Sqoop（SQL to Hadoop）和 Flume 完成相应的工作，但是二者在 ETL 过程中的侧重点有所不同。Sqoop 是一个数据交换工具，主要针对关系型数据库；而 Flume 主要用于采集日志数据或实时数据，数据通常是文本形式。

（2）数据的存储和管理。这里搭建数据仓库来实现数据的存储。数据仓库又可以分为离线数据仓库和实时数据仓库。其中，离线数据仓库主要存储离线数据，从而进行数据的离线处理与计算，其可以基于 HDFS、HBase 或者 Hive 实现；而实时数据仓库主要存储实时数据或流式数据，从而进行数据的实时处理与计算，通常可以基于 Kafka 消息系统实现。

（3）数据的分析处理。由于数据仓库可以分为离线数据仓库和实时数据仓库，因此在进行数据分析处理时可以使用不同的计算引擎。在进行离线计算时，通常可以使用 MapReduce、Spark Core 或者 Flink DataSet API 完成；在进行实时计算时，可以使用 Storm、Spark Streaming、Flink DataStream API 完成。

但是这里有一个问题，即大数据生态圈体系提供的这些计算引擎都需要开发 Java 程序或 Scala 程序，这对于很多不懂编程语言的数据分析人员来说不是特别方便。因此，在大数据生态圈体系中，也可以通过 SQL 的方式分析和处理数据，如 Hive SQL、Spark SQL 和 Flink SQL。

（4）数据集市。在完成数据的分析处理后，最终需要将数据存入数据集市。这里可以利用前面已经介绍的内容搭建相应的离线数据仓库和实时数据仓库。

1.2　大数据的理论基础

在前面的内容中曾经提到，大数据平台所要解决的问题是数据存储和数据计算，其核心思想是分布式集群；另外，分布式集群的思想在 Google 内部的技术系统中得到了很好的应用。因此，Google 将其核心技术体系的思想——Google 的三驾马车发表了出来，即 Google 文件系统、MapReduce 分布式计算模型和 BigTable 分布式数据库。这 3 篇论文的发表奠定了大数据生态圈体系中的技术核心，从而有了基于 Java 的实现框架——Hadoop 生态圈体系，随后进一步发展了 Spark 生态圈体系和 Flink 生态圈体系。

因此，在学习大数据生态圈体系具体内容之前，有必要对 Google 的这 3 篇论文进行了解，这对于后续进一步掌握大数据平台的生态圈体系非常重要。本节将详细介绍这 3 篇论文的核心思想及其实现原理。

1.2.1　Google 文件系统

Google 文件系统是一个典型的分布式文件系统，也是一个分布式存储的具体实现。图 1.8 为 Google 文件系统的体系架构。

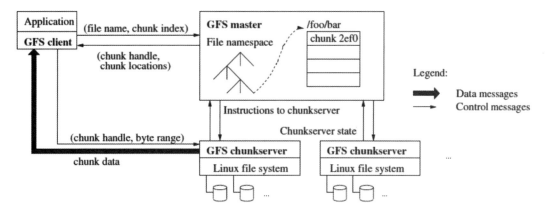

图 1.8　Google 文件系统的体系架构（摘自百度百科）

　　将数据存入一个分布式文件系统需要解决两方面的问题：如何存储海量的数据和如何保证数据的安全。如果这两个问题有了具体的解决方案，就能够实现一个存储大数据的分布式文件系统，并且能够保证数据的安全。这里将采用集群的方式，即采用多个节点组成一个分布式环境来解决这两个问题，下面分别进行讨论，从而引出 HDFS 的基本架构和实现原理。

1. 如何存储海量的数据？

　　由于需要存储海量的数据信息，因此不能再采用传统的单机模式。解决该问题的思想非常简单，既然一个节点或者一个服务器无法存储数据，就采用多个节点或者多个服务器一起存储数据，即分布式存储思想，进而可以开发一个分布式文件系统实现数据的分布式存储。图 1.9 为分布式文件系统存储数据的基本逻辑。

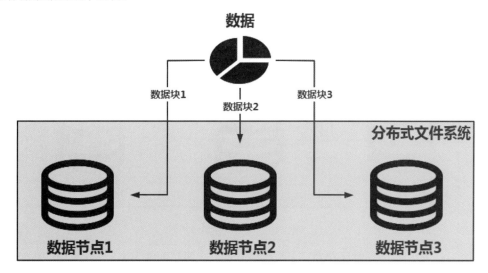

图 1.9　分布式文件系统存储数据的基本逻辑

　　如图 1.9 所示，数据被分隔存储到不同的数据节点上，从而实现海量数据的存储。假设数据量的大小是 20GB，而每个数据节点的存储空间只有 8GB，此时就可以把这 20GB 的数据存储在由 3 个节点共同组成的分布式文件系统上。如果 3 个数据节点都已经存储满，则可以向该分布式文件系统中加入新的数据节点，如数据节点 4、数据节点 5 等，从而实现数据节点的水平扩展。从理论上来说，这样的扩展可以是无穷的，从而实现海量数据的存储。如果把图 1.9 所示架构对应到 HDFS 中，这里的数据节点就是 DataNode。

这里还有一个问题，数据在分布式文件系统中是以数据块为单位进行存储的，如 HDFS 默认的数据块大小是 128MB。这里需要注意的是，数据块是一个逻辑单位，而不是物理单位，即数据块的 128MB 与实际的数据量大小不是一一对应的。举一个简单的例子：假设需要存储的数据大小为 300MB，如果以 128MB 的数据块为单位进行分隔存储，数据就会被分隔成 3 个单元，如图 1.9 所示。前两个单元的大小都是 128MB，与 HDFS 默认的数据块大小一致；而第 3 个单元的实际大小为 44MB，即占用的物理空间是 44MB。但是第 3 个单元占用的逻辑空间大小依然是一个数据块的大小，如果在 HDFS 中，数据块的大小就依然是 128MB。换句话说，就是第 3 个数据块相当于没有存满。

2. 如何保证数据的安全？

数据以数据块的形式存储在数据节点上，如果某个数据节点出现了问题或者宕机，那么存储在该数据节点上的数据块将无法正常访问。因此，应保证数据的安全，即不会因为某个数据节点出现了问题，造成数据丢失和无法访问。GFS 借鉴了冗余思想来解决这个问题。简单来说，数据块冗余就是将同一个数据块多保存几份，并且将它们存储在不同的数据节点上，这样即使某个数据节点出现了问题，也可以从其他节点上获取到同样的数据块信息，如图 1.10 所示。

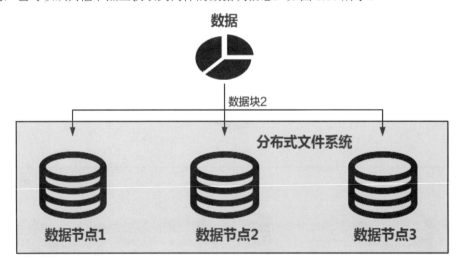

图 1.10   数据块的冗余

图 1.10 中，数据块 2 同时保存到了 3 个数据节点上，即冗余度为 3，这样就可以从任何一个节点上获取到该数据块的信息。冗余思想的引入解决了分布式文件系统中的数据安全问题，但是会造成存储空间的浪费。在 HDFS 中，可以通过在 hdfs-site.xml 中设置参数 dfs.replication 指定数据块的冗余度，默认值是 3，代码如下：

```
<property>
    <name>dfs.replication</name>
    <value>3</value>
</property>
```

HDFS 的体系架构如图 1.11 所示。HDFS 体系架构中包括 DataNode（数据节点）、NameNode（名称节点）和 SecondaryNameNode（第二名称节点）。整个 HDFS 是一种主从架构，主节点是 NameNode，从节点是 DataNode，主节点负责接收客户端请求和管理维护这个集群，从节点负责数据块的存储。SecondaryNameNode 的主要作用是进行日志信息的合并。这里需要注意的是，NameNode 和 SecondaryNameNode 运行在同一台主机上，因此部署一个 HDFS 的全分布集群时至少需要 3 台主机。

图 1.11　HDFS 的体系架构

图 1.12 为部署好的全分布 HDFS 环境，可以看到有两个 DataNode 分别运行在 bigdata113 和 bigdata114 的主机上。

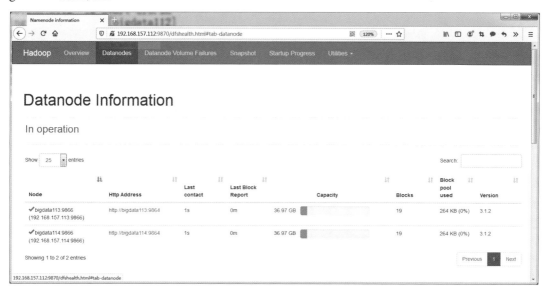

图 1.12　部署好的全分布 HDFS 环境

1.2.2　MapReduce 分布式计算模型

针对大数据的计算，Google 提出了 MapReduce 分布式计算模型。

这里需要注意的是，MapReduce 是一种计算模型，其与具体的编程语言无关，只是在 Hadoop 体系中实现了 MapReduce 的计算模型。

由于 Hadoop 是采用 Java 实现的框架，因此如果开发 MapReduce 程序，开发的将是一个 Java 程序。众所周知，MongoDB 也支持 MapReduce 的计算模式，而 MongoDB 的编程语言是 JavaScript，所以这时开发 MapReduce 程序需要书写 JavaScript 代码。

Google 之所以会提出 MapReduce 的计算模型，其主要目的是解决 PageRank 的问题，即网页排名问题。因此，在学习 MapReduce 之前，应首先了解 PageRank。Google 作为一个搜索引擎，具有强大的搜索功能。图 1.13 为在 Google 中搜索 Hadoop 的结果页面。

图 1.13　Google 搜索结果页面

其中，每一个搜索结果就是一个 Page 网页。那么，如何决定哪个网页排列在搜索结果的前面或者后面呢？这时就需要给每个网页打一个分数，即 Rank 值。Rank 值越大，那么对应的 Page 网页就排列在搜索结果的越前面。图 1.14 是 PageRank 的简单示例。

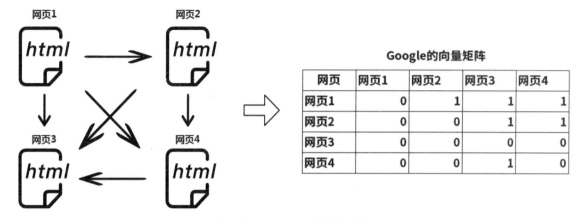

图 1.14　PageRank 的简单示例

　　这里以 4 个 HTML 的网页为例。网页与网页之间可以通过 <a> 标签的超链接从一个网页跳转到另一个网页,如图 1.14 所示。网页 1 超链接跳转到了网页 2、网页 3 和网页 4;网页 2 超链接跳转到了网页 3 和网页 4;网页 3 没有超链接跳转到其他任何网页;网页 4 超链接跳转到了网页 3。这里用 1 表示网页之间存在超链接跳转关系,用 0 表示不存在超链接跳转关系。如果以行为单位来看,就可以建立一个 Google 的向量矩阵,很明显这里是一个 4×4 的矩阵。通过计算该矩阵即可得到每个网页的权重值,而该值就是 Rank 值,从而可以进行网页搜索结果的排名。

　　但是,在实际情况下,得到的向量矩阵是非常庞大的。例如,网络爬虫从全世界的网站上爬取了 1 亿个网页,存储在分布式文件系统中,而网页之间又存在超链接跳转的关系,这时建立的 Google 的向量矩阵将会是 1 亿 × 1 亿的庞大矩阵。这样庞大的矩阵无法使用一台计算机完成计算。因此,如何实现大矩阵的计算,是解决 PageRank 的关键。基于这样的问题背景,Google 提出了 MapReduce 的计算模型来计算这样的大矩阵。

　　MapReduce 的核心思想是"先拆分,再合并"。通过这样的方式,无论得到的向量矩阵有多少,都可以进行计算。拆分的过程称为 Map,合并的过程称为 Reduce,如图 1.15 所示。

　　在该示例中,假设有一个庞大的矩阵要进行计算。由于该计算无法在一台计算机上完成,因此应将矩阵进行拆分,如图 1.15 所示。这里将其拆分为 4 个小矩阵,只要拆分得足够小,让一台计算机能够完成计算即可。每台计算机计算其中的一个小矩阵,得到部分结果,该过程就称为 Map,如图 1.15 中的实线方框部分;将 Map 输出结果进行聚合操作的二次计算,从而得到大矩阵的结果,该过程称为 Reduce,如图 1.15 中的虚线方框部分。通过 Map 和 Reduce,无论 Google 的向量矩阵多大,都可以计算出最终结果。Hadoop 中便使用 Java 语言实现了这种计算方式,该思想也被借鉴到了 Spark 和 Flink 中。例如,Spark 中的核心数据模型是 RDD(Resilient Distribute Dataset,弹性分布式数据集),它由分区组成,每个分区被一个 Spark 的 Worker 从节点处理,从而实现了分布式计算。

　　图 1.16 为在 Hadoop 中执行 MapReduce 任务的输出日志信息。

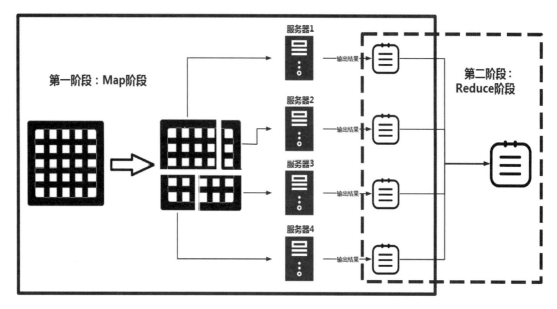

图 1.15　MapReduce 的处理方式

```
| bigdata111 +
2021-01-08 20:38:28, 275 INFO client.RMProxy: Connecting to ResourceManager at demo111/192.168.157.111:8032
2021-01-08 20:38:29, 260 INFO mapreduce.JobResourceUploader: Disabling Erasure Coding for path: /tmp/hadoop-yarn/staging/r1
2021-01-08 20:38:30, 135 INFO input.FileInputFormat: Total input files to process : 1
2021-01-08 20:38:31, 099 INFO mapreduce.JobSubmitter: number of splits:1
2021-01-08 20:38:31, 325 INFO mapreduce.JobSubmitter: Submitting tokens for job: job_1610109155433_0001
2021-01-08 20:38:31, 326 INFO mapreduce.JobSubmitter: Executing with tokens: []
2021-01-08 20:38:31, 850 INFO conf.Configuration: resource-types.xml not found
2021-01-08 20:38:31, 851 INFO resource.ResourceUtils: Unable to find 'resource-types.xml'.
2021-01-08 20:38:32, 691 INFO impl.YarnClientImpl: Submitted application application_1610109155433_0001
2021-01-08 20:38:32, 812 INFO mapreduce.Job: The url to track the job: http://demo111:8088/proxy/application_1610109155433/
2021-01-08 20:38:32, 814 INFO mapreduce.Job: Running job: job_1610109155433_0001
2021-01-08 20:38:48, 485 INFO mapreduce.Job: Job job_1610109155433_0001 running in uber mode : false
2021-01-08 20:38:48, 487 INFO mapreduce.Job:   map 0% reduce 0%
2021-01-08 20:38:55, 717 INFO mapreduce.Job:   map 100% reduce 0%
2021-01-08 20:39:02, 823 INFO mapreduce.Job:   map 100% reduce 100%
2021-01-08 20:39:04, 860 INFO mapreduce.Job: Job job_1610109155433_0001 completed successfully
2021-01-08 20:39:05, 034 INFO mapreduce.Job: Counters: 53
        File System Counters
                FILE: Number of bytes read=93
                FILE: Number of bytes written=432193
                FILE: Number of read operations=0
                FILE: Number of large read operations=0
                FILE: Number of write operations=0
                HDFS: Number of bytes read=159
                HDFS: Number of bytes written=55
                HDFS: Number of read operations=8
                HDFS: Number of large read operations=0
```

图 1.16　在 Hadoop 中执行 MapReduce 任务的输出日志信息

通过图 1.16 所示的输出日志可以看出，任务被拆分成了两个阶段，即 Map 阶段和 Reduce 阶段。当 Map 执行完成后，接着执行 Reduce。

1.2.3 BigTable 分布式数据库

BigTable 的思想是 Google 的"第三驾马车"。正因为有了这样的思想，所以就有了 Hadoop 生态圈体系中的 NoSQL 数据库 HBase。这里需要简单说明 NoSQL 数据库，NoSQL 数据库有很多种，如 Hadoop 体系中的 HBase、基于内存的 Redis 和基于文档的 MongoDB。NoSQL 数据库从某种程度上说也属于大数据体系中的组成部分。百度百科中关于 NoSQL 数据库的定义如下：

> NoSQL 泛指非关系型的数据库。随着互联网 Web 2.0 网站的兴起，传统的关系数据库在处理 Web 2.0 网站，特别是超大规模和高并发的 SNS（Social Network Services，社交网络服务）类型的 Web 2.0 纯动态网站时已经显得力不从心，出现了很多难以克服的问题，而非关系型的数据库则由于其本身的特点得到了非常迅速的发展。NoSQL 数据库的产生就是为了解决大规模数据集合多重数据种类带来的难题，特别是大数据应用难题。

简单来说，BigTable 就是把所有的数据存入一张表，这样做的目的就是提高查询性能。但是，这会违背关系型数据库中范式的要求。我们都知道，在关系型数据库中需要遵循范式的要求，以减少数据的冗余，从而节约存储空间，但是会影响性能。例如，在关系型数据库中执行多表查询会产生笛卡儿积。因此，关系型数据库的出发点是通过牺牲性能达到节约存储空间的目的。这样设计是有实际意义的，因为在早期，存储介质比较昂贵，需要考虑成本问题。而 BigTable 的思想正好与其相反，它是把所有的数据存入一张表，通过牺牲存储空间，达到提高性能的目的。

图 1.17 为同样的数据分别存入关系型数据库的表和存入 BigTable 中时表结构的差别。这里的关系型数据库可以是 Oracle、MySQL 等；数据模型使用的是部门-员工的表结构，即一个部门可能包含多个员工，一个员工只属于一个部门。

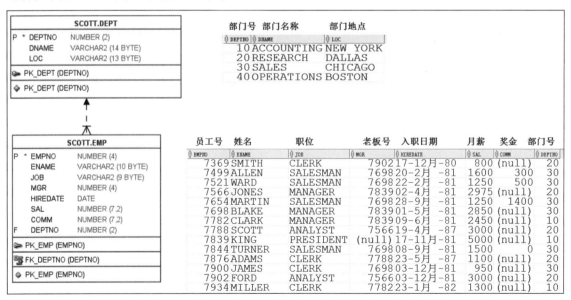

图 1.17 同样的数据分别存入关系型数据库的表和存入 BigTable 中时表结构的差别

HBase 就是 BigTable 思想的一个具体实现，它是一个列式存储的 NoSQL 数据库，适合进行数据的分析和处理，即适合执行查询操作。如果把上面关系型数据库中的部门-员工数据存入 HBase 的表，则表结构如图 1.18 所示，这里以员工号是 7839 的员工数据为例进行介绍。

rowkey行键	emp					dept		
	ename	job	mgr	hiredate	sal	deptno	dname	loc
7839	KING							
7839		PRESIDENT						
7839				17-11月-81				
7839					5000			
7839						10		
7839							ACCOUNTING	NEW YORK

图 1.18　HBase 的员工表结构

首先，HBase 的表由列族组成，如 emp 和 dept 都是列族。列族中包含列，创建表时必须创建列族，不需要创建列。当执行插入语句插入数据到列族中时，需要指定 rowkey 和具体的列。如果列不存在，HBase 会自动创建相应的列，再把数据插入对应的单元格中。rowkey 相当于关系型数据库的主键，其与主键一样都不允许为空，但是可以重复。如果 rowkey 重复，表示相同的 rowkey 是同一条记录。

例如，如果要得到图 1.18 所示的表结构和数据，可以在 HBase 中执行以下语句。

（1）创建 employee 表，包含两个列族：emp 和 dept。

```
create 'employee','emp','dept'
```

（2）插入数据。

```
put 'employee','7839','emp:ename','KING'
put 'employee','7839','emp:job','PRESIDENT'
put 'employee','7839','emp:hiredate','17-11 月 -81'
put 'employee','7839','emp:sal','5000'
put 'employee','7839','dept:deptno','10'
put 'employee','7839','dept:dname','ACCOUNTING'
put 'employee','7839','dept:loc','NEW YORK'
```

在 HBase Shell 的命令中执行的结果如图 1.19 所示。

```
hbase(main):001:0> create 'employee','emp','dept'
Created table employee
Took 2.9985 seconds
=> Hbase::Table - employee
hbase(main):002:0> put 'employee','7839','emp:ename','KING'
Took 0.2282 seconds
hbase(main):003:0> put 'employee','7839','emp:job','PRESIDENT'
Took 0.0181 seconds
hbase(main):004:0> put 'employee','7839','emp:hiredate','17-11月-81'
Took 0.0096 seconds
```

图 1.19　在 HBase Shell 的命令中执行的结果

```
hbase(main):005:0> put 'employee','7839','emp:sal','5000'
Took 0.0192 seconds
hbase(main):006:0> put 'employee','7839','dept:deptno','10'
Took 0.0296 seconds
hbase(main):007:0> put 'employee','7839','dept:dname','ACCOUNTING'
Took 0.0127 seconds
hbase(main):008:0> put 'employee','7839','dept:loc','NEW YORK'
Took 0.0125 seconds
```

图 1.19　在 HBase Shell 的命令中执行的结果（续）

1.3　大数据生态圈组件

大数据体系架构中的组件非常多，每个组件又属于不同的生态圈体系。从最早的 Hadoop 生态圈体系开始，逐步有了 Spark 生态圈体系和 Flink 生态圈体系。因此，在学习大数据之前，有必要了解每个生态圈体系中具体包含哪些组件，以及它们的作用是什么。

1.3.1　Hadoop 生态圈

图 1.20 为 Hadoop 生态圈体系中的主要组件及彼此之间的关系。

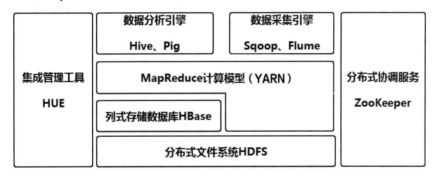

图 1.20　Hadoop 生态圈体系中的主要组件及彼此之间的关系

下面简单介绍各组件的作用，将会在后续各个章节中对它们的体系架构、安装部署、使用管理进行详细的讲解。

1. HDFS

HDFS 用于解决大数据的存储问题。HDFS 源自 Google 的 GFS 论文，可运行在低成本的通用硬件上，是一个具有容错功能的文件系统。

2. HBase

HBase 是基于 HDFS 之上的分布式列式存储 NoSQL 数据库，起源于 Google 的 BigTable 思想。由于 HBase 的底层是 HDFS，因此 HBase 中创建的表和表中的数据最终都存储在 HDFS 上。HBase 的核心是列式存储，非常适合执行查询操作。

3. MapReduce 与 YARN

MapReduce 是一种分布式计算模型，用以进行大数据量的计算，是一种离线计算处理模型。MapReduce 包括 Map 和 Reduce 两个阶段，非常适合在大量计算机组成的分布式并行环境里进行数据处理。MapReduce 既可以处理 HDFS 中的数据，也可以处理 HBase 中的数据。

YARN（Yet Another Resource Negotiator，另一种资源协调者）是 Hadoop 集群中的资源管理器。从 Hadoop 2.x 开始，MapReduce 默认都运行在 YARN 之上。

4. 数据分析引擎 Hive 和 Pig

Hive 是基于 HDFS 之上的数据仓库，支持标准的 SQL 语句。默认情况下，Hive 的执行引擎是 MapReduce，即 Hive 可以把一条标准的 SQL 转换成 MapReduce 任务并运行在 YARN 之上。

Pig 是 Hadoop 中的数据分析引擎，支持 PigLatin 语句。默认情况下，Pig 的执行引擎也是 MapReduce。Pig 允许处理结构化数据和半结构化数据。

5. 数据采集引擎 Sqoop 和 Flume

Sqoop 是一个数据交换工具，主要针对关系型数据库，如 Oracle、MySQL 等。Sqoop 数据交换的本质上是 MapReduce 程序，其充分利用了 MapReduce 的并行化和容错性，提高了数据交换的性能。

Flume 是一个分布式的、可靠的、可用的日志收集服务组件，可以高效地收集、聚合、移动大量的日志数据。需要注意的是，Flume 进行日志采集的过程本质上并不是 MapReduce 任务。

6. 分布式协调服务 ZooKeeper

ZooKeeper 可以当成一个数据库使用，主要解决分布式环境下的数据管理问题：统一命名、状态同步、集群管理、配置同步等。同时，在大数据架构中，利用 ZooKeeper 可以解决大数据主从架构的单点故障问题，实现大数据的高可用性。

7. 集成管理工具 HUE

HUE 是基于 Web 形式发布的集成管理工具，可以与大数据相关组件进行集成。通过 HUE 既可以管理 Hadoop 中的相关组件，也可以管理 Spark 中的相关组件。

1.3.2   Spark 生态圈

Spark 的生态圈体系架构与 Hadoop 略有不同，Spark 中只有数据的计算部分，而没有数据的存储部分，这是因为 Spark 的核心就是执行引擎。图 1.21 为 Spark 的生态圈体系，以及访问每个模块的访问接口。

图 1.21   Spark 的生态圈体系

1. Spark Core

Spark Core 是 Spark 的核心部分，也是 Spark 执行引擎。在 Spark 中执行的所有计算都由 Spark Core 完成，它是一种离线计算引擎。也就是说，Spark 中的所有计算都是离线计算，不存在真正的实时计算。Spark Core 提供了 SparkContext 访问接口，用于提交执行 Spark 任务。通过该访问接口，既可以开发 Java 程序，也可以开发 Scala 程序来分析和处理数据。SparkContext 也是 Spark 中最重要的一个对象。

2. Spark SQL

Spark SQL 是 Spark 用来处理结构化数据的一个模块，其核心数据模型是 DataFrame，访问接口是 SQLContext。这里可以把它理解成一张表。当 DataFrame 创建成功后，Spark SQL 可支持 DSL（Domain Specified Language，领域专用语言）语句和 SQL 语句来分析处理数据。由于 Spark SQL 底层的执行引擎是 Spark Core，因此 Spark SQL 执行的本质就是执行 Spark Core 任务。

3. Spark Streaming

Spark Streaming 是核心 Spark API 的扩展，可实现可扩展、高吞吐量、可容错的实时数据流处理。但是，Spark Streaming 底层的执行引擎依然是 Spark Core，这就决定了 Spark Streaming 并不是真正的流处理引擎，它是通过时间的采样间隔把流式数据变成小批量数据进行处理，其本质仍然是批处理的离线计算。Spark Streaming 的访问接口是 StreamingContext。

4. MLlib 和 GraphX

MLlib 是 Spark 中支持机器学习算法的一个框架，GraphX 则是 Spark 中支持图计算的框架。

1.3.3　Flink 生态圈

Flink 与 Spark 一样，也是大数据计算引擎，可以完成离线的批处理计算和流处理计算。Flink 的优势在于其流处理引擎 DataStream。图 1.22 为 Flink 的生态圈体系。

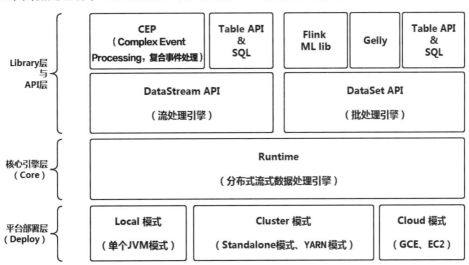

图 1.22　Flink 的生态圈体系

从下往上，可以将 Flink 的生态圈体系划分成 3 层，分别是平台部署层、核心引擎层和 Library 层与 API（Application Program Interface，应用程序接口）层，下面分别进行介绍。

1. 平台部署层

Flink 支持在不同的平台进行部署。

Local 模式一般用于开发和测试环境中，如可以在集成开发 IDE（Integrated Development Environment，集成开发环境）中运行 Flink 程序。

Cluster 模式可用于生产环境，具体又可以分为 Standalone 模式和 YARN 模式。其中，Cluster Standalone 模式表示 Flink 独立管理和调度 Flink 任务，不依赖其他任何组件；Flink on YARN 模式则是由 YARN 管理和调度 Flink 集群的资源和任务。

Cloud 模式表示可将 Flink 部署到云环境下的虚拟容器中，除了图 1.22 中的 GCE（Google Compute Engine，Google 云服务的一部分）和 EC2（Elastic Compute Cloud，亚马逊弹性计算法）外，其也支持 Docker 和 K8s。

2. 核心引擎层

核心引擎层是 Flink 的执行引擎，所有 Flink 中的计算任务都在这一层中执行完成。部署 Flink 时也是部署这一层。

3. Library 层与 API 层

Library 层与 API 层主要提供给应用开发人员使用。DataStream API 是 Flink 的流处理模块，并在此基础之上提供了 CEP 的复杂事件处理机制与数据分析引擎工具 Table API & SQL；DataSet API 是 Flink 的批处理模块，基于此 API 又提供了 MLlib 机器学习算法的框架、Gelly 的图计算框架和数据分析引擎工具 Table API & SQL。

1.4   基于大数据组件的平台架构

在了解了大数据各个生态圈包含的组件及其功能特性后，即可利用这些组件搭建大数据平台，从而实现数据的存储和计算。图 1.23 为大数据平台的整体架构。

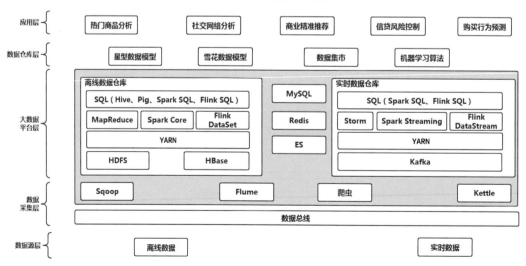

图 1.23   大数据平台的整体架构

大数据平台的总体架构可以分为 5 层，分别是数据源层、数据采集层、大数据平台层、数据仓库层和应用层，下面分别进行介绍。

1. 数据源层

数据源层主要负责提供各种需要的业务数据，如用户订单数据、交易数据、系统的日志数据等。总之，把能够提供的数据都称为数据源。数据源种类多样，在大数据平台体系中可以把它们划分成两大类，即离线数据源和实时数据源。其中，离线数据源用于大数据离线计算中，而实时数据源用于大数据实时计算中。

2. 数据采集层

有了底层数据源的数据，就需要使用 ETL 工具完成数据的采集、转换和加载。Hadoop 体系中就提供了这样的组件，如可以使用 Sqoop 完成大数据平台与关系型数据库的数据交换、使用 Flume 完成对日志数据的采集等。除了大数据平台体系本身提供的这些组件外，爬虫也是一个典型的数据采集方式。当然，也可以使用第三方的数据采集工具，如使用 Kettle 完成数据的采集工作。

另外，为了解决数据源层和数据采集层之间的耦合度，可以在这两层之间加入数据总线。

📢)) 注意：

> 数据总线并不是必需的，它的引入只是为了在进行系统架构设计时降低层与层之间的耦合度。

3. 大数据平台层

大数据平台层是整个大数据体系中最核心的一层，用于完成大数据的存储和计算。由于大数据平台可以看作数据仓库的一种实现方式，因此可以将其分为离线数据仓库和实时数据仓库。下面分别进行介绍。

首先，介绍基于大数据技术的离线数据仓库实现方式。数据采集层采集到数据后，通常可以存储在 HDFS 或 HBase 中，由离线计算引擎，如 MapReduce、Spark Core、Flink DataSet 完成离线数据的分析与处理。为了能够在平台上对各种计算引擎进行统一的管理和调度，可以先把这些计算引擎都运行在 YARN 上，之后就可以使用 Java 程序或者 Scala 程序完成数据的分析与处理。为了简化应用的开发，在大数据平台体系中也支持使用 SQL 语句的方式处理数据，即提供了各种数据分析引擎。例如 Hadoop 体系中的 Hive，其默认的行为是 Hive on MapReduce。这样就可以在 Hive 中书写标准的 SQL，从而由 Hive 的引擎将其转换成 MapReduce，进而运行在 YARN 上处理大数据。常见的大数据分析引擎除了 Hive 外，还有 Spark SQL 和 Flink SQL。

其次，介绍大数据技术的实时数据仓库实现方式。数据采集层采集到实时数据后，为了进行数据的持久化，同时保证数据的可靠性，可以将其采集的数据存入消息系统 Kafka，之后由各种实时计算引擎，如 Storm、Spark Stream 和 Flink DataStream 进行处理。与离线数据仓库一样，也可以把这些计算引擎运行在 YARN 上，同时支持使用 SQL 语句的方式对实时数据进行处理。

最后，在建立离线数据仓库和实时数据仓库的过程中，可能会用到一些公共组件，如使用 MySQL 存储元信息、使用 Redis 进行缓存、使用 ES（Elastic Search）完成数据的搜索等。

4. 数据仓库层

有了大数据平台层的支持，即可进一步搭建数据仓库层。在搭建数据仓库模型时，可以基于星型模型或雪花模型进行搭建。前面提到的数据集市和机器学习的算法也可以划分到这一层中。

5. 应用层

有了数据仓库层的各种数据模型和数据后，即可基于这些模型和数据实现各种各样的应用场景，如电商中的热门商品分析、图计算中的社交网络分析、商业精准推荐系统、风险控制及行为预测等。

第 2 章　部署大数据环境

第 1 章介绍了大数据平台的核心原理及整体架构，本章将使用虚拟机环境部署大数据平台的组件，包括 Hadoop 的部署、Spark 的部署和 Flink 的部署，并进一步引入大数据体系的单点故障问题，为后续进一步学习奠定基础。

2.1　准备大数据平台环境

首先介绍即将用到的实验环境。由于需要在 Linux 上进行部署，因此采用 RedHat Linux 作为实验环境，大数据组件安装介质见表 2.1。

表 2.1　大数据组件安装介质

组　　件	版　　本
操作系统	RedHat Linux 7.4 64 位
JDK	jdk-8u181-linux-x64.tar.gz
Hadoop	hadoop-3.1.2.tar.gz
HBase	hbase-2.2.0-bin.tar.gz
Phoenix	apache-phoenix-5.0.0-HBase-2.0-bin.tar.gz
Hive	apache-hive-3.1.2-bin.tar.gz
Presto	presto-server-0.217.tar.gz presto-cli-0.217-executable.jar
Pig	pig-0.17.0.tar.gz
Sqoop	sqoop-1.4.7.bin__hadoop-2.6.0.tar.gz
Flume	apache-flume-1.9.0-bin.tar.gz
Spark	spark-3.0.0-bin-hadoop3.2.tgz
Flink	flink-1.11.0-bin-scala_2.12.tgz
ZooKeeper	zookeeper-3.4.10.tar.gz
Kafka	kafka_2.11-2.4.0.tgz
VMWare WorkStation	VMware® Workstation 12 Pro 以上
MySQL	mysql-5.7.19-el7.x86_64.rpm-bundle.tar mysql-connector-java-5.1.43-bin.jar
Eclipse	Eclipse IDE for Java Developers Version: 2019-09 R (4.13.0)
Scala IDE	scala-SDK-4.7.0-vfinal-2.12-win32.win32.x86_64.zip

部署 5 台 Linux 的虚拟机，分别是 bigdata111、bigdata112、bigdata113、bigdata114 和 bigdata115，在后续的部署过程中会陆续使用到它们。虚拟机的安装方式一样，只需要在安装过程中为每台虚拟机设置不同的 IP 地址和主机名即可。图 2.1 为在 VMware Workstation 中安装完成的最终效果。

图 2.1　最终效果

2.1.1　安装 Linux 操作系统

在部署大数据环境之前，首先需要部署 Linux 虚拟机。由于每台虚拟机的部署方式完全一致，因此这里仅以第一台虚拟机 bigdata111 为例，演示安装过程。

（1）在 VMware Workstation 窗口中选择"文件"→"新建虚拟机"命令，弹出"新建虚拟机向导"对话框，选择"自定义（高级）"单选按钮，如图 2.2 和图 2.3 所示。

图 2.2　选择"新建虚拟机"命令

（2）在"选择虚拟机硬件兼容性"界面中单击"下一步"按钮，在"安装客户机操作系统"界面中选中"稍后安装操作系统"单选按钮，如图 2.4 所示。

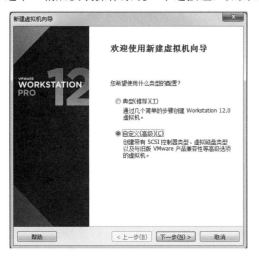

图 2.3　选中"自定义（高级）"单选按钮　　图 2.4　选中"稍后安装操作系统"单选按钮

（3）在"选择客户机操作系统"界面中选中 Linux 单选按钮，版本选择"Red Hat Enterprise Linux 7 64 位"，如图 2.5 所示。这一步非常重要，如果选择错误，可能导致虚拟机无法正常启动。

（4）在"命名虚拟机"界面中输入虚拟机名称，如 bigdata111。后续安装的 bigdata112、bigdata113、bigdata114 和 bigdata115 按照类似的方式设置即可，如图 2.6 所示。

图 2.5　选择客户机操作系统　　　　　　　图 2.6　命名虚拟机

（5）连续单击 2 次"下一步"按钮，直到进入"此虚拟机的内存"界面。默认的虚拟机内存设置是 2048MB，即 2GB 内存。这里可以根据自己机器的配置适当增大虚拟机的内存设置，如修改为 4096MB，即 4GB 内存，如图 2.7 所示。

（6）进入"网络类型"界面，设置网络类型，这一步非常重要。在实际生产环境中，通常不能直接访问外网，并且需要多台主机组成一个集群，集群之间可以相互进行通信。为了模拟这样一个真实的网络环境，推荐选中"使用仅主机模式网络"单选按钮，如图 2.8 所示。选择该网络模式后，首先，虚拟机不能直接访问外部网络；其次，如果是一个分布式环境，如 bigdata112、bigdata113、bigdata114 和 bigdata115，则可以保证它们彼此之间相互进行通信。

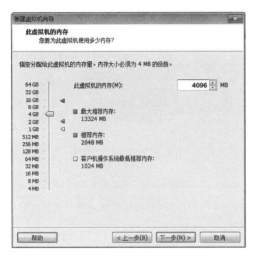

图 2.7　设置虚拟机的内存　　　　图 2.8　设置网络类型

（7）连续单击 4 次"下一步"按钮，进入"指定磁盘容量"界面。可以根据自己的硬盘大小进行适当的调整，这里设置为 60GB，如图 2.9 所示。

（8）连续单击 2 次"下一步"按钮，进入"已准备好创建虚拟机"界面，单击"完成"按钮，如图 2.10 所示。

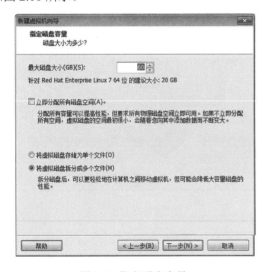

图 2.9　指定磁盘容量　　　　　　图 2.10　完成虚拟机创建

（9）在 bigdata111 的主界面中单击"编辑虚拟机设置"超链接，在弹出的"虚拟机设置"对话框中选择"CD/DVD（SATA）"，并将 Red Hat Enterprise Linux 7 64 位的 ISO 介质加载到镜像文件的选项中，如图 2.11 和图 2.12 所示。

（10）在对话框"虚拟机设置"中，单击"确定"按钮。并在 bigdata111 的主界面中，单击"开启此虚拟机"超链接，等待虚拟机启动，并选择"Install Red Hat Enterprise Linux 7.4"，如图 2.13 所示，接下来会进入如图 2.14 所示的欢迎界面。

（11）在欢迎界面中单击 Continue 按钮，进入"INSTALLATION SUMMARY"界面，在该界面中进行相关的配置，如图 2.15 所示。

图 2.11　单击"编辑虚拟机设置"超链接

图 2.12　加载 ISO 文件

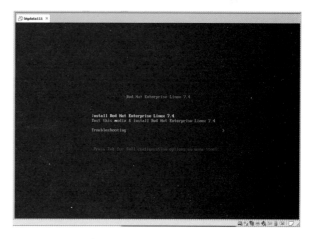

图 2.13　开始安装 Red Hat Linux

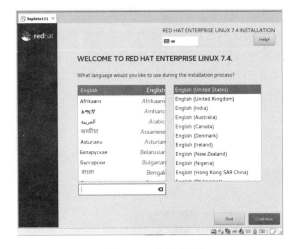

图 2.14   欢迎界面

图 2.15   安装概要界面

① 在"SOFTWARE SELECTION"选项卡中选中"Server with GUI"单选按钮，勾选"Development Tools"复选框，如图 2.16 所示。

② 在"NETWORK & HOST NAME"选项卡中可以设置主机名和虚拟机的 IP 地址，如图 2.17 所示。这里设置主机名为 bigdata111，IP 地址为 192.168.157.111。Linux 安装部署完成后，即可通过该 IP 地址从宿主机连接到 Linux。关于其他虚拟机，读者可以按照类似的方式进行安装部署。

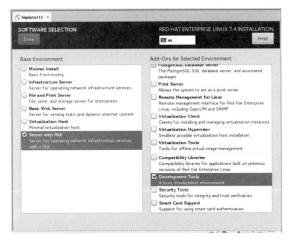

图 2.16   选择需要安装的软件

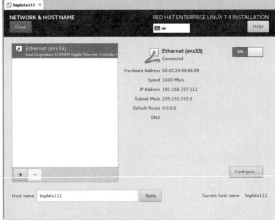

图 2.17   设置网络与主机名

◁)) 注意：

　　每台宿主机的网段可能不一样，如编者的宿主机网段是 157，如图 2.18 所示。读者需要首先确定本地宿主机的网段，再进行 IP 地址的设置。

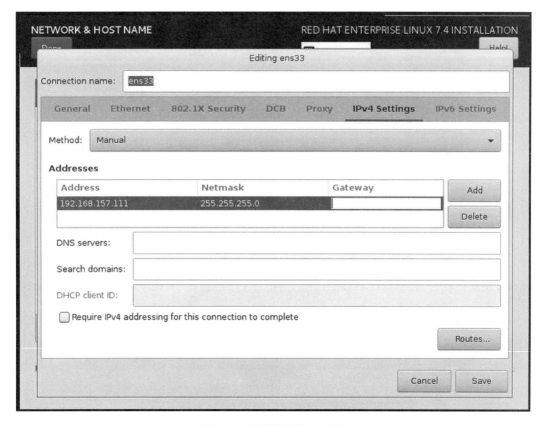

图 2.18　设置虚拟机 IP 地址

（12）完成设置后，单击"Begin Installation"按钮进行安装，如图 2.19 所示。如果没有特殊说明，本书只会用到 root 用户，因此可对 root 密码进行设置，如图 2.20 所示。

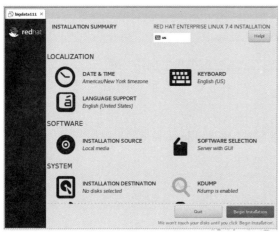

图 2.19　完成 Linux 的设置　　　　　　　图 2.20　设置 root 密码

（13）安装完成后，单击 Reboot 按钮重启即可，如图 2.21 所示。

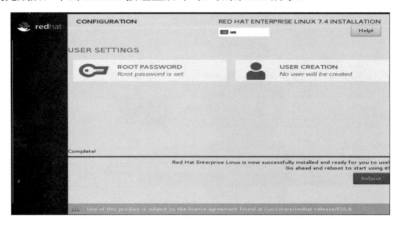

图 2.21　重启 Linux

（14）至此，我们就可以在 XShell 中通过 192.168.157.111 的 IP 地址从宿主机登录 Linux，如图 2.22 所示。

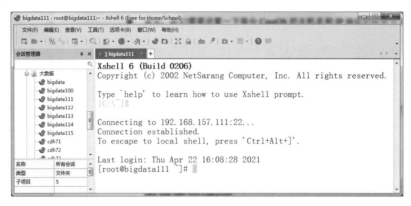

图 2.22　在 XShell 中登录 Linux

安装完成第一台虚拟机主机后，读者可自行安装其余 4 台虚拟机主机。

2.1.2　配置 Linux 环境

安装 Linux 后，需要对每一台 Linux 进行简单的配置。配置 Linux 环境的步骤如下：

（1）关闭防火墙，命令如下：

```
systemctl stop firewalld.service
systemctl disable firewalld.service
```

（2）设置每台 Linux 的主机名和 IP 地址的映射关系。使用 vi 编辑 /etc/hosts 文件，写入主机名和 IP 地址的映射关系，命令如下：

```
192.168.157.111 bigdata111
192.168.157.112 bigdata112
192.168.157.113 bigdata113
192.168.157.114 bigdata114
192.168.157.115 bigdata115
```

（3）创建 tools 和 training 目录。这里把所有组件的安装包放到 /root/tools 目录下，安装时把文件都安装到 /root/training 目录，命令如下：

```
mkdir /root/tools/
mkdir /root/training/
```

（4）安装 JDK，命令如下：
① 解压安装包。

```
cd /root/tools
tar -zxvf jdk-8u181-linux-x64.tar.gz -C /root/training/
```

② 配置 Java 的环境变量。使用 vi 编辑 /root/.bash_profile 文件，输入以下内容。

```
JAVA_HOME=/root/training/jdk1.8.0_181
export JAVA_HOME
PATH=$JAVA_HOME/bin:$PATH
export PATH
```

③ 生效环境变量。

```
source /root/.bash_profile
```

④ 验证 Java 环境，执行以下命令，结果如图 2.23 所示。

```
java -version
which java
```

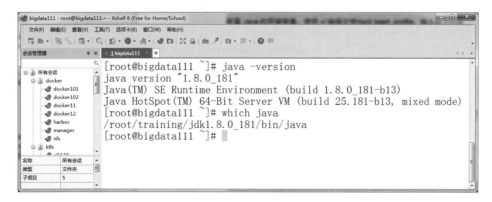

图 2.23　验证 Java 环境

（5）配置免密码登录。部署大数据组件需要使用免密码登录进行认证。在默认情况下，Linux的免密码登录是没有配置好的，可以通过 ssh 进行测试。图 2.24 为在没有配置免密码登录时，使用 ssh 命令远程登录到当前主机上，这里需要输入该主机的登录密码。当免密码登录配置完成后，登录时就不再需要输入主机密码。

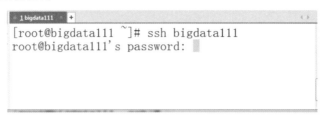

图 2.24　使用 ssh 命令远程登录

免密码登录采用的是不对称加密认证方式，需要产生密钥对，即一个公钥和一个私钥，其本质就是两个字符串。其中，公钥负责加密，而私钥负责解密。图 2.25 为免密码登录的过程。图 2.25 中展示的是从 Server A 免密码登录到 Server B 的过程。免密码登录是单向的，如果想从 Server B 免密码登录到 Server A，也需要单独进行配置。

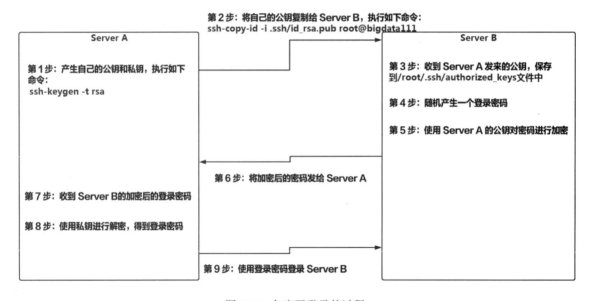

图 2.25　免密码登录的过程

在了解了免密码登录的过程后，可以先在 bigdata111 上配置到每台虚拟机的免密码登录。在bigdata111 上执行以下操作。

① 生成公钥和私钥，命令如下：

```
ssh-keygen -t rsa
```

② 将自己的公钥复制到其他虚拟机，命令如下：

```
ssh-copy-id -i .ssh/id_rsa.pub root@bigdata111
ssh-copy-id -i .ssh/id_rsa.pub root@bigdata112
ssh-copy-id -i .ssh/id_rsa.pub root@bigdata113
ssh-copy-id -i .ssh/id_rsa.pub root@bigdata114
ssh-copy-id -i .ssh/id_rsa.pub root@bigdata115
```

2.2　部署 Hadoop 环境

Hadoop 的安装和部署是大数据组件中最复杂的。掌握 Hadoop 的基础知识后，后续部署 Spark 和 Flink 环境会非常容易。Hadoop 的部署模式分为本地模式、伪分布模式和全分布模式。在第 14 章中还会进一步学习 Hadoop HA 的部署。

2.2.1　Hadoop 的目录结构

在部署 Hadoop 之前，首先需要对 Hadoop 的目录结构有一定了解。执行以下命令，将 Hadoop 的安装介质解压到 /root/training 目录。

```
tar -zxvf hadoop-3.1.2.tar.gz -C ~/training/
```

Hadoop 的目录结构如图 2.26 所示。

```
[root@bigdata111 training]# tree -d -L 3 hadoop-3.1.2/           注意：tree 命令需要单独安装
hadoop-3.1.2/                          ——————————                HADOOP_HOME 目录
├── bin                                ——————————                最基本的管理和使用脚本所在目录
├── etc                                ——————————                配置文件所在目录
│   └── hadoop
│       └── shellprofile.d
├── include                            ——————————                对外提供的编程库头文件目录
├── lib                                ——————————                对外提供的编程动态库和静态库
│   └── native
│       └── examples
├── libexec                            ——————————                各个服务 Shell 配置文件所在目录
│   ├── shellprofile.d
│   └── tools
├── sbin                               ——————————                Hadoop 管理脚本所在目录
│   └── FederationStateStore
│       ├── MySQL
│       └── SQLServer
└── share
    ├── doc
    │   └── hadoop
    └── hadoop                         ——————————                各个模块编译后的 Jar 包所在目录
        ├── client
        ├── common
        ├── hdfs
        ├── mapreduce
        ├── tools
        └── YARN
```

图 2.26　Hadoop 的目录结构

为了方便操作 Hadoop，需要设置 HADOOP_HOME 的环境变量，并把 bin 和 sbin 目录加入系统的 PATH 路径，步骤如下：

（1）编辑 ~/.bash_profile 文件，命令如下：

```
vi ~/.bash_profile
```

（2）输入环境变量信息，并保存退出，命令如下：

```
HADOOP_HOME=/root/training/hadoop-3.1.2
export HADOOP_HOME

PATH=$HADOOP_HOME/bin:$HADOOP_HOME/sbin:$PATH
export PATH
```

（3）生效环境变量，命令如下：

```
source ~/.bash_profile
```

2.2.2　部署 Hadoop 本地模式

将 Hadoop 部署在本地模式下，此时并没有 HDFS 和 YARN。因此，只能使用本地模式测试 MapReduce 任务，并在本地运行 MapReduce 任务，与运行一个普通的 Java 程序完全一样。

Hadoop 本地模式的配置非常简单，只需要修改一个参数即可。可以在 bigdata111 的虚拟主机上完成 Hadoop 本地模式的部署，步骤如下：

（1）进入 Hadoop 配置文件所在目录，命令如下：

```
[cd /root/training/hadoop-3.1.2/etc/hadoop/
```

（2）修改 hadoop-env.sh 文件，设置 JAVA_HOME，命令如下：

```
export JAVA_HOME=/root/training/jdk1.8.0_181
```

至此，Hadoop 本地模式配置完成。下面测试一个简单的 MapReduce WordCount 程序，步骤如下：

（1）为了方便操作，在 /root/temp 目录下创建 data.txt 文件，用于保存测试数据，命令如下：

```
mkdir /root/temp/
cd /root/temp
vi data.txt
```

（2）在 data.txt 文件中输入测试数据，命令如下：

```
I love Beijing
I love China
Beijing is the capital of China
```

（3）进入 Hadoop MapReduce 的 Example 目录，并执行 WordCount 程序。任务运行过程如图 2.27 所示。

```
cd /root/training/hadoop-3.1.2/share/hadoop/mapreduce/
hadoop jar hadoop-mapreduce-examples-3.1.2.jar wordcount /root/temp/data.txt /
root/output/wc
```

```
[root@bigdata111 ~]# cd training/hadoop-3.1.2/share/hadoop/mapreduce/
[root@bigdata111 mapreduce]# hadoop jar hadoop-mapreduce-examples-3.1.2.jar wordcount /root/temp/data.txt /root
/output/wc
2021-01-08 21:55:52,021 INFO impl.MetricsConfig: loaded properties from hadoop-metrics2.properties
2021-01-08 21:55:52,179 INFO impl.MetricsSystemImpl: Scheduled Metric snapshot period at 10 second(s).
2021-01-08 21:55:52,179 INFO impl.MetricsSystemImpl: JobTracker metrics system started
2021-01-08 21:55:52,860 INFO input.FileInputFormat: Total input files to process : 1
2021-01-08 21:55:52,915 INFO mapreduce.JobSubmitter: number of splits:1
2021-01-08 21:55:53,163 INFO mapreduce.JobSubmitter: Submitting tokens for job: job_local2104449964_0001
2021-01-08 21:55:53,165 INFO mapreduce.JobSubmitter: Executing with tokens: []
2021-01-08 21:55:53,426 INFO mapreduce.Job: The url to track the job: http://localhost:8080/
2021-01-08 21:55:53,426 INFO mapreduce.Job: Running job: job_local2104449964_0001
2021-01-08 21:55:53,433 INFO mapred.LocalJobRunner: OutputCommitter set in config null
2021-01-08 21:55:53,440 INFO output.FileOutputCommitter: File Output Committer Algorithm version is 2
2021-01-08 21:55:53,440 INFO output.FileOutputCommitter: FileOutputCommitter skip cleanup _temporary folders un
der output directory:false, ignore cleanup failures: false
2021-01-08 21:55:53,441 INFO mapred.LocalJobRunner: OutputCommitter is org.apache.hadoop.mapreduce.lib.output.F
ileOutputCommitter
2021-01-08 21:55:53,542 INFO mapred.LocalJobRunner: Waiting for map tasks
2021-01-08 21:55:53,543 INFO mapred.LocalJobRunner: Starting task: attempt_local2104449964_0001_m_000000_0
```

图 2.27　本地模式下运行 WordCount 程序过程

（4）将结果输出到 /root/output/wc 目录下，如图 2.28 所示。

```
[root@bigdata111 wc]# pwd
/root/output/wc
[root@bigdata111 wc]# ll
total 4
-rw-r--r--. 1 root root 55 Jan  8 21:55 part-r-00000
-rw-r--r--. 1 root root  0 Jan  8 21:55 _SUCCESS
[root@bigdata111 wc]# more part-r-00000
Beijing 2
China   2
I       2
capital 1
is      1
love    2
of      1
the     1
[root@bigdata111 wc]#
```

图 2.27　本地模式下 WordCount 程序的输出结果

2.2.3　部署 Hadoop 伪分布模式

Hadoop 伪分布式模式是在单机上模拟一个分布式环境，它具备 Hadoop 的所有功能特性，即具备 HDFS 和 YARN。由于在伪分布模式下依然只有一台主机，因此这种模式并不是真正的集群环境。我们更多的是在开发和测试环境中使用 Hadoop 伪分布模式，不建议在生产环境中使用。

前面已经在 bigdata111 的主机上部署好了 Hadoop 的本地模式，可以在此基础上根据下面的步骤进一步配置 Hadoop 伪分布模式。

（1）在 /root/.bash_profile 文件中增加环境变量，并执行 source 语句生效环境变量，命令如下：

```
export HDFS_DATANODE_USER=root
export HDFS_DATANODE_SECURE_USER=root
export HDFS_NAMENODE_USER=root
export HDFS_SECONDARYNAMENODE_USER=root
export YARN_RESOURCEMANAGER_USER=root
export YARN_NODEMANAGER_USER=root
```

（2）进入 Hadoop 配置文件所在目录，命令如下：

```
cd /root/training/hadoop-3.1.2/etc/hadoop/
```

（3）修改 hdfs-site.xml 文件，命令如下：

```
<!-- 数据块的冗余度，默认为 3-->
<!-- 原则：冗余度与数据节点的个数一致，最大不超过 3-->
<property>
    <name>dfs.replication</name>
    <value>1</value>
</property>

<!-- 禁用 HDFS 的权限功能 -->
<!-- 开发环境设置为 false-->
<!-- 生产环境设置为 true-->
<property>
    <name>dfs.permissions</name>
    <value>false</value>
</property>
```

（4）修改 core-site.xml 文件，命令如下：

```
<!--NameNode 的地址 -->
<property>
    <name>fs.defaultFS</name>
    <value>hdfs://bigdata111:9000</value>
</property>

<!--HDFS 对应于操作系统目录 -->
<!-- 该参数的默认值是 Linux 的 tmp 目录 -->
<property>
    <name>hadoop.tmp.dir</name>
    <value>/root/training/hadoop-3.1.2/tmp</value>
</property>
```

（5）修改 mapred-site.xml 文件，命令如下：

```
<!-- 配置 MapReduce 运行的框架 -->
<property>
    <name>mapreduce.framework.name</name>
    <value>yarn</value>
</property>

<!-- 以下是配置 Hadoop 的环境变量 -->
<property>
    <name>yarn.app.mapreduce.am.env</name>
    <value>HADOOP_MAPRED_HOME=${HADOOP_HOME}</value>
</property>

<property>
    <name>mapreduce.map.env</name>
    <value>HADOOP_MAPRED_HOME=${HADOOP_HOME}</value>
</property>

<property>
    <name>mapreduce.reduce.env</name>
    <value>HADOOP_MAPRED_HOME=${HADOOP_HOME}</value>
</property>
```

（6）修改 yarn-site.xml 文件，命令如下：

```
<!-- 配置的 ResourceManager 的地址 -->
<property>
    <name>yarn.resourcemanager.hostname</name>
    <value>bigdata111</value>
</property>

<!--NodeManager 采用 shuffle（洗牌）的方式执行任务 -->
<property>
    <name>yarn.nodemanager.aux-services</name>
    <value>mapreduce_shuffle</value>
</property>
```

（7）对 NameNode 进行格式化，命令如下：

```
hdfs namenode -format
```

格式化成功后，将看到如下所示的日志信息。

```
Storage directory /root/training/hadoop-3.1.2/tmp/dfs/name has been successfully
formatted.
```

（8）启动 Hadoop 伪分布模式，执行以下命令，如图 2.29 所示。

```
start-all.sh
```

（9）执行 jps 命令，查看后台进程，如图 2.30 所示。

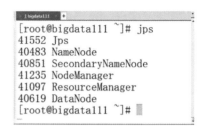

图 2.29　启动 Hadoop 伪分布模式　　　　图 2.30　Hadoop 伪分布模式的后台进程

（10）访问 HDFS 的 Web Console，URL 地址为 http://192.168.157.111:9870，如图 2.31 所示。

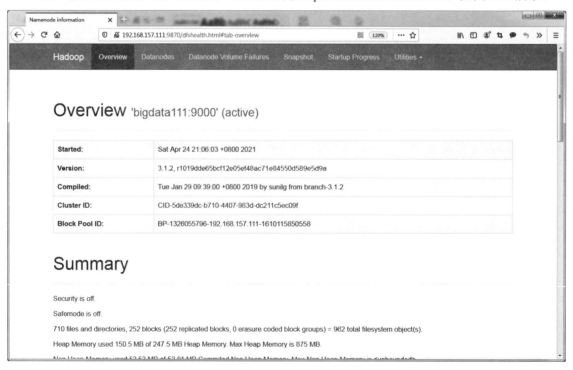

图 2.31　HDFS 的 Web Console

（11）访问 YARN 的 Web Console，URL 地址为 http://192.168.157.111:8088，如图 2.32 所示。

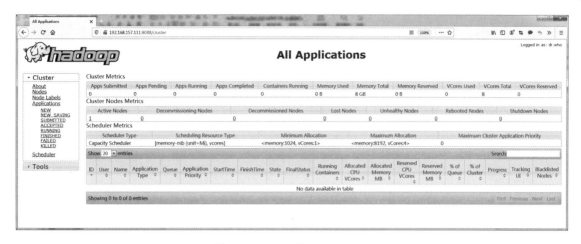

图 2.32　YARN 的 Web Console

（12）执行 MapReduce 任务。

① 在 HDFS 上创建 /input 目录，命令如下：

```
hdfs dfs -ls /input
```

② 将 /root/temp/data.txt 文件上传到 /input 目录，命令如下：

```
hdfs dfs -put /root/temp/data.txt /input
```

③ 执行 MapReduce WordCount 任务，命令如下：

```
cd /root/training/hadoop-3.1.2/share/hadoop/mapreduce/
hadoop jar hadoop-mapreduce-examples-3.1.2.jar wordcount /input/data.txt
/output/wc
```

（13）刷新 YARN 的 Web Console，观察任务的执行过程，如图 2.33 所示。

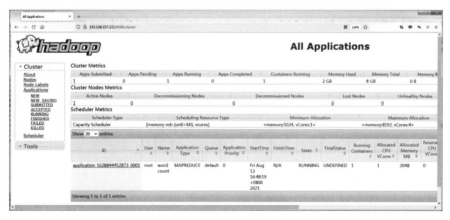

图 2.33　在 YARN 上监控 MapReduce 任务

（14）任务执行完成后，在 HDFS 上观察输出结果，如图 2.34 所示。

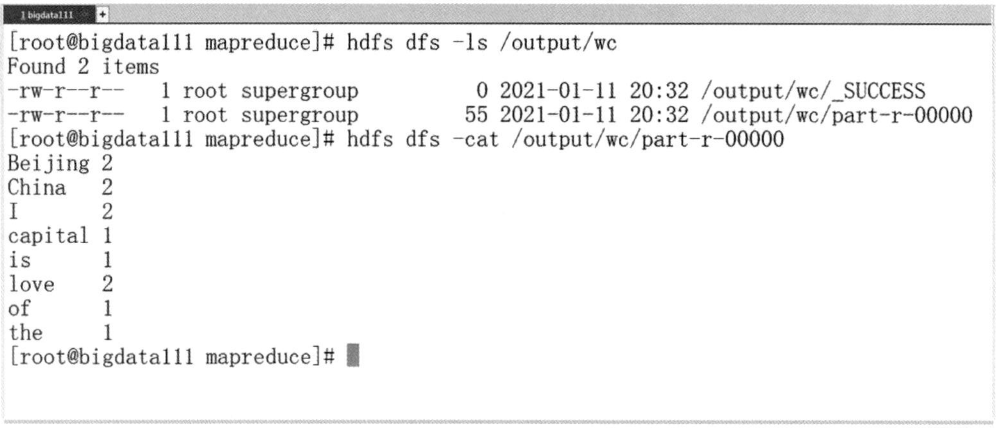

```
[root@bigdata111 mapreduce]# hdfs dfs -ls /output/wc
Found 2 items
-rw-r--r--   1 root supergroup          0 2021-01-11 20:32 /output/wc/_SUCCESS
-rw-r--r--   1 root supergroup         55 2021-01-11 20:32 /output/wc/part-r-00000
[root@bigdata111 mapreduce]# hdfs dfs -cat /output/wc/part-r-00000
Beijing 2
China   2
I       2
capital 1
is      1
love    2
of      1
the     1
[root@bigdata111 mapreduce]#
```

图 2.34   伪分布模式下 WordCount 任务输出结果

2.2.4   部署 Hadoop 全分布模式

Hadoop 全分布模式是真正的集群模式，可用于生产环境。在这种模式下，主节点和从节点运行在不同主机上。图 2.35 为 Hadoop 全分布模式的架构。本小节将在 bigdata112、bigdata113 和 bigdata114 上完成相应的配置和部署。

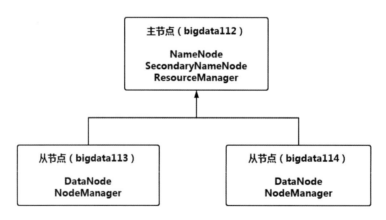

图 2.35   Hadoop 全分布模式的架构

（1）在每台主机上关闭防火墙，设置每台 Linux 的主机名和 IP 地址的映射关系，安装 JDK，设置环境变量，并配置每台主机之间的免密码登录。这些配置步骤前面已有介绍，这里不再赘述。

（2）使用 XShell 登录 bigdata112，完成相应的配置。

（3）在 bigdata112 上创建 /root/training 目录，命令如下：

```
mkdir /root/training
```

（4）将 Hadoop 安装包解压到 /root/training 目录，命令如下：

```
tar -zxvf hadoop-3.1.2.tar.gz -C ~/training/
```

（5）进入 Hadoop 配置文件所在目录，命令如下：

```
cd /root/training/hadoop-3.1.2/etc/hadoop/
```

（6）修改 hdfs-site.xml 文件，命令如下：

```
<!-- 数据块的冗余度，默认为 3-->
<!-- 原则：冗余度与数据节点的个数一致，最大不超过 3-->
<property>
    <name>dfs.replication</name>
    <value>2</value>
</property>

<!-- 禁用 HDFS 的权限功能 -->
<!-- 开发环境设置为 false-->
<!-- 生产环境设置为 true-->
<property>
    <name>dfs.permissions</name>
    <value>false</value>
</property>
```

（7）修改 core-site.xml 文件，命令如下：

```
<!--NameNode 的地址 -->
<property>
    <name>fs.defaultFS</name>
    <value>hdfs://bigdata112:9000</value>
</property>

<!--HDFS 对应于操作系统目录 -->
<!-- 该参数的默认值是 Linux 的 tmp 目录 -->
<property>
    <name>hadoop.tmp.dir</name>
    <value>/root/training/hadoop-3.1.2/tmp</value>
</property>
```

（8）修改 mapred-site.xml 文件，命令如下：

```
<!-- 配置 MapReduce 运行的框架 -->
<property>
    <name>mapreduce.framework.name</name>
    <value>yarn</value>
</property>
```

```
<!-- 以下是配置 Hadoop 的环境变量 -->
<property>
    <name>yarn.app.mapreduce.am.env</name>
    <value>HADOOP_MAPRED_HOME=${HADOOP_HOME}</value>
</property>

<property>
    <name>mapreduce.map.env</name>
    <value>HADOOP_MAPRED_HOME=${HADOOP_HOME}</value>
</property>

<property>
    <name>mapreduce.reduce.env</name>
    <value>HADOOP_MAPRED_HOME=${HADOOP_HOME}</value>
</property>
```

（9）修改 yarn-site.xml 文件，命令如下：

```
<!-- 配置的 ResourceManager 的地址 -->
<property>
    <name>yarn.resourcemanager.hostname</name>
    <value>bigdata112</value>
</property>

<!--NodeManager 采用 shuffle 方式执行任务 -->
<property>
    <name>yarn.nodemanager.aux-services</name>
    <value>mapreduce_shuffle</value>
</property>
```

（10）修改 workers 文件，输入从节点的信息，命令如下：

```
bigdata113
bigdata114
```

（11）对 NameNode 进行格式化，命令如下：

```
hdfs namenode -format
```

格式化成功后，将看到如下所示的日志信息。

```
Storage directory /root/training/hadoop-3.1.2/tmp/dfs/name has been successfully
formatted.
```

（12）将 bigdata112 上配置好的 Hadoop 目录复制到 bigdata113 和 bigdata114 上，命令如下：

```
cd /root/training
scp -r hadoop-3.1.2/ root@bigdata113:/root/training
scp -r hadoop-3.1.2/ root@bigdata114:/root/training
```

（13）在 bigdata112 主节点上启动 Hadoop 全分布模式，如图 2.36 所示。

```
start-all.sh
```

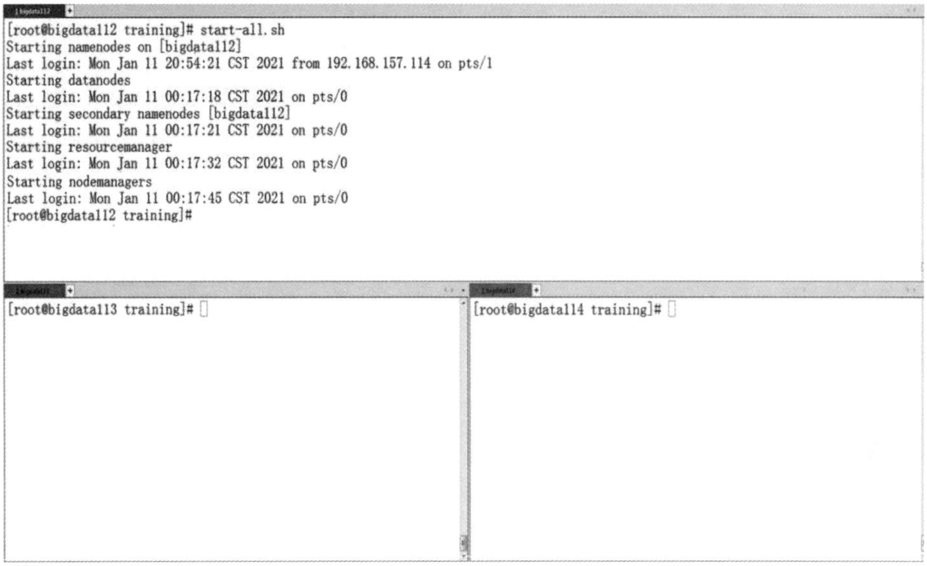

图 2.36　启动 Hadoop 全分布模式

（14）在每台主机上执行 jps 命令，观察后台进程。如图 2.37 所示，在主节点 bigdata112 上有 NameNode、SecondaryNameNode 和 ResourceManager，而在两个从节点上分别有 DataNode 和 NodeManager。

图 2.37　Hadoop 全分布模式的后台进程

Hadoop 全分布模式部署完成后，所有操作都在主节点上进行，与操作 Hadoop 伪分布式模式完全一致，这里不再赘述。

2.3　部署 Spark 环境

相对于 Hadoop 的部署来说，Spark 的部署简单得多。与 Hadoop 的部署类似，Spark 的部署分为伪分布模式、全分布模式和 HA（High Availability，高可用性）模式。本节将重点介绍 Spark 伪分布模式和全分布模式的部署，Spark HA 将会在第 14 章进行相应的介绍。

2.3.1　部署 Spark 伪分布模式

Spark 伪分布模式是在单机上模拟一个分布式环境，Spark 的主节点和从节点都运行在一台主机上。

下面在 bigdata111 的主机上部署 Spark 伪分布模式。

（1）将 Spark 安装包解压到 /root/training 目录，命令如下：

```
tar -zxvf spark-3.0.0-bin-hadoop3.2.tgz -C ~/training/
```

📢 注意：

由于 Spark 的启动命令脚本与 Hadoop 的启动命令脚本有冲突，因此这里不再对 Spark 的环境变量进行设置。

（2）进入 Spark 配置文件所在目录，命令如下：

```
cd /root/training/spark-3.0.0-bin-hadoop3.2/
```

（3）修改配置文件 spark-env.sh，命令如下：

```
mv spark-env.sh.template spark-env.sh
vi spark-env.sh
```

（4）在 spark-env.sh 最后增加以下配置，并保存退出，命令如下：

```
export JAVA_HOME=/root/training/jdk1.8.0_181
export SPARK_MASTER_HOST=bigdata111
export SPARK_MASTER_PORT=7077
```

（5）启动 Spark 集群，命令如下：

```
cd /root/training/spark-3.0.0-bin-hadoop3.2/
sbin/start-all.sh
```

（6）访问 Spark Web Console，URL 地址为 http://192.168.157.111:8080，如图 2.38 所示。

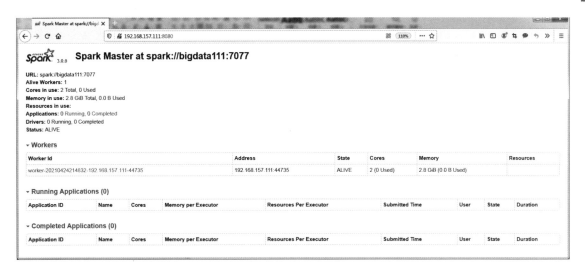

图 2.38 Spark 伪分布模式的 Web Console

至此，Spark 伪分布模式部署完成，之后就可以使用 Spark 提供的客户端工具提交执行 Spark 任务。

2.3.2 部署 Spark 全分布模式

与 Hadoop 的全分布模式一样，Spark 的全分布模式也需要使用 3 台主机来部署。图 2.39 为 Spark 全分布模式的架构。

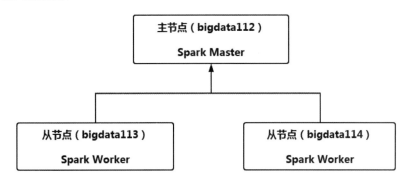

图 2.39 Spark 全分布模式的架构

下面在 bigdata112、bigdata113 和 bigdata114 上完成相应的配置和部署。

（1）将 Spark 安装包解压到 /root/training 目录，命令如下：

```
tar -zxvf spark-3.0.0-bin-hadoop3.2.tgz -C ~/training/
```

（2）进入 Spark 配置文件所在目录，命令如下：

```
cd /root/training/spark-3.0.0-bin-hadoop3.2/
```

（3）修改配置文件 spark-env.sh，命令如下：

```
mv spark-env.sh.template spark-env.sh
vi spark-env.sh
```

（4）在 spark-env.sh 最后增加以下配置，并保存退出，命令如下：

```
export JAVA_HOME=/root/training/jdk1.8.0_181
export SPARK_MASTER_HOST=bigdata112
export SPARK_MASTER_PORT=7077
```

（5）修改配置文件 slaves，命令如下：

```
mv slaves.template slaves
vi slaves
```

（6）在 slaves 文件中输入从节点的地址，命令如下：

```
bigdata113
bigdata114
```

（7）将 bigdata112 上配置好的 Spark 目录复制到 bigdata113 和 bigdata114 上，命令如下：

```
cd /root/training
scp -r spark-3.0.0-bin-hadoop3.2/ root@bigdata113:/root/training
scp -r spark-3.0.0-bin-hadoop3.2/ root@bigdata114:/root/training
```

（8）在 bigdata112 上启动 Spark 集群，命令如下：

```
cd /root/training/spark-3.0.0-bin-hadoop3.2/
sbin/start-all.sh
```

（9）访问 Spark Web Console，URL 地址为 http://192.168.157.112:8080，这时可以看到在 bigdata113 和 bigdata114 上各有一个从节点，如图 2.40 所示。

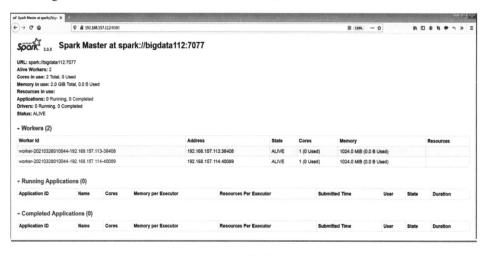

图 2.40   Spark 全分布模式的 Web Console

2.4　部署 Flink 环境

Flink 的部署模式也分为伪分布模式、全分布模式和 HA 模式。关于 Flink HA 的部署，将在第 14 章中进行相应的介绍。

2.4.1　部署 Flink 伪分布模式

Flink 伪分布模式是在单机环境上模拟一个分布式的集群，Flink 的主节点 JobManager 和从节点 TaskManager 运行在一起。下面在 bigdata111 的主机上部署 Flink 伪分布模式。

（1）将 Flink 的安装包解压到 /root/training 目录，命令如下：

```
tar -zxvf flink-1.11.0-bin-scala_2.12.tgz -C /root/training/
```

（2）修改 Flink 的核心配置文件 flink-conf.yaml，命令如下：

```
cd /root/training/flink-1.11.0/conf
vi flink-conf.yaml
```

（3）将 JobManager 的地址设置为当前主机名，保存并退出，命令如下：

```
jobmanager.rpc.address: bigdata111
```

（4）启动 Flink，命令如下：

```
cd /root/training/flink-1.11.0/
bin/start-cluster.sh
```

（5）访问 Flink 的 Web Console，URL 地址为 http://192.168.157.111:8081，可以看到有 1 个 Task Slot，如图 2.41 所示。

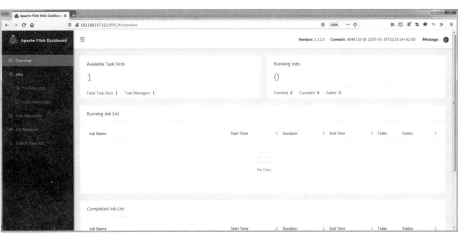

图 2.41　Flink 伪分布模式的 Web Console

2.4.2　部署 Flink 全分布模式

Flink 全分布模式的部署与 Spark 完全一样，这里把 Flink 的主节点 JobManager 部署在 bigdata112 上，而在 bigdata113 和 bigdata114 上各部署一个从节点。

（1）在 bigdata112 的主机上，将 Flink 的安装包解压到 /root/training 目录，命令如下：

```
tar -zxvf flink-1.11.0-bin-scala_2.12.tgz -C /root/training/
```

（2）修改 Flink 的核心配置文件 flink-conf.yaml，命令如下：

```
cd /root/training/flink-1.11.0/conf
vi flink-conf.yaml
```

（3）将 JobManager 的地址设置为当前主机名，保存并退出，命令如下：

```
jobmanager.rpc.address: bigdata112
```

（4）在 works 文件中指定从节点的地址，命令如下：

```
bigdata113
bigdata114
```

（5）将 bigdata112 上的 Flink 目录复制到 bigdata113 和 bigdata114 上，命令如下：

```
cd /root/training
scp -r flink-1.11.0/ root@bigdata113:/root/training
scp -r flink-1.11.0/ root@bigdata114:/root/training
```

（6）在 bigdata112 上启动 Flink 全分布模式，如图 2.42 所示。

```
cd /root/training/flink-1.11.0/
bin/start-cluster.sh
```

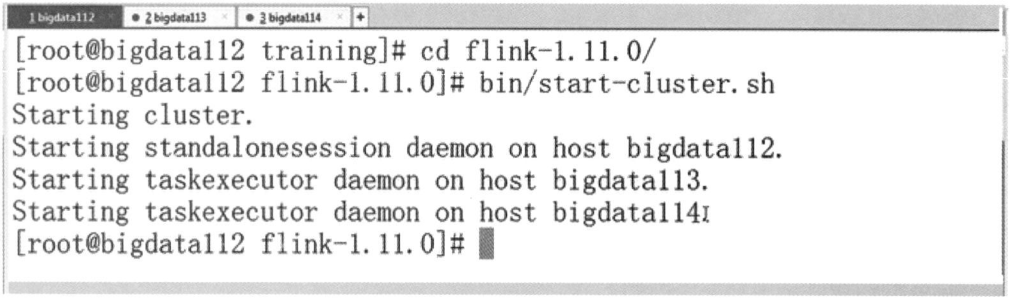

图 2.42　启动 Flink 全分布模式

（7）访问 Flink 的 Web Console，URL 地址为 http://192.168.157.112:8081，可以看到有 2 个 Task Slot，如图 2.43 所示。

图 2.43　Flink 全分布模式的 Web Console

2.5　大数据体系的单点故障问题

首先，需要知道什么是单点故障问题。通过前面的介绍可知，大数据体系架构中的核心组件都是主从架构，即存在一个主节点和多个从节点，从而组成一个分布式环境。图 2.44 为大数据体系中的主从架构。

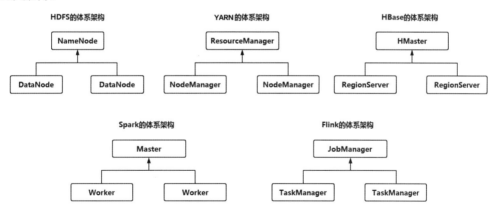

图 2.44　大数据体系中的主从架构

由图 2.44 可以看出，大数据体系的核心组件都是主从架构，而只要是主从架构，就存在单点故障问题。因为整个集群中只存在一个主节点，如果该主节点出现故障或者宕机，就会造成整个集群无法正常工作。因此，需要实现大数据的 HA 功能。HA 的思想非常简单：既然整个集群中只有一个主节点存在单点故障问题，那么只需要搭建多个主节点即可解决该问题。

由于大数据 HA 的实现需要使用 ZooKeeper，因此该内容会在第 14 章中介绍 ZooKeeper 时再进行详细介绍。

第 3 章　HDFS

HDFS 是 Hadoop 中的分布式文件系统，基于 Google 的 GFS 实现。HDFS 解决了大数据体系中如何存储海量数据及如何保证数据安全的问题。另外，从 Hadoop 3.x 开始，又引入了纠删码技术，纠删码的引入可以提高 50% 以上的存储利用率，并且保证数据的可靠性。本章将详细介绍 HDFS 的相关内容。

3.1　HDFS 体系架构详解

通过第 2 章的学习，我们已经知道了组成 HDFS 的 3 个部分，分别是 NameNode、DataNode 和 SecondaryNameNode。图 3.1 为 Hadoop HDFS 的体系架构。

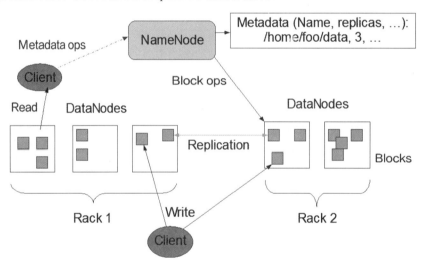

图 3.1　Hadoop HDFS 的体系架构（摘自 Hadoop 官方网站）

3.1.1　NameNode

NameNode 是 HDFS 的主节点，其主要作用体现在以下几个方面。

1. 管理和维护 HDFS

NameNode 可用于管理和维护 HDFS 的元信息文件（fsimage 文件）和操作日志文件（edits 文件），以及管理和维护 HDFS 命名空间。HDFS 的命名空间会在 3.4 节进行详细介绍，这里重点介绍 fsimage 文件和 edits 文件。

　　fsimage 文件是 HDFS 的元信息文件，该文件中保存了目录和文件的相关信息。通过读取 fsimage 文件，就能获取 HDFS 的数据分布情况。在第 2 章部署好的环境中，可以在 $HADOOP_HOME/tmp/dfs/name/current 目录中找到该文件，如图 3.2 所示。

```
1 bigdata111   +
[root@bigdata111 current]# pwd
/root/training/hadoop-3.1.2/tmp/dfs/name/current
[root@bigdata111 current]# ls fsimage*
fsimage_0000000000000016309        fsimage_0000000000000016314
fsimage_0000000000000016309.md5    fsimage_0000000000000016314.md5
[root@bigdata111 current]#
```

图 3.2　HDFS 的元信息文件

　　HDFS 提供了元信息查看器，帮助用户查看元信息文件中的内容。执行下面的命令。

```
hdfs oiv -i fsimage_0000000000000016309 -o /root/a.xml -p XML
```

　　上述命令把元信息文件格式化为 XML 文件，放到了 /root 目录下的 a.xml 中。查看 XML 文件的内容，如图 3.3 所示，可以看到 HDFS 中有一个 input 目录和一个 data.txt 文件。

```
<inode><id>16386</id><type>DIRECTORY</type><name>input</nam
e><mtime>1610718934066</mtime><permission>root:supergroup:0
755</permission><nsquota>-1</nsquota><dsquota>-1</dsquota><
/inode>
<inode><id>16387</id><type>FILE</type><name>data.txt</name>
<replication>1</replication><mtime>1610368142954</mtime><at
ime>1618234296297</atime><preferredBlockSize>134217728</pre
ferredBlockSize><permission>root:supergroup:0644</permissio
n><blocks><block><id>1073741825</id><genstamp>1001</genstam
p><numBytes>60</numBytes></block>
</blocks>
<storagePolicyId>0</storagePolicyId></inode>
```

图 3.3　元信息文件的内容

　　NameNode 维护的另一个系统文件是 edits 文件，该文件用于记录客户端操作。HDFS 也提供了日志查看器，帮助用户查看 edits 文件中的内容。edits 文件与 fsimage 文件存放在同一个目录下。执行下面的命令。

```
hdfs oev -i edits_inprogress_0000000000000000105 -o /root/b.xml
```

　　上述命令将 edits 日志文件格式化生成一个 XML 文件。查看 XML 文件的内容，如图 3.4 所示，可以看出这条日志记录的是创建一个目录的操作。

```
〈RECORD〉
  〈OPCODE〉OP_MKDIR〈/OPCODE〉
  〈DATA〉
    〈TXID〉5〈/TXID〉
    〈LENGTH〉0〈/LENGTH〉
    〈INODEID〉16386〈/INODEID〉
    〈PATH〉/input〈/PATH〉
    〈TIMESTAMP〉1610368116049〈/TIMESTAMP〉
    〈PERMISSION_STATUS〉
      〈USERNAME〉root〈/USERNAME〉
      〈GROUPNAME〉supergroup〈/GROUPNAME〉
      〈MODE〉493〈/MODE〉
    〈/PERMISSION_STATUS〉
  〈/DATA〉
〈/RECORD〉
```

图 3.4　HDFS 的日志文件

2. 接收客户端的请求

客户端的操作请求，无论是上传数据还是下载数据，都由 NameNode 负责接收和处理，最终将数据按照数据块的形式保存到 DataNode 上。

图 3.5 为 HDFS 数据上传的过程。假设要上传一个 200MB 的文件（如 a.avi），以数据块 128MB 为单位进行切块，该文件就会被切分成两个数据块。客户端发出上传命令后，由 DistributedFileSystem 对象创建一个 DFSClient 对象，该对象负责与 NameNode 建立 RPC（Remote Procedure Call，远程过程调用）通信，并请求 NameNode 生成文件的元信息。当 NameNode 接收到请求后，会生成对应的元信息，元信息包含数据块的个数、存储位置及冗余位置。例如，数据块 1 将保存到 DataNode 1 上，对应的两份冗余存储在 DataNode 2 和 DataNode 3 上。NameNode 会将生成的元信息返回给 DistributedFileSystem 对象，并由其创建输出流对象 FSDataOutputStream，并根据生成的元信息上传数据块。图 3.5 中，将数据块 1 上传到了 DataNode 1 上，并通过水平复制将其复制到其他冗余节点上，最终保证数据块冗余度的要求。通过这样的方式上传数据，直到所有的数据块上传成功。

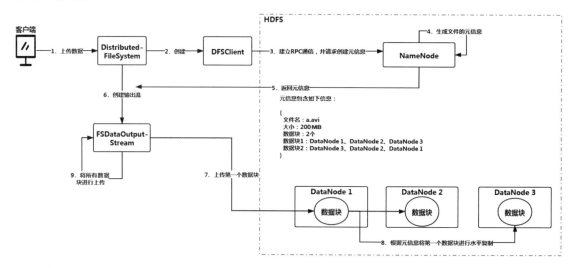

图 3.5　HDFS 数据上传的过程

以上介绍了 HDFS 数据上传的过程，下面展示 HDFS 数据下载的过程，如图 3.6 所示。数据下载原理与数据上传原理类似，不再详细介绍。

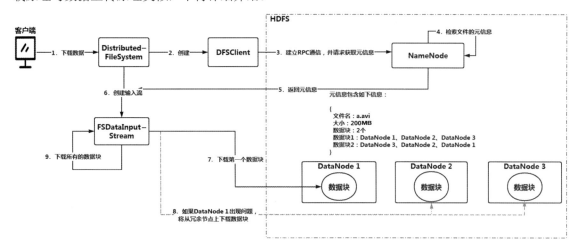

图 3.6　HDFS 数据下载的过程

3.1.2　DataNode

DataNode 的主要职责是按照数据块保存数据。从 Hadoop 2.x 开始，数据块默认大小是128MB。在前面配置好的环境中，数据块默认保存到了图 3.7 所示的目录中。

```
[root@bigdata111 subdir0]# pwd
/root/training/hadoop-3.1.2/tmp/dfs/data/current/BP-1126711527-192.168.15
7.111-1621063524251/current/finalized/subdir0/subdir0
[root@bigdata111 subdir0]# 11
total 327192
-rw-r--r--. 1 root root 134217728 May 15 15:26 blk_1073741825
-rw-r--r--. 1 root root   1048583 May 15 15:26 blk_1073741825_1001.meta
-rw-r--r--. 1 root root 134217728 May 15 15:26 blk_1073741826
-rw-r--r--. 1 root root   1048583 May 15 15:26 blk_1073741826_1002.meta
-rw-r--r--. 1 root root  63998133 May 15 15:26 blk_1073741827
-rw-r--r--. 1 root root    499995 May 15 15:26 blk_1073741827_1003.meta
[root@bigdata111 subdir0]#
```

图 3.7　DataNode 上的数据块文件

从图 3.7 中可以看出，每个数据块文件都以 blk 开头，并且默认大小为 134217728B，即128MB。

3.1.3　SecondaryNameNode

SecondaryNameNode 是 HDFS 的第二名称节点，其主要作用是合并日志。HDFS 的最新状态信息记录在 edits 日志文件中，而数据的元信息需要记录在 fsimage 文件中，即 fsimage 文件维护的并不是最新的 HDFS 状态信息。因此，需要一种机制将 edits 日志文件中的最新状态信息合并写入 fsimage 文件，该工作就是由 SecondaryNameNode 完成的。

◀» 注意：

> SecondaryNameNode 不是 NameNode 的热备，因此当 NameNode 出现问题时，不能由 SecondaryNameNode 顶替 NameNode 的工作。

图 3.8 为 SecondaryNameNode 合并日志的过程。

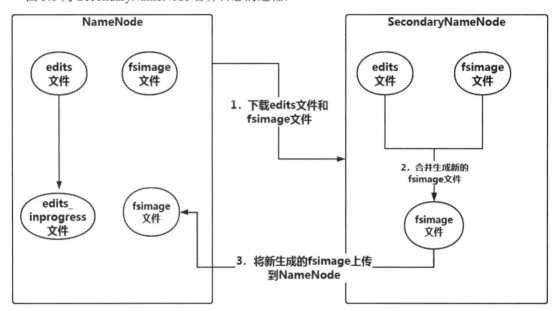

图 3.8　SecondaryNameNode 合并日志的过程

触发 SecondaryNameNode 执行日志文件的合并的条件就是当 HDFS 发出检查点时。在默认情况下，SecondaryNameNode 每小时或在每 100 万次事务后执行检查点操作，以先到者为准。可以根据以下两个条件之一配置检查点操作的频率。

（1）dfs.namenode.checkpoint.txns：该值默认值是 1000000，即 100 万条记录。该属性可以指定自上次执行检查点操作以来的编辑日志事务数。

（2）dfs.namenode.checkpoint.period：该值默认值是 3600s，即 1h。该属性可以指定自上次执行检查点操作以来经过的时间。

3.2　使用不同方式操作 HDFS

可以通过 3 种不同方式操作 HDFS，分别是 HDFS 命令行、Java API 和 Web Console，下面分别进行介绍。

3.2.1　HDFS 命令行

　　HDFS 的命令包括普通的操作命令和管理命令，它们分别以 hdfs dfs 和 hdfs dfsadmin 开头。使用 hdfs dfs 命令（也可以是 hadoop fs 命令）列出所有的操作命令，如下所示：

```
[root@bigdata111 ~]# hdfs dfs
Usage: hadoop fs [generic options]
    [-appendToFile <localsrc> ... <dst>]
    [-cat [-ignoreCrc] <src> ...]
    [-checksum <src> ...]
    [-chgrp [-R] GROUP PATH...]
    [-chmod [-R] <MODE[,MODE]... | OCTALMODE> PATH...]
    [-chown [-R] [OWNER][:[GROUP]] PATH...]
    [-copyFromLocal [-f][-p][-l][-d][-t <thread count>] <localsrc> ... <dst>]
    [-copyToLocal [-f] [-p] [-ignoreCrc] [-crc] <src> ... <localdst>]
    [-count [-q] [-h] [-v] [-t [<storage type>]] [-u] [-x] [-e] <path> ...]
    [-cp [-f] [-p | -p[topax]] [-d] <src> ... <dst>]
    [-createSnapshot <snapshotDir> [<snapshotName>]]
    [-deleteSnapshot <snapshotDir> <snapshotName>]
    [-df [-h] [<path> ...]]
    [-du [-s] [-h] [-v] [-x] <path> ...]
    [-expunge]
    [-find <path> ... <expression> ...]
    [-get [-f] [-p] [-ignoreCrc] [-crc] <src> ... <localdst>]
    [-getfacl [-R] <path>]
    [-getfattr [-R] {-n name | -d} [-e en] <path>]
    [-getmerge [-nl] [-skip-empty-file] <src> <localdst>]
    [-head <file>]
    [-help [cmd ...]]
    [-ls [-C] [-d] [-h] [-q] [-R] [-t] [-S] [-r] [-u] [-e] [<path> ...]]
    [-mkdir [-p] <path> ...]
    [-moveFromLocal <localsrc> ... <dst>]
    [-moveToLocal <src> <localdst>]
    [-mv <src> ... <dst>]
    [-put [-f] [-p] [-l] [-d] <localsrc> ... <dst>]
    [-renameSnapshot <snapshotDir> <oldName> <newName>]
    [-rm [-f] [-r|-R] [-skipTrash] [-safely] <src> ...]
    [-rmdir [--ignore-fail-on-non-empty] <dir> ...]
    [-setfacl [-R][{-b|-k}{-m|-x <acl_spec>} <path>]|[--set <acl_spec> <path>]]
    [-setfattr {-n name [-v value] | -x name} <path>]
    [-setrep [-R] [-w] <rep> <path> ...]
    [-stat [format] <path> ...]
    [-tail [-f] <file>]
    [-test -[defsz] <path>]
    [-text [-ignoreCrc] <src> ...]
    [-touch [-a] [-m] [-t TIMESTAMP] [-c] <path> ...]
    [-touchz <path> ...]
    [-truncate [-w] <length> <path> ...]
    [-usage [cmd ...]]
```

使用 hdfs dfsadmin 命令列出所有的操作命令，如下所示：

```
[root@bigdata111 ~]# hdfs dfsadmin
Usage: hdfs dfsadmin
Note: Administrative commands can only be run as the HDFS superuser.
    [-report[-live][-dead][-decommissioning][-enteringmaintenance][-inmaintenance]]
    [-safemode <enter | leave | get | wait>]
    [-saveNamespace [-beforeShutdown]]
    [-rollEdits]
    [-restoreFailedStorage true|false|check]
    [-refreshNodes]
    [-setQuota <quota> <dirname>...<dirname>]
    [-clrQuota <dirname>...<dirname>]
    [-setSpaceQuota <quota> [-storageType <storagetype>] <dirname>...<dirname>]
    [-clrSpaceQuota [-storageType <storagetype>] <dirname>...<dirname>]
    [-finalizeUpgrade]
    [-rollingUpgrade [<query|prepare|finalize>]]
    [-upgrade <query | finalize>]
    [-refreshServiceAcl]
    [-refreshUserToGroupsMappings]
    [-refreshSuperUserGroupsConfiguration]
    [-refreshCallQueue]
    [-refresh <host:ipc_port> <key> [arg1..argn]
    [-reconfig <namenode|datanode> <host:ipc_port> <start|status|properties>]
    [-printTopology]
    [-refreshNamenodes datanode_host:ipc_port]
    [-getVolumeReport datanode_host:ipc_port]
    [-deleteBlockPool datanode_host:ipc_port blockpoolId [force]]
    [ setBalancerBandwidth <bandwidth in bytes per second>]
    [-getBalancerBandwidth <datanode_host:ipc_port>]
    [-fetchImage <local directory>]
    [-allowSnapshot <snapshotDir>]
    [-disallowSnapshot <snapshotDir>]
    [-shutdownDatanode <datanode_host:ipc_port> [upgrade]]
    [-evictWriters <datanode_host:ipc_port>]
    [-getDatanodeInfo <datanode_host:ipc_port>]
    [-metasave filename]
    [-triggerBlockReport [-incremental] <datanode_host:ipc_port>]
    [-listOpenFiles [-blockingDecommission] [-path <path>]]
    [-help [cmd]]
```

一些命令的使用示例如下：

（1）-mkdir：创建一个目录。

可选参数：-p，表示如果父目录不存在，则先创建目录。

在 HDFS 的根目录下创建 a1 目录，在 a1 下创建 b1 目录，在 b1 下创建 c1 目录，命令如下：

```
hdfs dfs -mkdir -p /a1/b1/c1
```

（2）-ls 和 -ls -R：查看目录。

可选参数：-R，表示查看子目录。

查看 HDFS 的根目录，包括子目录下的内容，命令如下：

```
hdfs dfs -ls -R /
```

上面的命令可以简写成如下形式。

```
hdfs dfs -lsr /
```

（3）-put、-copyFromLocal、-moveFromLocal：都是上传文件到 HDFS，区别是使用 -moveFromLocal 上传文件会删除本地文件，相当于执行剪切操作。

在本地编辑文件 data.txt，并输入以下内容。

```
vi data.txt
I love Beijing
I love China
Beijing is the capital of China
```

在 HDFS 上创建 /input 目录，命令如下：

```
hdfs dfs -mkdir /input
```

将 data.txt 上传到 /input 目录，命令如下：

```
hdfs dfs -put data.txt /input
```

（4）-get、-copyToLocal：都是从 HDFS 上下载文件。

将 HDFS 的 /input/data.txt 文件下载到当前目录，命令如下：

```
hdfs dfs -get /input/data.txt.
```

（5）-rm：删除一个空目录。

-rmr：删除目录，包括子目录。

删除前面创建的 /a1 及其子目录，命令如下：

```
hdfs dfs -rmr /a1
```

（6）-getmerge：将 HDFS 目录下的文件先合并，再下载。

在本地编辑 students01.txt 和 students02.txt。

students01.txt 内容如下：

```
1,Tom,23
2,Mary,22
```

students02.txt 内容如下：

```
3,Mike,24
```

在 HDFS 上创建 /students 目录，并上传数据文件，命令如下：

```
hdfs dfs -mkdir /students
hdfs dfs -put students0*.txt /students
```

使用 getmerge 下载数据，命令如下：

```
hdfs dfs -getmerge /students ./allstudents.txt
```

查看 allstudents.txt 文件，内容如下：

```
1,Tom,23
2,Mary,22
3,Mike,24
```

（7）-cp：执行 HDFS 的复制。

将 /input/data.txt 复制一份至 /input/a1.txt 文件中，命令如下：

```
hdfs dfs -cp /input/data.txt /input/a1.txt
```

（8）-mv：移动 HDFS 文件。如果目的地与源目录相同，则执行重命名操作。

将 /input/a1.txt 重命名为 /input/a2.txt，命令如下：

```
hdfs dfs -mv /input/a1.txt /input/a2.txt
```

（9）-count：统计目录下的文件信息。

```
hdfs dfs -count /students
```

输入信息如下：

```
1                2                          29 /students
```

其中，2 表示文件个数；29 表示总字节数。

（10）-du：显示 HDFS 目录下文件的详细信息。

查看 /students 目录下文件的详细信息，命令如下：

```
hdfs dfs -du /students
```

输出信息如下：

```
19  19   /students/students01.txt
10  10   /students/students02.txt
```

（11）-text、-cat：查看 HDFS 文件的内容。

查看 data.txt 文件中的内容，命令如下：

```
hdfs dfs -cat /input/data.txt
```

输出信息如下：

```
I love Beijing
I love China
Beijing is the capital of China
```

（12）-report：管理命令，可以查看 HDFS 集群的信息。

查看 HDFS 集群的信息，命令如下：

```
hdfs dfsadmin -report
```

输出信息如下：

```
Configured Capacity: 39746781184 (37.02 GB)
Present Capacity: 26564603904 (24.74 GB)
DFS Remaining: 26183876608 (24.39 GB)
DFS Used: 380727296 (363.09 MB)
DFS Used%: 1.43%
Replicated Blocks:
    Under replicated blocks: 20
    Blocks with corrupt replicas: 0
    Missing blocks: 0
    Missing blocks (with replication factor 1): 0
    Low redundancy blocks with highest priority to recover: 20
    Pending deletion blocks: 0
Erasure Coded Block Groups:
    Low redundancy block groups: 0
    Block groups with corrupt internal blocks: 0
    Missing block groups: 0
    Low redundancy blocks with highest priority to recover: 0
    Pending deletion blocks: 0


-------------------------------------------------
Live datanodes (1):

Name: 192.168.157.111:9866 (bigdata111)
Hostname: bigdata111
Decommission Status : Normal
Configured Capacity: 39746781184 (37.02 GB)
DFS Used: 380727296 (363.09 MB)
Non DFS Used: 13182177280 (12.28 GB)
DFS Remaining: 26183876608 (24.39 GB)
```

```
DFS Used%: 0.96%
DFS Remaining%: 65.88%
Configured Cache Capacity: 0 (0 B)
Cache Used: 0 (0 B)
Cache Remaining: 0 (0 B)
Cache Used%: 100.00%
Cache Remaining%: 0.00%
Xceivers: 1
Last contact: Wed May 12 14:04:29 CST 2021
Last Block Report: Wed May 12 13:36:59 CST 2021
Num of Blocks: 252
```

这里可以看到 HDFS 容量的大小、已使用的空间、数据节点的相关信息等。

（13）-safemode：管理命令，可以查看和操作 HDFS 的安全模式。关于 HDFS 安全模式的内容，会在 3.3.4 小节进行详细介绍。

查看当前 HDFS 的安全模式状态，命令如下：

```
hdfs dfsadmin -safemode get
```

输出信息如下：

```
Safe mode is OFF
```

3.2.2   Java API

由于 HDFS 本身是基于 Java 语言开发的，因此它也提供了对应的 Java API 进行操作。可以使用 Maven 的方式搭建 Java 工程，也可以使用 jar 包手动添加 Java 工程，如下所示：

```
$HADOOP_HOME/share/hadoop/common/*.jar
$HADOOP_HOME/share/hadoop/common/lib/*.jar
$HADOOP_HOME/share/hadoop/hdfs/*.jar
$HADOOP_HOME/share/hadoop/hdfs/lib/*.jar
```

下面给出通过 Java API 操作 HDFS 的示例程序。为了方便测试，这里使用了 JUnit 框架。

📢 注意：

通过运行在 Windows 上的 Java 程序操作部署在 Linux 上的 HDFS，需要设置 HADOOP_USER_NAME 环境变量；或者在 hdfs-site.xml 配置文件中将参数 dfs.permissions 设置为 false。

（1）在 HDFS 上创建目录，代码如下：

```
@Test
public void testMKDir() throws Exception{
    // 以 Linux 的 root 身份执行程序
```

```
        System.setProperty("HADOOP_USER_NAME", "root");

        // 配置 NameNode 的地址
        Configuration conf = new Configuration();

        // 这里通过主机名访问，需要配置 Windows 的 hosts
        conf.set("fs.defaultFS", "hdfs://bigdata111:9000");

        // 得到 HDFS 的客户端
        //FileSystem 是一个抽象类，具体实现类是 DistributedFileSystem
        FileSystem client = FileSystem.get(conf);

        // 创建目录
        client.mkdirs(new Path("/tools"));

        client.close();
}
```

（2）上传数据。将 Hadoop 的安装包上传到 HDFS 的 tools 目录下，并重命名为 a.tar.gz，代码如下：

```
@Test
public void testUpload() throws Exception{
        // 构建一个输入流，代表上传的文件
        InputStream input = new FileInputStream("d:\\temp\\hadoop-3.1.2.tar.gz");

        // 配置 NameNode 的地址
        Configuration conf = new Configuration();
        conf.set("fs.defaultFS", "hdfs://bigdata111:9000");

        //FileSystem 是一个抽象类，具体实现类是 DistributedFileSystem
        FileSystem client = FileSystem.get(conf);

        // 创建一个输出流，指向 HDFS
        OutputStream output = client.create(new Path("/tools/a.tar.gz"));

        // 从输入流中读取数据，写到输出流中
        IOUtils.copyBytes(input, output, 1024);

        client.close();
}
```

（3）下载数据。将之前上传的 /tools/a.tar.gz 下载到本地 d:\temp 目录下，并重命名为 abc.tar.gz，代码如下：

```
@Test
public void testDownload() throws Exception{
        // 创建一个输出流，代表下载的目的地
```

```
OutputStream output = new FileOutputStream("d:\\temp\\abc.tar.gz");

    // 配置 NameNode 的地址
    Configuration conf = new Configuration();
    conf.set("fs.defaultFS", "hdfs://bigdata111:9000");

    //FileSystem 是一个抽象类，具体实现类是 DistributedFileSystem
    FileSystem client = FileSystem.get(conf);

    // 创建一个输入流，代表即将下载的文件
    InputStream input = client.open(new Path("/tools/a.tar.gz"));
    IOUtils.copyBytes(input, output, 1024);

    client.close();
}
```

（4）查询某个文件对应的数据块在 HDFS 中的位置，代码如下：

```
@Test
public void testGetBlock() throws Exception{
    // 配置 NameNode 的地址
    Configuration conf = new Configuration();
    conf.set("fs.defaultFS", "hdfs://bigdata111:9000");

    FileSystem client = FileSystem.get(conf);
    FileStatus fs = client.getFileStatus(new Path("/tools/a.tar.gz"));

    // 获取该文件的数据块信息
    BlockLocation[]  blocks = client.getFileBlockLocations(fs, 0, fs.getLen());
    for(BlockLocation block:blocks) {
        System.out.println(Arrays.toString(block.getHosts()));
    }
    client.close();
}
```

（5）获取所有的 DataNode 信息，代码如下：

```
@Test
public void testGetDataNode() throws Exception{
    // 获取所有的 DataNode
    // 配置 NameNode 的地址
    Configuration conf = new Configuration();
    conf.set("fs.defaultFS","hdfs://bigdata111:9000"); // 需要配置 Windows 的 hosts

    // 得到 HDFS 的客户端
    DistributedFileSystem client = (DistributedFileSystem)FileSystem.get(conf);

    // 获取所有的 DataNode
```

```
DatanodeInfo[] list = client.getDataNodeStats();
for(DatanodeInfo datanode:list) {
    System.out.println(datanode.getHostName());
}
client.close();
}
```

3.2.3　Web Console

除了可以利用命令行和 Java API 访问 HDFS 外，也可以通过 Web Console 图形化的方式访问 HDFS。访问 HDFS 默认的端口号是 9870。本小节介绍 HDFS Web Console 上的几个页面。

1. Overview 页面

Overview 页面是 HDFS Web Console 的首页，如图 3.9 所示。页面显示了 HDFS 启动的时间、版本信息、安全模式的状态、集群的容量等信息，与使用 HDFS 管理命令 -report 输出的信息类似。

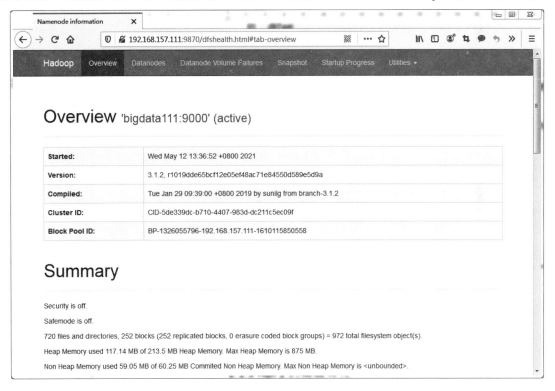

图 3.9　Overview 页面

2. Datanodes 页面

Datanodes 页面显示 HDFS 数据节点的详细信息，如图 3.10 所示。由于这里使用的是伪分布式模式的环境，因此只有一个 Datanode。

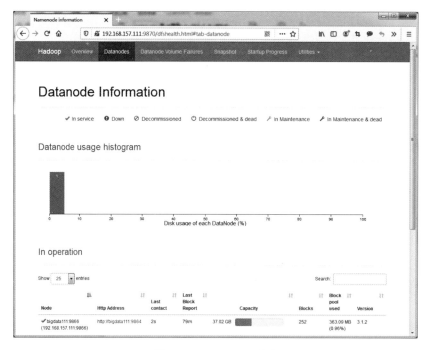

图 3.10　Datanodes 页面

3. Snapshot 页面

　　Snapshot 是 HDFS 的快照页面，如图 3.11 所示。快照是 HDFS 提供的一种备份方式，可以防止由于误操作而丢失数据。由于默认情况下 HDFS 的快照是关闭的，因此在该界面上没有任何相关的信息。HDFS 的快照将在 3.3.2 小节中进行详细介绍。

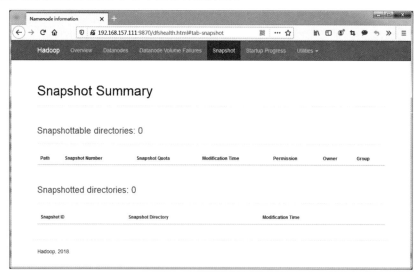

图 3.11　Snapshot 页面

4. Startup Progress 页面

Startup Progress（启动过程）页面如图 3.12 所示。

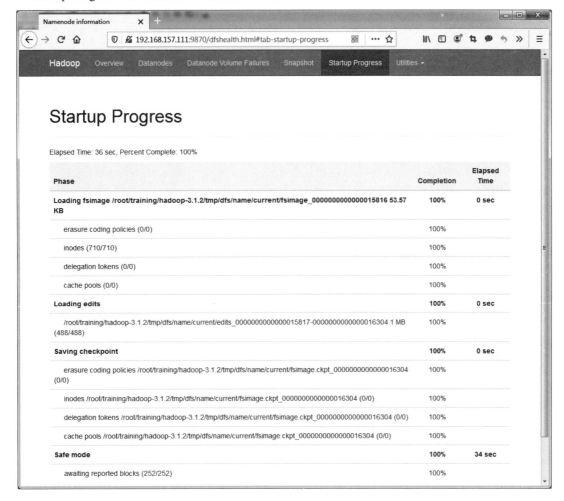

图 3.12　Startup Progress 页面

HDFS 的启动过程分为 4 个阶段，下面介绍每个阶段的具体作用。

（1）Loading fsimage。该阶段加载元信息文件。元信息文件 fsimage 记录数据块的位置信息，HDFS 在启动时首先会加载 fsimage 文件，这样就能获取整个 HDFS 中数据块的分布信息。但是，fsimage 文件中记录的元信息并没有体现 HDFS 的状态。

（2）Loading edits。HDFS 的操作日志 edits 文件用于记录客户端的操作，它体现了 HDFS 的最新状态信息。因此，在 HDFS 启动的第 2 个阶段需要加载该日志信息。

（3）Saving checkpoint。HDFS 启动的第 3 阶段将触发一个检查点。一旦触发检查点，将会以最高的优先级唤醒 SecondaryNameNode，将 edits 文件中最新的状态信息合并写入 fsimage 文件。关于 SecondaryNameNode 合并写日志的过程，可以参考 3.1.3 小节的内容。

（4）Safe mode。HDFS 启动的最后一个阶段将进入安全模式。在安全模式下，将检查数据块的完整性。

3.3　HDFS 的高级特性

HDFS 除了最基本的上传数据和下载数据功能以外，还提供了很多高级特性方便用户使用和操作，主要有回收站、快照、配额管理、安全模式、权限管理等，下面分别进行介绍。

3.3.1　回收站

HDFS 中默认回收站是关闭的，可以通过在 core-site.xml 中添加 fs.trash.interval 来打开配置时间阈值，代码如下：

```
<property>
    <name>fs.trash.interval</name>
    <value>1440</value>
</property>
```

这里需要重启 HDFS。删除文件时，其实是将要删除的文件或者目录放入回收站对应的目录 /trash，相当于执行了一个移动操作。例如，当删除 /input/data.txt 文件时，将看到如下所示的日志信息。

```
hdfs dfs -rmr /tools/b.tar.gz
2021-01-15 20:55:31,387 INFO fs.TrashPolicyDefault: Moved: 'hdfs://bigdata111:
9000/input/data.txt' to trash at: hdfs://bigdata111:9000/user/root/.Trash/Current/
input/data.txt
```

回收站里的文件可以快速恢复，同时还可以设置一个时间阈值，当回收站里文件的存放时间超过该阈值时就被彻底删除，同时释放占用的数据块。例如，前面设置的时间阈值是 1440min，即一天的时间。

下面列举了一些 HDFS 回收站的基本操作。

（1）查看回收站，命令如下：

```
hdfs dfs -lsr /user/root/.Trash/Current
```

（2）从回收站中恢复文件，命令如下：

```
hdfs dfs -cp /user/root/.Trash/Current/input/data.txt /input
```

（3）清空回收站，命令如下：

```
hdfs dfs -expunge
```

3.3.2　快照

一个 Snapshot（快照）是一个文件系统或者某个目录在某一时刻的镜像。这里其实可以把 HDFS 的快照理解成 HDFS 提供的一种备份机制。快照应用在以下场景中：防止用户的错误操作、备份、试验 / 测试、灾难恢复。

需要注意的是，由于 HDFS 的快照功能针对的是目录，因此要先使用 HDFS 的管理员命令开启目录的快照功能，再使用 HDFS 的操作命令创建目录的快照。以下列出了快照的相关命令。

（1）hdfs dfsadmin 管理命令，如下所示：

```
[-allowSnapshot <snapshotDir>]
[-disallowSnapshot <snapshotDir>]
```

（2）hdfs dfs 操作命令，如下所示：

```
[-createSnapshot <snapshotDir> [<snapshotName>]]
[-deleteSnapshot <snapshotDir> <snapshotName>]
[-renameSnapshot <snapshotDir> <oldName> <newName>]
```

（3）对比快照命令，如下所示：

```
hdfs snapshotDiff
```

下面通过具体的示例演示快照的使用方式。

（1）开启 /input 目录的快照功能，命令如下：

```
hdfs dfsadmin -allowSnapshot /input
```

（2）为 /input 目录创建第一个快照，命令如下：

```
hdfs dfs -createSnapshot /input bk_input_20210115_01
```

（3）上传一个新的文件到 /input 目录，如 data1.txt，命令如下：

```
hdfs dfs -put data1.txt /input
```

（4）为 /input 目录创建第二个快照，命令如下：

```
hdfs dfs -createSnapshot /input bk_input_20210115_02
```

（5）对比 /input 目录的两个快照，命令如下：

```
hdfs snapshotDiff /input bk_input_20210115_01 bk_input_20210115_02
```

（6）输出如下信息，表示第二个快照比第一个快照多了一个 data1.txt 文件。

```
Difference between snapshot bk_input_20210115_01 and snapshot bk_input_20210115_02
under directory /input:
M    .
+    ./data1.txt
```

通过 HDFS 的 Web Console 也可以查看快照的相关信息，如图 3.13 所示。

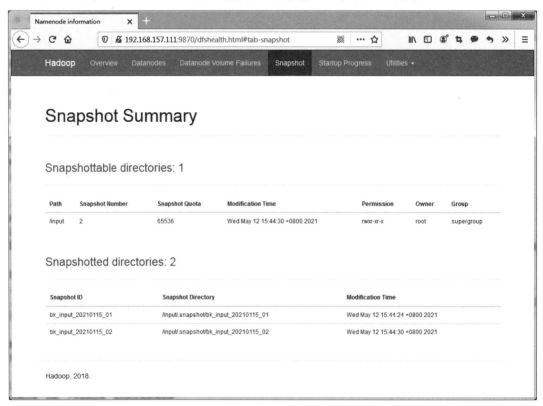

图 3.13　快照的相关信息

3.3.3　配额管理

配额就是 HDFS 为每个目录分配的空间。新建立的目录没有配额，最大的配额是 Long.Max_Value。如果配额为 1，则可以强制目录保持为空。HDFS 的配额分为以下两种。

1. 名称配额

名称配额用于设置该目录中能够存放的最多文件（目录）个数，相关命令如下：

```
[-setQuota <quota> <dirname>...<dirname>]
[-clrQuota <dirname>...<dirname>]
```

下面通过具体的示例演示如何使用 HDFS 的名称配额。

（1）创建一个新的目录，命令如下：

```
hdfs dfs -mkdir /test1
```

（2）设置目录的名称配额为 3，表示最多只能在该目录下存放 3 个文件或者目录，命令如下：

```
hdfs dfsadmin -setQuota 3 /test1
```

（3）上传 3 个文件到 /test1 目录下，将出现以下错误信息。

```
put: The NameSpace quota (directories and files) of directory /test1 is exceeded:
quota=3 file count=4
```

2. 空间配额

空间配额用于设置该目录中能够存放的最大文件，相关命令如下：

```
[-setSpaceQuota <quota> [-storageType <storagetype>] <dirname>...<dirname>]
[-clrSpaceQuota [-storageType <storagetype>] <dirname>...<dirname>]
```

下面通过具体的示例演示如何使用 HDFS 的空间配额。

（1）创建一个新的目录，命令如下：

```
hdfs dfs -mkdir /test2
```

（2）设置目录的空间配额是 1MB，表示该目录下只能存放不超过 1MB 的文件，命令如下：

```
hdfs dfsadmin -setSpaceQuota 1M /test2
```

（3）上传一个大于 1MB 的文件到 /test2 目录下，将出现以下错误信息。

```
put: The DiskSpace quota of /test2 is exceeded: quota = 1048576 B = 1 MB but diskspace
consumed = 134217728 B = 128 MB
```

通过以上错误信息能够看出，当设置空间配额时，其值一定不能小于一个数据块的大小，否则任何一个文件都无法存入 HDFS。

3.3.4　安全模式

安全模式是 HDFS 的一种保护机制，用于保证集群中数据块的安全性。操作安全模式的相关参数如下：

```
hdfs dfsadmin -safemode
Usage: hdfs dfsadmin [-safemode enter | leave | get | wait | forceExit]
```

如果 HDFS 处于安全模式，则表示 HDFS 是只读状态。其具体操作如下所示：

```
[root@bigdata111 ~]# hdfs dfsadmin -safemode get
Safe mode is OFF
[root@bigdata111 ~]# hdfs dfsadmin -safemode enter
Safe mode is ON
[root@bigdata111 ~]# hdfs dfsadmin -safemode get
Safe mode is ON
[root@bigdata111 ~]# hdfs dfs -mkdir /test3
mkdir: Cannot create directory /test3. Name node is in safe mode.
[root@bigdata111 ~]# hdfs dfsadmin -safemode leave
Safe mode is OFF
```

　　首先，查看 HDFS 的安全模式，如返回 OFF，表示 HDFS 可以正常操作；然后，按 Enter 键手动进入安全模式，再次获取安全模式的状态，返回 ON，表示 HDFS 的安全模式已经打开，这时 HDFS 是只读状态；接下来创建一个 /test3 目录，返回错误信息；最后，手动退出安全模式。

　　那么，HDFS 为什么要有安全模式呢？前面提到安全模式是 HDFS 的一种保护机制，用于检查数据块的完整性。当集群启动时，首先会进入安全模式。当系统处于安全模式时，会检查数据块的完整性。假设设置的副本数（参数 dfs.replication）为 5，那么在 DataNode 上就应该存在 5 个副本，假设只存在 3 个副本，那么比例就是 3/5=0.6。在配置文件 hdfs-default.xml 中定义了一个最小的副本，副本率为 0.999，而 0.6 明显小于 0.999，因此系统会自动复制副本到其他 DataNode，使得副本率不小于 0.999。如果系统中有 8 个副本，超过 5 个副本，那么系统也会删除多余的 3 个副本。

　　HDFS 在安全模式下虽然不能修改文件，但可以浏览目录结构，查看文件内容。

3.3.5　权限管理

　　HDFS 的权限管理类似于 Linux，可以通过命令 -ls 查看目录或者文件的权限信息，命令如下：

```
[root@bigdata111 ~]# hdfs dfs -ls /input/data.txt
-rw-r--r--   1 root supergroup         60 2021-01-11 20:29 /input/data.txt
```

　　（1）-rw-r--r--：第 1 个字符 "-" 表示文件类型，另外两个可选参数为 d 和 1，d 是文件夹，1 是连接文件，"-" 是普通文件。其后 9 个字符分成 3 组，分别表示当前用户的权限、同组用户的权限和其他用户的权限；每组中有 3 个字符，分别表示可读、可写和可执行的权限。

　　（2）root 和 supergroup：表示用户和组的信息。

　　使用 HDFS 的操作命令可以改变文件或目录的权限，权限相关的命令及说明见表 3.1。

表 3.1　权限相关的命令及说明

命　　令	说　　明
chmod [-R] mode file ...	只有文件的所有者或者超级用户才有权限改变文件模式
chgrp [-R] group file ...chgrp [-R] group file ...	使用 chgrp 命令的用户必须属于特定的组且是文件的所有者，或者用户是超级用户
chown [-R] [owner][:[group]] file ...	文件的所有者只能被超级用户更改

3.4　联　　盟

3.4.1　联盟概述

HDFS 在存储数据时，实际上包含命名空间管理（Namespace Management）和块 / 存储管理（Block/Storage Management）服务。HDFS 中的目录、文件和数据块都属于命名空间。命名空间管理是指对目录和文件的基本操作，如创建、修改、删除等；而块 / 存储管理主要负责将数据按照数据块进行存储。二者之间的关系如图 3.14 所示。

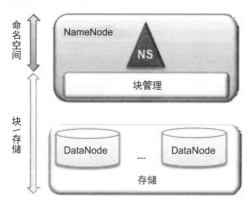

图 3.14　命名空间管理和块 / 存储管理之间的关系

如果在整个 HDFS 中只存在一个命名空间，并且只由一个 NameNode 维护，则必然存在单点故障问题，也不利于集群的扩展和性能的提高。因此，HDFS 引入了联盟的机制。简单来说，联盟就是让 HDFS 可以支持多个命名空间，并由不同的 NameNode 进行维护。图 3.15 为 HDFS 的联盟的基本架构。

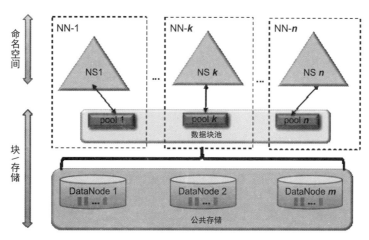

图 3.15　HDFS 的联盟的基本架构

这里可以使用多个 NameNode 维护不同的命名空间，就相当于在 MySQL 数据库中创建不同的数据库，它们彼此之间可以相互隔离。尽管是不同的命名空间，但是从数据块存储的角度来看，这些 NameNode 维护的命名空间使用的是共享存储方式，即后端的 DataNode 将为每一个命名空间提供存储空间。

另外，我们都知道 NameNode 会接收客户端的请求。如果存在多个 NameNode，那么客户端的请求应该由谁进行处理呢？这时就需要有 ViewFS（View File System，视图文件系统）的支持。ViewFS 的本质就是一系列的路由规则，这些路由规则需要事先创建好。客户端的请求先提交到 ViewFS 上，再根据事先配置好的路由规则转发给不同的 NameNode 进行处理。ViewFS 的作用如图 3.16 所示。

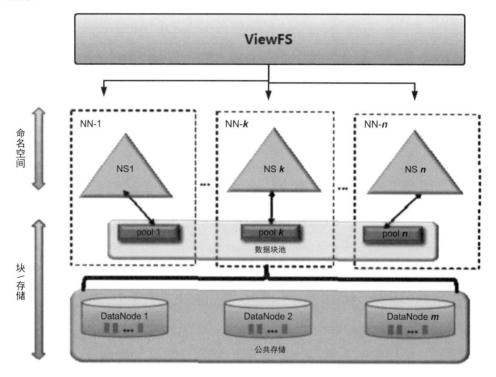

图 3.16　ViewFS 的作用

3.4.2　联盟的架构

以 4 个节点为例，联盟的架构如图 3.17 所示。

图 3.17 中使用了 4 台虚拟机，分别是 bigdata112、bigdata113、bigdata114 和 bigdata115。在 bigdata112 和 bigdata113 上分别部署两个 NameNode，在 bigdata114 和 bigdata115 上各部署一个 DataNode。ViewFS 可以和 NameNode 部署在同一个节点上，即 bigdata112 和 bigdata113。

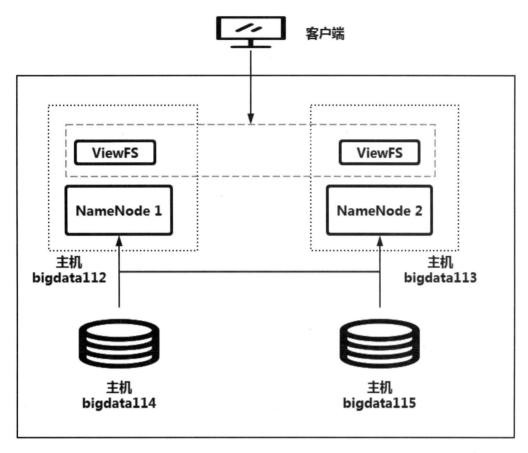

图 3.17　联盟的架构

3.4.3　部署联盟

了解了联盟的具体作用和部署的架构后，即可根据下面的步骤部署联盟的环境。

（1）准备工作。准备 4 台虚拟机，分别命名为 bigdata112、bigdata113、bigdata114 和 bigdata115。在每台虚拟机上安装 JDK，关闭防火墙，配置主机名和免密码登录。

（2）修改 bigdata112 的 hadoop-env.sh 文件，代码如下：

```
export JAVA_HOME=/root/training/jdk1.8.0_181
```

（3）修改 bigdata112 的 core-site.xml 文件，代码如下：

```
<property>
    <name>hadoop.tmp.dir</name>
    <value>/root/training/hadoop-3.1.2/tmp</value>
</property>
```

（4）修改 bigdata112 的 hdfs-site.xml 文件，代码如下：

```xml
<!-- 这里表示有两个 NameNode-->
<property>
    <name>dfs.nameservices</name>
    <value>ns1,ns2</value>
</property>

<!-- 第一个 NameNode 的相关配置参数 -->
<property>
    <name>dfs.namenode.rpc-address.ns1</name>
    <value>bigdata112:9000</value>
</property>

<property>
    <name>dfs.namenode.http-address.ns1</name>
    <value>bigdata112:50070</value>
</property>

<property>
    <name>dfs.namenode.secondaryhttp-address.ns1</name>
    <value>bigdata112:50090</value>
</property>

<!-- 第二个 NameNode 的相关配置参数 -->
<property>
    <name>dfs.namenode.rpc-address.ns2</name>
    <value>bigdata113:9000</value>
</property>

<property>
    <name>dfs.namenode.http-address.ns2</name>
    <value>bigdata113:50070</value>
</property>

<property>
    <name>dfs.namenode.secondaryhttp-address.ns2</name>
    <value>bigdata113:50090</value>
</property>

<!-- 数据块的冗余度 -->
<property>
    <name>dfs.replication</name>
    <value>2</value>
</property>

<!-- 禁用权限检查 -->
<property>
    <name>dfs.permissions</name>
    <value>false</value>
</property>
```

（5）修改 bigdata112 的 mapred-site.xml 文件，代码如下：

```
<property>
    <name>mapreduce.framework.name</name>
    <value>yarn</value>
</property>
```

（6）修改 bigdata112 的 yarn-site.xml 文件，代码如下：

```
<property>
    <name>yarn.resourcemanager.hostname</name>
    <value>bigdata112</value>
</property>

<property>
    <name>yarn.nodemanager.aux-services</name>
    <value>mapreduce_shuffle</value>
</property>
```

（7）修改 bigdata112 的 worker 文件，代码如下：

```
bigdata114
bigdata115
```

（8）在 bigdata112 的 core-site.xml 文件中加入 ViewFS 的路由规则，代码如下：

```
<!-- 这里指定了联盟的 ID 为 xdl1-->
<property>
    <name>fs.viewfs.mounttable.xdl1.homedir</name>
    <value>/home</value>
</property>

<property>
    <name>fs.viewfs.mounttable.xdl1.link./movie</name>
    <value>hdfs://bigdata112:9000/movie</value>
</property>

<property>
    <name>fs.viewfs.mounttable.xdl1.link./mp3</name>
    <value>hdfs://bigdata113:9000/mp3</value>
</property>

<property>
    <name>fs.default.name</name>
    <value>viewfs://xdl1</value>
</property>
```

（9）将在 bigdata112 配置好的 Hadoop 目录复制到其他节点，命令如下：

```
scp -r hadoop-3.1.2/ root@bigdata113:/root/training
scp -r hadoop-3.1.2/ root@bigdata114:/root/training
scp -r hadoop-3.1.2/ root@bigdata115:/root/training
```

（10）在 bigdata112 和 bigdata113 上对 NameNode 分别进行格式化，命令如下：

```
hdfs namenode -format -clusterId xdl1
```

（11）在 bigdata112 上启动 HDFS，命令如下：

```
start-all.sh
```

（12）根据路由规则在对应的 NameNode 上建立目录，命令如下：

```
hadoop fs -mkdir hdfs://bigdata112:9000/movie
hadoop fs -mkdir hdfs://bigdata113:9000/mp3
```

（13）此时即可正常操作 HDFS。例如：查看 HDFS，命令如下：

```
[root@bigdata112 training]# hdfs dfs -ls /
Found 2 items
-r-xr-xr-x   - root root          0 2021-01-18 00:36 /movie
-r-xr-xr-x   - root root          0 2021-01-18 00:36 /mp3
```

📢 注意：

这里的 /movie 和 /mp3 是定义在 ViewFS 上的路由规则，并不是真正的 HDFS 目录。

图 3.18 为联盟的后台进程信息。

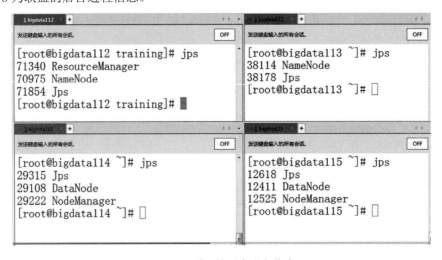

图 3.18   联盟的后台进程信息

从图 3.18 中可以看出，在 bigdata112 和 bigdata113 上各有一个 NameNode，而在 bigdata114 和 bigdata115 上各有一个 DataNode。

3.5　HDFS 的底层通信方式 RPC

3.5.1　RPC 概述

SAP 系统中的 RPC（Remote Procedure Call，远程过程调用）调用的原理其实很简单，类似于三层构架的 C/S 系统，第三方客户程序通过接口调用 SAP 系统内部的标准或自定义函数，获得函数返回的数据，对其进行处理，然后可以显示或打印。

简单来说，RPC 就是一个调用方式。通过 RPC 可以在客户端远程调用运行在远端 RPC Server 上的应用程序，而 HDFS 中客户端访问 NameNode 使用的就是 RPC 方式。图 3.19 为简单的 RPC 调用。

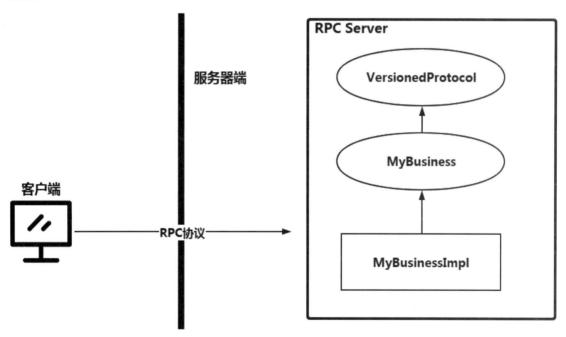

图 3.19　简单的 RPC 调用

3.5.2　开发服务器端程序和客户端程序

了解到了 RPC 的基本内容后，本小节把应用程序部署到 Hadoop 已经实现好的 RPC 框架中，具体开发过程如下，其调用过程如 3.5.1 小节中的图 3.19 所示。

1. 开发服务器端程序

（1）业务接口，代码如下：

```
package demo.rpc.server;

import org.apache.hadoop.ipc.VersionedProtocol;

public interface MyBusiness extends VersionedProtocol{

    // 定义一个版本号
    public static long versionID = 1;

    // 定义业务方法
    public String sayHello(String name);
}
```

（2）业务实现，代码如下：

```
package demo.rpc.server;

import java.io.IOException;
import org.apache.hadoop.ipc.ProtocolSignature;

public class MyBusinessImpl implements MyBusiness {
    @Override
    public String sayHello(String name) {
        System.out.println("**** 调用到了服务器端 ****");
        return "Hello " + name;
    }

    @Override
    public ProtocolSignature getProtocolSignature(String arg0,long arg1,int arg2)
    throws IOException {
        // 返回服务器端代码的签名（版本号）
        return new ProtocolSignature(MyBusiness.versionID, null);
    }

    @Override
    public long getProtocolVersion(String arg0, long arg1) throws IOException {
        // 返回版本号
        return MyBusiness.versionID;
    }
}
```

（3）服务器端主程序，代码如下：

```
package demo.rpc.server;

import java.io.IOException;
```

```
import org.apache.hadoop.HadoopIllegalArgumentException;
import org.apache.hadoop.conf.Configuration;
import org.apache.hadoop.ipc.RPC;
import org.apache.hadoop.ipc.RPC.Server;

public class MyRPCServer {

    public static void main(String[] args) throws Exception {
        // 创建一个 RPC Server，发布程序
        RPC.Builder builder = new RPC.Builder(new Configuration());
        builder.setBindAddress("localhost");
        builder.setPort(1234);

        // 发布程序
        builder.setProtocol(MyBusiness.class);        // 客户端调用的接口
        builder.setInstance(new MyBusinessImpl());    // 实现类

        Server server = builder.build();
        server.start();
    }
}
```

2. 开发客户端程序

客户端程序的开发代码如下：

```
package demo.rpc.client;

import java.io.IOException;
import java.net.InetSocketAddress;

import org.apache.hadoop.conf.Configuration;
import org.apache.hadoop.ipc.RPC;

import demo.server.MyBusiness;

public class MyRPCClient {

    public static void main(String[] args) throws Exception {
        MyBusiness proxy = RPC.
                                          // 调用的接口
                        getProxy(MyBusiness.class,
                                          // 版本号
                                    MyBusiness.versionID,
                                    //RPC Server 的地址
                                    new InetSocketAddress("localhost",
                                    1234),
                                    new Configuration());

        // 输出 RPC Server 的返回结果
        System.out.println(proxy.sayHello("Tom"));
    }
}
```

3.5.3 运行 RPC 服务器端程序和客户端程序

（1）运行 RPC 服务器端程序，如图 3.20 所示。由图 3.20 可以发现，RPC 服务器端启动后，将等待 RPC 客户端发送来的请求。

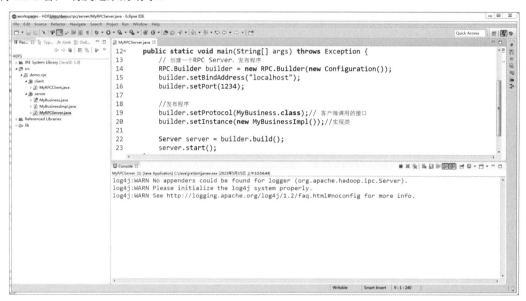

图 3.20 运行 RPC 服务器端程序

（2）运行 RPC 客户端程序，如图 3.21 所示，可以看出从 RPC 服务器端返回了正确的结果。

图 3.21 运行 RPC 客户端程序

（3）再次观察 RPC 服务器端的输出，如图 3.22 所示，可以看到客户端确实调用了 RPC 服务器端的应用程序。

图 3.22　RPC 服务器端的输出

第 4 章　NoSQL 数据库 HBase

NoSQL 泛指所有的非关系型数据库，常见的 NoSQL 数据库有基于内存的 Redis、基于文档的 MongoDB、列存储的 HBase 和 Cassandra。HBase 基于 Google 的 BigTable 思想提出，并且 HBase 底层的存储是 HDFS。百度百科对 HBase 作出了如下说明：

> HBase 是一个分布式的、面向列的开源数据库，该技术来源于 Fay Chang 撰写的 Google 论文《BigTable：一个结构化数据的分布式存储系统》。就像 BigTable 利用了 GFS 提供的分布式数据存储一样，HBase 在 Hadoop 之上提供了类似于 BigTable 的能力。HBase 是 Apache 的 Hadoop 项目的子项目。HBase 不同于一般的关系型数据库，它是一个适合于非结构化数据存储的数据库。另外，HBase 是基于列而不是基于行的模式。

4.1　HBase 的基本概念与体系架构

在第 1 章中介绍了 BigTable 的思想和 HBase 的表结构（由 rowkey 和列族组成）。HBase 的基本概念及说明见表 4.1。

表 4.1　HBase 的基本概念及说明

概　念	说　明
命名空间	命名空间是对表的逻辑分组，不同的命名空间类似于关系型数据库中不同的 Database 数据库。利用命名空间，在"多租户"场景下可做到更好的资源和数据隔离
表	对应于关系型数据库中的一张张表，HBase 以"表"为单位组织数据，表由多行组成
行	由一个 rowkey 和多个列族组成，一个行有一个 rowkey，用作唯一标识
列族	每一行由若干列族组成，每个列族可包含多个列，如 ImployeeBasicInfoCLF 和 DetailInfoCLF 是两个列族。列族是列共性的一些体现。物理上，同一列族的数据存储在一起
列限定符	列由列族和列限定符唯一指定，如 name、age 是 ImployeeBasicInfoCLF 列族的列限定符
单元格	单元格由 rowkey、列族、列限定符唯一定位，单元格中存放一个值（Value）和一个版本号
时间戳	单元格内不同版本的值按时间倒序排列，最新的数据排在最前面

从体系架构的角度看，HBase 是一种主从架构，包含 HMaster、RegionServer 和 ZooKeeper，如图 4.1 所示。其中，HMaster 负责 Region 的分配及数据库的创建和删除等操作；Region Server 负责数据的读 / 写服务；ZooKeeper 负责维护集群的状态。

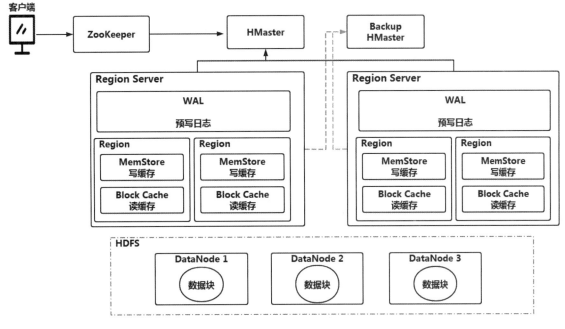

图 4.1　HBase 的体系架构

4.1.1　HMaster

HMaster 是整个 HBase 集群的主节点，其职责主要体现在以下几方面。

（1）负责在 Region Server 上分配和调控不同的 Region。

（2）根据恢复和负载均衡策略重新分配 Region。

（3）监控 Region Server 的状态。

（4）管理和维护 HBase 的命名空间，即 NameSpace。

（5）接收客户端的请求，提供创建、删除或更新表格的接口。

如果整个集群中只存在一个 HMaster，将造成单点故障问题，因此其也需要基于 ZooKeeper 实现 HBase 的 HA。HBase 实现 HA 非常简单，因为在其体系架构中已经包含了 ZooKeeper，因此只需手动再启动一个 HMaster 作为 Backup HMaster 即可。

4.1.2　Region Server

Region Server 负责数据的读 / 写操作。一个 Region Server 可以包含多个 Region，而一个 Region 只能属于一个 Region Server。可以把 Region 理解成列族，它与列族是一对多的关系。HBase 表中的列族根据 rowkey 的值水平分割成 Region。在默认的情况下，Region 的大小是 1GB，其中包含 8 个 HFile 的数据文件，每个数据文件是 128MB，与 HDFS 数据块的大小保持一致。每一个 Region Server 大约可以管理 1000 个 Region。

Region Server 除了包含 Region 以外，还包含 WAL 预写日志、Block Cache 读缓存和 MemStore 写缓存 3 个部分。

1. WAL 预写日志

Write-Ahead Logging 是一种高效的日志算法，相当于 Oracle 中的 redo log，或者是 MySQL 中的 binlog。其基本原理是在数据写入之前首先顺序写入日志，然后写入缓存，等到缓存写满之后统一进行数据的持久化。WAL 将一次随机写转化为了一次顺序写加一次内存写，在提供性能的前提下又保证了数据的可靠性。如果在写入数据完成之后发生了宕机，即使所有写缓存中的数据都丢失，也可以通过恢复 WAL 日志达到数据恢复的目的。写入的 WAL 日志会对应一个 HLog 文件。

2. Block Cache 读缓存

HBase 将经常需要读取的数据放入 Block Cache，以提高读取数据的效率。当 Block Cache 的空间被占满后，将采用 LRU（Least Recently Used，最近最少使用）算法将其中读取频率最低的数据从 Block Cache 中清除。

3. MemStore 写缓存

MemStore 中主要存储了还未写入磁盘的数据，如果此时发生了宕机，这部分数据会丢失。HBase 中的每一个列族对应一个 MemStore，其中存储的是按键排好序的待写入硬盘的数据，数据也按 rowkey 排好序写入 HFile，最终保存到 HDFS 中。

4. HFile 数据文件

HBase 表中的数据最终保存在数据文件 HFile 中，并存储在 HDFS 的 DataNode 中。在将 MemStore 中的数据写入 HFile 中时采用顺序写入机制，避免了磁盘大量寻址的过程，从而大幅提高了性能。在读取 HFile 时，文件中包含的 rowkey 信息会被加载到内存中，这样即可保证数据检索只需一次硬盘查询操作。

4.1.3   ZooKeeper

ZooKeeper 在整个 HBase 集群中主要维护节点的状态并协调分布式系统的工作，其作用主要体现在以下几方面。

（1）监控 HBase 节点的状态，包括 HMaster 和 Region Server。

（2）通过 ZooKeeper 的 Watcher 机制提供节点故障和宕机的通知。

（3）保证服务器之间的同步。

（4）负责 Master 选举的工作。

图 4.2 为 HBase 在 ZooKeeper 中保存的数据信息。

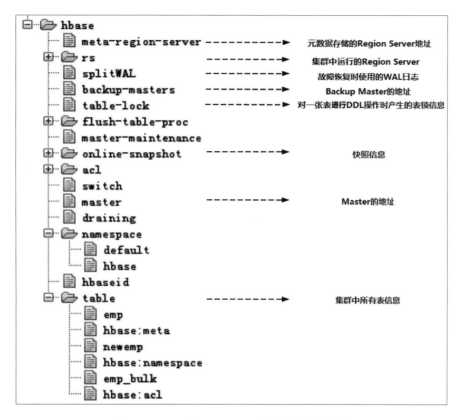

图 4.2   HBase 在 ZooKeeper 中保存的数据信息

4.2   部署 HBase

与 Hadoop 的部署类似，部署 HBase 也分为本地模式、伪分布模式和全分布模式。基于之前已经部署好的 Hadoop 环境，本节将介绍如何部署 HBase 的这几种模式，另外简要介绍 HBase 的 HA 模式。

4.2.1   部署 HBase 本地模式

可以把 HBase 运行在本地模式下，该模式下不需要 HDFS 的支持。HBase 直接使用本地文件系统进行存储，因此这种模式一般用于开发和测试的环境。另外，由于没有 HDFS 的支持，因此其存储的空间取决于本地硬盘空间的大小。

部署 HBase 的本地模式的具体步骤如下。

（1）将 HBase 的安装包解压到 /root/training 目录，命令如下：

```
tar -zxvf hbase-2.2.0-bin.tar.gz -C /root/training/
```

（2）编辑 /root/.bash_profile 文件，设置 HBase 的环境变量，命令如下：

```
HBASE_HOME=/root/training/hbase-2.2.0
export HBASE_HOME

PATH=$HBASE_HOME/bin:$PATH
export PATH
```

（3）生效 HBase 的环境变量，命令如下：

```
source /root/.bash_profile
```

（4）进入目录 $HBASE_HOME/conf/，编辑 hbase-env.sh，命令如下：

```
export JAVA_HOME=/root/training/jdk1.8.0_181
```

（5）编辑 HBase 的核心配置文件 $HBASE_HOME/conf/hbase-site.xml，输入以下内容。

```
<!--HBase 的存储路径 -->
<property>
    <name>hbase.rootdir</name>
    <value>file:///root/training/hbase-2.2.0/data</value>
</property>

<property>
    <name>hbase.unsafe.stream.capability.enforce</name>
    <value>false</value>
</property>
```

这里可以看成 HBase 使用了本地文件系统存储数据，而不是 HDFS；hbase.unsafe.stream.
capability.enforce 参数表示如果使用本地文件系统，则需要设置为 false。

（6）启动 HBase，并执行 jps 命令，这时后台只有一个 HMaster 进程，命令如下：

```
start-hbase.sh
```

（7）启动 HBase 的命令行工具 hbase shell，如图 4.3 所示。

```
[root@bigdata111 conf]# hbase shell
Use ~help~ to get list of supported commands.
Use "exit" to quit this interactive shell.
For Reference, please visit: http://hbase.apache.
Version 2.2.0, rUnknown, Tue Jun 11 04:30:30 UTC
Took 0.0041 seconds
hbase(main):001:0>
```

图 4.3　启动命令行工具 hbase shell

（8）停止 HBase，命令如下：

```
stop-hbase.sh
```

4.2.2　部署 HBase 伪分布模式

HBase 的伪分布模式是在单机上模拟一个分布式环境。伪分布模式具备 ZooKeeper、HMaster 和 Region Server，也具备 HBase 大部分的功能特性。在之前部署好的本地模式的基础上，可以很方便地实现伪分布模式，具体步骤如下。

（1）修改 hbase-env.sh 文件中的以下参数，使用 HBase 自带的 ZooKeeper，代码如下：

```
export HBASE_MANAGES_ZK=true
```

（2）修改 hbase-site.xml 文件，代码如下：

```
<!-- 使用 HDFS 作为 HBase 的存储目录 -->
<property>
    <name>hbase.rootdir</name>
    <value>hdfs://bigdata111:9000/hbase</value>
</property>

<property>
    <name>hbase.unsafe.stream.capability.enforce</name>
    <value>false</value>
</property>

<property>
    <name>hbase.cluster.distributed</name>
    <value>true</value>
</property>

<!-- 配置 ZK 的地址 -->
<property>
    <name>hbase.zookeeper.quorum</name>
    <value>bigdata111</value>
</property>
```

（3）启动 Hadoop。

（4）启动 HBase，并执行 jps 命令查看后台的进程信息，如图 4.4 所示。由图 4.4 可以看出，除了 Hadoop 的进程以外，还有 HBase 的相关进程。这里的 HQuorumPeer 进程其实就是 ZooKeeper。

```
[root@bigdata111 conf]# jps
102064 DataNode
102306 SecondaryNameNode
102713 NodeManager
105036 HRegionServer
105436 Jps
104895 HMaster
101918 NameNode
102574 ResourceManager
104830 HQuorumPeer
[root@bigdata111 conf]#
```

图 4.4　伪分布模式下 HBase 的后台进程

HBase 启动完成后，就可以通过不同的方式操作 HBase，具体内容请参考 4.3 节。

4.2.3 部署 HBase 全分布模式

全分布模式是真正的集群模式，可以用于生产环境。全分布模式下包含一个 HMaster 节点和至少两个 Region Server。下面在 bigdata112、bigdata113 和 bigdata114 的主机上搭建 HBase 的全分布模式，具体步骤如下：

（1）启动 bigdata112、bigdata113 和 bigdata114 上的 Hadoop 全分布模式。

（2）在 bigdata112、bigdata113 和 bigdata114 设置 HBase 的环境变量，并生效环境变量。

（3）在 bigdata112 上解压 HBase 的安装包，命令如下：

```
tar -zxvf hbase-2.2.0-bin.tar.gz -C /root/training/
```

（4）编辑 hbase-env.sh 文件，命令如下：

```
export JAVA_HOME=/root/training/jdk1.8.0_181
export HBASE_MANAGES_ZK=true
```

（5）编辑 hbase-site.xml 文件，代码如下：

```
<property>
      <name>hbase.rootdir</name>
      <value>hdfs://bigdata112:9000/hbase</value>
</property>

<property>
      <name>hbase.unsafe.stream.capability.enforce</name>
      <value>false</value>
</property>

<property>
      <name>hbase.cluster.distributed</name>
      <value>true</value>
</property>

<!-- 配置 ZooKeeper 的地址 -->
<property>
      <name>hbase.zookeeper.quorum</name>
      <value>bigdata112</value>
</property>

<property>
      <name>hbase.master.maxclockskew</name>
      <value>3000</value>
</property>
```

其中，参数 hbase.master.maxclockskew 表示 HBase 集群中允许的最大时间误差，一般不建议将该值设置得太大。

（6）编辑 regionservers 文件，输入 Region Server 的地址，命令如下：

```
bigdata113
bigdata114
```

（7）将 bigdata112 上的 HBase 目录复制到 bigdata113 和 bigdata114 上，命令如下：

```
scp -r hbase-2.2.0/ root@bigdata113:/root/training
scp -r hbase-2.2.0/ root@bigdata114:/root/training
```

（8）在 bigdata112 上启动 HBase，并查看每个节点上的后台进程信息，如图 4.5 所示。

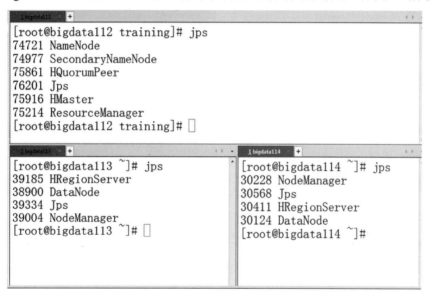

图 4.5　全分布模式下 HBase 的后台进程

4.2.4　HBase 的 HA 模式

由于 HBase 是一种主从架构，因此也存在单点故障问题。要解决该问题，就需要使用 ZooKeeper 实现高可用的架构，即 HA 架构。另外，HBase 集群中本身就需要 ZooKeeper 的支持，因此不需要再单独配置 HA，只需在某个 Region Server 上手动启动一个 HMaster。例如，在 bigdata113 上通过下面的命令手动启动一个 HMaster。

```
hbase-daemon.sh start master
```

再通过 jps 命令查看每台主机上的后台进程，可以发现在 bigdata112 和 bigdata113 上各有一个 HMaster，如图 4.6 所示。

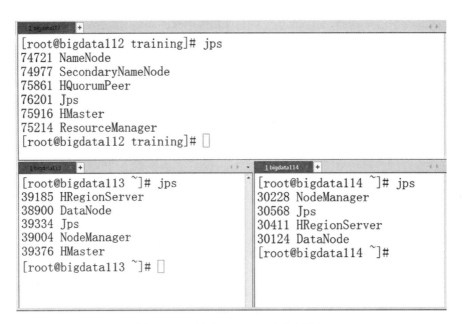

图 4.6　HA 模式下 HBase 的后台进程

查看 HBase 的 Web Console，可以看出 bigdata112 是当前的 HMaster，而 bigdata113 是 Backup Master，如图 4.7 所示。

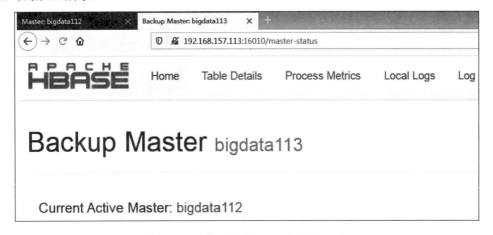

图 4.7　HA 模式下的 HBase Web Console

4.3　使用不同方式操作 HBase

与 HDFS 类似，也可以通过 3 种不同的方式操作 HBase，分别是 HBase Shell 命令行、Java API 和 Web Console，下面分别进行介绍。

4.3.1　HBase Shell 命令行

HBase 有自己的命令行工具 HBase Shell，也有自己的语法命令用于操作 HBase。在搭建好 HBase 的环境后，通过 HBase Shell 进入命令行工具，如下所示：

```
[root@bigdata111 hbase-2.2.0]# hbase shell
HBase Shell
Use "help" to get list of supported commands.
Use "exit" to quit this interactive shell.
For Reference, please visit: http://hbase.apache.org/2.0/book.html#shell
Version 2.2.0, rUnknown, Tue Jun 11 04:30:30 UTC 2019
Took 0.0030 seconds
hbase(main):001:0>
```

输入 help，可以获取 HBase 提供的所有命令。下面通过具体操作演示如何使用 HBase Shell 进行基本的 HBase 操作。

（1）创建一张学生表，包含 info 和 grade 两个列族，命令如下：

```
create 'student','info','grade'
```

（2）查看表的结构信息，命令如下：

```
describe 'student'
```

（3）插入单条数据，命令如下：

```
put 'student','s001','info:name','Tom'
```

（4）通过 rowkey 查询数据，命令如下：

```
get 'student','s001'
```

（5）查询整张表的数据，命令如下：

```
scan 'student'
```

（6）清空表，命令如下：

```
truncate 'student'
```

（7）删除表，命令如下：

```
disable 'student'
drop 'student'
```

4.3.2   Java API

开发 Java 程序访问 HBase，在工程中添加 HBase 安装目录下的 lib 和 client-facing-thirdparty 目录下的 jar 包。如果是在宿主机 Windows 上访问部署在 Linux 上的 HBase，需要连接 ZooKeeper，因为在 ZooKeeper 中保存的是主机名，而不是 IP 地址。因此，需要在 Windows 的 hosts 文件中添加映射关系，这里以伪分布模式为例，配置如下：

```
192.168.157.111 bigdata111
```

下面通过具体的示例代码演示如何开发 Java 程序操作 HBase。

（1）创建 HBase 的表，代码如下：

```
@Test
public void testCreateTable() throws Exception{
    // 配置 ZooKeeper 的地址
    Configuration conf = new Configuration();
    conf.set("hbase.zookeeper.quorum", "bigdata111");

    // 创建一个连接
    Connection conn = ConnectionFactory.createConnection(conf);
    // 客户端
    Admin client = conn.getAdmin();

    // 指定表结构
    TableDescriptorBuilder builder = TableDescriptorBuilder
                                    .newBuilder(TableName.valueOf("test001"));

    // 添加列族
    builder.setColumnFamily(
            ColumnFamilyDescriptorBuilder.of("info"));    // 列族

    builder.setColumnFamily(
            ColumnFamilyDescriptorBuilder.of("grade"));    // 列族

    // 表的描述符
    TableDescriptor td = builder.build();

    // 创建表
    client.createTable(td);

    client.close();
    conn.close();
    System.out.println(" 完成 ");
}
```

（2）插入单条数据，代码如下：

```java
@Test
public void testPutData() throws Exception{
    // 配置 ZooKeeper 的地址
    Configuration conf = new Configuration();
    conf.set("hbase.zookeeper.quorum", "bigdata111");

    // 创建一个连接
    Connection conn = ConnectionFactory.createConnection(conf);

    // 获取表的客户端
    Table client = conn.getTable(TableName.valueOf("test001"));

    // 构造一个 Put 对象，参数为 rowkey
    Put put = new Put(Bytes.toBytes("s001"));

    put.addColumn(Bytes.toBytes("info"),        // 列族
                  Bytes.toBytes("name"),        // 列
                  Bytes.toBytes("Mary"));       // 值

    client.put(put);
    // 通过下面的方式，可以一次插入多条数据
    //client.put(list);

    client.close();
    conn.close();
}
```

（3）查询单条数据，代码如下：

```java
@Test
public void testGet() throws Exception{
    // 配置 ZooKeeper 的地址
    Configuration conf = new Configuration();
    conf.set("hbase.zookeeper.quorum", "bigdata111");

    // 创建一个连接
    Connection conn = ConnectionFactory.createConnection(conf);

    // 获取表的客户端
    Table client = conn.getTable(TableName.valueOf("test001"));

    // 构造一个 Get 对象，指定 rowkey
    Get get = new Get(Bytes.toBytes("s001"));

    // 执行查询
    Result r = client.get(get);
```

```
        String name = Bytes.toString(r.getValue(Bytes.toBytes("info"),
                                    Bytes.toBytes("name")));

        System.out.println(" 名字是 "+name);

        client.close();
        conn.close();
}
```

（4）通过 scan 读取整张表，scan 可以通过添加一个过滤器来过滤读取的结果，代码如下：

```
@Test
public void testScan() throws Exception{
    // 配置 ZooKeeper 的地址
    Configuration conf = new Configuration();
    conf.set("hbase.zookeeper.quorum", "bigdata111");

    // 创建一个连接
    Connection conn = ConnectionFactory.createConnection(conf);

    // 获取表的客户端
    Table client = conn.getTable(TableName.valueOf("test001"));

    // 定义一个扫描器：默认扫描整张表
    Scan scan = new Scan();

    // 这里可以定义过滤器，过滤查询的结果
    //scan.setFilter(filter)

    // 扫描表
    ResultScanner rs = client.getScanner(scan);
    for(Result r :rs) {
        String name = Bytes.toString(r.getValue(Bytes.toBytes("info"),
                                    Bytes.toBytes("name")));
        String math = Bytes.toString(r.getValue(Bytes.toBytes("grade"),
                                    Bytes.toBytes("math")));

        System.out.println(name +"\t"+math);
    }

    client.close();
    conn.close();
}
```

（5）删除表，需要先将表禁用，再执行删除操作，代码如下：

```
@Test
public void testDropTable() throws Exception{
```

```
    // 配置 ZooKeeper 的地址
    Configuration conf = new Configuration();
    conf.set("hbase.zookeeper.quorum", "bigdata111");

    // 创建一个连接
    Connection conn = ConnectionFactory.createConnection(conf);
    // 客户端
    Admin client = conn.getAdmin();

    client.disableTable(TableName.valueOf("test001"));
    client.deleteTable(TableName.valueOf("test001"));

    client.close();
    conn.close();
}
```

4.3.3 过滤器

前面提到，在使用 scan 读取 HBase 表中的数据时，可以通过添加过滤器来过滤读取的结果。比较常用的过滤器有列值过滤器 SingleColumnValueFilter、列名前缀过滤器 ColumnPrefixFilter、多个列名前缀过滤器 MultipleColumnPrefixFilter 和 rowkey 过滤器 RowFilter。这些过滤器可以单独使用，也可以组合使用以实现更为复杂的查询。为了便于测试，首先创建一张测试表并插入若干条测试数据。这里以员工表的数据为例进行介绍，包含员工号、姓名 ename 和工资 sal，并使用员工号作为 rowkey。

（1）在 HBase Shell 命令行中创建员工表，命令如下：

```
create 'emp','empinfo'
```

（2）插入员工数据，命令如下：

```
put 'emp','7369','empinfo:ename','SMITH'
put 'emp','7499','empinfo:ename','ALLEN'
put 'emp','7521','empinfo:ename','WARD'
put 'emp','7566','empinfo:ename','JONES'
put 'emp','7654','empinfo:ename','MARTIN'
put 'emp','7698','empinfo:ename','BLAKE'
put 'emp','7782','empinfo:ename','CLARK'
put 'emp','7788','empinfo:ename','SCOTT'
put 'emp','7839','empinfo:ename','KING'
put 'emp','7844','empinfo:ename','TURNER'
put 'emp','7876','empinfo:ename','ADAMS'
put 'emp','7900','empinfo:ename','JAMES'
put 'emp','7902','empinfo:ename','FORD'
put 'emp','7934','empinfo:ename','MILLER'
```

```
put 'emp','7369','empinfo:sal','800'
put 'emp','7499','empinfo:sal','1600'
put 'emp','7521','empinfo:sal','1250'
put 'emp','7566','empinfo:sal','2975'
put 'emp','7654','empinfo:sal','1250'
put 'emp','7698','empinfo:sal','2850'
put 'emp','7782','empinfo:sal','2450'
put 'emp','7788','empinfo:sal','3000'
put 'emp','7839','empinfo:sal','5000'
put 'emp','7844','empinfo:sal','1500'
put 'emp','7876','empinfo:sal','1100'
put 'emp','7900','empinfo:sal','950'
put 'emp','7902','empinfo:sal','3000'
put 'emp','7934','empinfo:sal','1300'
```

（3）使用列值过滤器 SingleColumnValueFilter 查询工资等于 3000 元的员工数据，代码如下：

```
@Test
public void testFilter1() throws Exception{
    // 指定的配置信息：ZooKeeper
    Configuration conf = new Configuration();
    conf.set("hbase.zookeeper.quorum", "bigdata111");
    Connection conn = ConnectionFactory.createConnection(conf);

    // 定义一个列值过滤器
    SingleColumnValueFilter filter =
            new SingleColumnValueFilter(Bytes.toBytes("empinfo"), // 列族
                                        Bytes.toBytes("sal"),     // 列
                                        CompareOperator.EQUAL,    // 比较运算符
                                        Bytes.toBytes("3000"));

    // 创建一个扫描器
    Scan scan = new Scan();
    scan.setFilter(filter);

    // 得到表的客户端
    Table table = conn.getTable(TableName.valueOf("emp"));

    // 执行查询
    ResultScanner rs = table.getScanner(scan);
    for(Result r:rs) {
        // 输出员工的姓名
        String name = Bytes.toString(r.getValue(Bytes.toBytes("empinfo"),
                                                 Bytes.toBytes("ename")));
        System.out.println(name);
    }

    table.close();
    conn.close();
}
```

（4）使用列名前缀过滤器 ColumnPrefixFilter 查询所有员工的姓名，代码如下：

```
@Test
public void testFilter2() throws Exception{
    // 指定的配置信息：ZooKeeper
    Configuration conf = new Configuration();
    conf.set("hbase.zookeeper.quorum", "bigdata111");
    Connection conn = ConnectionFactory.createConnection(conf);

    // 定义一个列名前缀过滤器
    ColumnPrefixFilter filter = new ColumnPrefixFilter(Bytes.toBytes("ename"));

    // 创建一个扫描器
    Scan scan = new Scan();
    scan.setFilter(filter);

    // 得到表的客户端
    Table table = conn.getTable(TableName.valueOf("emp"));

    // 执行查询
    ResultScanner rs = table.getScanner(scan);
    for(Result r:rs) {
        // 输出员工的姓名
        String name = Bytes.toString(r.getValue(Bytes.toBytes("empinfo"),
                                          Bytes.toBytes("ename")));

        System.out.println(name);
    }

    table.close();
    conn.close();
}
```

（5）使用多个列名前缀过滤器 MultipleColumnPrefixFilter 查询员工的姓名和工资，代码如下：

```
@Test
public void testFilter3() throws Exception{
    // 指定的配置信息：ZooKeeper
    Configuration conf = new Configuration();
    conf.set("hbase.zookeeper.quorum", "bigdata111");
    Connection conn = ConnectionFactory.createConnection(conf);

    // 构造多个列名前缀过滤器
    byte[][] names = {Bytes.toBytes("ename"),Bytes.toBytes("sal")};
    MultipleColumnPrefixFilter filter = new MultipleColumnPrefixFilter(names);

    // 创建一个扫描器
    Scan scan = new Scan();
```

```
        scan.setFilter(filter);

        // 得到表的客户端
        Table table = conn.getTable(TableName.valueOf("emp"));

        // 执行查询
        ResultScanner rs = table.getScanner(scan);
        for(Result r:rs) {
             // 输出员工的姓名
             String name = Bytes.toString(r.getValue(Bytes.toBytes("empinfo"),
                                                Bytes.toBytes("ename")));

             // 输出员工的工资
             String sal = Bytes.toString(r.getValue(Bytes.toBytes("empinfo"),
                                                Bytes.toBytes("sal")));

             System.out.println(name+"\t"+sal);
        }

        table.close();
        conn.close();
}
```

（6）使用 rowkey 过滤器 RowFilter，相当于使用 get 语句的方式查询数据，代码如下：

```
@Test
public void testFilter4() throws Exception{
    // 指定的配置信息：ZooKeeper
    Configuration conf = new Configuration();
    conf.set("hbase.zookeeper.quorum", "bigdata111");
    Connection conn = ConnectionFactory.createConnection(conf);

    // 创建一个 rowkey 过滤器
    // 比较运算符，指定员工的员工号，可以是一个正则表达式
    RowFilter filter = new RowFilter(CompareOperator.EQUAL,
                              new RegexStringComparator("7839"));

    // 创建一个扫描器
    Scan scan = new Scan();
    scan.setFilter(filter);

    // 得到表的客户端
    Table table = conn.getTable(TableName.valueOf("emp"));

    // 执行查询
    ResultScanner rs = table.getScanner(scan);
    for(Result r:rs) {
```

```
        // 输出员工的姓名
        String name = Bytes.toString(r.getValue(Bytes.toBytes("empinfo"),
                                               Bytes.toBytes("ename")));

        // 输出员工的工资
        String sal = Bytes.toString(r.getValue(Bytes.toBytes("empinfo"),
                                               Bytes.toBytes("sal")));

        System.out.println(name+"\t"+sal);
    }

    table.close();
    conn.close();
}
```

（7）也可以组合多个过滤器，如下面的查询中组合了列值过滤器和列名前缀过滤器，查询工资等于 3000 元的员工姓名，代码如下：

```
@Test
public void testFilter5() throws Exception{
    // 指定的配置信息：ZooKeeper
    Configuration conf = new Configuration();
    conf.set("hbase.zookeeper.quorum", "bigdata111");
    Connection conn = ConnectionFactory.createConnection(conf);

    // 创建第一个过滤器：列值过滤器
    SingleColumnValueFilter filter1 =
            new SingleColumnValueFilter(Bytes.toBytes("empinfo"),// 列族
                                        Bytes.toBytes("sal"),      // 列
                                        CompareOperator.EQUAL,     // 比较运算符
                                        Bytes.toBytes("3000"));

    // 创建第二个过滤器：列名前缀过滤器
    ColumnPrefixFilter filter2 = new ColumnPrefixFilter(Bytes.toBytes("ename"));

    /*
    * 这里可以指定两个过滤器的关系
    * Operator.MUST_PASS_ALL：相当于 and 条件
    * Operator.MUST_PASS_ONE：相当于 or 条件
    */
    FilterList list = new FilterList(Operator.MUST_PASS_ALL);
    list.addFilter(filter1);
    list.addFilter(filter2);

    // 创建一个扫描器
    Scan scan = new Scan();
    scan.setFilter(list);
```

```
// 得到表的客户端
Table table = conn.getTable(TableName.valueOf("emp"));

// 执行查询
ResultScanner rs = table.getScanner(scan);
for(Result r:rs) {
    // 输出员工的姓名
    String name = Bytes.toString(r.getValue(Bytes.toBytes("empinfo"),
                                  Bytes.toBytes("ename")));

    // 输出员工的工资
    String sal = Bytes.toString(r.getValue(Bytes.toBytes("empinfo"),
                                  Bytes.toBytes("sal")));

    System.out.println(name+"\t"+sal);
}

table.close();
conn.close();
}
```

4.3.4   Web Console

与 HDFS 类似，HBase 也提供了 Web Console 的图形工具用于监控 HBase，默认的端口是
16010。通过浏览器访问 HBase 的 Web Console，如图 4.8 所示，该界面包含 Master 节点、Region
Servers 列表、用户表和系统表等信息。

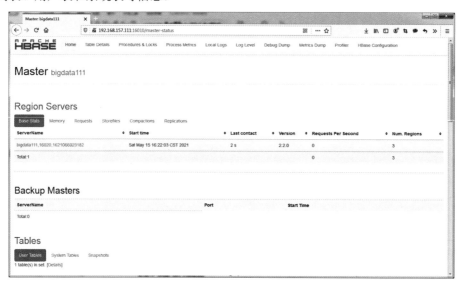

图 4.8   HBase Web Console

4.4　深入了解 HBase 原理

4.4.1　HBase 的写操作步骤

与 Oracle 和 MySQL 类似，HBase 在写入数据时也是先写入日志。只要 WAL 日志写入成功，客户端写入数据即成功，如图 4.9 所示。

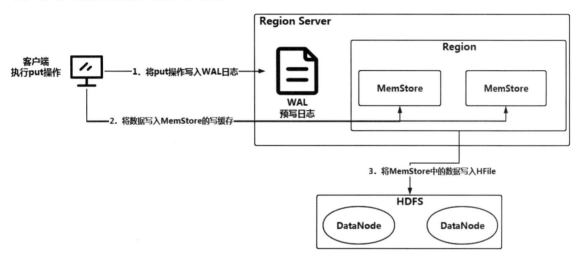

图 4.9　HBase 写数据的过程

当 HBase 的客户端发出一个写操作请求，即执行 put 操作时，HBase 进行处理的第一步是将数据写入 HBase 的 WAL 中。WAL 文件是顺序写入的，即所有新写入的日志会被写到 WAL 文件的末尾。当日志被成功写入 WAL 后，HBase 将数据写入 MemStore。如果此时 MemStore 出现了问题，写入的数据会丢失，这时 WAL 就可以被用来恢复尚未写入 HBase 中的数据。当 MemStore 中的数据达到一定的量级后，HBase 会执行 Flush 的操作，将内存中的数据一次性写入 HFile。

4.4.2　HBase 的读过程与 META 表

要了解 HBase 读取数据的过程，首先需要了解系统表 META，可以在 HBase 的 namespace 下找到该表。图 4.10 为 META 表的表结构。

META 表中保存了用户表的 Region 信息，通过查询 META 的数据，就可以进一步查询到用户表。META 表中数据的格式类似于 B 树，包含两部分的值，即 Region 的起始键和对应的 Region Server，而 META 的信息会被记录在 ZooKeeper 中。图 4.11 为 META 表的数据。

```
hbase(main):004:0> describe 'hbase:meta'
Table hbase:meta is ENABLED
hbase:meta, {TABLE_ATTRIBUTES => {IS_META => 'true', REGION_REPLICATION => '1', coprocessor$1 => '|org
.apache.hadoop.hbase.coprocessor.MultiRowMutationEndpoint|536870911|'}
COLUMN FAMILIES DESCRIPTION
{NAME => 'info', VERSIONS => '3', EVICT_BLOCKS_ON_CLOSE => 'false', NEW_VERSION_BEHAVIOR => 'false', K
EEP_DELETED_CELLS => 'FALSE', CACHE_DATA_ON_WRITE => 'false', DATA_BLOCK_ENCODING => 'NONE', TTL => 'F
OREVER', MIN_VERSIONS => '0', REPLICATION_SCOPE => '0', BLOOMFILTER => 'NONE', CACHE_INDEX_ON_WRITE =>
'false', IN_MEMORY => 'true', CACHE_BLOOMS_ON_WRITE => 'false', PREFETCH_BLOCKS_ON_OPEN => 'false', C
OMPRESSION => 'NONE', BLOCKCACHE => 'true', BLOCKSIZE => '8192'}

{NAME => 'rep_barrier', VERSIONS => '2147483647', EVICT_BLOCKS_ON_CLOSE => 'false', NEW_VERSION_BEHAVI
OR => 'false', KEEP_DELETED_CELLS => 'FALSE', CACHE_DATA_ON_WRITE => 'false', DATA_BLOCK_ENCODING =>
'NONE', TTL => 'FOREVER', MIN_VERSIONS => '0', REPLICATION_SCOPE => '0', BLOOMFILTER => 'NONE', CACHE_I
NDEX_ON_WRITE => 'false', IN_MEMORY => 'true', CACHE_BLOOMS_ON_WRITE => 'false', PREFETCH_BLOCKS_ON_OP
EN => 'false', COMPRESSION => 'NONE', BLOCKCACHE => 'true', BLOCKSIZE => '65536'}

{NAME => 'table', VERSIONS => '3', EVICT_BLOCKS_ON_CLOSE => 'false', NEW_VERSION_BEHAVIOR => 'false',
KEEP_DELETED_CELLS => 'FALSE', CACHE_DATA_ON_WRITE => 'false', DATA_BLOCK_ENCODING => 'NONE', TTL => '
FOREVER', MIN_VERSIONS => '0', REPLICATION_SCOPE => '0', BLOOMFILTER => 'NONE', CACHE_INDEX_ON_WRITE =
> 'false', IN_MEMORY => 'true', CACHE_BLOOMS_ON_WRITE => 'false', PREFETCH_BLOCKS_ON_OPEN => 'false',
COMPRESSION => 'NONE', BLOCKCACHE => 'true', BLOCKSIZE => '8192'}

3 row(s)
```

图 4.10 META 表的表结构

```
hbase(main):005:0> scan 'hbase:meta'
ROW                        COLUMN+CELL
 emp                       column=table:state, timestamp=1621089394492, value=\x08\x00
 emp,,1621066952652.265950 column=info:regioninfo, timestamp=1621388324574, value={ENCODED => 26595069
 693f397862b0741a2223eea0b 3f397862b0741a2223eea0bf, NAME => 'emp,,1621066952652.265950693f397862b0741
 f.                        a2223eea0bf.', STARTKEY => '', ENDKEY => ''}
 emp,,1621066952652.265950 column=info:seqnumDuringOpen, timestamp=1621388324574, value=\x00\x00\x00\x
 693f397862b0741a2223eea0b 00\x00\x00\x00+
 f.
 emp,,1621066952652.265950 column=info:server, timestamp=1621388324574, value=bigdata111:16020
 693f397862b0741a2223eea0b
 f.
 emp,,1621066952652.265950 column=info:serverstartcode, timestamp=1621388324574, value=1621388311530
 693f397862b0741a2223eea0b
 f.
 emp,,1621066952652.265950 column=info:sn, timestamp=1621388323859, value=bigdata111,16020,16213883115
 693f397862b0741a2223eea0b 30
```

图 4.11 META 表的数据

当用户想要从 HBase 中查询数据时，会执行以下步骤。

（1）客户端从 ZooKeeper 中读取到 META 表的存储 Region 的 Region Server 信息。

（2）客户端从对应的 Region Server 上读取 META 的数据，这些数据其实就是存储用户表 Region 的 Region Server 信息。

（3）客户端根据 rowkey 与用户表的 Region 所在的 Region Server 通信，并先从 Region Server 的 Block Cache 读缓存中读取数据，如果读缓存中没有需要的数据，则读取 HFile，最终实现对该行的读操作。

HBase 读取数据的过程如图 4.12 所示。

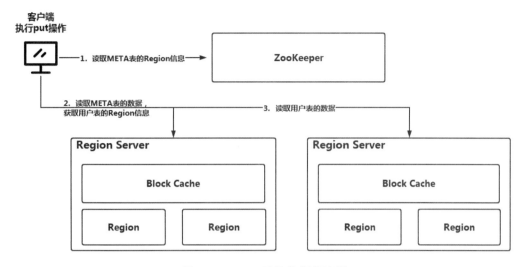

图 4.12　HBase 读取数据的过程

4.4.3　HBase 的读合并与读放大

读合并表示 HBase 在读取数据时会从不同的位置读取。因为 HBase 中某一行的数据可能位于多个不同的 HFile 中，并且在 MemStore 写缓存中也可能存在新写入或者更新的数据，而在 Block Cache 中又保存了最近读取过的数据，因此当读取某一行时，为了返回相应的行数据，HBase 需要读取不同的位置，该过程就称为读合并。读合并的具体过程如下：

（1）HBase 从 Block Cache 读缓存中读取所需的数据。

（2）HBase 从 MemStore 写缓存中读取数据。这是因为作为 HBase 的写缓存，MemStore 中包含最新版本的数据。

（3）如果在读缓存和写缓存中都没有所需数据，那么 HBase 会从相应的 HFile 中读取数据。

图 4.13 为 HBase 读合并的过程。

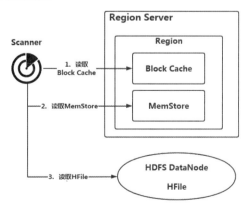

图 4.13　HBase 读合并的过程

　　另外，由于一个 MemStore 对应的数据可能存储于多个不同的 HFile 中（这是由于经过了多次 Flush），因此在进行读操作时，HBase 可能需要读取多个 HFile 来获取想要的数据。该过程就是读放大的过程，这个过程会影响 HBase 的性能。

4.4.4　Region 的分裂与读操作的负载均衡

　　HBase 在创建表时，最初都对应于一个 Region。前面提到，在默认情况下，Region 的大小为 1GB。随着数据量的不断增多，一个 Region 将无法满足数据存储的需要，这时 Region 会被分割成两个子 Region，每一个子 Region 中存储原来一半的数据。出于负载均衡的原因，HMaster 可能会将新产生的 Region 分配给其他 Region Server 管理，但这可能会给网站造成比较大的压力，如图 4.14 所示。

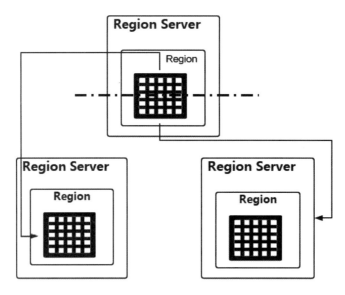

图 4.14　Region 的分裂

　　HBase 在读取数据时，最终会访问 Region Server 上的 Region。由于 Region 会不断地分裂，分裂后的 Region 有可能在不同的 Region Server 上，因此 HBase 读取数据时就将读请求转发到不同的 Region Server。该过程其实就是一种负载均衡的实现。

4.4.5　HBase 的异常恢复

　　前面提到，HBase 写数据时会先写 WAL 预写日志。如图 4.15 所示，当 Region Server 意外终止时，ZooKeeper 通过其监听机制感知到这一事件，并通知 HMaster；HMaster 将不同 Region 的 WAL 日志进行拆分，分别放到相应的 Region 目录下，然后将失效的 Region 重新分配到新的 Region Server 上；在新的 Region Server 上执行 WAL 的重做，将数据写到新 Region Server 的 MemStore 之中，然后将数据 Flush 到 HFile，完成数据的恢复。

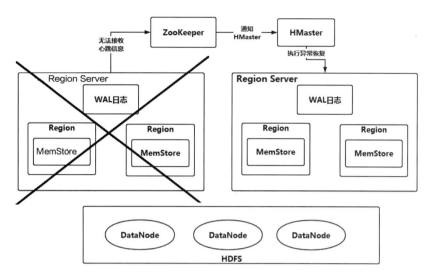

图 4.15　HBase 的异常恢复

4.5　HBase 的高级功能

HBase 除了最基本的数据保存功能以外，还提供了很多高级功能，主要包括多版本 Version、快照、Bulk Loading、用户权限管理、备份与恢复及主从复制，下面分别进行介绍。

4.5.1　多版本 Version

HBase 支持多版本的数据管理。在 HBase 0.96 之前，HBase 表的单元格默认可以保存 3 个值，即 3 个版本；而在 HBase 0.96 之后，将版本值改为了 1 个。如果一个单元格上存在多个版本的数据，那么应如何区分这些不同的值呢？在 HBase 底层存储数据时，由于采用了时间戳排序，因此对插入的每条数据都会附上对应的时间戳，这样即可达到区分的目的。如果在查询数据时不指定时间戳，则默认查询的是版本最新的数据。

下面通过具体的示例演示 HBase 的多版本功能。

（1）创建 student 表，并查看表结构，命令如下：

```
create 'multiversion_table','info','grade'
describe 'multiversion_table'
```

从上面的表结构中可以看到，VERSIONS 为 1，即默认情况下只会存取 1 个版本的列数据。当再次插入时，后面的值会覆盖前面的值。

（2）修改表结构，让 HBase 表支持存储 3 个 VERSIONS 的版本列数据，命令如下：

```
alter 'multiversion_table',{NAME=>'grade','VERSIONS'=>3}
```

（3）插入数据，命令如下：

```
put 'multiversion_table','s01','grade:math','59'
put 'multiversion_table','s01','grade:math','60'
put 'multiversion_table','s01','grade:math','85'
```

上述代码插入了 3 行数据到表中，并且 3 行数据的 rowkey 一致。使用 get 命令获取这一行数据，发现只返回了最新的一行数据。

```
get 'multiversion_table','s01','grade:math'
```

（4）获取所有的版本数据，命令如下：

```
get 'multiversion_table','s01',{COLUMN=>'grade:math',VERSIONS=>3}
```

如果接着插入第 4 个值，则第 1 个值会被清除。

4.5.2 快照

HBase 从 0.94 版本开始提供了快照功能，0.95 版本以后默认开启快照功能。与 HDFS 的快照类似，HBase 的快照也是一种备份方式。如果表的数据发生了损坏，则可以使用快照进行恢复。另外，HBase 的快照是进行数据迁移的最佳方式，因为如果直接对原表进行复制操作，会对 Region Server 有直接的影响，而 HBase 的快照允许管理员不复制数据直接克隆一张表，这对服务器产生的影响最小。将快照导出至其他集群不会直接影响任何服务器，导出只是带有一些额外逻辑的群间数据同步。

下面通过具体的操作演示如何在 HBase Shell 中使用 HBase 的快照，这里使用前面创建的员工表 emp。

（1）为员工表生成快照，命令如下：

```
snapshot 'emp','emp_sp_01'
```

（2）查看所有的快照，命令如下：

```
list_snapshots
----------------------------
SNAPSHOT                     TABLE + CREATION TIME
 emp_sp_01                   emp (2021-05-15 22:32:30 +0800)
1 row(s)
```

（3）克隆快照：使用与指定快照相同的结构数据构建一张新表，修改新表不会影响原表，命令如下：

```
clone_snapshot 'emp_sp_01','empnew'
```

（4）还原快照：将表结构和数据恢复到生成快照时的状态。在还原之前应将原表设为不可用，还原之后再将原表设为可用，命令如下：

```
disable 'emp'
restore_snapshot 'emp_sp_01'
enable 'emp'
```

（5）删除快照：将系统中的快照删除，释放未共享的磁盘空间，而且不会影响其他克隆或者快照。

```
delete_snapshot  'emp_sp_01'
```

前面提到 HBase 快照是数据迁移的最佳方式，可以通过下面的方式将 HBase 的快照迁移到新的 HBase 集群上。

```
hbase snapshot export --snapshot emp_sp_01 --copy-to hdfs://bigdata111:9000/newhbase
```

如图 4.16 所示，通过输出的日志可以看出，整个迁移过程本质上执行的是一个 MapReduce 任务。

```
[root@bigdata111 ~]# hbase snapshot export --snapshot emp_sp_01 --copy-to hdfs://bigdata111:9000/newhbase
SLF4J: Class path contains multiple SLF4J bindings.
SLF4J: Found binding in [jar:file:/root/training/hadoop-3.1.2/share/hadoop/common/lib/slf4j-log4j12-1.7.25.jar!/org/slf4j/
impl/StaticLoggerBinder.class]
SLF4J: Found binding in [jar:file:/root/training/hbase-2.2.0/lib/client-facing-thirdparty/slf4j-log4j12-1.7.25.jar!/org/sl
f4j/impl/StaticLoggerBinder.class]
SLF4J: See http://www.slf4j.org/codes.html#multiple_bindings for an explanation.
SLF4J: Actual binding is of type [org.slf4j.impl.Log4jLoggerFactory]
2021-05-15 22:39:14,142 INFO  [main] snapshot.ExportSnapshot: Copy Snapshot Manifest from hdfs://bigdata111:9000/hbase/.hb
ase-snapshot/emp_sp_01 to hdfs://bigdata111:9000/newhbase/.hbase-snapshot/.tmp/emp_sp_01
2021-05-15 22:39:15,173 INFO  [main] client.RMProxy: Connecting to ResourceManager at bigdata111/192.168.157.111:8032
2021-05-15 22:39:15,733 INFO  [main] mapreduce.JobResourceUploader: Disabling Erasure Coding for path: /tmp/hadoop-yarn/st
aging/root/.staging/job_1621085854584_0001
2021-05-15 22:39:17,532 INFO  [main] snapshot.ExportSnapshot: Loading Snapshot 'emp_sp_01' hfile list
2021-05-15 22:39:17,832 INFO  [main] mapreduce.JobSubmitter: number of splits:1
2021-05-15 22:39:18,020 INFO  [main] mapreduce.JobSubmitter: Submitting tokens for job: job_1621085854584_0001
2021-05-15 22:39:18,021 INFO  [main] mapreduce.JobSubmitter: Executing with tokens: []
2021-05-15 22:39:18,258 INFO  [main] conf.Configuration: resource-types.xml not found
2021-05-15 22:39:18,258 INFO  [main] resource.ResourceUtils: Unable to find 'resource-types.xml'.
2021-05-15 22:39:18,820 INFO  [main] impl.YarnClientImpl: Submitted application application_1621085854584_0001
2021-05-15 22:39:18,873 INFO  [main] mapreduce.Job: The url to track the job: http://bigdata111:8088/proxy/application_162
1085854584_0001/
2021-05-15 22:39:18,874 INFO  [main] mapreduce.Job: Running job: job_1621085854584_0001
2021-05-15 22:39:31,161 INFO  [main] mapreduce.Job: Job job_1621085854584_0001 running in uber mode : false
2021-05-15 22:39:31,165 INFO  [main] mapreduce.Job:  map 0% reduce 0%
2021-05-15 22:39:37,320 INFO  [main] mapreduce.Job:  map 100% reduce 0%
2021-05-15 22:39:38,380 INFO  [main] mapreduce.Job: Job job_1621085854584_0001 completed successfully
2021-05-15 22:39:38,512 INFO  [main] mapreduce.Job:  tasks=1
                Total time spent by all maps in occupied slots (ms)=4095
                Total time spent by all reduces in occupied slots (ms)=0
                Total time spent by all map tasks (ms)=4095
                Total vcore-milliseconds taken by all map tasks=4095
                Total megabyte-milliseconds taken by all map tasks=4193280
```

图 4.16　使用快照迁移数据

4.5.3　Bulk Loading

HBase 底层的数据文件是 HFile，采用 Bulk Loading 的方式可以直接生成 HBase 底层可以识别的文件，然后将这些生成的文件加载到 HBase 的表中。整个加载过程执行的其实是一个 MapReduce 任务，该过程比直接采用 HBase Put API 批量加载高效得多，并且不会过度消耗集群数据传输所占用的带宽。另外，通过 Bulk Loading 方式也能更加高效稳定地加载海量数据。

使用 Bulk Loading 可以分为两个步骤：首先，使用 HBase 自带的 importtsv 工具将数据生成为 HBase 底层能够识别的 StoreFile 文件格式；然后，通过 completebulkload 工具将生成的文件移动并热加载到 HBase 表中。

下面通过具体的示例演示 Bulk Loading 的使用方法。这里使用 csv 文件创建员工表。

（1）在 HBase Shell 中创建表，命令如下：

```
create 'emp_bulk','info','money'
```

（2）将测试数据放到 HDFS 上，命令如下：

```
hdfs dfs -mkdir /scott
hdfs dfs -put emp.csv /scott
```

emp.csv 的数据如下：

```
7369,SMITH,CLERK,7902,1980/12/17,800,0,20
7499,ALLEN,SALESMAN,7698,1981/2/20,1600,300,30
7521,WARD,SALESMAN,7698,1981/2/22,1250,500,30
7566,JONES,MANAGER,7839,1981/4/2,2975,0,20
7654,MARTIN,SALESMAN,7698,1981/9/28,1250,1400,30
7698,BLAKE,MANAGER,7839,1981/5/1,2850,0,30
7782,CLARK,MANAGER,7839,1981/6/9,2450,0,10
7788,SCOTT,ANALYST,7566,1987/4/19,3000,0,20
7839,KING,PRESIDENT,-1,1981/11/17,5000,0,10
7844,TURNER,SALESMAN,7698,1981/9/8,1500,0,30
7876,ADAMS,CLERK,7788,1987/5/23,1100,0,20
7900,JAMES,CLERK,7698,1981/12/3,950,0,30
7902,FORD,ANALYST,7566,1981/12/3,3000,0,20
7934,MILLER,CLERK,7782,1982/1/23,1300,0,10
```

（3）使用 importtsv 生成 HFile，命令如下：

```
hbase org.apache.hadoop.hbase.mapreduce.ImportTsv \
-Dimporttsv.columns=HBASE_ROW_KEY,info:ename,info:job,info:mgr,info:hiredate,
money:sal,money:comm,info:deptno \
-Dimporttsv.separator="," \
-Dimporttsv.bulk.output=hdfs://bigdata111:9000/bulkload/empoutput \
emp_bulk \
hdfs://bigdata111:9000/scott/emp.csv
```

其中，-Dimporttsv.columns=HBASE_ROW_KEY 表示分割元素后，其后第一个元素作为 rowkey，以此类推。

（4）使用 BulkLoad 命令 completebulkload 完成 Hfile 数据装载，命令如下：

```
hbase org.apache.hadoop.hbase.mapreduce.LoadIncrementalHFiles \
hdfs://bigdata111:9000/bulkload/empoutput \
emp_bulk
```

（5）执行下面的命令，验证导入的数据，结果如图 4.17 所示。

```
scan 'emp_bulk'
```

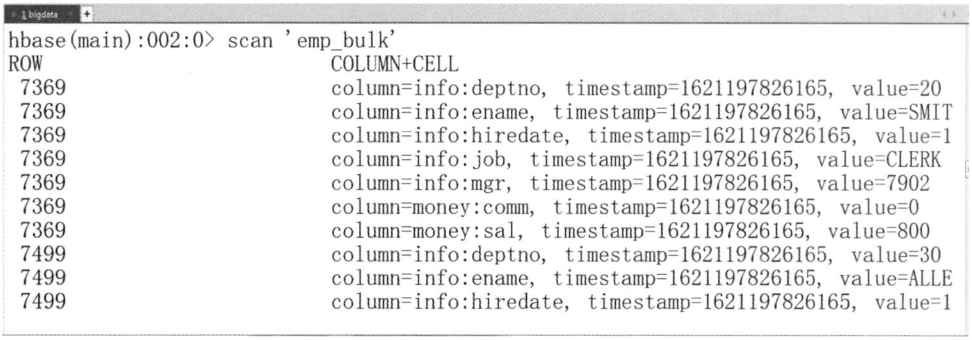

```
hbase(main):002:0> scan 'emp_bulk'
ROW                          COLUMN+CELL
 7369                        column=info:deptno, timestamp=1621197826165, value=20
 7369                        column=info:ename, timestamp=1621197826165, value=SMIT
 7369                        column=info:hiredate, timestamp=1621197826165, value=1
 7369                        column=info:job, timestamp=1621197826165, value=CLERK
 7369                        column=info:mgr, timestamp=1621197826165, value=7902
 7369                        column=money:comm, timestamp=1621197826165, value=0
 7369                        column=money:sal, timestamp=1621197826165, value=800
 7499                        column=info:deptno, timestamp=1621197826165, value=30
 7499                        column=info:ename, timestamp=1621197826165, value=ALLE
 7499                        column=info:hiredate, timestamp=1621197826165, value=1
```

图 4.17　Bulk Loading 加载成功的数据

4.5.4　用户权限管理

与关系型数据库类似，HBase 也提供了用户权限管理功能，可以针对不同的用户授予不同的权限。下面的说明摘自 HBase 官网，这里可以看成要启用 HBase 的用户权限功能，需要在 hbase-site.xml 文件中将 hbase.security.authorization 参数设置为 true，如下所示：

```
    After hbase-2.x, the default 'hbase.security.authorization' changed. Before
hbase-2.x, it defaulted to true, in later HBase versions, the default became false.
So to enable hbase authorization, the following propertie must be configured in
hbase-site.xml.
```

HBase 的权限控制是通过 AccessController Coprocessor 协处理器框架实现的，可实现对用户的 RWXCA 的权限控制。HBase 支持进行权限访问控制，包括以下 5 种权限。

（1）Read(R)：允许对某个 scope 有读取权限。

（2）Write(W)：允许对某个 scope 有写入权限。

（3）Execute(X)：允许对某个 scope 有执行权限。

（4）Create(C)：允许对某个 scope 有建表、删表权限。

（5）Admin(A)：允许对某个 scope 进行管理操作，如 balance、split、snapshot 等。

这里的 scope 表示授权的作用范围，包含以下几种。

（1）superuser：超级用户，一般为 HBase 用户，有所有的权限。

（2）global：全局权限，针对所有的 HBase 表都有权限。

（3）namespace：命名空间级别权限。

（4）table：表级别权限。

（5）columnFamily：列族级别权限。

（6）cell：单元格级别权限。

在了解了 HBase 权限管理的基本知识后，通过在 hbase-site.xml 中添加参数，可以启用 HBase 的用户权限管理功能，代码如下：

```
<property>
    <name>hbase.security.authorization</name>
    <value>true</value>
</property>

<property>
    <name>hbase.coprocessor.master.classes</name>
    <value>org.apache.hadoop.hbase.security.access.AccessController</value>
</property>

<property>
    <name>hbase.coprocessor.region.classes</name>
    <value>org.apache.hadoop.hbase.security.token.TokenProvider,org.apache.
hadoop.hbase.security.access.AccessController</value>
</property>

<!-- 设置管理员账号 -->
<property>
    <name>hbase.superuser</name>
    <value>root,hbase,hadoop</value>
</property>
```

下面通过具体的示例演示 HBase 的用户权限管理功能。

（1）查看命名空间，可以看到有两个 namespace，命令如下：

```
hbase(main):034:0> list_namespace
NAMESPACE
default
hbase
2 row(s)
Took 0.0300 seconds
```

（2）查看创建的表，命令如下：

```
hbase(main):035:0> list
TABLE
emp
emp_bulk
2 row(s)
Took 0.0185 seconds
=> ["emp", "emp_bulk"]
```

（3）给 user01 用户授予 default namespace 的 RWXCA 权限，命令如下：

```
grant 'user01','RWXCA','@default'
```

（4）给 user02 用户授予表 emp 的 RW 权限，命令如下：

```
grant 'user02','RW','emp'
```

（5）给 user03 用户授予表 emp 的 R 权限，命令如下：

```
grant 'user03','R','emp'
```

（6）在进行测试之前，应先检查 default namespace 和 emp 表的权限，命令如下：

```
user_permission '@default'
user_permission 'emp'
```

输出的权限信息如图 4.18 所示。由图 4.18 可以看出，user01 对 default 的 namespace 拥有读、写、执行、建表和管理权限，user02 对表 emp 拥有读和写的权限，而 user03 对表 emp 只有读取的权限。

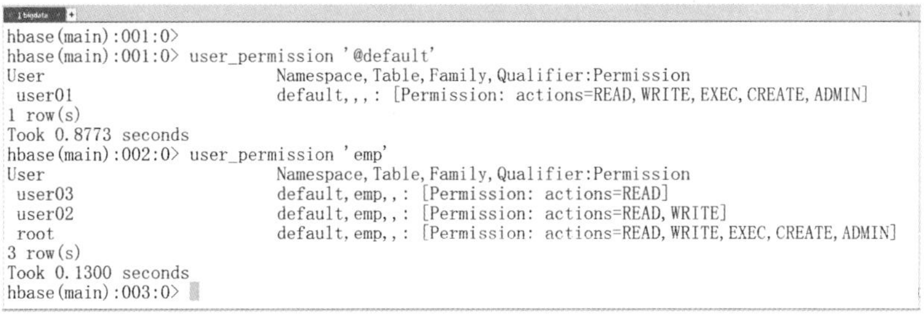

```
hbase(main):001:0>
hbase(main):001:0> user_permission '@default'
User                          Namespace,Table,Family,Qualifier:Permission
 user01                       default,,,: [Permission: actions=READ, WRITE, EXEC, CREATE, ADMIN]
1 row(s)
Took 0.8773 seconds
hbase(main):002:0> user_permission 'emp'
User                          Namespace,Table,Family,Qualifier:Permission
 user03                       default,emp,,: [Permission: actions=READ]
 user02                       default,emp,,: [Permission: actions=READ, WRITE]
 root                         default,emp,,: [Permission: actions=READ, WRITE, EXEC, CREATE, ADMIN]
3 row(s)
Took 0.1300 seconds
hbase(main):003:0>
```

图 4.18　HBase 的权限信息

HBase 本身并不提供用户管理功能，因此需要使用操作系统的用户。下面使用操作系统用户进行测试。在操作系统中添加用户 user03，并使用 user03 登录 HBase Shell，命令如下：

```
useradd user03
chown -R user03 /root
sudo -u user03 /root/training/hbase-2.2.0/bin/hbase shell
```

向 emp 表中插入数据，将出现图 4.19 所示的错误信息。

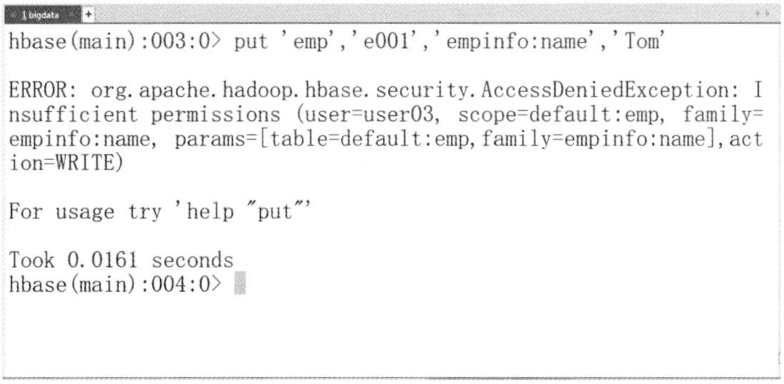

```
hbase(main):003:0> put 'emp','e001','empinfo:name','Tom'

ERROR: org.apache.hadoop.hbase.security.AccessDeniedException: I
nsufficient permissions (user=user03, scope=default:emp, family=
empinfo:name, params=[table=default:emp,family=empinfo:name],act
ion=WRITE)

For usage try 'help "put"'

Took 0.0161 seconds
hbase(main):004:0>
```

图 4.19　插入数据时的出错信息

测试完成后，需要恢复 root 的权限，命令如下：

```
chown -R root /root
```

4.5.5　备份与恢复

由于 HBase 的数据集可能非常大，因此备份 HBase 的难点就是备份方案必须有很高的效率。HBase 提供的备份方案能够满足对数百 TB 的存储容量进行备份，同时又可以在一个合理的时间内完成数据恢复工作。通过 HBase 提供的备份机制可以快速而轻松地完成 PB 级数据的备份和恢复工作。

HBase 提供的备份方案包含以下几种：Snapshots、Replication、Export/Import、CopyTable、HTable API 和 Offline backup of HDFS data。

本小节重点介绍 Export/Import 和 CopyTable。

1. Export/Import

HBase 的导出 / 导入工具是一个内置的实用功能，它可以使数据很容易从 HBase 表导入至 HDFS 目录下，整个导出 / 导入过程本质是一个 MapReduce 任务。该工具对集群来说是性能密集的，因为它使用了 MapReduce 和 HBase 客户端 API。但是它的功能丰富，支持制定版本或日期范围，支持数据的筛选，从而使增量备份可用。

Export 导出数据的命令格式如下：

```
hbase org.apache.hadoop.hbase.mapreduce.Export <tablename> <HDFS outputdir>
```

将员工表 emp 导出到 HDFS 的 /hbase_bk/emp 目录下，命令如下：

```
hbase org.apache.hadoop.hbase.mapreduce.Export emp /hbase_bk/emp
```

一旦导出了表的数据，就可以将其生成的数据文件复制到其他存储介质上，并通过 Import 再将输入导入新的 HBase 集群。导入数据的命令格式如下：

```
hbase org.apache.hadoop.hbase.mapreduce.Import <tablename> <inputdir>
```

2. CopyTable

和 Export/Import 功能类似，复制表也是通过一个 MapReduce 任务从源表读取数据，并将其输出到 HBase 的另一张表中。这张表可以在本地集群，也可以在远程集群。

CopyTable 是 HBase 提供的一个非常有用的备份工具，主要可用于集群内部表备份、远程集群备份、表数据增量备份、部分结构数据备份等。图 4.20 为 CopyTable 的用法。

```
1 bigdata111
[root@bigdata111 ~]# hbase org.apache.hadoop.hbase.mapreduce.CopyTable
Usage: CopyTable [general options] [--starttime=X] [--endtime=Y] [--new.name=NE
W] [--peer.adr=ADR] <tablename | snapshotName>
```

图 4.20　CopyTable 的用法

下面是使用 CopyTable 的一些示例。

（1）在 HBase Shell 中创建新的表，命令如下：

```
create 'newemp','empinfo'
```

（2）使用 CopyTable 复制员工表的数据，命令如下：

```
hbase org.apache.hadoop.hbase.mapreduce.CopyTable --new.name=newemp emp
```

（3）集群间复制，将 emp 表复制到远端的 HBase 集群中，命令如下：

```
hbase org.apache.hadoop.hbase.mapreduce.CopyTable --new.name=remote_emp \
--peer.adr= 远端 ZooKeeper 地址: 2181:/hbase emp
```

（4）增量备份。通过 starttime 和 endtime 指定要备份的时间范围，命令如下：

```
hbase org.apache.hadoop.hbase.mapreduce.CopyTable \
--starttime=< 起始时间戳 > --endtime=< 结束时间戳 > \
--new.name=newemp emp
```

4.5.6　主从复制

HBase 的主从复制方式是 master-push，即主集群推送方式。一个 HBase 主集群可以复制给多个 HBase 从集群，并且 HBase 的主从复制是异步的，从集群和主集群的数据不完全一致，它的目标就是最终一致性。

HBase 主从复制的基本原理是主集群的 Region Server 会将 WAL 预写日志按顺序读取，并将读取的 WAL 日志的 offset 偏移量记录到 ZooKeeper 中；然后向从集群的 Region Server 发送读取出来的 WAL 日志和 offset 偏移量信息，从集群的 Region Server 收到这些信息后，会使用 HBase 的客户端将这些信息写入表中，从而实现 HBase 的主从复制功能。图 4.21 摘自 HBase 的官方网站，说明了整个 HBase 主从复制的过程。

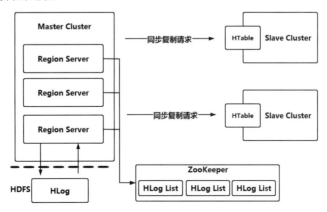

图 4.21　HBase 主从复制的过程

配置 HBase 主从复制功能的步骤如下，同时进行了简单的测试。

（1）将 hbase.replication 参数设定为 true。HBase 默认此特性是关闭的，需要在主集群和从集群上进行设定并重启集群，命令如下：

```
<property>
    <name>hbase.replication</name>
    <value>true</value>
</property>
```

（2）在主集群上和从集群上建立相同的表结构，命令如下：

```
create 'testtable','info'
```

（3）在主集群上打开表 testtable 的 info 列族的复制特性，命令如下：

```
disable 'testtable'
alter 'testtable',{NAME=>'info', REPLICATION_SCOPE=>'1'}
enable 'testtable'
```

（4）在主集群上设定需要向哪个从集群上复制数据，命令如下：

```
add_peer '1', CLUSTER_KEY => " 从集群 IP:2181:/hbase"
```

（5）测试 replication 功能。在主集群上操作 testtable 表，观察从集群上 testtable 表是否也一起更新。

4.6　SQL on HBase

HBase 提供了列式存储的特性，并且通过 HBase 的命令和 API 能够很方便地操作表中的数据，但其存在两个明显的问题。首先，HBase 没有数据类型，作为数据库系统，无论是关系型数据库还是 NoSQL 数据库，都应该支持不同的数据类型，方便数据的操作，而 HBase 中所有的数据默认都是以二进制的方式存储的，并没有数据类型的概念；其次，不支持创建索引，HBase 中按照 rowkey 存储数据，因此按照 rowkey 检索表中的数据，性能必然是最好的，但是在很多场景下，需要按照其他的列查询数据，而 HBase 本身并不支持创建索引。

为了解决 HBase 存在的问题，引入了 Phoenix 组件，可以把它当成 HBase 的 SQL 引擎。Phoenix 的主要功能特性包括支持大部分 java.sql 接口、支持 DDL（Data Definition Language，数据定义语言）语句和 DML（Data Manipulation Language，数据操纵语言）语句、支持事务、支持二级索引、遵循 ANSI SQL 标准。

在了解了 Phoenix 的基本功能特性后，应如何安装部署 Phoenix？如何使用 Phoenix 的 SQL 操作 HBase？以及如何在 Phoenix 中创建索引？本节将分别进行介绍。

4.6.1　安装和使用 Phoenix

（1）解压安装包，命令如下：

```
tar -zxvf apache-phoenix-5.0.0-HBase-2.0-bin.tar.gz -C /root/training/
```

（2）将 Phoenix 的 jar 包复制到 $HBASE_HOME/lib 目录下。

（3）重启 HBase。

（4）启动 Phoenix 的客户端，命令如下：

```
bin/sqlline.py bigdata111:2181
```

（5）查看表，如图 4.22 所示。

```
!table
```

0: jdbc:phoenix:bigdata111:2181> !table

TABLE_CAT	TABLE_SCHEM	TABLE_NAME	TABLE_TYPE	REMARKS	TYPE_NAME	SELF_REFERENCING
	SYSTEM	CATALOG	SYSTEM TABLE			
	SYSTEM	FUNCTION	SYSTEM TABLE			
	SYSTEM	LOG	SYSTEM TABLE			
	SYSTEM	SEQUENCE	SYSTEM TABLE			
	SYSTEM	STATS	SYSTEM TABLE			

0: jdbc:phoenix:bigdata111:2181>

图 4.22　查看 Phoenix 的表

注意：

默认情况下，Phoenix 无法查看 HBase 中已经存在的表，需要创建 HBase 表到 Phoenix 的映射。在 Phoenix 中创建的新表可以在 HBase 中查看到，HBase 会自动将表名转成大写。

（6）在 Phoenix 中映射 HBase 的表。

① 在 HBase 中创建表，命令如下：

```
create 'TABLE1','INFO','GRADE'
put 'TABLE1','s001','INFO:NAME','Tom'
put 'TABLE1','s001','INFO:AGE','24'
put 'TABLE1','s001','GRADE:MATH','80'
put 'TABLE1','s002','INFO:NAME','Mary'
```

② 在 Phoenix 中创建视图并映射 HBase 中的表，命令如下：

```
CREATE VIEW table1(pk VARCHAR PRIMARY KEY,
info.name VARCHAR,
info.age VARCHAR,
grade.math VARCHAR);
```

　　映射成功后，在 Phoenix 中就可以通过标准的 SQL 语句查询表中的数据。整个映射过程如图 4.23 和图 4.24 所示。

```
hbase(main):001:0> create 'TABLE1','INFO','GRADE'
Created table TABLE1
Took 1.9222 seconds
=> Hbase::Table - TABLE1
hbase(main):002:0> put 'TABLE1','s001','INFO:NAME','Tom'
Took 0.2384 seconds
hbase(main):003:0> put 'TABLE1','s001','INFO:AGE','24'
Took 0.0128 seconds
hbase(main):004:0> put 'TABLE1','s001','GRADE:MATH','80'
Took 0.0068 seconds
hbase(main):005:0> put 'TABLE1','s002','INFO:NAME','Mary'
Took 0.0149 seconds
hbase(main):006:0>
```

图 4.23　在 HBase 中创建表

```
0: jdbc:phoenix:bigdata111:2181> CREATE VIEW table1(pk VARCHAR PRIMARY KEY,
. . . . . . . . . . . . . . . . .> info.name VARCHAR,
. . . . . . . . . . . . . . . . .> info.age VARCHAR,
. . . . . . . . . . . . . . . . .> grade.math VARCHAR);
No rows affected (7.27 seconds)
0: jdbc:phoenix:bigdata111:2181> select * from table1;

 PK     NAME    AGE    MATH

 s001   Tom     24     80
 s002   Mary

2 rows selected (0.199 seconds)
0: jdbc:phoenix:bigdata111:2181>
```

图 4.24　在 Phoenix 中映射 HBase 中的表

4.6.2　Phoenix 与 HBase 的映射关系

　　Phoenix 在数据模型上将 HBase 非关系型形式转换成关系型数据模型。Phoenix 和 HBase 之间的对应关系见表 4.2。

表 4.2　Phoenix 与 HBase 之间的对应关系

模　型	HBase	Phoenix
数据库	namespace	database
表	table	table
列族	column family	列
列	column	—
值	value	key/value
行键	rowkey	主键

对于 Phoenix 来说，HBase 的 rowkey 会被转换成主键（Primary Key），column family 如果不指定则为 0。它们之间的映射关系如图 4.25 所示。

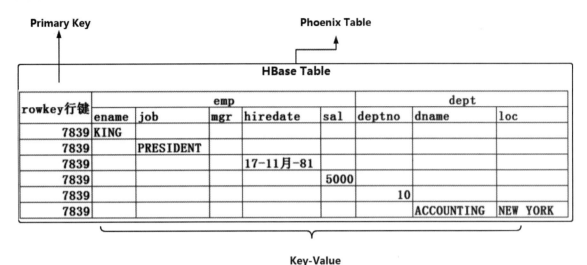

图 4.25　Phoenix 与 HBase 的表结构映射关系

目前 Phoenix 已经支持关系型数据库的大部分语法，如 Select、Delete、Upsert、Create Table、Drop Table、Create View、Create Index 等。

4.6.3　二级索引

使用二级索引应该是大部分用户引入 Phoenix 主要考虑的因素之一。由于 HBase 只支持 rowkey 上的索引，因此使用 rowkey 查询数据时可以很快定位到数据位置。但是在现实的需求中，查询的条件往往比较复杂，还可能组合多个字段查询。如果用 HBase 查询，只能全表扫描进行过滤，效率会很低。使用 Phoenix 的二级索引，除了支持 rowkey 外，还支持在其他字段创建索引，这样的索引就是二级索引，从而可大幅提升查询效率。

要使用 Phoenix 的二级索引功能，必须启用 HBase 支持可变索引的功能。需要修改 hbase-site.xml 文件，并加入以下参数。

```
<property>
  <name>hbase.regionserver.wal.codec</name>
  <value>org.apache.hadoop.hbase.regionserver.wal.IndexedWALEditCodec</value>
</property>
```

否则会出现下面的错误信息。

```
Mutable secondary indexes must have the hbase.regionserver.wal.codec property
set to org.apache.hadoop.hbase.regionserver.wal.IndexedWALEditCodec in the hbase-
sites.xml of every region server.
```

Phoenix 支持两种索引：可变索引和不可变索引。在可变表上建立的索引是可变索引，而在不可变表上建立的索引是不可变索引。可变索引是指插入或删除数据时会同时更新索引；不可变索引适用于只写入一次不再更改的表，索引只建立一次，再插入数据不会更新索引。不可变索引无须另外配置，默认支持。

图 4.26 为在 Phoenix 中创建二级索引，并查看索引信息的示例。

```
1 bigdata111   +
0: jdbc:phoenix:bigdata111:2181> create index index01_table1 on table1(math);
2 rows affected (6.656 seconds)
0: jdbc:phoenix:bigdata111:2181> !indexes table1;
```

TABLE_CAT	TABLE_SCHEM	TABLE_NAME	NON_UNIQUE	INDEX_QUALIFIER	INDEX_NAME
		TABLE1	true		INDEX01_TABLE1
		TABLE1	true		INDEX01_TABLE1

```
0: jdbc:phoenix:bigdata111:2181>
```

图 4.26　在 Phoenix 中创建并查看索引信息

4.6.4　在 Phoenix 中创建不同的索引

1. Covered Indexes（覆盖索引）

覆盖索引即索引表中就包含用户想要的全部字段数据，这样只需通过访问索引表而无须访问主表就能得到数据。

创建覆盖索引的方式如下：

```
create table test001(v1 varchar primary key,v2 varchar);
create index my_index001 on test001 (v1) include(v2);
```

2. Global Indexes（全局索引）

全局索引适用于读多写少的场景。全局索引的缺点是在写数据时会消耗大量资源，所有对数据的增、删、改操作都会更新索引表；优点是在写少读多的场景下如果查询的字段用到索引，效率会很快，因为可以很快定位到数据所在具体节点 Region 上。创建全局索引的方式如下：

```
create index my_index002 on test001(v1);
```

如果执行 select v2 from test001 where v1 = '...' 命令，实际上不会用到索引，因为 v2 不在索引字段中。对于全局索引来说，如果查询的字段不包含在索引表中，则会全表扫描主表。

3. Local Indexes（局部索引）

与全局索引相反，局部索引适用于写多读少的场景。如果定义为局部索引，索引表数据和主表数据会放在同一 Region Server 上，从而避免写数据时跨节点带来的额外开销。局部索引与全局索引还有一点不同，即在局部索引中，即使查询字段不是索引字段，索引表也会正常使用。创建局部索引的方式如下：

```
create local index my_index003 on test001(v1);
```

4. IMMutable Indexing（不可变索引）

如果表中的数据只写一次，并且不会执行 Update 等语句，那么可以创建不可变索引。不可变索引主要创建在不可变表上。这种索引很适合一次写入多次读出的场景。创建不可变索引的方式如下。

（1）创建不可变表，命令如下：

```
create table test002(pk VARCHAR primary key,v1 VARCHAR, v2 VARCHAR)
IMMUTABLE_ROWS=true;
```

即在创建表时指定 IMMUTABLE_ROWS 参数为 true，默认时该参数为 false。

（2）在不可变表上创建索引，命令如下：

```
create index my_index004 on test002(v1);
```

5. Mutable Indexing（可变索引）

当对数据进行 Insert、Update 或 Delete 操作时，同时更新索引，这种类型的索引就是可变索引。因为涉及更新操作，更新数据时，也会同时更新到 WAL 日志中。另外，为了保证可通过 WAL 恢复主表和索引表数据，只有当 WAL 同步到磁盘时才会更新实际的数据。

4.6.5　索引的案例分析

通过 SQL 的执行计划可以非常清楚地查看一个 SQL 语句执行的过程。这里通过一个完整的示例演示具体的执行步骤。

（1）创建员工表和部门表并向表中插入记录，命令如下：

```
create table emp
(empno integer primary key,
 ename varchar,
 job varchar,
 mgr integer,
 hiredate varchar,
 sal integer,
 comm integer,
 deptno integer);

create table dept
(deptno integer primary key,
 dname varchar,
 loc varchar
);

upsert into emp values(7369,'SMITH','CLERK',7902,'1980/12/17',800,0,20);
```

```
upsert into emp values(7499,'ALLEN','SALESMAN',7698,'1981/2/20',1600,300,30);
upsert into emp values(7521,'WARD','SALESMAN',7698,'1981/2/22',1250,500,30);
upsert into emp values(7566,'JONES','MANAGER',7839,'1981/4/2',2975,0,20);
upsert into emp values(7654,'MARTIN','SALESMAN',7698,'1981/9/28',1250,1400,30);
upsert into emp values(7698,'BLAKE','MANAGER',7839,'1981/5/1',2850,0,30);
upsert into emp values(7782,'CLARK','MANAGER',7839,'1981/6/9',2450,0,10);
upsert into emp values(7788,'SCOTT','ANALYST',7566,'1987/4/19',3000,0,20);
upsert into emp values(7839,'KING','PRESIDENT',-1,'1981/11/17',5000,0,10);
upsert into emp values(7844,'TURNER','SALESMAN',7698,'1981/9/8',1500,0,30);
upsert into emp values(7876,'ADAMS','CLERK',7788,'1987/5/23',1100,0,20);
upsert into emp values(7900,'JAMES','CLERK',7698,'1981/12/3',950,0,30);
upsert into emp values(7902,'FORD','ANALYST',7566,'1981/12/3',3000,0,20);
upsert into emp values(7934,'MILLER','CLERK',7782,'1982/1/23',1300,0,10);

upsert into dept values(10,'ACCOUNTING','NEW YORK');
upsert into dept values(20,'RESEARCH','DALLAS');
upsert into dept values(30,'SALES','CHICAGO');
upsert into dept values(40,'OPERATIONS','BOSTON');
```

（2）执行下面的语句，并观察输出的 SQL 执行计划。由于没有建立索引，因此在查询数据时需要执行 FULL SCAN 的全表扫描，如图 4.27 所示。

```
explain select dept.deptno,dept.dname,sum(emp.sal)
from emp,dept
where emp.deptno=dept.deptno
group by dept.deptno,dept.dname;
```

图 4.27　没有索引的 SQL 执行计划

（3）在员工表的 deptno 上创建索引，命令如下：

```
create index myindex_deptno_emp on emp(deptno);
```

（4）在部门表上创建索引，命令如下：

```
create index myindex_deptno_dname_dept on dept(deptno) include(dname);
```

（5）重新执行下面的语句，并观察输出的 SQL 执行计划。如图 4.28 所示，可以看出建立索引后，在查询数据时将按照索引的方式进行查询。

```
explain select dept.deptno,dept.dname,sum(emp.sal)
from emp,dept
where emp.deptno=dept.deptno
group by dept.deptno,dept.dname;
```

```
0: jdbc:phoenix:bigdata111:2181> create index myindex_deptno_emp on emp(deptno):
14 rows affected (7.369 seconds)
0: jdbc:phoenix:bigdata111:2181> create index myindex_deptno_dname_dept on dept(deptno) include(dname):
4 rows affected (6.345 seconds)
0: jdbc:phoenix:bigdata111:2181> explain select dept.deptno,dept.dname,sum(emp.sal)
. . . . . . . . . . . . . . .> from emp,dept
. . . . . . . . . . . . . . .> where emp.deptno=dept.deptno
. . . . . . . . . . . . . . .> group by dept.deptno,dept.dname;
+------------------------------------------------------------------------------------------+
|                                          PLAN                                             |
+------------------------------------------------------------------------------------------+
| CLIENT 1-CHUNK PARALLEL 1-WAY FULL SCAN OVER EMP                                          |
|     SERVER AGGREGATE INTO DISTINCT ROWS BY ["MYINDEX_DEPTNO_DNAME_DEPT.:DEPTNO", "MYINDEX |
| CLIENT MERGE SORT                                                                         |
|     PARALLEL INNER-JOIN TABLE 0                                                           |
|         CLIENT 1-CHUNK PARALLEL 1-WAY ROUND ROBIN FULL SCAN OVER MYINDEX_DEPTNO_DNAME_DEP |
+------------------------------------------------------------------------------------------+
5 rows selected (0.092 seconds)
```

图 4.28　有索引的 SQL 执行计划

4.6.6　在 Phoenix 中执行 JDBC

Phoenix 支持标准的 JDBC（Java Database Connectivity，Java 数据库连接）访问方式。JDBC 是 Java 中的一套标准接口，用于访问关系型数据库。要开发 JDBC 程序访问 Phoenix，可以使用下面的依赖构建 Maven 工程。

```
<dependency>
    <groupId>org.apache.phoenix</groupId>
    <artifactId>phoenix-core</artifactId>
    <version>5.0.0-HBase-2.0</version>
</dependency>
<dependency>
    <groupId>org.apache.hadoop</groupId>
    <artifactId>hadoop-common</artifactId>
    <version>3.1.2</version>
</dependency>
```

查询 4.6.5 小节创建的员工表 emp，并输出结果，代码如下：

```java
// 注册 phoenix 驱动
Class.forName("org.apache.phoenix.jdbc.PhoenixDriver");

// 创建 Connection 连接和 SQL 运行环境
Connection conn = DriverManager.getConnection("jdbc:phoenix:bigdata111:2181");
Statement st = conn.createStatement();

// 查询 emp 员工表，并输出结果
ResultSet rs = st.executeQuery("select * from emp");
while (rs.next()) {
    String ename = rs.getString("ename");
    double sal = rs.getDouble("sal");
    System.out.println(ename + "\t" + sal);
}
```

第 5 章　MapReduce 编程

MapReduce 计算模型是一种分布式计算模型，简单来说，就是使用一台服务器不能完成计算，那么就搭建一个集群使用多台服务器一起执行计算，其核心思想就是先拆分，再合并。本章将详细介绍 MapReduce 编程及 MapReduce 的特性。

这里需要强调的是，MapReduce 是一种离线数据处理模型，或者说是一种批处理引擎，它不适合进行实时的流式计算。

5.1　MapReduce WordCount

WordCount 是学习 MapReduce 非常经典的入门案例，即单词计数的应用程序。在搭建好的 Hadoop 环境中可以直接运行 WordCount Example 进行单词的统计。尽管 WordCount 应用程序非常简单，但其包含了 MapReduce 的核心。本章即从该案例出发，逐步介绍 MapReduce 的编程知识。

5.1.1　执行 WordCount 示例程序

在开发自己的 WordCount 程序之前，可以根据下面的步骤运行 Hadoop 自带的 WordCount Example。这里以单节点的伪分布模式为例，全分布模式下的操作步骤与此完全一样。

（1）启动 Hadoop 集群，包括 HDFS 和 YARN，命令如下：

```
start-all.sh
```

（2）编辑 data.txt 文件，输入以下内容。

```
I love Beijing
I love China
Beijing is the capital of China
```

（3）将 data.txt 上传到 HDFS，命令如下：

```
hdfs dfs -mkdir /input
hdfs dfs -put data.txt /input
```

（4）执行 WordCount Example，执行过程的输出日志如图 5.1 所示。

```
cd $HADOOP_HOME/share/hadoop/mapreduce/
hadoop jar hadoop-mapreduce-examples-3.1.2.jar wordcount /input /output/wc
```

```
[root@bigdata111 mapreduce]#
[root@bigdata111 mapreduce]# hadoop jar hadoop-mapreduce-examples-3.1.2.jar wordcount /input /output/wc
2021-05-20 20:05:45,814 INFO client.RMProxy: Connecting to ResourceManager at bigdata111/192.168.157.111:8032
2021-05-20 20:05:46,688 INFO mapreduce.JobResourceUploader: Disabling Erasure Coding for path: /tmp/hadoop-yarn/stagi
ng/root/.staging/job_1621512300466_0002
2021-05-20 20:05:47,553 INFO input.FileInputFormat: Total input files to process : 1
2021-05-20 20:05:48,477 INFO mapreduce.JobSubmitter: number of splits:1
2021-05-20 20:05:49,104 INFO mapreduce.JobSubmitter: Submitting tokens for job: job_1621512300466_0002
2021-05-20 20:05:49,108 INFO mapreduce.JobSubmitter: Executing with tokens: []
2021-05-20 20:05:49,382 INFO conf.Configuration: resource-types.xml not found
2021-05-20 20:05:49,383 INFO resource.ResourceUtils: Unable to find 'resource-types.xml'.
2021-05-20 20:05:49,970 INFO impl.YarnClientImpl: Submitted application application_1621512300466_0002
2021-05-20 20:05:50,144 INFO mapreduce.Job: The url to track the job: http://bigdata111:8088/proxy/application_162151
2300466_0002/
2021-05-20 20:05:50,145 INFO mapreduce.Job: Running job: job_1621512300466_0002
2021-05-20 20:06:01,519 INFO mapreduce.Job: Job job_1621512300466_0002 running in uber mode : false
2021-05-20 20:06:01,523 INFO mapreduce.Job:  map 0% reduce 0%
2021-05-20 20:06:06,678 INFO mapreduce.Job:  map 100% reduce 0%
2021-05-20 20:06:11,745 INFO mapreduce.Job:  map 100% reduce 100%
2021-05-20 20:06:13,828 INFO mapreduce.Job: Job job_1621512300466_0002 completed successfully
2021-05-20 20:06:13,936 INFO mapreduce.Job: Counters: 53
        File System Counters
                FILE: Number of bytes read=93
                FILE: Number of bytes written=432809
                FILE: Number of read operations=0
                FILE: Number of large read operations=0
                FILE: Number of write operations=0
                HDFS: Number of bytes read=162
                HDFS: Number of bytes written=55
                HDFS: Number of read operations=8
                HDFS: Number of large read operations=0
                HDFS: Number of write operations=2
```

图 5.1   WordCount Example 的输出日志

① /input：表示任务的输入。该参数可以是一个目录，也可以是一个文件。如果是一个目录，在执行任务过程中将会读取目录下的所有文件；如果是一个文件，在执行任务时只会读取这一个文件。

② /output/wc：表示任务的输出。如果该目录已经存在，在执行过程中会抛出 Exception。

（5）打开 YARN 的 Web Console，可以监控 MapReduce 任务的执行过程，如图 5.2 所示。

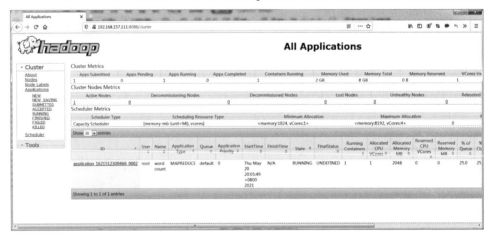

图 5.2   在 YARN 控制台上监控 MapReduce 任务执行过程

（6）任务执行成功后，查看输出的结果，如下所示。从结果可以看出输出了两个文件，这里重点关注 part-r-00000 文件。通过对 5.3.4 小节的学习，可以得知 MapReduce 在执行过程中会产生分区，在默认情况下只有一个分区。这里的分区其实就是一个输出文件，也可以在执行 MapReduce 任务时自定义分区。如果定义了多个分区，输出文件也会有多个。

```
hdfs dfs -ls /output/wc

Found 2 items
-rw-r--r--   1 root supergroup          0 2021-05-20 20:06 /output/wc/_SUCCESS
-rw-r--r--   1 root supergroup         55 2021-05-20 20:06 /output/wc/part-r-00000
```

（7）查看结果，如图 5.3 所示。从得到的结果中可以看出，MapReduce 在执行过程中会进行排序。由于这里处理的是字符串，因此默认的排序规则就是字典顺序。

```
hdfs dfs -cat /output/wc/part-r-00000
```

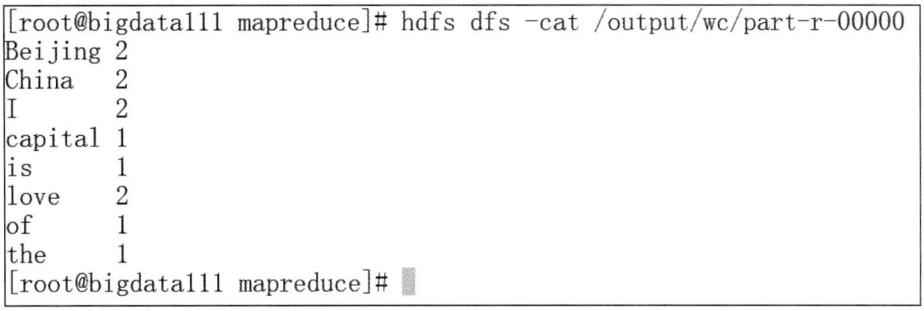

```
[root@bigdata111 mapreduce]# hdfs dfs -cat /output/wc/part-r-00000
Beijing 2
China   2
I       2
capital 1
is      1
love    2
of      1
the     1
[root@bigdata111 mapreduce]#
```

图 5.3 WordCount 输出的结果

5.1.2 WordCount 数据处理流程

在开发自己的 WordCount 程序之前，有必要先对 MapReduce 数据处理的流程进行分析，如图 5.4 所示。有了清晰的数据处理流程，开发 MapReduce 程序就会非常简单。

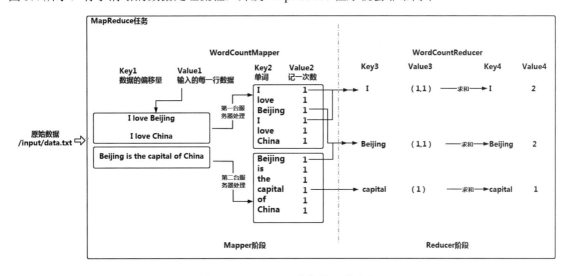

图 5.4 WordCount 数据处理的流程

整个 MapReduce 任务被分为了 Mapper 阶段和 Reducer 阶段。Mapper 阶段相当于一个循环，通过 Mapper 对每一行数据进行处理；Reducer 阶段是一个聚合操作，用于统计相同单词的频率。其详细的执行流程如下：

（1）通过 Mapper 读取 HDFS 目录下数据文件中的每一行数据。

（2）Mapper 的输入是一个 <Key,Value> 的键值对，这里是 <Key1,Value1>。Key1 表示数据在该文件中的偏移量，一般在处理数据时并不关注该值；Value1 表示读入的每一行文本数据。

（3）由于需要处理的数据量通常比较庞大，因此 Mapper 需要将数据拆分到不同的节点进行处理。假设通过 Mapper 的拆分，把前两句话拆分给了第一台服务器处理，而把第三话拆分给了第二台服务器处理。

（4）在每台服务器上需要完成对数据的处理。这里的处理方式就是分词操作。通过分词得到这句话中的每个单词，并且每个单词记一次数，从而得到 Mapper 的输出。

（5）Mapper 的输出也是 <Key,Value> 的键值对，这里是 <Key2,Value2>。

（6）此时进入 Reducer 阶段。这里已经由 MapReduce 的框架实现好了处理的逻辑，即相同的 Key2，其 Value2 会被同一个 Reducer 处理。其本质就是按照 Key2 进行分组，从而得到 Reducer 的输入。

（7）Reducer 的输入也是 <Key,Value> 的键值对，这里是 <Key3,Value3>。Key3 其实就是 Key2；而 Value3 是一个集合，该集合中的每一个元素就是 Value2。

（8）Reducer 中的处理逻辑就是对 Value3 求和，从而得到每个单词的频率，并把单词和频率作为 Reducer 的输出。

（9）Reducer 的输出也是 <Key,Value> 的键值对，这里是 <Key4,Value4>。

（10）将 Reducer 的输出保存到输出的目的地上，如 HDFS。

从以上数据处理流程可以看出，Mapper 和 Reducer 的输入和输出都是 <Key,Value> 的键值对，同时它们的数据类型必须是 Hadoop 自己实现的数据类型，而不能是 Java 的数据类型。Java 和 Hadoop Writable 类型之间的对应关系见表 5.1。

表 5.1　Java 和 Hadoop Writable 类型之间的对应关系

Java 类型	Hadoop Writable 类型
boolean	BooleanWritable
byte	ByteWritable
int	IntWritable
float	FloatWritable
long	LongWritable
double	DoubleWritable
String	Text
null	NullWritable

Hadoop Writable 类型其实是 Hadoop MapReduce 的序列化方式，Hadoop 提供的数据类型都实现了 Writable 接口。也就是说，通过实现 Writable 接口，可以实现自定义数据类型。关于 Hadoop MapReduce 的序列化机制，会在 5.3.1 小节中进行介绍。

5.1.3　开发自己的 WordCount 程序

在了解了 WordCount 数据处理的流程后，即可动手开发自己的应用程序代码。整个任务由 3 部分组成，分别是 WordCountMapper、WordCountReduce 和主程序 WordCountMain。可以通过 Maven 的方式搭建开发工程，也可以将 jar 包包含在开发工程中，这里使用后一种方式。

（1）需要的 jar 包如下：

```
$HADOOP_HOME/share/hadoop/common/*.jar
$HADOOP_HOME/share/hadoop/common/lib/*.jar
$HADOOP_HOME/share/hadoop/mapreduce/*.jar
$HADOOP_HOME/share/hadoop/mapreduce/lib/*.jar
```

（2）Mapper 程序如下：

```java
import java.io.IOException;

import org.apache.hadoop.io.IntWritable;
import org.apache.hadoop.io.LongWritable;
import org.apache.hadoop.io.Text;
import org.apache.hadoop.mapreduce.Mapper;

public class WordCountMapper extends Mapper<LongWritable,Text,Text,IntWritable>{

    @Override
    protected void map(LongWritable key1, Text value1, Context context)
            throws IOException, InterruptedException {
        /*
         * context 代表 Map 的上下文环境
         * 上文：Map 的输入
         * 下文：Reduce 的输出
         */
        // 数据：I love Beijing
        String data = value1.toString();

        // 分词
        String[] words = data.split(" ");

        // 输出 Key2 和 Value2
        for(String word:words) {
            context.write(new Text(word), new IntWritable(1));
        }
    }
}
```

（3）Reducer 程序如下：

```
import java.io.IOException;

import org.apache.hadoop.io.IntWritable;
import org.apache.hadoop.io.Text;
import org.apache.hadoop.mapreduce.Reducer;

public class WordCountReducer extends Reducer<Text,IntWritable,Text,IntWritable> {

    @Override
    protected void reduce(Text k3, Iterable<IntWritable> v3,Context context)
    throws IOException, InterruptedException {
        /*
         * context 代表 Reduce 的上下文环境
         * 上文：Map 的输入
         * 下文：Reduce 的输出
         */
        // 对 v3 求和
        int total = 0;
        for(IntWritable v2:v3) {
                total = total + v2.get();
        }

        // 输出：k3 单词      v3 结果
        context.write(k3, new IntWritable(total));
    }
}
```

（4）主程序如下：

```
import java.io.IOException;
import org.apache.hadoop.conf.Configuration;
import org.apache.hadoop.fs.Path;
import org.apache.hadoop.io.IntWritable;
import org.apache.hadoop.io.Text;
import org.apache.hadoop.mapreduce.Job;
import org.apache.hadoop.mapreduce.lib.input.FileInputFormat;
import org.apache.hadoop.mapreduce.lib.output.FileOutputFormat;

public class WordCountMain {

    public static void main(String[] args) throws Exception {
        // 创建一个任务，并指定任务的入口
        Job job = Job.getInstance(new Configuration());
        job.setJarByClass(WordCountMain.class);

        // 指定任务的 Map 和 Map 的输出类型（k2,v2）
```

```
        job.setMapperClass(WordCountMapper.class);
        job.setMapOutputKeyClass(Text.class);            //k2
        job.setMapOutputValueClass(IntWritable.class);    //v2

        // 指定任务的 Reduce 和 Reduce 的输出类型（k4,v4）
        job.setReducerClass(WordCountReducer.class);
        job.setOutputKeyClass(Text.class);               //k4
        job.setOutputValueClass(IntWritable.class);       //v4

        // 指定任务的输入和输出
        FileInputFormat.setInputPaths(job, new Path(args[0]));
        FileOutputFormat.setOutputPath(job, new Path(args[1]));

        // 执行任务
        job.waitForCompletion(true);
    }
}
```

（5）将程序打包为 jar 文件，如图 5.5 所示。生成的 jar 文件放到了 D:\temp\wc.jar，同时指定了 Main Class 为 demo.WordCountMain。

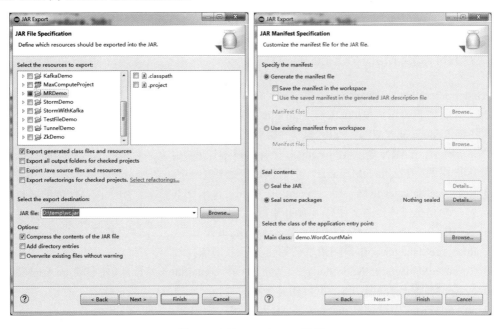

图 5.5　打包 WordCount 程序

（6）将 jar 文件上传到 Linux 环境中，并提交执行。整个执行过程和输出结果与 WordCount Example 一致，命令如下：

```
hadoop jar wc.jar /input /output/wc1
```

5.2 YARN 与 MapReduce

从 Hadoop 2.x 开始就集成了 YARN，它是一个资源和任务调度的容器。YARN 也是一种主从架构，主节点是 ResourceManager，从节点是 NodeManager。为了提高性能，NodeManager 通常与 DataNode 运行在同一个节点上。图 5.6 为 YARN 的体系架构。

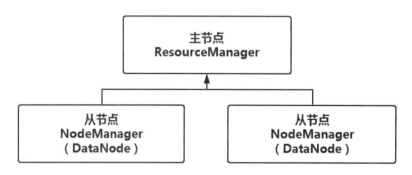

图 5.6   YARN 的体系架构

由于 YARN 也是一种主从架构，因此其也存在单点故障问题。如果要实现 YARN 的 HA，同样需要 ZooKeeper 的支持。

5.2.1   YARN 调度 MapReduce 的过程

从 Hadoop 2.x 开始，MapReduce 就运行在 YARN 容器中。但是，YARN 不仅可以调度 MapReduce 任务，也可以调度 Spark 任务和 Flink 任务，即 Spark on YARN 和 Flink on YARN。这里重点介绍 MapReduce on YARN 是如何调度并执行的。

如图 5.7 所示，YARN 调度 MapReduce 任务的过程详解如下：

（1）客户端调用 ResourceManager，申请执行一个任务 Job。

（2）ResourceManager 返回一个 application_id 和一个 HDFS 目录，用于保存任务的信息。

（3）客户端提交任务资源文件到该 HDFS 目录下，如切片信息、Job 的配置信息及 jar 包。

（4）客户端请求 ResourceManager 运行 mrAppMaster。

（5）ResourceManager 将客户端请求初始化为一个 Task。

（6）ResourceManager 在 NodeManager 上创建一个 container（容器），并启动 mrAppMaster。

（7）mrAppMaster 访问 HDFS，下载任务资源文件。

（8）mrAppMaster 申请创建 maptask 的容器。

（9）ResourceManager 创建 maptask container 并运行 maptask。

（10）mrAppMaster 申请 reducetask 的容器。

（11）ResourceManager 创建 reducetask container，并运行 reducetask。

（12）reducetask 向 maptask 获取相应的分区数据。

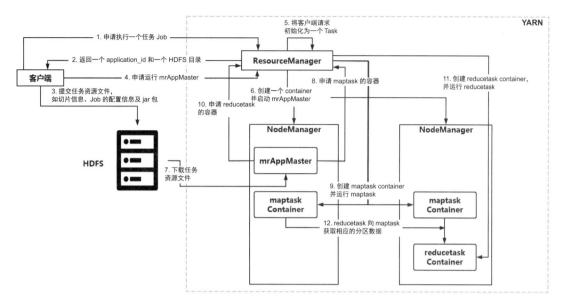

图 5.7　YARN 调度 MapReduce 任务的过程

5.2.2　YARN 的资源调度方式

YARN 作为资源和任务调度平台，在实际应用中往往不止一个应用程序运行在 YARN 上，如在 YARN 上同时运行着 MapReduce 任务、Spark 任务和 Flink 任务等。这时 YARN 就需要有一种机制进行调度去分配资源给这些应用程序。YARN 的资源调度方式主要有以下 3 种。

1. FIFO Scheduler（先进先出调度器）

如图 5.8 所示，在 t1 时间点提交运行 Job1，在 t2 时间点提交运行 Job2，但在 t2 时间点，Job1 并没有执行完成，因此 Job2 需要等待 Job1 执行完成后才能运行。这样的资源调度方式存在的问题就是没有考虑任务的优先级，后提交的任务优先级可能更高，但是无法得到资源运行，一直处于等待状态。

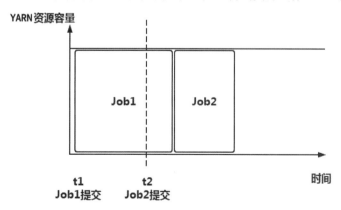

图 5.8　FIFO Scheduler

2. Capacity Scheduler（容量调度器）

如图 5.9 所示，这种资源调度方式是容量管理的调度策略，适合多租户安全地共享 YARN 集群的资源。它采用队列方式，可以为不同的队列分配不同的资源比例。任务可以提交到不同的队列，而在同一个队列内部又采用 FIFO Scheduler。同时，Capacity Scheduler 支持用户限制、访问控制、层级队列等配置。

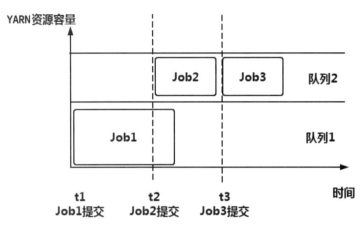

图 5.9　Capacity Scheduler

3. Fair Scheduler（公平调度器）

如图 5.10 所示，Fair Scheduler 是公平调度策略，能够根据任务的权重公平地分享 YARN 集群中的资源。这种调度策略会为所有运行的任务动态分配资源。例如，在 t1 时间点提交 Job1，由于此时整个集群只有这一个任务在运行，因此它将占有集群的所有资源；在 t2 时间点提交 Job2，此时 YARN 集群上就有两个任务在运行，它们将各占用系统 1/2 的资源；如果在 t3 时间点提交 Job3，这时每个任务将占有系统 1/3 的资源。使用 Fair Scheduler 也可以根据不同任务的权重动态分配资源，权重越大，分配的资源就越多。

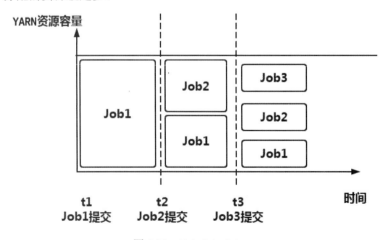

图 5.10　Fair Scheduler

5.3　MapReduce 的高级功能

MapReduce 除了提供基本的 Map 和 Reduce 功能以外，还提供了很多高级功能。本节将通过具体示例代码介绍这些功能。下面是需要用到的员工表的数据，一共有 8 个字段，分别是员工号、姓名、职位、老板号、入职日期、月薪、奖金和部门号。

```
7369,SMITH,CLERK,7902,1980/12/17,800,0,20
7499,ALLEN,SALESMAN,7698,1981/2/20,1600,300,30
7521,WARD,SALESMAN,7698,1981/2/22,1250,500,30
7566,JONES,MANAGER,7839,1981/4/2,2975,0,20
7654,MARTIN,SALESMAN,7698,1981/9/28,1250,1400,30
7698,BLAKE,MANAGER,7839,1981/5/1,2850,0,30
7782,CLARK,MANAGER,7839,1981/6/9,2450,0,10
7788,SCOTT,ANALYST,7566,1987/4/19,3000,0,20
7839,KING,PRESIDENT,-1,1981/11/17,5000,0,10
7844,TURNER,SALESMAN,7698,1981/9/8,1500,0,30
7876,ADAMS,CLERK,7788,1987/5/23,1100,0,20
7900,JAMES,CLERK,7698,1981/12/3,950,0,30
7902,FORD,ANALYST,7566,1981/12/3,3000,0,20
7934,MILLER,CLERK,7782,1982/1/23,1300,0,10
```

将上面的数据存入 emp.csv 文件，并上传到 HDFS 的 /scott 目录下，命令如下：

```
hdfs dfs -mkdir /scott
hdfs dfs -put emp.csv /scott
```

5.3.1　序列化

Mapper 和 Reducer 的输入和输出都是 <Key,Value> 的形式，同时它们的数据类型必须实现 Hadoop Writable 接口。也就是说，如果一个类实现了 Writable 接口，则该类的对象就作为 Map 和 Reduce 输入和输出的数据类型，这就是 Hadoop 的序列化机制。通过这样的方式，也可以实现自定义数据类型。

（1）自定义一个数据类型 Employee，用于封装员工数据，代码如下：

```java
import java.io.DataInput;
import java.io.DataOutput;
import java.io.IOException;
import org.apache.hadoop.io.Writable;

// 封装员工数据
public class Employee implements Writable{

    private int empno;          // 员工号
    private String ename;       // 姓名
    private String job;         // 职位
```

```java
    private int mgr;                // 老板号
    private String hiredate;        // 入职日期
    private int sal;                // 月薪
    private int comm;               // 奖金
    private int deptno;             // 部门号

    @Override
    public String toString() {
        return "Employee [empno=" + empno + ", ename=" + ename + ",
                sal=" + sal + ", deptno=" + deptno + "]";
    }

    @Override
    public void readFields(DataInput input) throws IOException {
        // 实现反序列化（输入）
        this.empno = input.readInt();
        this.ename = input.readUTF();
        this.job = input.readUTF();
        this.mgr = input.readInt();
        this.hiredate = input.readUTF();
        this.sal = input.readInt();
        this.comm = input.readInt();
        this.deptno = input.readInt();
    }

    // 注意：序列化的顺序一定要和反序列化的顺序一致

    @Override
    public void write(DataOutput output) throws IOException {
        // 实现序列化（输出）
        output.writeInt(this.empno);
        output.writeUTF(this.ename);
        output.writeUTF(this.job);
        output.writeInt(this.mgr);
        output.writeUTF(this.hiredate);
        output.writeInt(this.sal);
        output.writeInt(this.comm);
        output.writeInt(this.deptno);
    }

    public Employee() {

    }

    public int getEmpno() {
        return empno;
    }

    public void setEmpno(int empno) {
```

```
                this.empno = empno;
        }

        // 其他属性的 get 和 set 方法此处省略
        ...
}
```

（2）开发 Mapper 程序读取员工数据。其中，输出的 Key2 是员工号，Value2 是员工对象，代码如下：

```
import java.io.IOException;
import org.apache.hadoop.io.IntWritable;
import org.apache.hadoop.io.LongWritable;
import org.apache.hadoop.io.Text;
import org.apache.hadoop.mapreduce.Mapper;

public class EmployeeMapper
extends Mapper<LongWritable, Text, IntWritable, Employee> {

    @Override
    protected void map(LongWritable key1, Text value1, Context context)
        throws IOException, InterruptedException {
        Employee e = new Employee();

        // 分词
        String[] words = value1.toString().split(",");

        // 设置员工的属性
        e.setEmpno(Integer.parseInt(words[0]));
        e.setEname(words[1]);
        e.setJob(words[2]);
        e.setMgr(Integer.parseInt(words[3]));
        e.setHiredate(words[4]);
        e.setSal(Integer.parseInt(words[5]));
        e.setComm(Integer.parseInt(words[6]));
        e.setDeptno(Integer.parseInt(words[7]));

        // 输出: Key2 是员工号，Value2 是员工对象
        context.write(new IntWritable(e.getEmpno()), e);
    }
}
```

（3）主程序如下：

```
import java.io.IOException;
import org.apache.hadoop.conf.Configuration;
import org.apache.hadoop.fs.Path;
import org.apache.hadoop.io.IntWritable;
import org.apache.hadoop.mapreduce.Job;
```

```
import org.apache.hadoop.mapreduce.lib.input.FileInputFormat;
import org.apache.hadoop.mapreduce.lib.output.FileOutputFormat;

public class EmployeeMain {

    public static void main(String[] args) throws Exception {
        // 创建一个任务，并指定任务的入口
        Job job = Job.getInstance(new Configuration());
        job.setJarByClass(EmployeeMain.class);

        // 指定任务的 Map 和 Map 的输出类型（k2,v2）
        job.setMapperClass(EmployeeMapper.class);
        job.setMapOutputKeyClass(IntWritable.class);          //k2
        job.setMapOutputValueClass(Employee.class);           //v2

        // 指定（k4,v4）
        job.setOutputKeyClass(IntWritable.class);             //k4
        job.setOutputValueClass(Employee.class);              //v4

        // 指定任务的输入和输出
        FileInputFormat.setInputPaths(job, new Path(args[0]));
        FileOutputFormat.setOutputPath(job, new Path(args[1]));

        // 执行任务
        job.waitForCompletion(true);
    }
}
```

在该示例中没有对输入的员工数据进行任何处理，只是简单地进行了数据的封装。图 5.11 为 Employee 序列化的输出结果。

```
[root@bigdata111 jars]# hdfs dfs -cat /output/s1/part-r-00000
7369    Employee [empno=7369, ename=SMITH, sal=800, deptno=20]
7499    Employee [empno=7499, ename=ALLEN, sal=1600, deptno=30]
7521    Employee [empno=7521, ename=WARD, sal=1250, deptno=30]
7566    Employee [empno=7566, ename=JONES, sal=2975, deptno=20]
7654    Employee [empno=7654, ename=MARTIN, sal=1250, deptno=30]
7698    Employee [empno=7698, ename=BLAKE, sal=2850, deptno=30]
7782    Employee [empno=7782, ename=CLARK, sal=2450, deptno=10]
7788    Employee [empno=7788, ename=SCOTT, sal=3000, deptno=20]
7839    Employee [empno=7839, ename=KING, sal=5000, deptno=10]
7844    Employee [empno=7844, ename=TURNER, sal=1500, deptno=30]
7876    Employee [empno=7876, ename=ADAMS, sal=1100, deptno=20]
7900    Employee [empno=7900, ename=JAMES, sal=950, deptno=30]
7902    Employee [empno=7902, ename=FORD, sal=3000, deptno=20]
7934    Employee [empno=7934, ename=MILLER, sal=1300, deptno=10]
```

图 5.11   Employee 序列化的输出结果

5.3.2　排序

在执行 WordCount Example 示例时提到，MapReduce 会对输出结果进行排序，而排序规则是根据 Key2 进行排序。Key2 可以是基本的数据类型，也可以是对象。如果 Key2 是基本数据类型，字符串将按照字典顺序进行排序。例如，在 WordCount 示例中，Key2 是拆分后的每个单词。如果 Key2 是对象，可以通过实现 WritableComparable 接口实现自定义排序。

1. 基本数据类型的自定义排序

（1）以 WordCount 为例，要实现单词的自定义排序，可以继承 Text.Comparator 类，并重写 compare 方法。例如，下面的示例实现了逆序的字典顺序排序。

```java
import org.apache.hadoop.io.Text;

// 定义 Text 类型的自定义排序规则
public class MyTextComparator extends Text.Comparator{

    @Override
    public int compare(byte[] b1, int s1, int l1,
                       byte[] b2, int s2, int l2) {
        return -super.compare(b1, s1, l1, b2, s2, l2);
    }
}
```

（2）将自定义排序规则加入主程序的任务，代码如下：

```java
// 指定自定义的排序规则
job.setSortComparatorClass(MyTextComparator.class);
```

（3）图 5.12 为 WordCount 自定义排序的输出结果。

```
[root@bigdata111 jars]# hdfs dfs -cat /output/s2/part-r-00000
the      1
of       1
love     2
is       1
capital  1
I        2
China    2
Beijing  2
```

图 5.12　WordCount 自定义排序的输出结果

2. 对象的排序

（1）如果 Key2 是一个对象，可以通过实现 WritableComparable 接口，并重写 compareTo 实现自定义排序。例如，按照员工月薪一列进行排序，代码如下：

```java
import java.io.DataInput;
import java.io.DataOutput;
```

```java
import java.io.IOException;

import org.apache.hadoop.io.Writable;
import org.apache.hadoop.io.WritableComparable;

// 封装员工数据，并实现自定义排序
public class Employee implements WritableComparable<Employee>{

    private int empno;              // 员工号
    private String ename;           // 姓名
    private String job;             // 职位
    private int mgr;                // 老板号
    private String hiredate;        // 入职日期
    private int sal;                // 月薪
    private int comm;               // 奖金
    private int deptno;             // 部门号

    @Override
    public String toString() {
        return "Employee [empno=" + empno + ", ename=" + ename + ",
                sal=" + sal + ", deptno=" + deptno + "]";
    }

    @Override
    public int compareTo(Employee o) {
        // 定义排序规则：一个列的排序
        // 按照员工的月薪排序
        if(this.sal >= o.getSal()) {
                return 1;
        }else {
                return -1;
        }
    }

    @Override
    public void readFields(DataInput input) throws IOException {
        // 实现反序列化（输入）
        this.empno = input.readInt();
        this.ename = input.readUTF();
        this.job = input.readUTF();
        this.mgr = input.readInt();
        this.hiredate = input.readUTF();
        this.sal = input.readInt();
        this.comm = input.readInt();
        this.deptno = input.readInt();
    }
    // 注意：序列化的顺序一定要和反序列化的顺序一致

    @Override
    public void write(DataOutput output) throws IOException {
```

```
            // 实现序列化（输出）
            output.writeInt(this.empno);
            output.writeUTF(this.ename);
            output.writeUTF(this.job);
            output.writeInt(this.mgr);
            output.writeUTF(this.hiredate);
            output.writeInt(this.sal);
            output.writeInt(this.comm);
            output.writeInt(this.deptno);
        }

    public Employee() {

    }

    public int getEmpno() {
        return empno;
    }

    public void setEmpno(int empno) {
        this.empno = empno;
    }

    // 其他属性的 get 和 set 方法此处省略
    ...
}
```

（2）修改之前的 EmployeeMapper，将 Employee 作为 Key2 输出，代码如下：

```
public class EmployeeMapper
extends Mapper<LongWritable, Text, Employee, NullWritable> {

    @Override
    protected void map(LongWritable key1, Text value1, Context context)
        throws IOException, InterruptedException {
        Employee e = new Employee();

        // 分词
        String[] words = value1.toString().split(",");

        // 设置员工的属性
        e.setEmpno(Integer.parseInt(words[0]));

        // 部分代码省略
        ...

        // 输出
        context.write(e,NullWritable.get());
    }
}
```

（3）改造任务的主程序。这里需要注意的是，一定要把 Employee 作为 Key2，代码如下：

```
// 指定任务的 Map 和 Map 的输出类型（k2,v2）
job.setMapperClass(EmployeeMapper.class);
job.setMapOutputKeyClass(Employee.class);              //k2 为员工对象
job.setMapOutputValueClass(NullWritable.class);        //v2 为空值
```

（4）将任务打包，并上传到集群运行，输出结果如图 5.13 所示。

```
[root@bigdata111 jars]# hdfs dfs -cat /output/s3/part-r-00000
Employee [empno=7369, ename=SMITH, sal=800,  deptno=20]
Employee [empno=7900, ename=JAMES, sal=950,  deptno=30]
Employee [empno=7876, ename=ADAMS, sal=1100, deptno=20]
Employee [empno=7654, ename=MARTIN, sal=1250, deptno=30]
Employee [empno=7521, ename=WARD, sal=1250, deptno=30]
Employee [empno=7934, ename=MILLER, sal=1300, deptno=10]
Employee [empno=7844, ename=TURNER, sal=1500, deptno=30]
Employee [empno=7499, ename=ALLEN, sal=1600, deptno=30]
Employee [empno=7782, ename=CLARK, sal=2450, deptno=10]
Employee [empno=7698, ename=BLAKE, sal=2850, deptno=30]
Employee [empno=7566, ename=JONES, sal=2975, deptno=20]
Employee [empno=7902, ename=FORD, sal=3000, deptno=20]
Employee [empno=7788, ename=SCOTT, sal=3000, deptno=20]
Employee [empno=7839, ename=KING, sal=5000, deptno=10]
```

图 5.13　Employee 一个列的排序输出结果

3. 多个列的排序

（1）如果要实现多个列的排序，也可以通过重写 compareTo 方法完成。例如，先按照部门号进行排序，如果部门号相同，再按照月薪排序，代码如下：

```
@Override
public int compareTo(Employee o) {
    // 定义排序规则：多个列的排序
    // 先按照部门号排序，再按照月薪排序
    if(this.deptno > o.getDeptno()) {
        return 1;
    }else if(this.deptno < o.getDeptno()) {
        return -1;
    }

    if(this.sal >= o.getSal()) {
        return 1;
    }else {
        return -1;
    }
}
```

（2）将任务打包，并上传到集群运行，输出结果如图 5.14 所示。

```
[root@bigdata111 jars]# hdfs dfs -cat /output/s4/part-r-00000
Employee [empno=7934, ename=MILLER,  sal=1300,  deptno=10]
Employee [empno=7782, ename=CLARK,   sal=2450,  deptno=10]
Employee [empno=7839, ename=KING,    sal=5000,  deptno=10]
Employee [empno=7369, ename=SMITH,   sal=800,   deptno=20]
Employee [empno=7876, ename=ADAMS,   sal=1100,  deptno=20]
Employee [empno=7566, ename=JONES,   sal=2975,  deptno=20]
Employee [empno=7902, ename=FORD,    sal=3000,  deptno=20]
Employee [empno=7788, ename=SCOTT,   sal=3000,  deptno=20]
Employee [empno=7900, ename=JAMES,   sal=950,   deptno=30]
Employee [empno=7521, ename=WARD,    sal=1250,  deptno=30]
Employee [empno=7654, ename=MARTIN,  sal=1250,  deptno=30]
Employee [empno=7844, ename=TURNER,  sal=1500,  deptno=30]
Employee [empno=7499, ename=ALLEN,   sal=1600,  deptno=30]
Employee [empno=7698, ename=BLAKE,   sal=2850,  deptno=30]
```

图 5.14　Employee 多个列的排序输出结果

5.3.3　合并

MapReduce 的 MapTask 将处理完成的数据形成一个 <Key,Value> 的键值对，并在网络节点之间进行 Shuffle，并最终由 ReduceTask 处理。这样的处理方式存在一个明显的问题，即如果 MapTask 输出的数据量非常庞大，会对网络造成巨大的压力，从而形成性能的瓶颈。而合并（Combiner）的引入就是为了避免 MapTask 和 ReduceTask 之间的海量数据传输而设置的一种优化方式。Combiner 是一种特殊的 Reduce，但其与 Map 运行在一起。Combiner 先对 MapTask 输出的数据进行一次本地聚合，再输出到 ReduceTask 中，其主要目的是削减 Mapper 的输出，从而减少网络带宽和 Reducer 上的负载。

这里通过一个简单的求和操作解释 Combiner 的处理方式。图 5.15 为没有 Combiner 的情况下，如何使用 MapReduce 进行求和。Map 任务由两个节点执行，分别输出 {1,2,3} 和 {4,5}。如果直接把 MapTask 的输出输入 ReduceTask，将会在节点的网络之间传输 5 个数据，并最终在 ReduceTask 中得到结果 15。

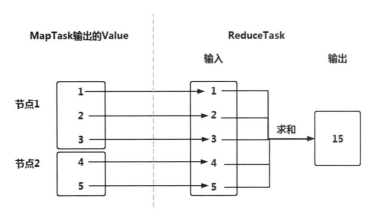

图 5.15　没有 Combiner 的数据处理方式

图 5.16 为采用 Combiner 后的数据处理方式。

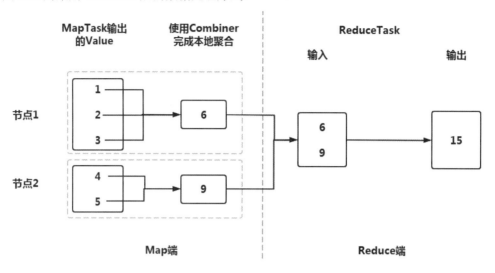

图 5.16　采用 Combiner 后的数据处理方式

改造之前的 WordCount 程序，在主程序添加下面的代码，即可在单词处理过程中引入 Combiner。这里直接使用 WordCountReducer 作为 Combiner Class，因为它们的处理逻辑完全一样。如果处理逻辑不一样，则需要单独开发一个 Combiner Class，代码如下：

```
job.setCombinerClass(WordCountReducer.class);
```

WordCount 示例引入 Combiner 后，数据处理方式如图 5.17 所示。

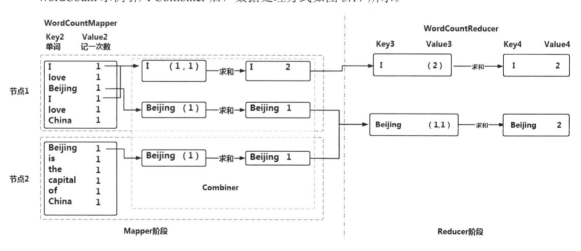

图 5.17　WordCount 引入 Combiner 后的数据处理方式

5.3.4　分区

默认情况下 MapReduce 只存在一个分区。这里的分区其实就是输出的结果文件,如图 5.18 所示。其中,part-r-00000 是一个分区的输出文件,part 是 partition 的缩写。

```
[root@bigdata111 ~]# hdfs dfs -ls /output/wc
Found 2 items
-rw-r--r--   1 root supergroup          0 2021-05-20 20:06 /output/wc/_SUCCESS
-rw-r--r--   1 root supergroup         55 2021-05-20 20:06 /output/wc/part-r-00000
[root@bigdata111 ~]#
```

图 5.18　WordCount 的分区

MapReduce 在执行过程中会根据 Map 的输出,即 <Key2,Value2> 建立分区。因此,通过继承 Partitioner 可以实现自定义分区。下面的代码会根据员工的部门号建立 3 个分区,因此最终的输出文件将会有 3 个。这里继承父类时的泛型 <IntWritable, Employee> 代表 Map 的输出,表示部门号和对应的员工对象。

```java
import org.apache.hadoop.io.IntWritable;
import org.apache.hadoop.mapreduce.Partitioner;

// 建立分区规则:根据员工的部门号建立分区
public class MyPartitioner extends Partitioner<IntWritable, Employee>{

    @Override
    public int getPartition(IntWritable k2, Employee v2, int numTask) {
        // 取出部门号,建立分区
        int deptno = k2.get();

        if(deptno == 10) {
            // 放入 1 号分区中
            return 1%numTask;
        }else if(deptno == 20) {
            // 放入 2 号分区中
            return 2%numTask;
        }else {
            // 放入 0 号分区中
            return 3%numTask;
        }
    }
}
```

通过在 MapReduce 任务中加入分区规则,从而实现自定义的分区。

（1）Mapper 程序的输出，代码如下：

```java
public class EmployeeMapper
                //k1, v1, k2, v2
extends Mapper<LongWritable, Text, IntWritable, Employee> {

    @Override
    protected void map(LongWritable key1, Text value1, Context context)
            throws IOException, InterruptedException {
        //7369,SMITH,CLERK,7902,1980/12/17,800,0,20
        Employee e = new Employee();

        // 分词
        String[] words = value1.toString().split(",");

        // 设置员工的属性
        e.setEmpno(Integer.parseInt(words[0]));
        e.setEname(words[1]);
        e.setJob(words[2]);
        e.setMgr(Integer.parseInt(words[3]));
        e.setHiredate(words[4]);
        e.setSal(Integer.parseInt(words[5]));
        e.setComm(Integer.parseInt(words[6]));
        e.setDeptno(Integer.parseInt(words[7]));

        // 输出：员工部门号和员工对象
        context.write(new IntWritable(e.getDeptno()), e);
    }
}
```

（2）Reduce 程序，代码如下：

```java
public class EmployeeReducer
extends Reducer<IntWritable, Employee, IntWritable, Employee> {

    @Override
    protected void reduce(IntWritable k3,Iterable<Employee> v3,Context context)
            throws IOException, InterruptedException {

        //Reduce 没有任何的处理逻辑，直接输出即可
        for(Employee v2:v3) {
            context.write(k3, v2);
        }
    }
}
```

（3）主程序，代码如下：

```
public static void main(String[] args) throws Exception {
    // 创建一个任务，并指定任务的入口
    Job job = Job.getInstance(new Configuration());
    job.setJarByClass(EmployeeMain.class);

    // 指定任务的 Map 和 Map 的输出类型（k2,v2）
    job.setMapperClass(EmployeeMapper.class);
    job.setMapOutputKeyClass(IntWritable.class);        //k2
    job.setMapOutputValueClass(Employee.class);         //v2

    // 指定分区规则
    job.setPartitionerClass(MyPartitioner.class);
    // 指定分区的个数
    job.setNumReduceTasks(3);

    // 指定 (k4,v4)
    job.setReducerClass(EmployeeReducer.class);
    job.setOutputKeyClass(IntWritable.class);           //k4
    job.setOutputValueClass(Employee.class);            //v4

    // 指定任务的输入和输出
    FileInputFormat.setInputPaths(job, new Path(args[0]));
    FileOutputFormat.setOutputPath(job, new Path(args[1]));

    // 执行任务
    job.waitForCompletion(true);
}
```

（4）将任务打包并运行，输出结果如图 5.19 所示。从图 5.19 中可以看出，输出的结果文件变成 3 个，即 3 个分区，每个分区中只包含某一个部门的员工数据。

```
1 bigdata111  +
[root@bigdata111 jars]# hdfs dfs -ls /output/s5
Found 4 items
-rw-r--r--   1 root supergroup          0 2021-05-22 19:50 /output/s5/_SUCCESS
-rw-r--r--   1 root supergroup        354 2021-05-22 19:50 /output/s5/part-r-00000
-rw-r--r--   1 root supergroup        177 2021-05-22 19:50 /output/s5/part-r-00001
-rw-r--r--   1 root supergroup        293 2021-05-22 19:50 /output/s5/part-r-00002
[root@bigdata111 jars]#
```

图 5.19　自定义分区的输出文件

（5）查看 part-r-00000 的内容，其中只包含部门号为 30 的员工数据，如图 5.20 所示。

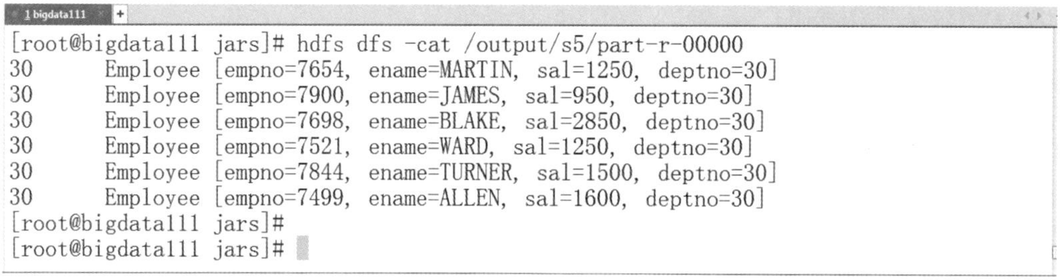

```
[root@bigdata111 jars]# hdfs dfs -cat /output/s5/part-r-00000
30      Employee [empno=7654, ename=MARTIN, sal=1250, deptno=30]
30      Employee [empno=7900, ename=JAMES, sal=950, deptno=30]
30      Employee [empno=7698, ename=BLAKE, sal=2850, deptno=30]
30      Employee [empno=7521, ename=WARD, sal=1250, deptno=30]
30      Employee [empno=7844, ename=TURNER, sal=1500, deptno=30]
30      Employee [empno=7499, ename=ALLEN, sal=1600, deptno=30]
[root@bigdata111 jars]#
[root@bigdata111 jars]#
```

图 5.20　分区中的数据

5.3.5　MapJoin

在执行 MapReduce 任务时,可以在 Map 阶段通过 MapJoin 先将一个小文件缓存到内存中,该小文件可能来自网络、磁盘或 HDFS。由于 MapTask 会在不同的节点上执行,因此可以在集群中的任何一个节点上读取该小文件中的数据。MapJoin 适合需要连接一个大文件和一个小文件的场景。MapJoin 的初始化如图 5.21 所示。

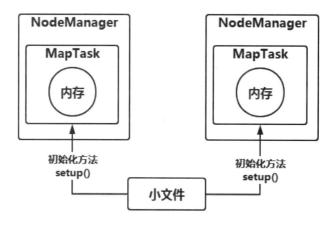

图 5.21　MapJoin 的初始化

由于需要执行连接操作,因此除了 emp.csv 员工表的数据,还要用到下面的部门表数据。部门表数据一共有 3 个列,分别是部门号、部门名称和部门地点。

```
10,ACCOUNTING,NEW YORK
20,RESEARCH,DALLAS
30,SALES,CHICAGO
40,OPERATIONS,BOSTON
```

(1)将数据保存到 dept.csv 中,并上传到 HDFS 中,命令如下:

```
hdfs dfs -put dept.csv /scott
```

（2）开发一个 Mapper 程序，在 setup 方法中加载部门表数据，并在 map 方法中实现与员工表的 Join 操作，代码如下：

```java
import java.io.BufferedReader;
import java.io.FileInputStream;
import java.io.IOException;
import java.io.InputStreamReader;
import java.util.HashMap;
import java.util.Map;

import org.apache.hadoop.io.LongWritable;
import org.apache.hadoop.io.Text;
import org.apache.hadoop.mapreduce.Mapper;

public class MapJoinMapper extends Mapper<LongWritable, Text, Text, Text> {

    // 定义一个 Map 集合，缓存部门的信息
    private Map<Integer, String> dept = new HashMap<Integer, String>();


    @Override
    protected void map(LongWritable key1, Text value1, Context context)
            throws IOException, InterruptedException {
        // 读取表：员工表
        // 数据：7369,SMITH,CLERK,7902,1980/12/17,800,0,20
        String data = value1.toString();
        String[] words = data.split(",");

        // 取出该员工的部门号
        int deptno = Integer.parseInt(words[7]);

        // 执行 Join
        context.write(new Text(dept.get(deptno)), new Text(words[1]));
    }

    @Override
    protected void setup(Mapper<LongWritable,Text,Text,Text>.Context context)
            throws IOException, InterruptedException {
        // 对 Map 进行初始化
        // 读取缓存的部门表数据
        // 路径：/scott/dept.csv
        String path = context.getCacheFiles()[0].getPath();

        // 取出文件名
        int index = path.lastIndexOf("/");
```

```
        String fileName = path.substring(index + 1);

        // 开始读取数据
        FileInputStream fileInput = new FileInputStream(fileName);
        InputStreamReader readFile = new InputStreamReader(fileInput);
        BufferedReader reader = new BufferedReader(readFile);

        String line = null;
        while((line=reader.readLine())!= null) {
            // 分词：取出部门号和部门名称
            String[] fields = line.split(",");

            // 存入部门表中：部门号，名称
            dept.put(Integer.parseInt(fields[0]), fields[1]);
        }
    }
}
```

（3）MapJoin 的主程序，代码如下：

```
public static void main(String[] args) throws Exception {
    Job job = Job.getInstance(new Configuration());
    job.setJarByClass(MapJoinMain.class);

    job.setMapperClass(MapJoinMapper.class);
    job.setMapOutputKeyClass(Text.class);
    job.setMapOutputValueClass(Text.class);

    // 给 Job 加载一张表，缓存到 Map 的内存中
    // 缓存的是 dept.csv 部门表
    job.addCacheFile(new URI(args[0]));

    // 指定表 emp.csv 的输入路径
    FileInputFormat.setInputPaths(job, new Path(args[1]));

    //Join 完成后的输出路径
    FileOutputFormat.setOutputPath(job, new Path(args[2]));

    job.waitForCompletion(true);
}
```

（4）将程序打包，并通过下面的语句执行任务。

```
hadoop jar mapjoin.jar /scott/dept.csv /scott/emp.csv /output/mapjoin
```

（5）MapJoin 的输出结果如图 5.22 所示。

```
[root@bigdata111 jars]# hdfs dfs -ls /output/mapjoin
Found 2 items
-rw-r--r--   1 root supergroup          0 2021-05-22 20:22 /output/mapjoin/_SUCCESS
-rw-r--r--   1 root supergroup        198 2021-05-22 20:22 /output/mapjoin/part-r-00000
[root@bigdata111 jars]# hdfs dfs -cat /output/mapjoin/part-r-00000
ACCOUNTING      MILLER
ACCOUNTING      KING
ACCOUNTING      CLARK
RESEARCH        ADAMS
RESEARCH        SCOTT
RESEARCH        SMITH
RESEARCH        JONES
RESEARCH        FORD
SALES      TURNER
SALES      ALLEN
SALES      BLAKE
SALES      MARTIN
SALES      WARD
SALES      JAMES
[root@bigdata111 jars]#
```

图 5.22　MapJoin 的输出结果

5.3.6　链式处理

　　从 Hadoop 2.x 开始，MapReduce 作业支持链式处理，即 ChainMapper 和 ChainReducer。也就是说，在 Map 或 Reduce 阶段存在多个 Mapper，这些 Mapper 像一个管道一样，前一个 Mapper 的输出结果直接重定向到下一个 Mapper 的输入。需要说明的是，整个 MapReduce 任务中可以有多个 Mapper，但只能有一个 Reducer。另外，在 Reducer 前面可以有一个或多个 Mapper，在 Reducer 后面可以有 0 个或多个 Mapper。

　　下面通过一个具体示例说明如何开发一个 MapReduce 的链式处理任务。整个任务包含 4 个步骤，如图 5.23 所示。

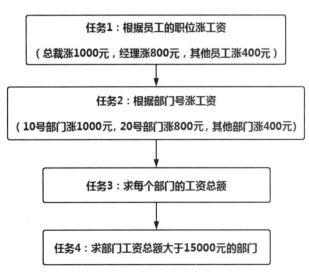

图 5.23　MapReduce 的链式处理任务

（1）开发第一个 Mapper，读取数据，封装到 Employee 对象中，代码如下：

```
// 第一个 Mapper，读取数据，封装到 Employee 对象中
public class GetEmployeeMapper
extends Mapper<LongWritable, Text, IntWritable, Employee> {

    @Override
    protected void map(LongWritable key1, Text value1, Context context)
            throws IOException, InterruptedException {
        // 读入的员工数据：7369,SMITH,CLERK,7902,1980/12/17,800,0,20
        Employee e = new Employee();

        // 分词
        String[] words = value1.toString().split(",");

        // 设置员工的属性
        e.setEmpno(Integer.parseInt(words[0]));
        e.setEname(words[1]);
        e.setJob(words[2]);
        e.setMgr(Integer.parseInt(words[3]));
        e.setHiredate(words[4]);
        e.setSal(Integer.parseInt(words[5]));
        e.setComm(Integer.parseInt(words[6]));
        e.setDeptno(Integer.parseInt(words[7]));

        // 输出：k2 为员工号，v2 为员工对象
        context.write(new IntWritable(e.getEmpno()), e);
    }
}
```

（2）开发第二个 Mapper，根据员工的职位涨工资，代码如下：

```
// 第二个 Mapper，根据员工的职位涨工资
public class IncreaseSalaryByJobMapper
extends Mapper<IntWritable, Employee, IntWritable, Employee> {

    @Override
    protected void map(IntWritable empno, Employee employee,Context context)
            throws IOException, InterruptedException {
        // 得到该员工的职位
        String job = employee.getJob();

        if(job.equals("PRESIDENT")) {
                employee.setSal(employee.getSal() + 1000);
        }else if(job.equals("MANAGER")) {
                employee.setSal(employee.getSal() + 800);
        }else {
                employee.setSal(employee.getSal() + 400);
```

```
        }

        // 输出：员工号和员工对象
        context.write(empno, employee);
    }
}
```

（3）开发第三个 Mapper，根据部门号涨工资，代码如下：

```
// 第三个 Mapper，根据部门号涨工资
public class IncreaseSalaryByDeptnoMapper
extends Mapper<IntWritable, Employee, IntWritable, Employee> {

    @Override
    protected void map(IntWritable empno, Employee employee, Context context)
            throws IOException, InterruptedException {
        // 得到部门号
        int deptno = employee.getDeptno();

        if(deptno == 10) {
            employee.setSal(employee.getSal() + 1000);
        }else if(deptno == 20) {
            employee.setSal(employee.getSal() + 800);
        }else {
            employee.setSal(employee.getSal() + 400);
        }

        // 输出：部门号和员工对象
        context.write(new IntWritable(employee.getDeptno()), employee);
    }
}
```

（4）开发一个 Reducer，求每个部门的工资总额，代码如下：

```
public class GetDeptTotalSalaryReducer
extends Reducer<IntWritable, Employee, IntWritable, IntWritable> {

    @Override
    protected void reduce(IntWritable deptno,Iterable<Employee> empList,Context context)
            throws IOException, InterruptedException {
        // 对部门工资求和
        int total = 0;
        for(Employee emp:empList) {
            total = total + emp.getSal();
        }

        // 输出：部门号和部门的工资总额
        context.write(deptno, new IntWritable(total));
    }
}
```

（5）开发一个 Mapper，求部门工资总额大于 15000 元的部门，代码如下：

```
public class FilterDeptTotalSalaryMapper
extends Mapper<IntWritable, IntWritable, IntWritable, IntWritable> {

    @Override
    protected void map(IntWritable deptno,IntWritable salTotal,Context context)
        throws IOException, InterruptedException {

        if(salTotal.get() > 15000) {
            // 输出
            context.write(deptno, salTotal);
        }
    }
}
```

（6）开发主程序，代码如下：

```
public static void main(String[] args) throws Exception {
    // 创建一个任务，并指定任务的入口
    Configuration conf = new Configuration();
    Job job = Job.getInstance();
    job.setJarByClass(MyChainJob.class);

    // 指定第一个 Mapper
    ChainMapper.addMapper(job,
                    GetEmployeeMapper.class,
                    LongWritable.class,
                    Text.class,
                    IntWritable.class,
                    Employee.class,
                    conf);

    // 指定第二个 Mapper
    ChainMapper.addMapper(job,
                    IncreaseSalaryByJobMapper.class,
                    IntWritable.class,
                    Employee.class,
                    IntWritable.class,
                    Employee.class,
                    conf);

    // 指定第三个 Mapper
    ChainMapper.addMapper(job,
                    IncreaseSalaryByDeptnoMapper.class,
                    IntWritable.class,
                    Employee.class,
                    IntWritable.class,
                    Employee.class,
                    conf);
```

```
        // 指定一个 Reducer
        ChainReducer.setReducer(job,
                                GetDeptTotalSalaryReducer.class,
                                IntWritable.class,
                                Employee.class,
                                IntWritable.class,
                                IntWritable.class,
                                conf);

        // 指定一个 Mapper
        ChainReducer.addMapper(job,
                               FilterDeptTotalSalaryMapper.class,
                               IntWritable.class,
                               IntWritable.class,
                               IntWritable.class,
                               IntWritable.class,
                               conf);

        // 指定任务的输入和输出
        FileInputFormat.setInputPaths(job, new Path(args[0]));
        FileOutputFormat.setOutputPath(job, new Path(args[1]));

        // 执行任务
        job.waitForCompletion(true);
    }
```

（7）打包运行任务，输出结果如图 5.24 所示。

```
1 bigdata111    +
[root@bigdata111 jars]# hdfs dfs -cat /output/s6/part-r-00000
20        17275
[root@bigdata111 jars]#
```

图 5.24　链式任务的输出结果

5.3.7　Shuffle

Shuffle 表示洗牌，其本意是通过特定的方式将一组有规律的数据转换成一组随机数据。但是，MapReduce 的 Shuffle 过程其实是洗牌的逆过程，其可以把一组无规则的随机数据转换成一组有规则的数据。

通过前面的学习，我们已经了解了 MapReduce 任务由 MapTask 和 ReduceTask 组成，其中 MapTask 阶段的数据如何传递给 ReduceTask 即由 Shuffle 决定。简单来说，就是将 MapTask 的输出按照分区规则分发给 ReduceTask，并且在分发过程中实现对数据的排序等操作。

MapReduce 的 Shuffle 如图 5.25 所示，详解如下：

（1）在 Map 阶段开始执行 MapTask 时，会从 HDFS 的数据块 Block 中读取数据。这里需要注意的是，MapTask 是按照数据的输入切片 Split 读取数据的，Split 与 Block 的对应关系可以是一对一，也可以是一对多，默认是一对一。

（2）经过 MapTask 的处理，会将数据写入内存缓冲区中，该过程称为溢写。其主要作用是批量收集 Map 结果，减少磁盘 I/O 的影响。溢写的缓冲区大小默认是 100MB。当缓冲区写满后，会将数据写到磁盘文件上。

（3）在执行溢写时，根据 Map 输出的 Key 和 Value，能够对数据进行排序和分区等操作。

（4）如果 MapTask 的输出结果很大，磁盘上就会产生很多溢写文件。因此，在输出到 Reduce 之前会执行一次文件的合并操作。

（5）进入 Reduce 阶段后，会根据 Map 输出的 Key 进行分组。把相同 Key 的 Value 送入同一个 Reduce 进行处理，如图 5.25 中的 a 和 b。

（6）当 Reduce 执行完成后，最终得到任务的输出。

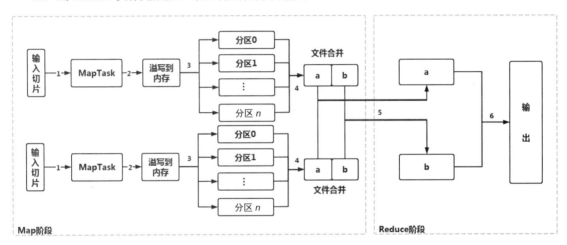

图 5.25　MapReduce 的 Shuffle

5.4　MapReduce 编程案例

5.4.1　数据去重

MapReduce 的 Shuffle 过程会对 Map 输出的 <Key,Value> 按照 Key 进行分组，把相同的 Key 送入同一个 Reduce 进行处理。分组数据本身就是一个数据去重过程，因此可以使用 MapReduce 完成类似 SQL 语句的 distinct（去重）功能。

下面将完成对员工数据中职位 Job 字段的数据去重功能。

（1）Map 程序的代码如下：

```
public class DistinctMapper
extends Mapper<LongWritable, Text, Text, NullWritable> {

    @Override
    protected void map(LongWritable key1, Text value1, Context context)
            throws IOException, InterruptedException {
        // 输入员工数据: 7369,SMITH,CLERK,7902,1980/12/17,800,0,20
        String data = value1.toString();

        String[] words = data.split(",");

        // 输出: Key 为职位, Value 为空值
        context.write(new Text(words[2]),NullWritable.get());
    }
}
```

（2）Reduce 程序的代码如下：

```
public class DistinctReducer
extends Reducer<Text, NullWritable, Text, NullWritable> {

    @Override
    protected void reduce(Text k3, Iterable<NullWritable> v3,Context context)
    throws IOException, InterruptedException {
        // 直接输出去重后的职位信息
        context.write(k3, NullWritable.get());
    }
}
```

（3）主程序的代码如下：

```
public static void main(String[] args) throws Exception {
    // 创建一个任务，并指定任务的入口
    Job job = Job.getInstance(new Configuration());
    job.setJarByClass(DistinctMain.class);

    // 指定任务的 Map 和 Map 的输出类型（k2,v2）
    job.setMapperClass(DistinctMapper.class);
    job.setMapOutputKeyClass(Text.class);
    job.setMapOutputValueClass(NullWritable.class);

    // 指定任务的 Reduce 和 Reduce 的输出类型（k4,v4）
    job.setReducerClass(DistinctReducer.class);
    job.setOutputKeyClass(Text.class);
    job.setOutputValueClass(NullWritable.class);

    // 指定任务的输入和输出
    FileInputFormat.setInputPaths(job, new Path(args[0]));
    FileOutputFormat.setOutputPath(job, new Path(args[1]));

    // 执行任务
    job.waitForCompletion(true);
}
```

（4）将任务打包，并在集群上运行，输出结果如图 5.26 所示。

```
[root@bigdata111 jars]# hdfs dfs -cat /output/p1/part-r-00000
ANALYST
CLERK
MANAGER
PRESIDENT
SALESMAN
[root@bigdata111 jars]#
```

图 5.26　数据去重的输出结果

5.4.2　多表查询

利用 MapTask 输出和 ReduceTask 输入的关系，可以实现类似 SQL 语句的多表查询。例如，查询员工信息，要求显示部门名称和员工姓名。如果在关系型数据库中，可以使用下面的 SQL 语句（多表查询）实现该需求，输出结果如图 5.27 所示。

```
select dept.dname,emp.ename
from emp,dept
where emp.deptno=dept.deptno;
```

```
SQL> select dept.dname, emp.ename
  2  from emp, dept
  3  where emp.deptno=dept.deptno;

DNAME           ENAME
--------------- ----------
ACCOUNTING      CLARK
ACCOUNTING      KING
ACCOUNTING      MILLER
RESEARCH        SMITH
RESEARCH        JONES
RESEARCH        SCOTT
RESEARCH        ADAMS
RESEARCH        FORD
SALES           ALLEN
SALES           WARD
SALES           MARTIN
SALES           BLAKE
SALES           TURNER
SALES           JAMES
```

图 5.27　SQL 多表查询的输出结果

在前面的示例中，已经将员工表（emp.csv）和部门表（dept.csv）存入了 HDFS，因此此时可以使用 MapReduce 完成与上面 SQL 语句一样的功能。值得注意的是，在 MapTask 中需要同时读取员工数据和部门数据，并根据对应的部门号输出到 ReduceTask 中。MapReduce 多表查询的数据处理过程如图 5.28 所示。

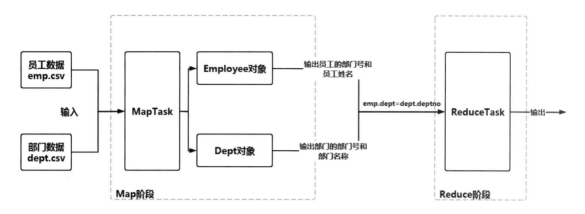

图 5.28　MapReduce 多表查询的数据处理过程

由于 MapTask 需要输出 Employee 和 Dept 两个不同的对象，因此可以指定一个 JoinWritable 类用于 MapTask 的输出，并在 JoinWritable 中封装 Employee 和 Dept。

（1）定义 JoinWritable 类，并实现 Writable 接口，将其作为 MapTask 的输出，代码如下：

```java
public class JoinWritable implements Writable {

    private String tableName;        // 指定表名
    private Object table;            // 表对应的对象

    public JoinWritable() {}

    public JoinWritable(String name,Object obj) {
        this.tableName = name;
        this.table = obj;
    }

    @Override
    public void readFields(DataInput input) throws IOException {
        this.tableName = input.readUTF();

        int length = input.readInt();

        byte[] bytes = new byte[length];
        input.readFully(bytes);

        this.table = ByteToObject(bytes);
    }

    @Override
    public void write(DataOutput output) throws IOException {
        output.writeUTF(this.tableName);
        output.writeInt(ObjectToByte(table).length);
```

```
        output.write(ObjectToByte(table));
}

public String getTableName() {
    return tableName;
}

public void setTableName(String tableName) {
    this.tableName = tableName;
}

public Object getTable() {
    return table;
}

public void setTable(Object table) {
    this.table = table;
}

public byte[] ObjectToByte(Object obj) {
    byte[] bytes = null;
    try {
        ByteArrayOutputStream bo = new ByteArrayOutputStream();
        ObjectOutputStream oo = new ObjectOutputStream(bo);
        oo.writeObject(obj);

        bytes = bo.toByteArray();

        bo.close();
        oo.close();
    } catch (Exception e) {
        e.printStackTrace();
    }
    return bytes;
}

private Object ByteToObject(byte[] bytes) {
    Object obj = null;
    try {
        ByteArrayInputStream bi = new ByteArrayInputStream(bytes);
        ObjectInputStream oi = new ObjectInputStream(bi);

        obj = oi.readObject();

        bi.close();
        oi.close();
    } catch (Exception e) {
```

```
                    e.printStackTrace();
            }
            return obj;
        }
    }
```

（2）定义 Employee 员工对象，代码如下：

```
// 封装员工数据
public class Employee implements Serializable{

    private int empno;              // 员工号
    private String ename;           // 姓名
    private String job;             // 职位
    private int mgr;                // 老板号
    private String hiredate;        // 入职日期
    private int sal;                // 月薪
    private int comm;               // 奖金
    private int deptno;             // 部门号

    @Override
    public String toString() {
        return "Employee [empno=" + empno + ", ename=" + ename + ",
                sal=" + sal + ", deptno=" + deptno + "]";
    }

    public Employee() {}
    // 属性的 set 和 get 方法省略
    ...
}
```

（3）定义 Dept 部门对象，代码如下：

```
// 封装部门数据
public class Dept implements Serializable {

    private int deptno;             // 部门号
    private String dname;           // 部门名称
    private String loc;             // 部门地点

    public Dept() {}

    public int getDeptno() {
        return deptno;
    }

    public void setDeptno(int deptno) {
```

```
            this.deptno = deptno;
        }

        // 其他属性的 set 和 get 方法省略
        ...
}
```

（4）定义任务的 MapTask，代码如下：

```
public class EqualJoinMapper
extends Mapper<LongWritable, Text, IntWritable, JoinWritable> {

    @Override
    protected void map(LongWritable key1, Text value1, Context context)
            throws IOException, InterruptedException {
        // 分词
        String[] words = value1.toString().split(",");

        if(words.length == 8) {
            // 员工表
            Employee e = new Employee();
            // 设置员工的属性
            e.setEmpno(Integer.parseInt(words[0]));
            e.setEname(words[1]);
            e.setJob(words[2]);
            e.setMgr(Integer.parseInt(words[3]));
            e.setHiredate(words[4]);
            e.setSal(Integer.parseInt(words[5]));
            e.setComm(Integer.parseInt(words[6]));
            e.setDeptno(Integer.parseInt(words[7]));

            // 输出员工的部门号和员工对象
            context.write(new IntWritable(Integer.parseInt(words[7])),
                        new JoinWritable("emp",e));
        }else {
            // 部门表
            Dept d = new Dept();
            d.setDeptno(Integer.parseInt(words[0]));
            d.setDname(words[1]);
            d.setLoc(words[2]);

            // 输出部门的部门号和部门对象
            context.write(new IntWritable(Integer.parseInt(words[0])),
                            new JoinWritable("dept",d));
        }
    }
}
```

（5）定义任务的 ReduceTask，代码如下：

```
public class EqualJoinReducer
extends Reducer<IntWritable, JoinWritable, Text, Text> {

    @Override
     protected void reduce(IntWritable k3,Iterable<JoinWritable> v3,Context context)
            throws IOException, InterruptedException {

        String dname = "";              // 部门名称
        String empList = "";            // 该部门下所有的员工姓名

        for(JoinWritable v2:v3) {
            String tableName = v2.getTableName();
            if(tableName.equals("emp")) {
                empList = ((Employee)v2.getTable()).getEname() + "," + empList;
            }else {
                dname = ((Dept)v2.getTable()).getDname();
            }
        }
        // 输出部门名称和员工的姓名列表
        context.write(new Text(dname), new Text(empList));
    }
}
```

（6）开发主程序，代码如下：

```
public static void main(String[] args) throws Exception {
    // 创建一个任务，并指定任务的入口
    Job job = Job.getInstance(new Configuration());
    job.setJarByClass(EqualJoinMain.class);

    // 指定任务的 Map 和 Map 的输出类型（k2,v2）
    job.setMapperClass(EqualJoinMapper.class);
    job.setMapOutputKeyClass(IntWritable.class);
    job.setMapOutputValueClass(JoinWritable.class);

    // 指定任务的 Reduce 和 Reduce 的输出类型（k4,v4）
    job.setReducerClass(EqualJoinReducer.class);
    job.setOutputKeyClass(Text.class);
    job.setOutputValueClass(Text.class);

    // 指定任务的输入和输出
    FileInputFormat.setInputPaths(job, new Path(args[0]));
    FileOutputFormat.setOutputPath(job, new Path(args[1]));

    // 执行任务
    job.waitForCompletion(true);
}
```

（7）打包程序，使用下面的语句运行程序。这里指定的输入是一个目录，程序在执行过程中将读取目录下的所有文件，即同时读取 emp.csv 和 dept.csv 文件。

```
hadoop jar demo.jar /scott /output/scott
```

（8）任务执行的输出结果如图 5.29 所示。

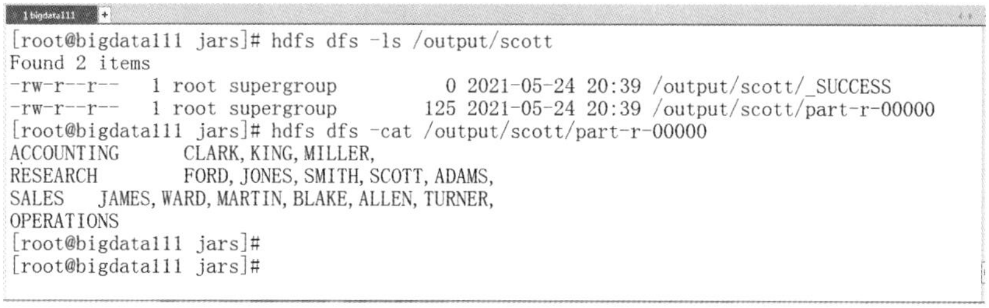

```
[root@bigdata111 jars]# hdfs dfs -ls /output/scott
Found 2 items
-rw-r--r--   1 root supergroup          0 2021-05-24 20:39 /output/scott/_SUCCESS
-rw-r--r--   1 root supergroup        125 2021-05-24 20:39 /output/scott/part-r-00000
[root@bigdata111 jars]# hdfs dfs -cat /output/scott/part-r-00000
ACCOUNTING      CLARK, KING, MILLER,
RESEARCH        FORD, JONES, SMITH, SCOTT, ADAMS,
SALES   JAMES, WARD, MARTIN, BLAKE, ALLEN, TURNER,
OPERATIONS
[root@bigdata111 jars]#
[root@bigdata111 jars]#
```

图 5.29　MapReduce 多表查询的输出结果

5.4.3　处理 HBase 的数据

MapReduce 除了可以处理 HDFS 的数据外，还可以处理存储在 HBase 中的数据。此时，MapReduce 的输入和输出是 HBase 的表，而访问 HBase 的表通常通过 rowkey 进行。有了这些基本知识后，即可改写之前的 WordCount 程序处理 HBase 表中的数据。可以直接在前面搭建好的 HBase 工程中进行开发，下面通过具体的代码进行说明。

（1）在 HBase 中创建测试数据，代码如下：

```
create 'word','content'
put 'word','1','content:info','I love Beijing'
put 'word','2','content:info','I love China'
put 'word','3','content:info','Beijing is the capital of China'
```

（2）创建输出表，代码如下：

```
create 'stat','content'
```

（3）开发 Map 程序，代码如下：

```
public class WordCountMapper
extends TableMapper<Text, IntWritable>{

    @Override
    protected void map(ImmutableBytesWritable key1,Result value1,Context context)
            throws IOException, InterruptedException {
        /*
         * key1 表示输入记录的 rowkey
         * value1 表示这条记录
         */
```

```
        // 数据: I love Beijing
        String data = Bytes.toString(value1.getValue(Bytes.toBytes("content"),
                                      Bytes.toBytes("info"))));

        // 分词
        String[] words = data.split(" ");

        // 输出
        for(String w:words) {
            context.write(new Text(w), new IntWritable(1));
        }
    }
}
```

（4）开发 Reduce 程序，代码如下：

```
public class WordCountReducer
extends TableReducer<Text, IntWritable, ImmutableBytesWritable> {

    @Override
    protected void reduce(Text k3, Iterable<IntWritable> v3,Context context)
            throws IOException, InterruptedException {
        int total = 0;
        for(IntWritable v2:v3) {
        total = total + v2.get();
        }

        // 输出: 构造一个 Put 对象, 把单词作为 rowkey
        Put put = new Put(Bytes.toBytes(k3.toString()));

        // 输出单词出现的频率
        put.addColumn(Bytes.toBytes("content"), Bytes.toBytes("info"),
                      Bytes.toBytes(String.valueOf(total)));

        //ImmutableBytesWritable 表示 rowkey
        context.write(new ImmutableBytesWritable(Bytes.toBytes(k3.toString())),put);
    }
}
```

（5）开发主程序，代码如下：

```
public static void main(String[] args) throws Exception {
    Configuration conf = new Configuration();
    // 指定 ZooKeeper 的地址
    conf.set("hbase.zookeeper.quorum", "bigdata111");

    Job job = Job.getInstance(conf);
    job.setJarByClass(WordCountMain.class);
```

```
// 通过扫描器只读取这一个列的数据
Scan scan = new Scan();
scan.addColumn(Bytes.toBytes("content"), Bytes.toBytes("info"));

// 指定 Map
TableMapReduceUtil.initTableMapperJob("word",           // 输入表
                                      scan,             // 扫描器
                                      WordCountMapper.class,
                                      Text.class,
                                      IntWritable.class,
                                      job);

// 指定 Reducer
TableMapReduceUtil.initTableReducerJob("stat",WordCountReducer.class,job);

// 执行任务
job.waitForCompletion(true);
}
```

（6）由于 MapReduce 运行在 YARN 上，因此要访问 HBase 中的数据，需设置下面的环境变量。

```
export HADOOP_CLASSPATH=$HBASE_HOME/lib/*:$CLASSPATH
```

（7）将程序打包并上传至虚拟机中。由于在主程序代码中已经指定了 HBase 的输入表和输出表，因此可以使用 hadoop jar 命令直接执行。

（8）任务执行完成后，登录 HBase Shell 查看输出结果，如图 5.30 所示。

```
1 bigdata111

hbase(main):007:0> scan 'stat'
ROW                     COLUMN+CELL
 Beijing                column=content:info, timestamp=1621861581707, value=2
 China                  column=content:info, timestamp=1621861581707, value=2
 I                      column=content:info, timestamp=1621861581707, value=2
 capital                column=content:info, timestamp=1621861581707, value=1
 is                     column=content:info, timestamp=1621861581707, value=1
 love                   column=content:info, timestamp=1621861581707, value=2
 of                     column=content:info, timestamp=1621861581707, value=1
 the                    column=content:info, timestamp=1621861581707, value=1
8 row(s)
Took 0.0563 seconds
hbase(main):008:0>
```

图 5.30　MapReduce 处理 HBase 中的数据输出结果

从输出结果可以看出，MapReduce 任务将拆分后的每个单词作为 HBase 结果表的 rowkey，并把统计出来的结果插入 content 列族的 info 列中。

第 6 章　数据分析引擎 Hive

　　Hadoop 体系中将数据存入 HDFS 中，并且通过 MapReduce 的 Java 程序分析和处理数据。但是，这对于进行数据分析的人员来说可能不是很方便，因为这些人员可能不懂如何开发 MapReduce 的 Java 程序。那么，有没有一种更好的方式能够很简单地使用大数据平台进行数据的分析和处理呢？答案当然是肯定的。大数据平台都支持 SQL 语句，即可以使用 SQL 语句分析和处理大数据。但是需要注意的是，SQL 是结构化查询语言，它只能够处理结构化数据，如果要处理非结构化数据，则不能使用 SQL 语句完成。

6.1　Hive 简介

　　Hadoop 体系中提供了数据分析引擎 Hive。通过使用 Hive，开发人员可以使用熟悉的 SQL 语句分析和处理数据，而不需要编写复杂的 Java 程序。同时，Hive 提供了丰富的数据模型用于创建各种表结构，帮助开发人员建立数据模型，从而使用 SQL 语句分析 HDFS 中的数据。

6.1.1　Hive 概述

　　Hive 是基于 Hadoop 的数据仓库平台，提供了数据仓库的相关功能。Hive 最早起源于 FaceBook，2008 年 FaceBook 将 Hive 贡献给了 Apache，成为 Hadoop 体系中的一个组成部分。Hive 支持的语言是 HQL（Hive Query Language），它是 SQL 语言的一个子集。随着 Hive 版本的提高，HQL 语言支持的 SQL 语法也越来越多。从另一方面来看，可以把 Hive 理解为一个翻译器，其默认的行为是 Hive on MapReduce，即在 Hive 中执行的 HQL 语句会被转换成一个 MapReduce 任务运行在 YARN 上，从而处理 HDFS 中的数据。Hive 是将数据存入 HDFS 的，它们之间的对应关系见表 6.1。

表 6.1　Hive 与 HDFS 之间的对应关系

Hive	HDFS
表	目录
分区	目录
数据	文件
桶	文件

6.1.2 Hive 的体系架构

由于 Hive 是基于 Hadoop 的数据仓库平台的，因此 Hive 的底层主要依赖于 HDFS 和 YARN。Hive 将数据存入 HDFS，执行的 SQL 将会转换成 MapReduce 运行在 YARN 中。Hive 的体系架构如图 6.1 所示。

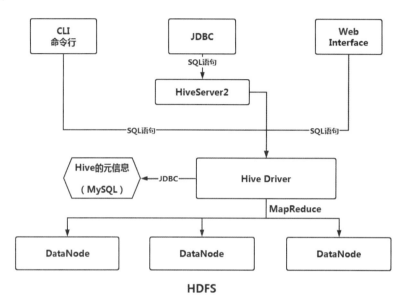

图 6.1 Hive 的体系架构

Hivc 的核心是执行引擎 Hive Driver，可以把它理解成一个翻译器。通过 Hive Driver，可以把 SQL 语句转换成 MapReduce，处理 HDFS 中的数据。

Hive 提供了 3 种不同的方式用于执行 SQL。

（1）CLI（Command Line Interface，命令行接口）：是 Hive 的命令行客户端。Hive CLI 的使用方式与 MySQL 的命令行客户端基本一样，开发人员可以直接在命令行中书写 SQL 语句。

（2）JDBC：可以把 Hive 当成一个关系型数据库来使用，因此可以使用标准的 JDBC 程序访问 Hive。但是，开发 JDBC 程序需要有数据库服务器的执行，因此 Hive 提供了 HiveServer2。通过 HiveServer2，JDBC 程序可以将 SQL 最终提交给 Hive Driver 执行。默认配置下 HiveServer2 的端口是 10000，而数据库的名称是 default。

（3）Web Interface：Hive 提供基于 Web 的客户端来执行 SQL。但是从 Hive 2.3 版本开始，Hive Web Interface 即被废弃，原因是它所提供的功能太过简单。如果要使用 Web 客户端，建议使用 HUE。

由于 Hive 需要将数据模型的元信息保存下来，因此需要一个关系型数据库提供支持，官方推荐使用 MySQL。这里的元信息指的是表名、列名、列的类型、分区、桶的信息等。通过配置 JDBC 相关参数，在创建表的同时由 Hive Driver 将元信息存入 MySQL。

6.2　安装部署 Hive

由于 Hive 需要将元信息存入关系型数据库中，因此在安装部署 Hive 时，最主要的工作就是部署元信息的存储方式。Hive 支持大部分的关系型数据库，见表 6.2。

表 6.2　Hive 支持的关系型数据库及其最低版本

关系型数据库	最低版本
MySQL	5.6.17
Postgres	9.1.13
Oracle	11g
MS SQL Server	2008 R2

这里需要说明的是，如果将 Hive 部署为嵌入模式，则 Hive 本身就自带一个 Derby 数据库用于存储 Hive 的元信息。

6.2.1　准备 MySQL 数据库

由于生产环境中需要将 Hive 的元信息存储在关系型数据库中，因此推荐使用 MySQL，可以在搭建好的虚拟机 bigdata111 上先部署 MySQL 的环境。这里使用的 MySQL 版本是 mysql-5.7.19-1.el7.x86_64.rpm-bundle.tar。

（1）解压 MySQL 安装包，命令如下：

```
tar -xvf mysql-5.7.19-1.el7.x86_64.rpm-bundle.tar
```

（2）卸载原有的 MySQL 库，命令如下：

```
yum remove mysql-libs
```

（3）安装 MySQL，命令如下：

```
rpm -ivh mysql-community-common-5.7.19-1.el7.x86_64.rpm
rpm -ivh mysql-community-libs-5.7.19-1.el7.x86_64.rpm
rpm -ivh mysql-community-client-5.7.19-1.el7.x86_64.rpm
rpm -ivh mysql-community-server-5.7.19-1.el7.x86_64.rpm
rpm -ivh mysql-community-devel-5.7.19-1.el7.x86_64.rpm
```

（4）启动 MySQL，命令如下：

```
systemctl start mysqld.service
```

（5）查看初始的 root 用户的密码，命令如下：

```
cat /var/log/mysqld.log | grep password
```

输出日志如下：

```
[Note] A temporary password is generated for root@localhost: oq5(vVeSppjq
```

（6）使用上面的密码登录 SQL，并修改密码。这里把密码修改为 Welcome_1，命令如下：

```
mysql -uroot -poq5(vVeSppjq
alter user 'root'@'localhost' identified by 'Welcome_1';
```

（7）为 Hive 创建数据库和对应的用户，命令如下：

```
create database hive;
create user 'hiveowner'@'%' identified by 'Welcome_1';
grant all on hive.* TO 'hiveowner'@'%';
grant all on hive.* TO 'hiveowner'@'localhost' identified by 'Welcome_1';
```

（8）验证 MySQL 数据库，如图 6.2 所示。

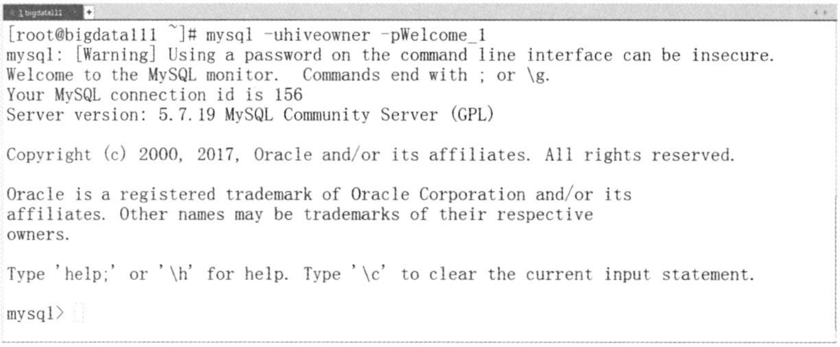

图 6.2　验证 MySQL 数据库

6.2.2　Hive 的嵌入模式

Hive 的嵌入模式又称本地模式，它使用的是 Hive 内置的 Derby 数据库存储元信息。由于嵌入模式只支持一个 Hive 的客户端连接，因此这种模式只能用于开发和测试中。安装 Hive 的嵌入模式的步骤如下。

（1）解压 Hive 的安装包，命令如下：

```
tar -zxvf apache-hive-3.1.2-bin.tar.gz -C /root/training/
```

（2）设置 Hive 的环境变量，在 /root/.bash_profile 中输入以下内容。

```
HIVE_HOME=/root/training/apache-hive-3.1.2-bin
export HIVE_HOME

PATH=$HIVE_HOME/bin:$PATH
export PATH
```

（3）生效环境变量，命令如下：

```
source /root/.bash_profile
```

（4）编辑 Hive 的配置文件：/root/training/apache-hive-3.1.2-bin/conf/hive-site.xml，并输入以下内容。

```xml
<?xml version="1.0" encoding="UTF-8" standalone="no"?>
<?xml-stylesheet type="text/xsl" href="configuration.xsl"?>
<configuration>
    <!--Derby 的 URL 地址 -->
    <property>
        <name>javax.jdo.option.ConnectionURL</name>
        <value>jdbc:derby:;databaseName=metastore_db;create=true</value>
    </property>

    <!--Derby 的数据库驱动 -->
    <property>
        <name>javax.jdo.option.ConnectionDriverName</name>
        <value>org.apache.derby.jdbc.EmbeddedDriver</value>
    </property>

    <property>
        <name>hive.metastore.local</name>
        <value>true</value>
    </property>

    <!-- 将输入保存到本地 -->
    <property>
        <name>hive.metastore.warehouse.dir</name>
        <value>file:///root/training/apache-hive-3.1.2-bin/warehouse</value>
    </property>
</configuration>
```

（5）初始化 Derby，如图 6.3 所示。

```
cd /root/training/apache-hive-3.1.2-bin/conf
schematool -dbType derby -initSchema
```

```
[root@bigdata111 conf]# schematool -dbType derby -initSchema
SLF4J: Class path contains multiple SLF4J bindings.
SLF4J: Found binding in [jar:file:/root/training/apache-hive-3.1.2-bin/lib/log4j-slf4j-impl-2.10.0.jar!/org/slf4j
/impl/StaticLoggerBinder.class]
SLF4J: Found binding in [jar:file:/root/training/hadoop-3.1.2/share/hadoop/common/lib/slf4j-log4j12-1.7.25.jar!/o
rg/slf4j/impl/StaticLoggerBinder.class]
SLF4J: See http://www.slf4j.org/codes.html#multiple_bindings for an explanation.
SLF4J: Actual binding is of type [org.apache.logging.slf4j.Log4jLoggerFactory]
Metastore connection URL:        jdbc:derby:;databaseName=metastore_db;create=true
Metastore Connection Driver :    org.apache.derby.jdbc.EmbeddedDriver
Metastore connection User:       APP
Starting metastore schema initialization to 3.1.0
Initialization script hive-schema-3.1.0.derby.sql
Initialization script completed
schemaTool completed
[root@bigdata111 conf]#
[root@bigdata111 conf]#
```

图 6.3　初始化 Derby

（6）启动 Hadoop，命令如下：

```
start-all.sh
```

（7）启动 Hive 的客户端，其中参数 -S 表示执行 MapReduce 任务时不输出日志，命令如下：

```
hive -S
```

（8）创建表，并插入数据，命令如下：

```
create table test1(tid int,tname string);
insert into table test1 values(1,'Tom');
```

（9）通过 YARN Web Console 可以观察到这条 insert 语句被转换成了 MapReduce 任务，如图 6.4 所示。

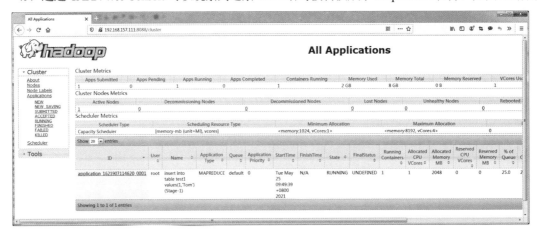

图 6.4　在 YARN Web Console 上观察 Hive SQL

（10）查询表中的数据，如图 6.5 所示。

```
select * from test1 order by tid;
```

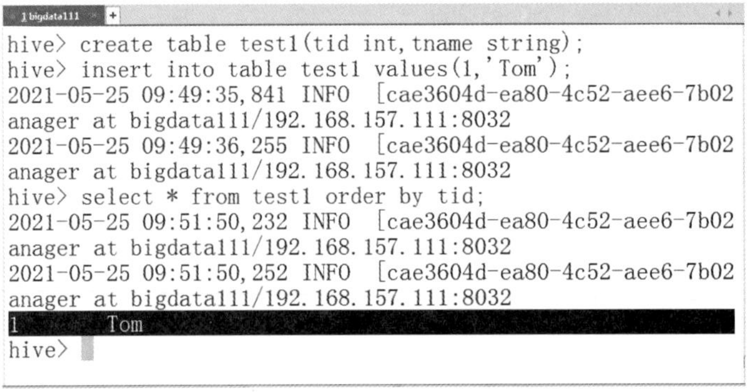

图 6.5　查询表中的数据

（11）查看本地目录 /root/training/apache-hive-3.1.2-bin/warehouse，如图 6.6 所示，可以看出将 Hive 的表和数据都存在了本地 Linux 的文件系统中。

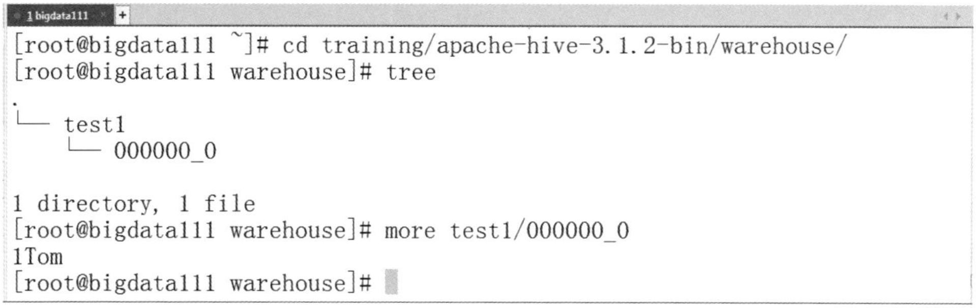

```
1 bigdata111
[root@bigdata111 ~]# cd training/apache-hive-3.1.2-bin/warehouse/
[root@bigdata111 warehouse]# tree
.
└── test1
    └── 000000_0

1 directory, 1 file
[root@bigdata111 warehouse]# more test1/000000_0
1Tom
[root@bigdata111 warehouse]#
```

图 6.6　Hive 在本地存储的文件

6.2.3　Hive 的远程模式

Hive 的远程模式使用一个独立的关系型数据库来存储元信息。该模式支持多个连接，可以用于生产环境中。根据以下步骤，可以在之前的嵌入模式基础上进一步搭建 Hive 的远程模式。

（1）修改 hive-site.xml 文件，代码如下：

```xml
<?xml version="1.0" encoding="UTF-8" standalone="no"?>
<?xml-stylesheet type="text/xsl" href="configuration.xsl"?>
<configuration>
    <!--MySQL 的 URL 地址 -->
    <property>
        <name>javax.jdo.option.ConnectionURL</name>
        <value>jdbc:mysql://localhost:3306/hive?useSSL=false</value>
    </property>

    <!--MySQL 的数据库驱动 -->
    <property>
        <name>javax.jdo.option.ConnectionDriverName</name>
        <value>com.mysql.jdbc.Driver</value>
    </property>

    <!--MySQL 用户名 -->
    <property>
        <name>javax.jdo.option.ConnectionUserName</name>
        <value>hiveowner</value>
    </property>

    <!-- 用户的密码 -->
    <property>
        <name>javax.jdo.option.ConnectionPassword</name>
```

```
            <value>Welcome_1</value>
        </property>
</configuration>
```

（2）将 MySQL 的 JDBC Driver 放入 Hive 的 lib 目录下，命令如下：

```
cp mysql-connector-java-5.1.43-bin.jar /root/training/apache-hive-3.1.2-bin/lib/
```

（3）初始化并登录 MySQL，查看建立的表，如图 6.7 所示。Hive 将使用这些表存储元信息。

```
schematool -dbType mysql -initSchema
```

```
1 bigdata111 ×  +

[root@bigdata111 tools]# mysql -uhiveowner -pWelcome_1
mysql> use hive;

Database changed
mysql> show tables;
+--------------------------------+
| Tables_in_hive                 |
+--------------------------------+
  AUX_TABLE
  BUCKETING_COLS
  CDS
  COLUMNS_V2
  COMPACTION_QUEUE
  COMPLETED_COMPACTIONS
  COMPLETED_TXN_COMPONENTS
  CTLGS
  DATABASE_PARAMS
  DBS
  DB_PRIVS
  DELEGATION_TOKENS
  FUNCS
  FUNC_RU
  GLOBAL_PRIVS
```

图 6.7　Hive 在 MySQL 中创建的表

（4）登录 Hive 的 CLI 客户端，命令如下：

```
hive -s
```

（5）创建表，并插入数据，语句如下：

```
create table test1(tid int,tname string);
insert into table test1 values(1,'Tom');
```

（6）登录 MySQL，查看 Hive 的元信息。执行下面的查询命令，分别查看表的信息和列的信息，如图 6.8 所示。

```
select TBL_NAME,TBL_TYPE from TBLS;
select * from COLUMNS_V2;
```

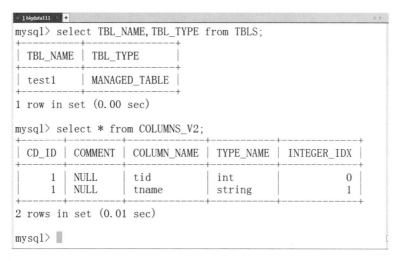

图 6.8　Hive 在 MySQL 中的元信息

（7）通过 HDFS Web Console 查看 Hive 的数据，如图 6.9 所示，可以看到 Hive 将表和数据都保存到了 HDFS 中。

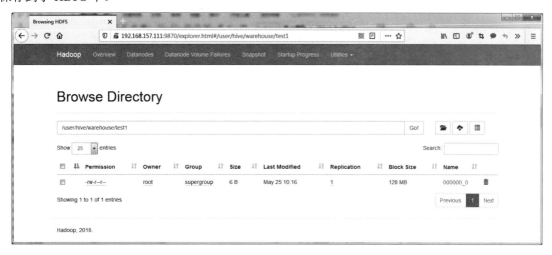

图 6.9　Hive 在 HDFS 上保存的数据

6.2.4　使用 Hive Beeline 客户端

Beeline 是 Hive 0.11 版本引入的新命令行客户端工具，基于 SQLLine CLI 的 JDBC 客户端。Beeline 支持嵌入模式和远程模式。使用 Beeline 时，需要启动 HiveServer2 服务器。

（1）启动 HiveServer2 服务器，命令如下：

```
hiveserver2
```

（2）启动 Beeline，如图 6.10 所示。

```
beeline
```

```
[root@bigdata111 ~]# beeline
SLF4J: Class path contains multiple SLF4J bindings.
SLF4J: Found binding in [jar:file:/root/training/apache-hive-3.1.2-bin/lib/log4j-
/impl/StaticLoggerBinder.class]
SLF4J: Found binding in [jar:file:/root/training/hadoop-3.1.2/share/hadoop/common
rg/slf4j/impl/StaticLoggerBinder.class]
SLF4J: See http://www.slf4j.org/codes.html#multiple_bindings for an explanation.
SLF4J: Actual binding is of type [org.apache.logging.slf4j.Log4jLoggerFactory]
Beeline version 3.1.2 by Apache Hive
beeline>
```

图 6.10　启动 Beeline

（3）连接 Hive，如图 6.11 所示。由于这里没有配置用户和密码，因此直接按 Enter 键即可。

```
!connect jdbc:hive2://localhost:10000/default
```

```
beeline> !connect jdbc:hive2://localhost:10000/default
Connecting to jdbc:hive2://localhost:10000/default
Enter username for jdbc:hive2://localhost:10000/default:
Enter password for jdbc:hive2://localhost:10000/default:
Connected to: Apache Hive (version 3.1.2)
Driver: Hive JDBC (version 3.1.2)
Transaction isolation: TRANSACTION_REPEATABLE_READ
0: jdbc:hive2://localhost:10000/default>
```

图 6.11　连接 Hive

（4）在 Beeline 中执行 SQL，如图 6.12 所示。

```
0: jdbc:hive2://localhost:10000/default> show tables;
+-----------+
| tab_name  |
+-----------+
| test1     |
+-----------+
0: jdbc:hive2://localhost:10000/default> select * from test1;
+------------+-------------+
| test1.tid  | test1.tname |
+------------+-------------+
| 1          | Tom         |
+------------+-------------+
1 row selected (0.352 seconds)
0: jdbc:hive2://localhost:10000/default>
```

图 6.12　在 Beeline 中执行 SQL

6.3　Hive 的数据模型

Hive 是基于 HDFS 的数据仓库，它把所有的数据存储在 HDFS 中，Hive 并没有专门的数据存储格式。当在 Hive 中创建了表后，即可使用 load 语句将本地或 HDFS 上的数据加载到表中，从而使用 SQL 语句进行分析和处理。Hive 的数据模型主要是指 Hive 的表结构，其可以分为内部表、外部表、分区表、临时表和桶表，同时 Hive 也支持视图。

6.3.1　内部表

内部表与关系型数据库中的表相同。使用 create table 语句可以创建内部表，并且每张表在 HDFS 上都会对应一个目录，该目录将默认创建在 HDFS 的 /user/hive/warehouse 下。除外部表外，表中如果存在数据，数据所对应的数据文件也将存储在该目录下。删除表时，表的元信息和数据都将被删除。

下面使用前面创建的员工数据（emp.csv）创建内部表。

（1）执行 create table 语句，创建表结构。

```
create table emp
(empno int,
ename string,
job string,
mgr int,
hiredate string,
sal int,
comm int,
deptno int)
row format delimited fields terminated by ',';
```

📢 注意：

由于 csv 文件是采样逗号进行分隔的，因此在创建表时需要指定分隔符为逗号。Hive 表的默认分隔符是一个不可见字符。

（2）使用 load 语句加载本地数据文件。

```
load data local inpath '/root/temp/emp.csv' into table emp;
```

（3）使用下面的语句加载 HDFS 的数据文件。

```
load data inpath '/scott/emp.csv' into table emp;
```

（4）执行 SQL 的查询，整个执行过程如图 6.13 所示。

```
select * from emp order by sal;
```

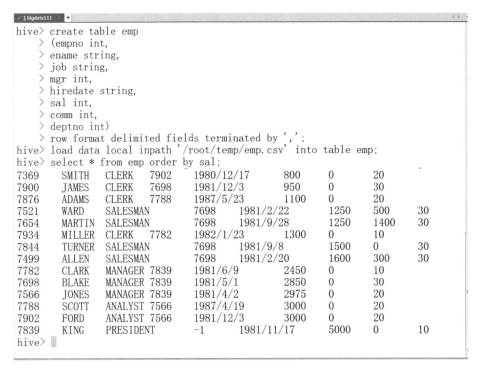

图 6.13　创建 Hive 内部表的执行过程

（5）查看 HDFS 的 /user/hive/warehouse/ 目录，可以看到创建的 emp 表和加载的 emp.csv 文件，如图 6.14 所示。

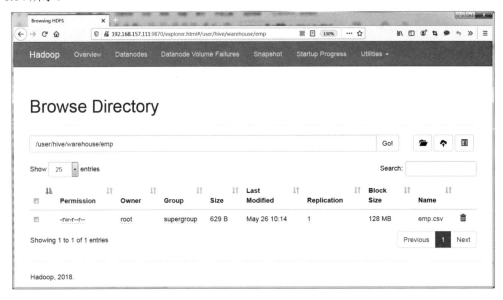

图 6.14　在 HDFS 上查看 Hive 的内部表

6.3.2　外部表

与内部表不同，外部表可以将数据存储在 HDFS 的任意目录下。可以把外部表理解成一个快捷方式，其本质是建立一个指向 HDFS 上已有数据的连接，在创建表的同时会加载重复数据。当删除外部表时，只会删除该连接和对应的元信息，实际数据不会从 HDFS 上删除。

（1）在本地创建测试数据的 student01.txt 和 student02.txt 文件，内容如下：

```
[root@bigdata111 ~]# more students01.txt
1,Tom,23
2,Mary,22
[root@bigdata111 ~]# more students02.txt
3,Mike,24
[root@bigdata111 ~]#
```

（2）将数据文件上传到 HDFS 的任意目录，命令如下：

```
hdfs dfs -mkdir /students
hdfs dfs -put students0*.txt /students
```

（3）在 Hive 中创建外部表，语句如下：

```
create external table ext_students
(sid int,sname string,age int)
row format delimited fields terminated by ','
location '/students';
```

（4）执行 SQL 的查询，语句如下：

```
select * from ext_students;
```

（5）查询结果如图 6.15 所示。

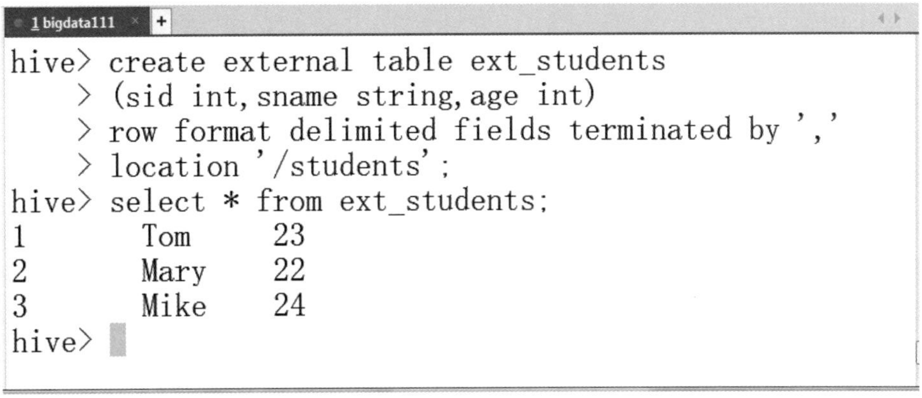

图 6.15　查询 Hive 的外部表

6.3.3 分区表

Hive 的分区表与 Oracle、MySQL 中分区表的概念相同。在表上建立了分区，就会根据分区的条件从物理存储上将表中的数据进行分隔存储。当执行查询语句时，也会根据分区的条件扫描特定分区中的数据，从而避免全表扫描，提高查询效率。Hive 分区表中的每个分区将会在 HDFS 上创建一个目录，分区中的数据则是该目录下的文件。在执行查询语句时，可以通过 SQL 的执行计划了解是否在查询时扫描特定的分区。

Hive 的分区表具体又可以分为静态分区表和动态分区表。静态分区表需要在插入数据时显式指定分区条件，而动态分区表则可以根据插入的数据动态建立分区。下面通过具体的示例演示如何创建 Hive 的分区表。

1. 静态分区表

（1）创建静态分区表，语句如下：

```
create table emp_part
(empno int,
ename string,
job string,
mgr int,
hiredate string,
sal int,
comm int)
partitioned by (deptno int)
row format delimited fields terminated by ',';
```

（2）向静态分区表中插入数据时，需要指定具体的分区条件，如下所示。这里使用了 3 条 insert 语句，分别从内部表中查询出了 10、20 和 30 号部门的员工数据，并插入分区表，如图 6.16 所示。

```
hive> create table emp_part
    > (empno int,
    > ename string,
    > job string,
    > mgr int,
    > hiredate string,
    > sal int,
    > comm int)
    > partitioned by (deptno int)
    > row format delimited fields terminated by ',';
hive> insert into table emp_part partition(deptno=10) select empno,ename,job
,mgr,hiredate,sal,comm from emp where deptno=10;
hive> insert into table emp_part partition(deptno=20) select empno,ename,job
,mgr,hiredate,sal,comm from emp where deptno=20;
hive> insert into table emp_part partition(deptno=30) select empno,ename,job
,mgr,hiredate,sal,comm from emp where deptno=30;
hive>
```

图 6.16　向静态分区表中插入数据

```
insert into table emp_part partition(deptno=10) select empno,ename,job,mgr,
hiredate,sal,comm from emp where deptno=10;

insert into table emp_part partition(deptno=20) select empno,ename,job,mgr,
hiredate,sal,comm from emp where deptno=20;

insert into table emp_part partition(deptno=30) select empno,ename,job,mgr,
hiredate,sal,comm from emp where deptno=30;
```

（3）通过 explain 语句查看 SQL 的执行计划，如查询 10 号部门的员工信息。通过执行计划，可以看出扫描的数据量大小是 118B，如图 6.17 所示。

```
hive> explain select * from emp_part where deptno=10;
STAGE DEPENDENCIES:
  Stage-0 is a root stage

STAGE PLANS:
  Stage: Stage-0
    Fetch Operator
      limit: -1
      Processor Tree:
        TableScan
          alias: emp_part
          Statistics: Num rows: 3 Data size: 118 Basic stats: COMPLETE Column stats: NONE
          Select Operator
            expressions: empno (type: int), ename (type: string), job (type: string), mgr (type:
int), hiredate (type: string), sal (type: int), comm (type: int), 10 (type: int)
            outputColumnNames: _col0, _col1, _col2, _col3, _col4, _col5, _col6, _col7
            Statistics: Num rows: 3 Data size: 118 Basic stats: COMPLETE Column stats: NONE
            ListSink

hive>
```

图 6.17　查询分区表的执行计划

（4）图 6.18 为查询普通的内部表的执行计划，可以看到 Data Size 是 6290B。

```
hive>
hive> explain select * from emp where deptno=10;
STAGE DEPENDENCIES:
  Stage-0 is a root stage

STAGE PLANS:
  Stage: Stage-0
    Fetch Operator
      limit: -1
      Processor Tree:
        TableScan
          alias: emp
          Statistics: Num rows: 1 Data size: 6290 Basic stats: COMPLETE Column stats: NONE
          Filter Operator
            predicate: (deptno = 10) (type: boolean)
            Statistics: Num rows: 1 Data size: 6290 Basic stats: COMPLETE Column stats: NONE
            Select Operator
              expressions: empno (type: int), ename (type: string), job (type: string), mgr (type: int
), hiredate (type: string), sal (type: int), comm (type: int), 10 (type: int)
```

图 6.18　查询普通的内部表的执行计划

2. 动态分区表

需要说明的是，Hive 默认使用最后一个字段作为分区名，需要分区的字段只能放在后面，不能把顺序弄错。向分区表中插入数据时，Hive 是根据查询字段的位置推断分区名的，而不是字段名称。

（1）启动动态分区，语句如下：

```
set hive.exec.dynamic.partition =true;
// 默认为false，表示是否开启动态分区功能

set hive.exec.dynamic.partition.mode = nonstrict;
// 默认为strict，表示允许所有分区都是动态的，如果是strict，则必须有静态分区字段
```

（2）实现单字段动态分区。这里根据员工的 job 建立分区，语句如下：

```
create table dynamic_part_emp
(empno int,ename string,sal int)
partitioned by (job string);
```

向上述分区表中插入数据，执行下面的语句。这里将使用 select 的最后一个字段 job 作为分区的条件。

```
insert into table dynamic_part_emp select empno,ename,sal,job from emp;
```

（3）实现半自动分区，即部分字段静态分区，注意静态分区字段要放在动态分区前面，语句如下：

```
create table dynamic_part_emp1
(empno int,ename string,sal int)
partitioned by (deptno int,job string);
```

向上述分区表中插入数据。由于部门号 deptno 采用静态分区，因此需要在插入数据时指定分区的条件。这里的 job 采用的是动态分区，语句如下：

```
insert into table dynamic_part_emp1 partition(deptno=10,job) select empno,ename,
sal,job from emp where deptno=10;
```

（4）实现多字段全动态分区，语句如下：

```
create table dynamic_part_emp2
(empno int,ename string,sal int)
partitioned by (deptno int,job string);
```

向上述分区表中插入数据，这里会根据 deptno 和 job 两个字段创建动态分区。

```
insert into table dynamic_part_emp2 select empno,ename,sal,deptno,job from emp;
```

6.3.4　临时表

Hive 支持临时表。临时表的元信息和数据只存在于当前会话，当当前会话退出时，Hive 会自动删除临时表的元信息，并删除表中的数据。

（1）创建一张临时表，表结构与内部表 emp 一致，语句如下：

```
create temporary table emp_temp
(empno int,
ename string,
job string,
mgr int,
hiredate string,
sal int,
comm int,
deptno int);
```

（2）向临时表中插入数据，语句如下：

```
insert into emp_temp select * from emp;
```

（3）查看当前数据库中的表，如图 6.19 所示。

```
show tables;
```

（4）退出当前会话，并重新登录 Hive 的命令行客户端，再次查看数据库中的表，如图 6.20 所示。

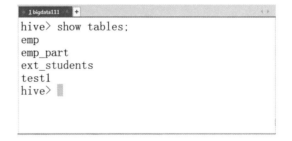

图 6.19　查看当前数据库中的表　　　　　　图 6.20　再次查看数据库中的表

6.3.5　桶表

桶表的本质其实是 Hash 分区。这里先对 Hash 分区进行简单的介绍，其根据数据的 Hash 值进行分区，如果 Hash 值一样，那么对应的数据就会放入同一个分区。

如图 6.21 所示，有 1～8 共 8 个数据需要保存。这里建立 4 个桶，即 4 个分区。根据桶表的思想，可以选择一个 Hash 函数对数据进行计算。比较简单的 Hash 函数如求余数，如果求出的余数相同，对应的数据将会被保存到同一个 Hash 分区，即保存到同一个桶中。

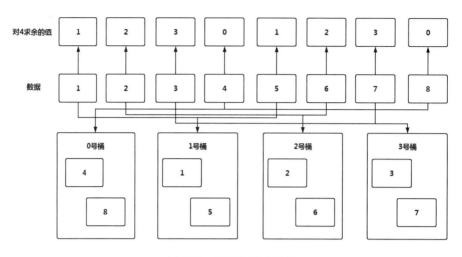

图 6.21　桶表的基本思想

　　Hive 的桶表根据分桶的条件建立不同的桶。与分区不同，桶是一个文件，不是目录。在创建 Hive 桶表时，可以指定分桶的字段和数目，如下面的示例。

（1）创建员工表，指定分隔符，并且根据 job 创建桶表。这里将创建 4 个桶，语句如下：

```
create table emp_bucket
(empno int,
ename string,
job string,
mgr int,
hiredate string,
sal int,
comm int,
deptno int)
clustered by (job) into 4 buckets
row format delimited fields terminated by ',';
```

（2）向桶表中插入数据，这里会根据插入数据的 job 字段进行 Hash 运算，语句如下：

```
insert into table emp_bucket select * from emp;
```

（3）查看 HDFS 对应的目录，可以看到每一个桶对应一个 HDFS 的文件，如图 6.22 所示。

```
1 bigdata111    2 bigdata111
[root@bigdata111 ~]# hdfs dfs -ls /user/hive/warehouse/emp_bucket
Found 4 items
-rw-r--r--   1 root supergroup         44 2021-05-26 11:16 /user/hive/warehouse/emp_bucket/000000_0
-rw-r--r--   1 root supergroup        297 2021-05-26 11:16 /user/hive/warehouse/emp_bucket/000001_0
-rw-r--r--   1 root supergroup        274 2021-05-26 11:16 /user/hive/warehouse/emp_bucket/000002_0
-rw-r--r--   1 root supergroup          0 2021-05-26 11:16 /user/hive/warehouse/emp_bucket/000003_0
[root@bigdata111 ~]#
```

图 6.22　桶表在 HDFS 上的数据文件

（4）查看某个文件的内容，可以看到在文件 000001_0 中包含 CLERK 和 MANAGER 两种职位的员工数据，如图 6.23 所示。

```
[root@bigdata111 ~]# hdfs dfs -cat /user/hive/warehouse/emp_bucket/000001_0
7934, MILLER, CLERK, 7782, 1982/1/23, 1300, 0, 10
7900, JAMES, CLERK, 7698, 1981/12/3, 950, 0, 30
7876, ADAMS, CLERK, 7788, 1987/5/23, 1100, 0, 20
7782, CLARK, MANAGER, 7839, 1981/6/9, 2450, 0, 10
7698, BLAKE, MANAGER, 7839, 1981/5/1, 2850, 0, 30
7566, JONES, MANAGER, 7839, 1981/4/2, 2975, 0, 20
7369, SMITH, CLERK, 7902, 1980/12/17, 800, 0, 20
[root@bigdata111 ~]#
```

图 6.23　桶表的文件内容

6.3.6　视图

Hive 也支持视图。视图是一种虚表，它本身不存储数据。一般来说，从视图中查询数据，最终还是要从依赖的基表中查询数据。视图的本质是一个 SELECT 语句，可以跨越多张表，因此建立视图的主要目的是简化复杂的查询。

一般认为视图不能缓存数据，因此其不能提高查询效率。但是，通过建立物化视图能够达到缓存数据的目的，从而提供查询的功能。Hive 从 3.x 开始支持物化视图。在创建物化视图时，物化视图可先执行 SQL 的查询，并将结果进行保存。这样在调用物化视图时，就可以避免执行 SQL，从而快速得到结果。所以，从这个意义上看，也可以把物化视图理解成一种缓存机制。

（1）创建部门表，语句如下：

```
create table dept
(deptno int,
dname string,
loc string)
row format delimited fields terminated by ',';
```

（2）加载数据到部门表中，语句如下：

```
load data local inpath '/root/temp/dept.csv' into table dept;
```

（3）创建一般视图，语句如下：

```
create view myview as
select dept.dname,emp.ename
from emp,dept
where emp.deptno=dept.deptno;
```

（4）创建物化视图，语句如下：

```
create materialized view myview_mater as
select dept.dname,emp.ename
from emp,dept
where emp.deptno=dept.deptno;
```

（5）检查 YARN 的 Web Console，可以看出创建物化视图其实本质上执行的是一个 MapReduce 任务，如图 6.24 所示。

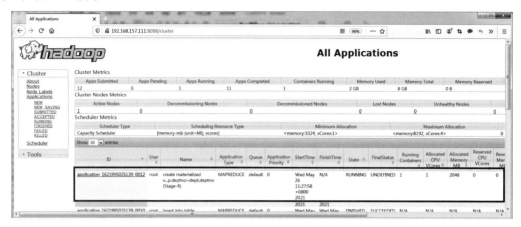

图 6.24　创建物化视图

（6）检查 MySQL 中的 Hive 元信息，如表的信息等，如图 6.25 所示。

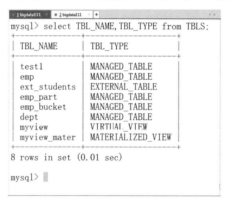

图 6.25　Hive 的元信息

6.4　Hive 的内置函数

由于 Hive 支持标准的 SQL 语句，因此 Hive 也提供了类似 MySQL 和 Oracle 的内置函数，方便开发人员或数据分析人员进行调用。这些内置函数主要分为字符函数、数值函数、日期函数、条件函数和解析函数等。

6.4.1　字符函数

字符函数操作的是字符串类型的数据。Hive 中比较常见的字符函数见表 6.3。

表 6.3　Hive 中比较常见的字符函数

字符函数	说　　明	示　　　例
length	字符串长度函数	求员工姓名的长度： select length (ename) from emp;
concat	字符串连接函数	将员工姓名和职位连接成一个字符串： select concat (ename, job) from emp;
subst substring	字符串截取函数	从员工姓名的第 2 个字符开始，截取 3 个字符： select substr (ename, 2, 3) from emp;
upper ucase	字符串转大写函数	select upper (ename) from emp;
lower lcase	字符串转小写 函数	select lower (ename) from emp;
trim	去空格函数	select trim (ename) from emp;
ltrim	左边去空格函数	select ltrim (ename) from emp;
rtrim	右边去空格函数	select rtrim (ename) from emp;
regexp_replace	正则表达式替换 函数	语法： regexp_replace (string A, string B, string C) 说明：将字符串 A 中的符合 Java 正则表达式 B 的部分替换为 C。 示例： select regexp_replace ('h234ney', '\\d+', 'o'); 返回值： honey
regexp_extract	正则表达式提取 函数	语法： regexp_extract (string A, string pattern, int index) 说明：将字符串 A 按照 pattern 正则表达式的规则拆分，返回 index 指定的字符，index 从 1 开始计数。如果 index 是 0，则返回整个字符串。 示例 1： select regexp_extract ('honeymoon', 'hon (.*?) (moon)', 0); 返回值： honeymoon 示例 2： select regexp_extract ('honeymoon', 'hon (.*?) (moon)', 1); 返回值： ey 示例 3： select regexp_extract ('honeymoon', 'hon (.*?) (moon)', 2); 返回值： moon

6.4.2 URL 解析函数与 JSON 解析函数

1. URL 解析函数：parse_url

通过 parse_url 函数能够对一个网站的 URL 进行解析，从而获取指定部分的内容。该函数支持以下参数。

（1）protocol：协议，一般不需要解析。

（2）hostname：主机名，一般不需要解析。

（3）path：URL 地址的路径。path 为由零或多个"/"符号隔开的字符串，一般表示一个目录或文件地址，一般不需要解析。

（4）query：URL 的查询参数。URL 地址中可有多个参数，用"&"符号隔开，每个参数的名和值用"="符号隔开。

下面通过具体的示例演示 parse_url 函数的使用方法。

```
select parse_url('https://www.baidu.com/itdyb/p/6236953.html?name=Tom','PROTOCOL');
```

返回：

```
https
```

```
select parse_url('https://www.baidu.com/itdyb/p/6236953.html?name=Tom','HOST');
```

返回：

```
www.baidu.com
```

```
select parse_url('https://www.baidu.com/itdyb/p/6236953.html?name=Tom','PATH');
```

返回：

```
/itdyb/p/6236953.html
```

```
select parse_url('https://www.baidu.com/itdyb/p/6236953.html?name=Tom&age=24','QUERY');
```

返回：

```
name=Tom&age=24
```

2. JSON 解析函数：get_json_object

通过使用 get_json_object 函数能够对 JSON 格式的数据进行解析，下面是具体的示例语句。

（1）创建一张表，并插入一条 JSON 格式的数据。

```
create table testjson(jsonstr string);
insert into testjson values('{"store":{"fruit":[{"weight":8,"type":"apple"},
```

```
{"weight":9,"type":"pear"}],"bicycle":{"price":19.95,"color":"red"}},"email":
"amy@only_for_json_udf_test.net","owner":"amy"}');
```

（2）解析单层值。

```
select get_json_object(jsonstr, '$.owner') from testjson;
```

返回：

```
amy
```

（3）解析多层值。

```
select get_json_object(jsonstr,'$.store.bicycle.price') from testjson;
```

返回：

```
19.95
```

（4）解析数组值 []。

```
select get_json_object(jsonstr, '$.store.fruit[0]') from testjson;
```

返回：

```
{"weight":8,"type":"apple"}
```

6.4.3　数值函数

与字符函数类似，使用数值函数可以对数字进行计算和处理。下面通过 round 函数和 trunc 函数演示它们的用法。

1. 四舍五入函数：round

```
select round(45.926,2),round(45.926,1),round(45.926,0),round(45.926,
-1),round(45.926,-2);
```

返回：

```
45.93    45.9    46    50    0
```

2. 截断函数：trunc

```
select trunc(45.926,2),trunc(45.926,1),trunc(45.926,0),trunc(45.926,
-1),trunc(45.926,-2);
```

返回：

```
45.92      45.9    45      40       0
```

6.4.4 日期函数

Hive 中常见的日期函数见表 6.4。

表 6.4 Hive 中常见的日期函数

日期函数	说　明	示　例
from_unixtime	UNIX 时间戳转日期函数	select from_unixtime (1565858389, 'yyyy-MM-dd HH:mm:ss'); 返回： 2019-08-15 08:39:49
unix_timestamp	获取当前 UNIX 时间戳函数	select unix_timestamp (); 返回： 1622006565
datediff	日期比较函数	select datediff ('2016-12-30', '2016-12-29'); 返回： 1
date_add	日期增加函数	select date_add ('2016-12-29', 10); 返回： 2017-01-08
date_sub	日期减少函数	select date_sub ('2016-12-29', 10); 返回： 2016-12-19
to_date	字符串转日期函数	select to_date ('2021-05-25'); 返回： 2021-05-25
year	日期转年函数	select year ('2021-05-25'); 返回： 2021
month	日期转月函数	select month ('2021-05-25'); 返回： 5
day	日期转天函数	select day ('2021-05-25'); 返回： 25

续表

日期函数	说　明	示　例
hour	日期转小时函数	select hour ('2021-05-25 14:32:12'); 返回: 14
minute	日期转分钟函数	select minute ('2021-05-25 14:32:12'); 返回: 32
second	日期转秒函数	select second ('2021-05-25 14:32:12'); 返回: 12
weekofyear	日期转周函数	select weekofyear ('2021-05-25 14:32:12'); 返回: 21

6.4.5　条件函数

条件函数的本质是一个 if... else... 语句,在 SQL 中可以通过 case... when... 语句实现,其语法格式如下:

```
case 表达式      when    条件 1    then    返回值 1
                when    条件 2    then    返回值 2
                when    条件 3    then    返回值 3
                when    ...       then    ...
                else    默认值
end
```

下面通过一个具体示例说明条件函数的用法。

根据员工的职位涨工资:总裁涨 1000 元,经理涨 800 元,员工涨 400 元,要求输出员工姓名、职位、涨前工资和涨后工资。语句如下:

```
select ename,job,sal,
        case job when 'PRESIDENT' then sal + 1000
                 when 'MANAGER' then sal+800
                 else sal+400
        end
from emp;
```

图 6.26 为在 Beeline 中的输出结果,其中最后一列就是涨后的工资。

ename	job	sal	_c3
SMITH	CLERK	800	1200
ALLEN	SALESMAN	1600	2000
WARD	SALESMAN	1250	1650
JONES	MANAGER	2975	3775
MARTIN	SALESMAN	1250	1650
BLAKE	MANAGER	2850	3650
CLARK	MANAGER	2450	3250
SCOTT	ANALYST	3000	3400
KING	PRESIDENT	5000	6000
TURNER	SALESMAN	1500	1900
ADAMS	CLERK	1100	1500
JAMES	CLERK	950	1350
FORD	ANALYST	3000	3400
MILLER	CLERK	1300	1700

```
14 rows selected (1.401 seconds)
0: jdbc:hive2://localhost:10000/default>
```

图 6.26　在 Beeline 中的输出结果

6.4.6　开窗函数

开窗函数 over 用于计算基于组的某种聚合值，它和聚合函数的不同之处是对于每个组返回多行，而聚合函数对于每个组只返回一行。开窗函数 over 的语法格式如下：

```
over(ROWS | RANGE) BETWEEN(UNBOUNDED| [num])PRECEDING AND ([num] PRECEDING|
CURRENT ROW|(UNBOUNDED| [num]) FOLLOWING)

over(ROWS | RANGE) BETWEEN CURRENT ROW AND (CURRENT ROW | (UNBOUNDED|[num])
FOLLOWING)

over(ROWS | RANGE) BETWEEN [num] FOLLOWING AND (UNBOUNDED|[num]) FOLLOWING
```

各参数的含义如下：

（1）UNBOUNDED：不受控制的、无限的。

（2）PRECEDING：在……之前。

（3）FOLLOWING：在……之后。

例如：

（1）UNBOUNDED PRECEDING 表示分组后的第一行。

（2）UNBOUNDED FOLLOWING 表示分组后的最后一行。

（3）CURRENT ROW 表示分组后的当前行。

（4）UNBOUNDED PRECEDING and UNBOUNDED FOLLOWING 就是针对当前所有记录的前一条、后一条记录，即表中的所有记录。

在了解了开窗函数 over 的语法格式后，下面通过一个具体示例演示它的用法。除了可以在 Hive 中使用 over 函数以外，在很多关系型数据库中也支持开窗函数 over，如 Oracle 数据库。

对各部门进行分组，并附带输出第一行至当前行的工资汇总，语句如下：

```
SELECT
EMPNO,ENAME,DEPTNO,SAL,
-- 注意：ROWS BETWEEN UNBOUNDED PRECEDING AND CURRENT ROW 是指第一行至当前行的汇总
SUM(SAL)
OVER(ARTITION BY DEPTNO
     ORDER BY SAL
     ROWS BETWEEN UNBOUNDED PRECEDING AND CURRENT ROW) max_sal
FROM EMP;
```

输出结果如图 6.27 所示。

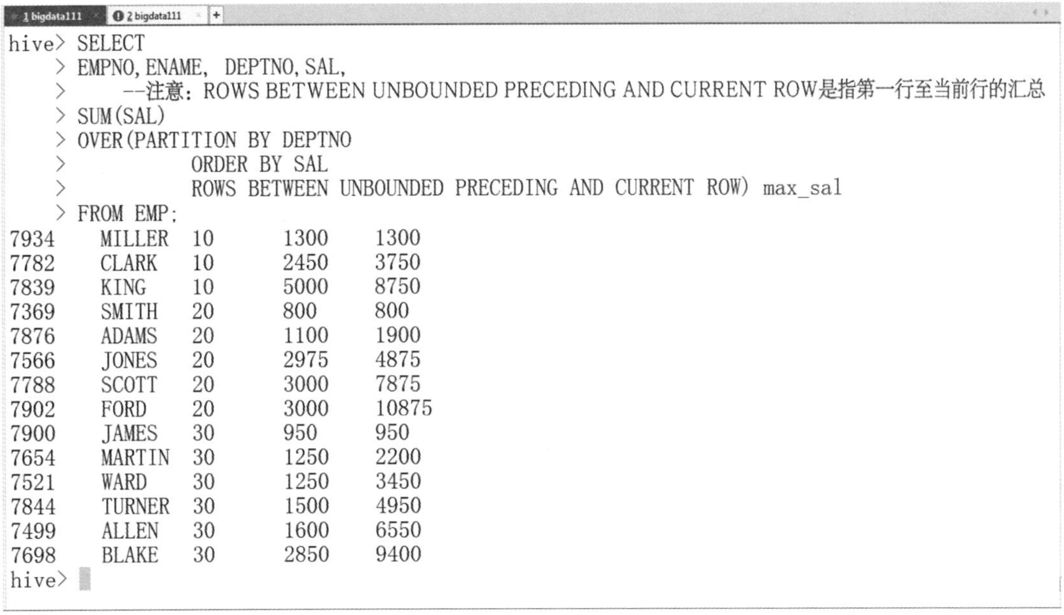

图 6.27　输出结果

6.5　Hive 的自定义函数

Hive 除了提供内置函数外，也可以通过开发 Java 程序实现自定义函数，从而满足一些特定业务的需要。Hive 的自定义函数主要分为以下 3 种：

（1）用户自定义函数（User-Defined Function，UDF）：作用于单个数据行，并且产生一个数据行作为输出。

（2）用户自定义表生成函数（User-Defined Table-Generating Function，UDTF）：作用于单个数据行，并且产生多个数据行。可以把 UDTF 函数输出的多行数据理解为一张表。

（3）用户定义聚集函数（User-Defined Aggregate Function，UDAF）：接收多个输入数据行，并产生一个输出数据行。

本节将重点介绍前两种函数的使用。

6.5.1　用户自定义函数

开发 UDF 函数需要继承 UDF 的父类，并重写 evaluate 函数。下面通过具体示例演示如何开发 UDF 函数。

（1）开发一个自定义函数，完成两个字符串的拼接，代码如下：

```java
package udf;

import org.apache.hadoop.hive.ql.exec.UDF;

// 调用: select MyConcatString('Hello', 'World');
public class MyConcatString extends UDF {

    public String evaluate(String a,String b) {
        return a + "*******" +b;
    }
}
```

（2）开发一个自定义函数，实现根据员工工资的范围判断工资的级别，代码如下：

```java
package udf;

import org.apache.hadoop.hive.ql.exec.UDF;

public class CheckSalaryGrade extends UDF{

    public String evaluate(String salary) {
        int sal = Integer.parseInt(salary);

        // 根据工资的范围判断工资的级别
        if(sal<1000)
            return "Grade A";
        else if(sal>=1000 && sal<3000)
            return "Grade B";
        else
            return "Grade C";
    }
}
```

（3）将代码打包为 jar 包，并加入 Hive 的运行环境，代码如下：

```
hive> add jar /root/jars/myudf.jar;
```

（4）为自定义函数创建别名，代码如下：

```
create temporary function myconcat as 'udf.MyConcatString';
create temporary function checksal as 'udf.CheckSalaryGrade';
```

（5）通过 Hive SQL 调用自定义函数 myconcat，输出结果如图 6.28 所示。

```
select myconcat(ename,job) from emp;
```

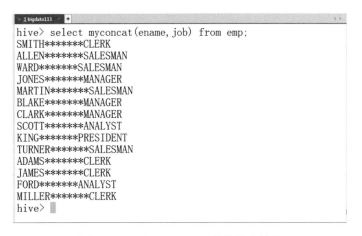

図 6.28　调用 myconcat 函数的输出结果

（6）通过 Hive SQL 调用自定义函数 checksal，输出结果如图 6.29 所示。

```
select ename,sal,checksal(sal) from emp;
```

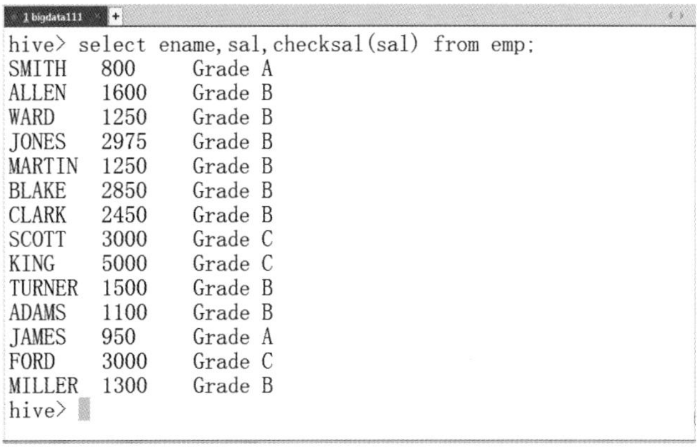

図 6.29　调用 checksal 函数的输出结果

6.5.2　用户自定义表生成函数

用户自定义表生成函数接收 0 个或多个输入，产生多列或多行输出，即输出一张表。例如，在 Hive 中创建一张 testdata 表，表结构和数据如图 6.30 和图 6.31 所示。

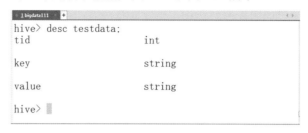

图 6.30　testdata 表结构

图 6.31　testdata 表数据

（1）开发一个表生成函数，根据 testdata 表数据创建一张表，代码如下：

```java
package udtf;

import java.util.List;
import org.apache.hadoop.hive.ql.exec.UDFArgumentException;
import org.apache.hadoop.hive.ql.metadata.HiveException;
import org.apache.hadoop.hive.ql.udf.generic.GenericUDTF;
import org.apache.hadoop.hive.serde2.objectinspector.ObjectInspector;
import org.apache.hadoop.hive.serde2.objectinspector.ObjectInspectorFactory;
import org.apache.hadoop.hive.serde2.objectinspector.StructObjectInspector;
import org.apache.hadoop.hive.serde2.objectinspector.primitive.PrimitiveObject-
InspectorFactory;
import jersey.repackaged.com.google.common.collect.Lists;

public class MyUDTF extends GenericUDTF {

    @Override
    public StructObjectInspector initialize(StructObjectInspector arg0)
    throws UDFArgumentException {
        // 初始化表，返回表的结构
        // 列的名字
        List<String> columnNames = Lists.newLinkedList();
        columnNames.add("id");
```

```
            columnNames.add("key");
            columnNames.add("value");

            // 列的类型
            List<ObjectInspector> columnTypes = Lists.newLinkedList();
            columnTypes.add(PrimitiveObjectInspectorFactory.javaStringObjectInspector);
            columnTypes.add(PrimitiveObjectInspectorFactory.javaStringObjectInspector);
            columnTypes.add(PrimitiveObjectInspectorFactory.javaStringObjectInspector);

            return ObjectInspectorFactory
                    .getStandardStructObjectInspector(columnNames, columnTypes);
    }

    @Override
    public void process(Object[] args) throws HiveException {
        if(args.length != 3) {
                return;
        }

        // 得到每一个 key
        String[] keyList = args[1].toString().split(",");

        // 得到对应的 value
        String[] valueList = args[2].toString().split(",");

        for(int i=0;i<keyList.length;i++) {
                String[] obj = {args[0].toString(),keyList[i],valueList[i]};

                forward(obj);
        }
    }

    @Override
    public void close() throws HiveException {
    }
}
```

（2）将程序打包，加入 Hive 的运行环境，并为其创建一个别名，代码如下：

```
add jar /root/jars/myudtf.jar;
create temporary function to_table as 'udtf.MyUDTF';
```

（3）执行下面的 SQL 语句。

```
select to_table(tid,key,value) from testdata;
```

（4）输出结果如图 6.32 所示，可以看出 to_table 函数处理 testdata 表中每一行后，返回了 3 行记录，最终得到的结果可以看成一张表。

```
1 bigdata111  +
hive> add jar /root/jars/myudtf.jar;
hive> create temporary function to_table as 'udtf.MyUDTF';
hive> select to_table(tid,key,value) from testdata;
1      name    Tom
1      age     24
1      gender  Male
2      name    Mary
2      age     25
2      gender  Female
hive>
```

图 6.32　用户自定义表生成函数的输出结果

6.6　Hive 的 JDBC 客户端

Hive 是基于 HDFS 的数据库仓库，支持标准的 SQL。从使用角度来看，Hive 的使用方式与 MySQL 数据库非常相似。因此，Hive 也支持标准的 JDBC 连接，这样操作起来会方便很多。要开发 Hive 的 JDBC 程序，需要将 $HIVE_HOME/jdbc 目录下的 jar 文件包含到项目工程中。

下面通过具体的代码说明如何使用 JDBC 程序访问 Hive。

（1）修改 Hadoop 的 core-site.xml 文件，添加下面的参数，并重启 Hadoop，代码如下：

```
<property>
  <name>hadoop.proxyuser.root.hosts</name>
  <value>*</value>
</property>
<property>
  <name>hadoop.proxyuser.root.groups</name>
  <value>*</value>
</property>
```

（2）启动 HiveServer2，代码如下：

```
hiveserver2
```

（3）创建一个工具类，用于获取 Hive Connection 和释放 JDBC 资源，代码如下：

```
import java.sql.Connection;
import java.sql.DriverManager;
import java.sql.ResultSet;
import java.sql.SQLException;
import java.sql.Statement;

// 工具类：获取连接；释放资源
public class JDBCUtils {
```

```java
private static String url = "jdbc:hive2://192.168.157.111:10000/default";

// 注册数据库的驱动
static {
    try {
            Class.forName("org.apache.hive.jdbc.HiveDriver");
        } catch (ClassNotFoundException e) {
            e.printStackTrace();
        }
}

public static Connection getConnection() {
    try {
            return DriverManager.getConnection(url);
        } catch (SQLException e) {
            e.printStackTrace();
        }
    return null;
}

public static void release(Connection conn,Statement st,ResultSet rs) {
    if(rs != null) {
            try {
                rs.close();
            } catch (SQLException e) {
                e.printStackTrace();
            }finally {
                rs = null;
            }
        }
    if(st != null) {
            try {
                st.close();
            } catch (SQLException e) {
                e.printStackTrace();
            }finally {
                st = null;
            }
        }
    if(conn != null) {
            try {
                conn.close();
            } catch (SQLException e) {
                e.printStackTrace();
            }finally {
                conn = null;
            }
        }
    }
}
```

（4）开发 JDBC 程序，执行 SQL，代码如下：

```java
import java.sql.Connection;
import java.sql.ResultSet;
import java.sql.Statement;

public class TestMain {
    public static void main(String[] args) {
        Connection conn = null;
        Statement st = null;
        ResultSet rs = null;

        try {
            // 获取连接
            conn = JDBCUtils.getConnection();

            // 创建 SQL 的执行环境
            st = conn.createStatement();

            // 执行 SQL
            rs = st.executeQuery("select * from emp");
            while(rs.next()) {
                String ename = rs.getString("ename");
                double sal = rs.getDouble("sal");
                System.out.println(ename+"\t"+sal);
            }
        }catch(Exception ex) {
            ex.printStackTrace();
        }finally {
            // 释放资源
            JDBCUtils.release(conn, st, rs);
        }
    }
}
```

（5）Hive JDBC 程序的输出结果如图 6.33 所示。

```
<terminated> TestMain (10) [Java Application] C:\Java\jre\bin\javaw.exe (2021年5月26日 下午9:21:54)
SMITH    800.0
ALLEN    1600.0
WARD     1250.0
JONES    2975.0
MARTIN   1250.0
BLAKE    2850.0
CLARK    2450.0
SCOTT    3000.0
KING     5000.0
TURNER   1500.0
ADAMS    1100.0
JAMES    950.0
FORD     3000.0
MILLER   1300.0
```

图 6.33   Hive JDBC 程序的输出结果

第 7 章 数据分析引擎 Pig

Hadoop 体系中提供了两个数据分析引擎，分别是 Hive 和 Pig。与 Hive 不同，Pig 支持的是 PigLatin 语句。Pig 除了支持处理结构化数据以外，使用 PigLatin 语句也可以支持处理非结构化数据，这主要取决于 Pig 的数据模型。但是目前来看，使用 SQL 处理数据的场景更加普遍，因此 Pig 的使用场景不如 Hive 广泛。本章将重点介绍如何使用 Pig 的 PigLatin 语句处理数据以及如何开发 Pig 的自定义函数。

7.1 Pig 简介

Pig 最早由 Yahoo 开发，然后贡献给了 Apache，是一个用来处理大数据的数据分析引擎。通过 Pig 的 PigLatin 语句，可以简化 MapReduce 任务的开发，因此也可以把 Pig 看作 Pig Latin 到 MapReduce 的映射器。同时，PigLatin 语句也提供了排序、过滤、分组、连接等操作，也可以像 Hive 那样开发自定义函数。Pig 的默认执行引擎是 MapReduce，即 Pig on MapReduce。从 Pig 0.17.0 开始，Pig 支持 Spark 作为执行引擎。

7.1.1 Pig 的数据模型

数据分析引擎最重要的功能就是它的数据模型，即表结构。由于 Pig 支持处理非结构化数据，因此 Pig 的数据模型与传统的关系型数据库的数据模型，或者与 Hive 的数据模型有很大的区别。图 7.1 为 Pig 的数据模型。

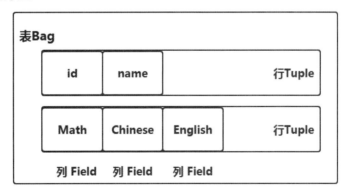

图 7.1 Pig 的数据模型

Pig 的数据模型由 3 部分组成：Bag、Tuple 和 Field。Bag 相当于一张表，其由多行组成，这里行用 Tuple 表示。行中的列称为 Field。注意，Pig 的表不要求每一行具有相同的 Field。例如，图 7.1

中的 Bag 有两行数据，其中第一行 Tuple 包含 2 个字段，即 id 和 name；第二行 Tuple 包含 3 个字段，即 Math、Chinese 和 English。Pig 本身不要求每一个 Tuple 具有相同的属性，但是如果人为将其设置为具有相同的属性，则可以把这些 Tuple 称为一个关系。从物理存储角度来看，Pig 的数据模型采用 JSON 格式进行存储。正因为 Pig 采用了这样的数据模型，才使得 Pig 能够处理非结构化数据。

7.1.2　安装部署 Pig

这里使用的 Pig 版本是 pig-0.17.0.tar.gz，可以直接在之前部署好的虚拟机上进行安装部署。

（1）解压安装包，命令如下：

```
tar -zxvf pig-0.17.0.tar.gz -C /root/training/
```

（2）编辑 /root/.bash_profile 文件，设置 Pig 的环境变量，命令如下：

```
PIG_HOME=/root/training/pig-0.17.0
export PIG_HOME

PATH=$PIG_HOME/bin:$PATH
export PATH
```

（3）生效环境变量，命令如下：

```
source /root/.bash_profile
```

（4）启动 Hadoop 的 Job History Server，命令如下：

```
mr-jobhistory-daemon.sh start historyserver
```

Job History Server 是 Hadoop 自带的历史任务服务器，通过该服务器可以查看所有已经运行完的 MapReduce 作业记录。图 7.2 为 Job History Server 的 Web Console。

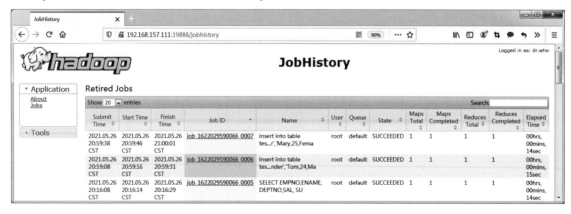

图 7.2　Job History Server 的 Web Console

（5）启动 Pig 的本地模式，命令如下：

```
pig -x local
```

如果将 Pig 运行在本地模式下（见图 7.3），则 Pig 处理的数据文件是本地的目录和文件，而并
非 HDFS，在输出日志中可以看到如下输出信息。

```
2021-05-27 10:36:11,528 [main] INFO  org.apache.pig.backend.hadoop.executionengine.
HExecutionEngine-Connecting to hadoop file system at: file:///
```

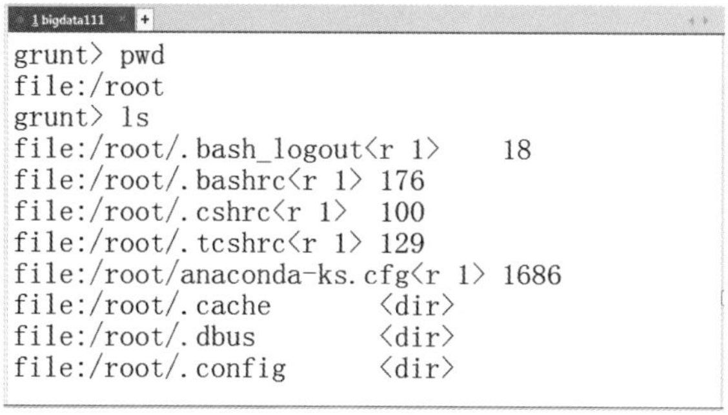

图 7.3　Pig 的本地模式

（6）启动 Pig 的集群，命令如下：

```
pig
```

如果将 Pig 运行在集群模式下（见图 7.4），在输出日志中可以看到如下输出信息。对比其本地
模式，可以看到这里的文件系统指向的是 HDFS。

```
2021-05-27 10:41:09,789 [main] INFO  org.apache.pig.backend.hadoop.
executionengine.HExecutionEngine-Connecting to hadoop file system at: hdfs://
bigdata111:9000
```

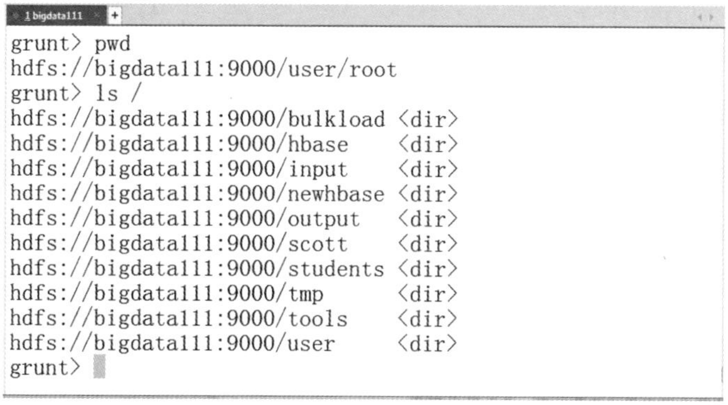

图 7.4　Pig 的集群模式

7.2 使用 PigLatin 语句处理数据

PigLatin 是使用 Pig 在 Hadoop 中执行数据分析的语言。PigLatin 语句的基本结构如下：

（1）每条 PigLatin 语句以分号结束。

（2）除 LOAD 和 STORE 外，执行其他操作时，PigLatin 会将 Bag 作为输入并生成另一个 Bag 作为输出。这一点类似于 Spark RDD 的 Transformation 算子。

（3）PigLatin 语句在执行前会执行语义检查，并最终执行一个 MapReduce 任务处理数据。

常用的 PigLatin 语句及说明见表 7.1。

表 7.1 常用的 PigLatin 语句及说明

PigLatin 语句	说　　明
LOAD	将数据加载到 Pig 的 Bag 中
FOREACH	逐行扫描进行某种处理。通过 FOREACH 对 Bag 中的每一个 Tuple 进行运算，产生的结果是用于下一个算子的数据集
FILTER	FILTER 可对表中的数据进行过滤，经常与 BY 一起使用。FILTER 类似于 SQL 中的 WHERE 语句
GROUP	分组数据，经常与 BY 一起使用
DISTINCT	删除重复的数据
UNION	与 SQL 中的 UNION 相似，使用该操作符，可以将不同的数据表组合成同一个数据表
JOIN	多表连接操作
GENERATE	提取列的操作，类似于 SQL 中的 SELECT 语句
DUMP	把结果输出到屏幕
STORE	把结果保存到文件

下面通过具体示例演示如何使用 PigLatin 语句分析处理数据，测试数据使用前面的员工表（emp.csv）和部门表（dept.csv）。

（1）创建员工表和部门表，语句如下：

```
emp = load '/scott/emp.csv'  using PigStorage(',')
      as(empno:int,ename:chararray,job:chararray,mgr:int,hiredate:chararray,sal:int,
      comm:int,deptno:int);

dept = load '/scott/dept.csv' using PigStorage(',') as(deptno:int,dname:
chararray,loc:chararray);
```

其中，PigStorage 函数用于指定数据的分隔符。

（2）查看员工表的表结构，如图 7.5 所示，可以看出表的结构是 JSON 格式，语句如下：

```
describe emp;
```

图 7.5　Pig 的表结构

（3）查询员工表的数据，并将结果输出到屏幕，如图 7.6 所示。

```
dump emp;
```

图 7.6　员工表的数据

（4）执行多表连接查询，要求查询部门名称和员工姓名，语句如下：

```
t21 = join dept by deptno,emp by deptno;
t22 = foreach t21 generate dept::dname,emp::ename;
dump t22;
```

（5）查询员工号、员工姓名和工资，语句如下：

```
t31 = foreach emp generate empno,ename,sal;
dump t31;
```

（6）查询员工工资，并按照工资排序，语句如下：

```
t41 = order emp by sal;
dump t41;
```

（7）查询每个部门的最高工资，这里需要使用 GROUP 分组数据，语句如下：

```
t51 = group emp by deptno;
t52 = foreach t51 generate group,MAX(emp.sal);
dump t52;
```

① t51 的表结构如下所示：

```
t51: {group: int,emp: {(empno: int,ename: chararray,job: chararray,mgr:
int,hiredate: chararray,sal: int,comm: int,deptno: int)}}
```

② t51 的数据如下所示：

```
(10,{(7934,MILLER,CLERK,7782,1982/1/23,1300,0,10),
     (7839,KING,PRESIDENT,-1,1981/11/17,5000,0,10),
     (7782,CLARK,MANAGER,7839,1981/6/9,2450,0,10)})

(20,{(7876,ADAMS,CLERK,7788,1987/5/23,1100,0,20),
     (7788,SCOTT,ANALYST,7566,1987/4/19,3000,0,20),
     (7369,SMITH,CLERK,7902,1980/12/17,800,0,20),
     (7566,JONES,MANAGER,7839,1981/4/2,2975,0,20),
     (7902,FORD,ANALYST,7566,1981/12/3,3000,0,20)})

(30,{(7844,TURNER,SALESMAN,7698,1981/9/8,1500,0,30),
     (7499,ALLEN,SALESMAN,7698,1981/2/20,1600,300,30),
     (7698,BLAKE,MANAGER,7839,1981/5/1,2850,0,30),
     (7654,MARTIN,SALESMAN,7698,1981/9/28,1250,1400,30),
     (7521,WARD,SALESMAN,7698,1981/2/22,1250,500,30),
     (7900,JAMES,CLERK,7698,1981/12/3,950,0,30)})
```

（8）执行 WordCount。

① 加载数据，语句如下：

```
mydata = load '/input/data.txt' as (line:chararray);
```

② 将字符串分割成单词，语句如下：

```
words = foreach mydata generate flatten(TOKENIZE(line)) as word;
```

③ 对单词进行分组，语句如下：

```
grpd = group words by word;
```

④ 统计每组中的单词数量，语句如下：

```
cntd = foreach grpd generate group,COUNT(words);
```

⑤ 输出结果，如图 7.7 所示。

```
dump cntd;
```

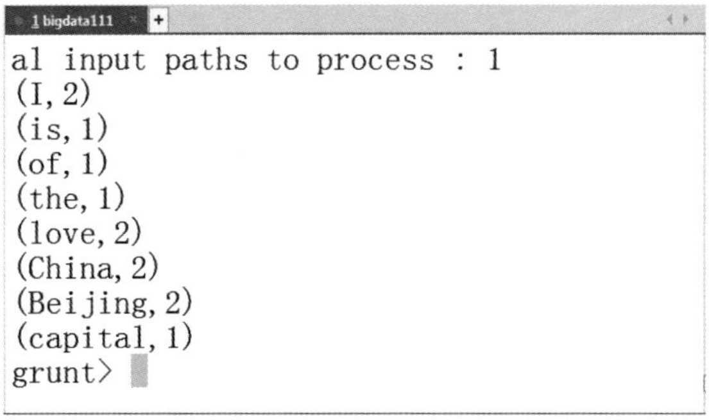

图 7.7　WordCount 的输出结果

7.3　Pig 的自定义函数

除了一些内置函数以外，与 Hive 类似，Pig 也可以通过开发 Java 程序实现自定义函数的功能。目前 Pig 的自定义函数支持使用 Java、Python、JavaScript 3 种语言编写 UDF 函数。Java 自定义函数较为成熟，其他两种功能有限。开发 Pig 的自定义函数需要用到以下 jar 文件。

```
$PIG_HOME/pig-0.17.0-core-h2.jar
$PIG_HOME/lib
$PIG_HOME/lib/h2
$HADOOP_HOME/share/hadoop/common
$HADOOP_HOME/share/hadoop/common/lib
```

Pig 的自定义函数主要分为自定义过滤函数、自定义运算函数和自定义加载函数 3 种，下面分别进行介绍。

7.3.1　自定义过滤函数

类似于 SQL 的 where 语句，通过 Pig 的自定义过滤函数可以把满足条件的数据查询出来。例如，查询工资大于 3000 元的员工数据，代码如下：

```
package demo;

import java.io.IOException;
import org.apache.pig.FilterFunc;
import org.apache.pig.data.Tuple;
```

```
// 查询工资大于 3000 元的员工
// 调用: emp1 = filter emp by demo.IsSalaryTooHigh(sal);
public class IsSalaryTooHigh extends FilterFunc {

    @Override
    public Boolean exec(Tuple tuple) throws IOException {
        // 获取工资
        int sal = (Integer)tuple.get(0);
        return sal>=3000?true:false;
    }
}
```

将程序打包，注册到 Pig 的运行环境中，并为函数创建别名，代码如下：

```
register /root/jars/pigdemo.jar;
define myfilter demo.IsSalaryTooHigh;
```

执行 PigLatin 语句并输出结果，如图 7.8 所示。

```
emp1 = filter emp by myfilter(sal);
dump emp1;
```

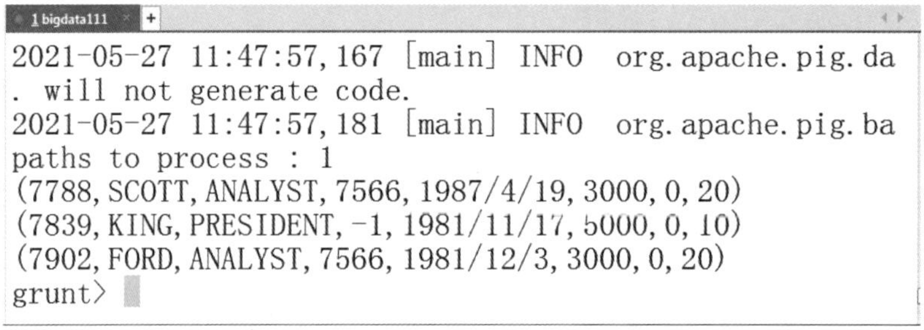

图 7.8　Pig 自定义过滤函数的输出结果

7.3.2　自定义运算函数

与 Hive 的 UDF 函数一样，通过 Pig 的自定义运算函数能够封装业务的逻辑，从而简化 PigLatin 语句的开发。例如，根据员工工资判断工资的级别，代码如下：

```
package demo;

import java.io.IOException;
import org.apache.pig.EvalFunc;
import org.apache.pig.data.Tuple;

/*
```

```
 * 举例：根据员工的工资判断工资级别
    如果 sal≤1000，则返回 Grade A
    如果 1000<sal≤3000，则返回 Grade B
    如果 sal>3000，则返回 Grade C
 */
public class CheckSalaryGrade extends EvalFunc<String>{

    @Override
    public String exec(Tuple tuple) throws IOException {
         int sal = (Integer)tuple.get(0);
         if(sal<=1000)
               return "Grade A";
         else if(sal>1000 && sal<=3000)
               return "Grade B";
         else
               return "Grade C";
    }
}
```

为函数创建别名，代码如下：

```
define checksalary demo.CheckSalaryGrade;
```

执行 PigLatin 语句并输出结果，如图 7.9 所示。

```
emp2 = foreach emp generate empno,ename,sal,checksalary(sal);
dump emp2;
```

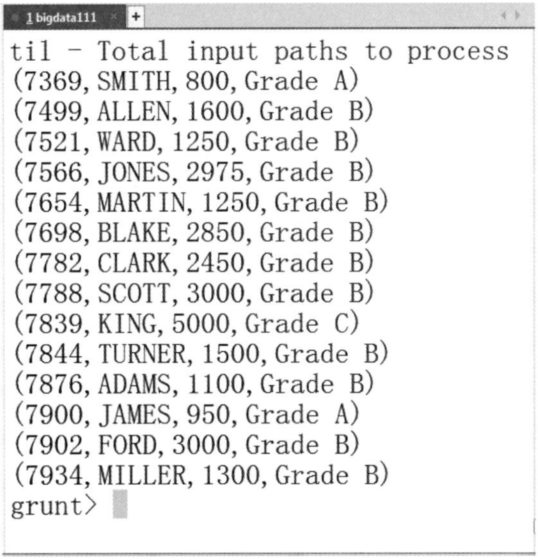

```
til - Total input paths to process
(7369,SMITH,800,Grade A)
(7499,ALLEN,1600,Grade B)
(7521,WARD,1250,Grade B)
(7566,JONES,2975,Grade B)
(7654,MARTIN,1250,Grade B)
(7698,BLAKE,2850,Grade B)
(7782,CLARK,2450,Grade B)
(7788,SCOTT,3000,Grade B)
(7839,KING,5000,Grade C)
(7844,TURNER,1500,Grade B)
(7876,ADAMS,1100,Grade B)
(7900,JAMES,950,Grade A)
(7902,FORD,3000,Grade B)
(7934,MILLER,1300,Grade B)
grunt>
```

图 7.9　Pig 自定义运算函数的输出结果

7.3.3　自定义加载函数

Pig 的自定义加载函数是 Pig 中最复杂的一种函数。在默认情况下，一行数据会被解析成一个 Tuple；但在某些特殊情况下，如 WordCount，如果每个单词能被解析成一个 Tuple，这样就会方便进行处理。

开发 Pig 的自定义加载函数还需要用到 MapReduce 相关的 jar 文件，如下所示：

```
$HADOOP_HOME/share/hadoop/mapreduce
$HADOOP_HOME/share/hadoop/mapreduce/lib
```

将输入数据中的每个单词解析成一个 Tuple，代码如下：

```java
package demo;
import java.io.IOException;
import org.apache.hadoop.io.Text;
import org.apache.hadoop.mapreduce.InputFormat;
import org.apache.hadoop.mapreduce.Job;
import org.apache.hadoop.mapreduce.RecordReader;
import org.apache.hadoop.mapreduce.lib.input.FileInputFormat;
import org.apache.hadoop.mapreduce.lib.input.TextInputFormat;
import org.apache.pig.LoadFunc;
import org.apache.pig.backend.hadoop.executionengine.mapReduceLayer.PigSplit;
import org.apache.pig.data.BagFactory;
import org.apache.pig.data.DataBag;
import org.apache.pig.data.Tuple;
import org.apache.pig.data.TupleFactory;

public class MyLoadFunction extends LoadFunc {
    private RecordReader reader;

    @Override
    public InputFormat getInputFormat() throws IOException {
        // 表示数据类型
        return new TextInputFormat();
    }

    @Override
    public Tuple getNext() throws IOException {
        // 读取一行
        Tuple tuple = null;
        try {
            if(!reader.nextKeyValue()) {
                // 表示没有读取到数据
                return null;
            }

            // 创建一个返回的结果
```

```
                    tuple = TupleFactory.getInstance().newTuple();

                    // 获取数据：I love Beijing
                    Text value = (Text) this.reader.getCurrentValue();
                    String data = value.toString();
                    // 分词
                    String[] words = data.split(" ");

                    // 创建表
                    DataBag bag = BagFactory.getInstance().newDefaultBag();
                    for(String w:words) {
                        Tuple one = TupleFactory.getInstance().newTuple();
                        // 把单词放在 tuple 上
                        one.append(w);

                        // 再把 tuple 放入表
                        bag.add(one);
                    }
                    // 把表放入 tuple
                    tuple.append(bag);
                }catch(Exception ex) {
                    ex.printStackTrace();
                }
        return tuple;
    }

    @Override
    public void prepareToRead(RecordReader reader,PigSplit split)throws IOException {
        //reader 代表数据的输入流
        this.reader = reader;
    }

    @Override
    public void setLocation(String path, Job job) throws IOException {
        // 指定任务的输入路径
        FileInputFormat.setInputPaths(job, path);
    }
}
```

为函数创建别名，代码如下：

```
define myload demo.MyLoadFunction;
```

执行 PigLatin 语句并输出结果，如图 7.10 所示。

```
emp3 = load '/input/data.txt' using myload();
dump emp3;
```

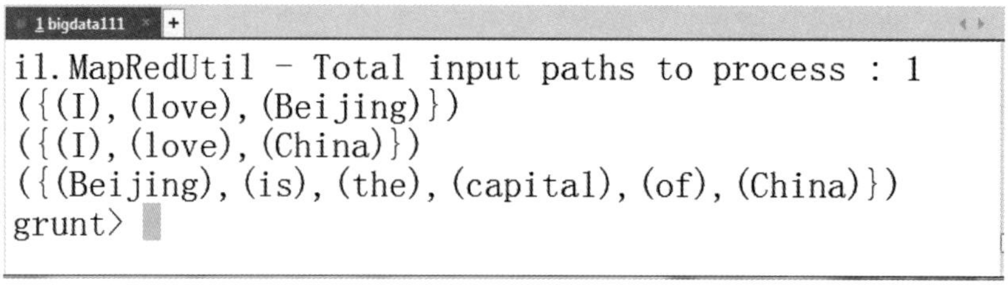

```
i1.MapRedUtil - Total input paths to process : 1
({(I),(love),(Beijing)})
({(I),(love),(China)})
({(Beijing),(is),(the),(capital),(of),(China)})
grunt>
```

图 7.10　Pig 自定义加载函数的输出结果

第 8 章　数据分析引擎 Presto

Hive 与 Pig 都以 Hadoop MapReduce 作为其底层的执行引擎，它们主要面向的是批处理的离线计算场景。随着数据越来越多，即使执行一个简单的查询，Hive 和 Pig 都可能要花费很长的时间，这显然不能满足交互式查询的要求。本章将介绍另一个分布式 SQL 查询引擎 Presto，它专为进行高速实时的数据分析而设计。通过 Presto 可以集成 Hive，可以直接使用 Presto 处理 Hive 中的数据。

8.1　Presto 基础

8.1.1　Presto 简介

Presto 是一个开源的分布式 SQL 查询引擎。由于 Presto 的计算都是基于内存的，因此非常适用于交互式分析查询；又由于 Presto 采用了分布式的架构，因此支持海量数据的分析和处理。Presto 支持在线的实时数据查询，并且通过 Presto Connector 可以将不同数据源的数据进行合并，实现跨数据源的分析和处理。

FaceBook 将 Presto 用于多个内部数据源存储之间的交互式查询，一些领先的互联网公司包括 Airbnb 和 Dropbox 都在使用 Presto。而在国内的互联网企业中，京东在其内部的大数据平台上也使用 Presto 实现数据的高速查询和分析。图 8.1 为京东大数据平台（Bigdata Platform，BDP）的架构。从图 8.1 中可以看出，在大数据平台的查询引擎中，京东使用了 Presto 对底层的数据进行分析和处理。

图 8.1　京东大数据平台的架构

8.1.2 Presto 的体系架构

Presto 是一个分布式集群系统。一个完整的 Presto 集群包含一个 Coordinator 和多个 Worker，由 Presto 的客户端 CLI 命令行将查询提交到 Coordinator，并由 Coordinator 进行解析，生成对应的执行计划，然后分发处理队列到 Worker 执行。Presto 的体系架构如图 8.2 所示。

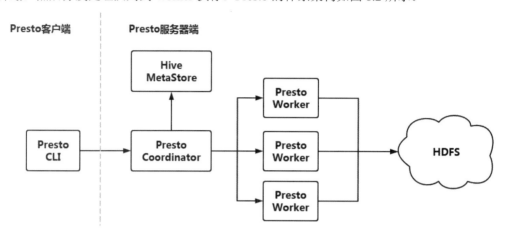

图 8.2 Presto 的体系架构

通常情况下会将 Presto 与 Hive 进行集成，这时需要配置 Presto Connector 访问 Hive 的 MetaStore 服务，从而获取 Hive 的元信息，并由 Worker 节点与 HDFS 交互读取相应的数据信息。

8.1.3 Presto 与 Hive

既然 Presto 与 Hive 都支持 SQL 语句，那么二者各存在哪些优缺点呢？本小节即从执行效率和原理实现两个角度将二者进行对比。

1. 执行效率

Hive 属于 Hadoop 生态圈系统，是一款专用于 Hadoop 的数据仓库工具，其底层的执行引擎是 MapReduce。正是因为如此，Hive 在速度上已不能满足日益增长的数据要求，有时执行一个简单的查询就可能要花费几分钟到几小时；而 Presto 主要是基于内存的方式进行计算，因此 Presto 进行简单的查询只需要几百毫秒，即使执行复杂的查询，也只需数分钟即可完成，整个过程不会将数据写入磁盘。

2. 原理实现

Hive 的底层执行引擎是 MapReduce 的，而 Presto 的执行引擎并没有采用 MapReduce，Presto 使用了一个定制的查询执行引擎响应支持 SQL 语法。该执行引擎对调度算法进行了很大的改进，并且所有的数据处理都是在内存中进行的，因此大幅提高了执行效率。

8.2　使用 Presto 处理数据

8.2.1　安装部署 Presto

在使用 Presto 处理数据前，需要安装 Presto Server 和 Presto 客户端，这里使用的版本是 presto-server-0.217.tar.gz 和 presto-cli-0.217-executable.jar。同时，通过 Presto Connector 可以与 Hive 集成。

安装部署 Presto 的具体步骤如下：

（1）解压安装包，命令如下：

```
tar -zxvf presto-server-0.217.tar.gz -C /root/training/
```

（2）创建 Presto 配置文件目录，命令如下：

```
cd /root/training/presto-server-0.217/
mkdir etc
cd etc
```

（3）创建节点的配置信息文件：node.properties，命令如下：

```
# 集群名称。所有在同一个集群中的 Presto 节点必须拥有相同的集群名称
node.environment=production

# 每个 Presto 节点的唯一标示不能重复
node.id=ffffffff-ffff-ffff-ffff-ffffffffffff

# 数据存储目录的位置。Presto 将会把日期和数据存储在该目录下
node.data-dir=/root/training/presto-server-0.217/data
```

（4）创建命令行工具的 JVM（Java Virtual Machine，Java 虚拟机）配置参数文件：jvm.config，命令如下：

```
-server
-Xmx16G
-XX:+UseG1GC
-XX:G1HeapRegionSize=32M
-XX:+UseGCOverheadLimit
-XX:+ExplicitGCInvokesConcurrent
-XX:+HeapDumpOnOutOfMemoryError
-XX:+ExitOnOutOfMemoryError
```

（5）创建 Server 端的配置参数文件：config.properties。这里由于在 bigdata111 的单机环境上进行测试，因此同时配置 Coordinator 和 Worker。在一个真正的分布式集群中，需要分别对 Coordinator 和 Worker 进行配置，命令如下：

```
coordinator=true
node-scheduler.include-coordinator=true
http-server.http.port=8080
query.max-memory=5GB
query.max-memory-per-node=1GB
query.max-total-memory-per-node=2GB
discovery-server.enabled=true
discovery.uri=http://192.168.157.111:8080
```

Presto 的配置参数说明见表 8.1。

表 8.1　Presto 的配置参数说明

参　　数	说　　明
coordinator	表示 Presto 实例是作为 coordinator 还是作为 worker 运行
node-scheduler.include-coordinator	是否允许在 coordinator 上调度执行任务。在一个大型集群上，如果在 coordinator 上处理数据，将会影响性能
http-server.http.port	Presto 使用 HTTP 进行内部和外部的通信，这是通信的端口
query.max-memory	一个队列的最大分布式内存
query.max-memory-per-node	一个节点上一个队列能使用的最大内存
query.max-total-memory-per-node	一个节点上一个队列能使用的最大内存和系统内存的总和
discovery-server.enabled	Presto 使用 Discovery Service 发现集群中的所有节点
discovery.uri	Discovery Server 的地址

（6）创建日志参数配置文件：log.properties，命令如下：

```
com.facebook.presto=INFO
```

（7）创建 Connectors 的配置参数文件，这里配置与 Hive 集成的 Connector。

① 在 etc 目录下创建 catalog 目录，命令如下：

```
mkdir catalog
cd catalog
```

② 创建 hive.properties 文件，输入下面的内容。

```
# 注明 hadoop 的版本
connector.name=hive-hadoop2

#hive-site 中配置的地址
hive.metastore.uri=thrift://192.168.157.111:9083

#hadoop 的配置文件路径
hive.config.resources=/root/training/hadoop-3.1.2/etc/hadoop/core-site.xml,/root
/training/hadoop-3.1.2/etc/hadoop/hdfs-site.xml
```

（8）重命名 Presto 客户端 jar 包，并增加执行权限，命令如下：

```
cp presto-cli-0.217-executable.jar presto
chmod a+x presto
```

（9）启动 Hive MetaStore 服务，命令如下：

```
hive --service metastore
```

（10）启动 Presto Server，命令如下：

```
cd /root/training/presto-server-0.217/
bin/launcher start
```

（11）通过 Presto 客户端连接 Presto Server，并查看 Hive 中的表，如图 8.3 所示。

```
./presto --server localhost:8080 --catalog hive --schema default
show tables;
```

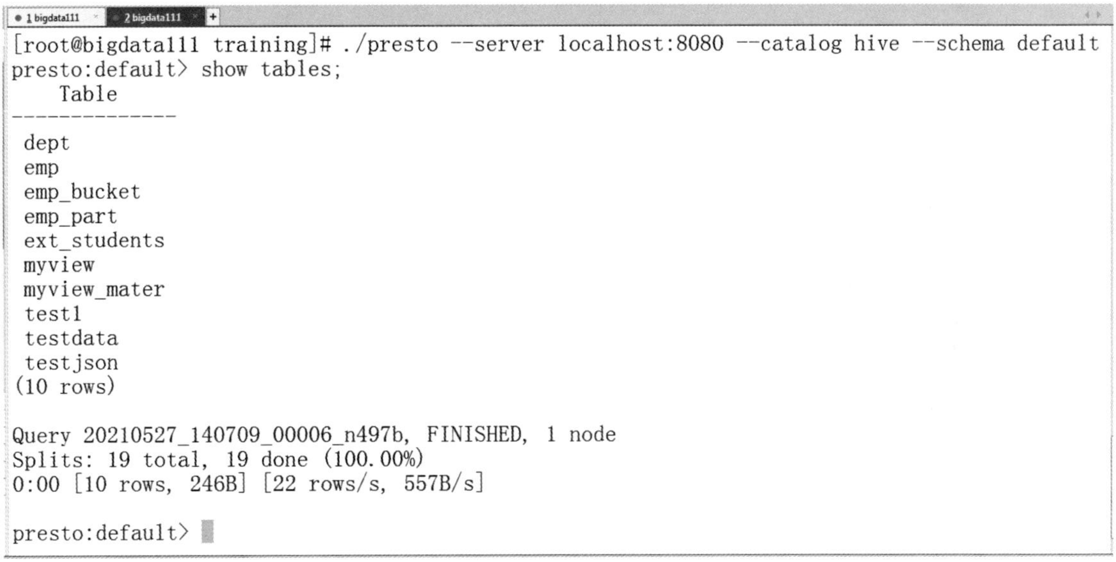

```
[root@bigdata111 training]# ./presto --server localhost:8080 --catalog hive --schema default
presto:default> show tables;
    Table
--------------
 dept
 emp
 emp_bucket
 emp_part
 ext_students
 myview
 myview_mater
 test1
 testdata
 testjson
(10 rows)

Query 20210527_140709_00006_n497b, FINISHED, 1 node
Splits: 19 total, 19 done (100.00%)
0:00 [10 rows, 246B] [22 rows/s, 557B/s]

presto:default>
```

图 8.3　启动 Presto 客户端

（12）在 Presto 中执行一条简单的 SQL，查询 Hive 中的表，如图 8.4 所示。

```
select * from emp where deptno=10;
```

（13）访问 Presto 的 Web Console，端口号是 8080，如图 8.5 所示，在 Web 界面上可以看到刚才已经执行过的 SQL 语句。

```
presto:default> select * from emp where deptno=10;
 empno | ename  |    job    | mgr  |  hiredate  | sal  | comm | deptno
-------+--------+-----------+------+------------+------+------+--------
  7782 | CLARK  | MANAGER   | 7839 | 1981/6/9   | 2450 |    0 |     10
  7839 | KING   | PRESIDENT |   -1 | 1981/11/17 | 5000 |    0 |     10
  7934 | MILLER | CLERK     | 7782 | 1982/1/23  | 1300 |    0 |     10
(3 rows)

Query 20210527_143331_00007_n497b, FINISHED, 1 node
Splits: 17 total, 17 done (100.00%)
0:01 [14 rows, 629B] [23 rows/s, 1.02KB/s]

presto:default>
```

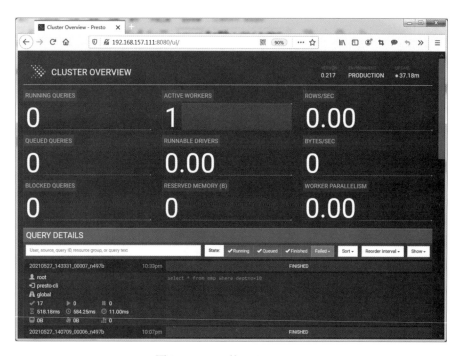

图 8.4　在 Presto 中执行查询

图 8.5　Presto 的 Web Console

8.2.2　Presto 执行查询的过程

图 8.6 为在 Presto 中执行查询时，一条查询语句从客户端到服务器端的调度过程。

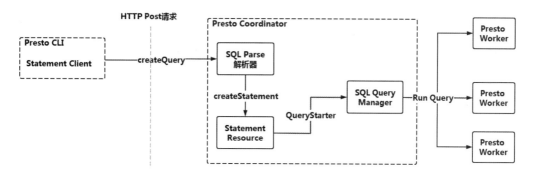

图 8.6　Presto 调度查询的过程

Presto 客户端与 Presto 服务器端采用 HTTP（HyperText Transfer Protocol，超文本传输协议）进行通信。当一条查询语句由 Presto CLI 客户端提交后，会由 HTTP Post 请求提交给服务器端 Coordinator，并由 Coordinator 将查询语句交给 SQL 解析器进行解析，生成相应的 SQL 执行计划，最终得到查询语句的 Statement 对象；将该对象放入 Statement Resource 资源池中，由 SQL Query Manager 分配给 Presto Worker 执行。

从查询语句执行的角度来看，可以通过分析 SQL 的执行计划得到查询语句详细的执行过程。在 Presto 中可以通过 explain 语句查看 SQL 的执行计划。下面是一个简单的示例，得到的执行计划如图 8.7 所示。

```
explain select dept.dname,emp.ename
from emp,dept
where emp.deptno=dept.deptno;
```

```
- j bigdata11 - +

presto:default> explain select dept.dname,emp.ename
            -> from emp,dept
            -> where emp.deptno=dept.deptno:
                                                                     Query Plan
------------------------------------------------------------------------------------------------------------------
- Output[dname, ename] => [[dname, ename]]
        Estimates: {rows: 0 (0B), cpu: 0.00, memory: 0.00, network: 0.00}
        Cost: ?, Output: ? rows (?B)
   - RemoteExchange[GATHER] => [[ename, dname]]
           Estimates: {rows: 0 (0B), cpu: 0.00, memory: 0.00, network: 0.00}
           Cost: ?, Output: ? rows (?B)
      - InnerJoin[("deptno" = "deptno_0")][$hashvalue, $hashvalue_10] => [[ename, dname]]
              Estimates: {rows: 0 (0B), cpu: 0.00, memory: 0.00, network: 0.00}
              Cost: ?, Output: ? rows (?B)
              Distribution: PARTITIONED
         - RemoteExchange[REPARTITION][$hashvalue] => [[ename, deptno, $hashvalue]]
                 Estimates: {rows: 0 (0B), cpu: 0.00, memory: 0.00, network: 0.00}
                 Cost: ?, Output: ? rows (?B)
            - ScanProject[table = hive:HiveTableHandle{schemaName=default, tableName=emp, analyzePartitionValues=Opt
                    Estimates: {rows: 0 (0B), cpu: 0.00, memory: 0.00, network: 0.00}/{rows: 0 (0B), cpu: 0.00, memo
                    Cost: ?, Output: ? rows (?B)
                    $hashvalue_9 := "combine_hash"(bigint '0', COALESCE("$operator$hash_code"("deptno"), 0))
                    LAYOUT: default.emp
                    ename := ename:string:1:REGULAR
                    deptno := deptno:int:7:REGULAR
         - LocalExchange[HASH][$hashvalue_10] ("deptno_0") => [[deptno_0, dname, $hashvalue_10]]
                 Estimates: {rows: 0 (0B), cpu: 0.00, memory: 0.00, network: 0.00}
                 Cost: ?, Output: ? rows (?B)
            - RemoteExchange[REPARTITION][$hashvalue_11] => [[deptno_0, dname, $hashvalue_11]]
                    Estimates: {rows: 0 (0B), cpu: 0.00, memory: 0.00, network: 0.00}
                    Cost: ?, Output: ? rows (?B)
               - ScanProject[table = hive:HiveTableHandle{schemaName=default, tableName=dept, analyzePartitionValue
```

图 8.7　SQL 的执行计划

8.2.3 Presto Connectors

Presto 通过配置 Connector 与不同的数据源集成。Presto 除了支持 Hive Connector 外，还支持很多其他类型的 Connector，如 Memory Connector、MySQL Connector、Redis Connector 等。在 Presto 官方文档（参考网址为 https://prestodb.io/docs/current/connector.html）中有完整的 Presto Connector 支持的类型列表。

在前面部署的 Presto 环境中使用的是 Hive Connector 访问 Hive 中的数据。本小节再通过几个示例介绍其他类型的 Connector 的使用方法。

1. Memory Connector

Memory Connector 将数据和元信息存储在 Worker 节点的内存中。如果 Presto 重启，数据和元信息都将丢失。可以通过在 /root/training/presto-server-0.217/etc/catalog 目录下创建一个新的文件 memory.properties 来配置 Memory Connector，文件内容如下：

```
connector.name=memory
# 为该连接器定义内存中的每个节点的存储页面的大小，默认为 128MB
memory.max-data-per-node=128MB
```

创建好 Memory Connector 后，即可通过下面的语句访问内存中的数据。

（1）启动 Presto 客户端，使用 Memory Connector，命令如下：

```
./presto --server localhost:8080 --catalog memory
```

（2）执行下面的 SQL 语句，结果如图 8.8 所示。

```
create table memory.default.student(sid int,sname varchar(20),age int);
insert into memory.default.student values(1,'Tom',20);
select * from memory.default.student;
drop table memory.default.student;
```

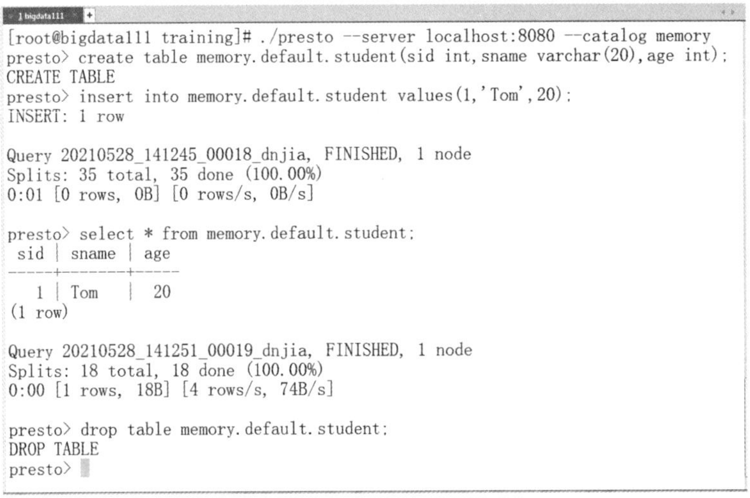

```
[root@bigdata111 training]# ./presto --server localhost:8080 --catalog memory
presto> create table memory.default.student(sid int,sname varchar(20),age int);
CREATE TABLE
presto> insert into memory.default.student values(1,'Tom',20);
INSERT: 1 row

Query 20210528_141245_00018_dnjia, FINISHED, 1 node
Splits: 35 total, 35 done (100.00%)
0:01 [0 rows, 0B] [0 rows/s, 0B/s]

presto> select * from memory.default.student;
 sid | sname | age
-----+-------+-----
   1 | Tom   |  20
(1 row)

Query 20210528_141251_00019_dnjia, FINISHED, 1 node
Splits: 18 total, 18 done (100.00%)
0:00 [1 rows, 18B] [4 rows/s, 74B/s]

presto> drop table memory.default.student;
DROP TABLE
presto>
```

图 8.8 使用 Memory Connector 的输出结果

2. MySQL Connector

MySQL Connector 允许用户在 Presto 中访问外部的 MySQL 数据库，也可以连接不同数据源中的表，如 MySQL 和 Hive，或者是不同的 MySQL 实例。MySQL Connector 的配置文件 mysql.properties 如下：

```
connector.name=mysql
connection-url=jdbc:mysql://localhost:3306
connection-user=root
connection-password=Welcome_1
```

重新启动 Presto Server，即可通过 MySQL Connector 访问 MySQL 中的数据。这里以 Hive 在 MySQL 中存储的元信息为例。

（1）启动 Presto 客户端，使用 MySQL Connector，命令如下：

```
./presto --server localhost:8080 --catalog mysql
```

（2）查看 MySQL 中的数据库信息，命令如下：

```
show schemas from mysql;
```

（3）查看某个 MySQL 数据库中的表，命令如下：

```
show tables from mysql.hive;
```

（4）查询 MySQL 表的数据，结果如图 8.9 所示。

```
select * from mysql.hive.columns_v2 limit 10;
```

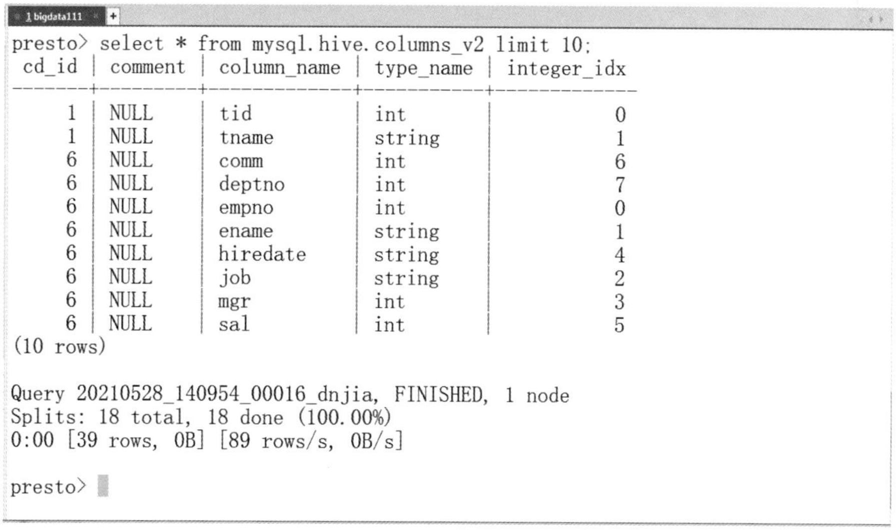

```
presto> select * from mysql.hive.columns_v2 limit 10;
 cd_id | comment | column_name | type_name | integer_idx
-------+---------+-------------+-----------+-------------
     1 | NULL    | tid         | int       |           0
     1 | NULL    | tname       | string    |           1
     6 | NULL    | comm        | int       |           6
     6 | NULL    | deptno      | int       |           7
     6 | NULL    | empno       | int       |           0
     6 | NULL    | ename       | string    |           1
     6 | NULL    | hiredate    | string    |           4
     6 | NULL    | job         | string    |           2
     6 | NULL    | mgr         | int       |           3
     6 | NULL    | sal         | int       |           5
(10 rows)

Query 20210528_140954_00016_dnjia, FINISHED, 1 node
Splits: 18 total, 18 done (100.00%)
0:00 [39 rows, 0B] [89 rows/s, 0B/s]

presto>
```

图 8.9　使用 MySQL Connector 的输出结果

8.3　Presto 的 JDBC 客户端

Presto 支持通过标准的 JDBC 程序（推荐使用 Maven 的方式）搭建 Java 项目工程。Maven 工程的 Dependency（依赖）如下：

```
<dependency>
    <groupId>com.facebook.presto</groupId>
    <artifactId>presto-jdbc</artifactId>
    <version>0.217</version>
</dependency>
```

（1）开发一个工具类，用于获取 Connection 连接，并释放 JDBC 资源，代码如下：

```java
import java.sql.Connection;
import java.sql.DriverManager;
import java.sql.ResultSet;
import java.sql.SQLException;
import java.sql.Statement;

// 工具类：获取 Connection 连接，并释放资源
public class JDBCUtils {

    private static String url = "jdbc:presto://bigdata111:8080/hive/default";

    public static Connection getConnection() {
        try {
            return DriverManager.getConnection(url,"PRESTOUSER",null);
        } catch (SQLException e) {
            e.printStackTrace();
        }

        return null;
    }

    public static void release(Connection conn,Statement st,ResultSet rs) {
        if(rs != null) {
            try {
                rs.close();
            } catch (SQLException e) {
                e.printStackTrace();
            }finally {
                rs = null;
            }
        }
        if(st != null) {
            try {
                st.close();
```

```
                    } catch (SQLException e) {
                        e.printStackTrace();
                    }finally {
                        st = null;
                    }
                }
            if(conn != null) {
                    try {
                        conn.close();
                    } catch (SQLException e) {
                        e.printStackTrace();
                    }finally {
                        conn = null;
                    }
                }
            }
        }
}
```

（2）开发主程序，执行 SQL，结果如图 8.10 所示。

```java
import java.sql.Connection;
import java.sql.ResultSet;
import java.sql.Statement;

public class TestMain {
    public static void main(String[] args) {
        Connection conn = null;
        Statement st = null;
        ResultSet rs = null;

        try {
            // 获取连接
            conn = JDBCUtils.getConnection();

            // 创建 SQL 的执行环境
            st = conn.createStatement();

            // 执行 SQL
            rs = st.executeQuery("select * from emp");
            while(rs.next()) {
                String ename = rs.getString("ename");
                double sal = rs.getDouble("sal");
                System.out.println(ename+"\t"+sal);
            }
        }catch(Exception ex) {
            ex.printStackTrace();
        }finally {
```

```
        // 释放资源
        JDBCUtils.release(conn, st, rs);
    }
  }
}
```

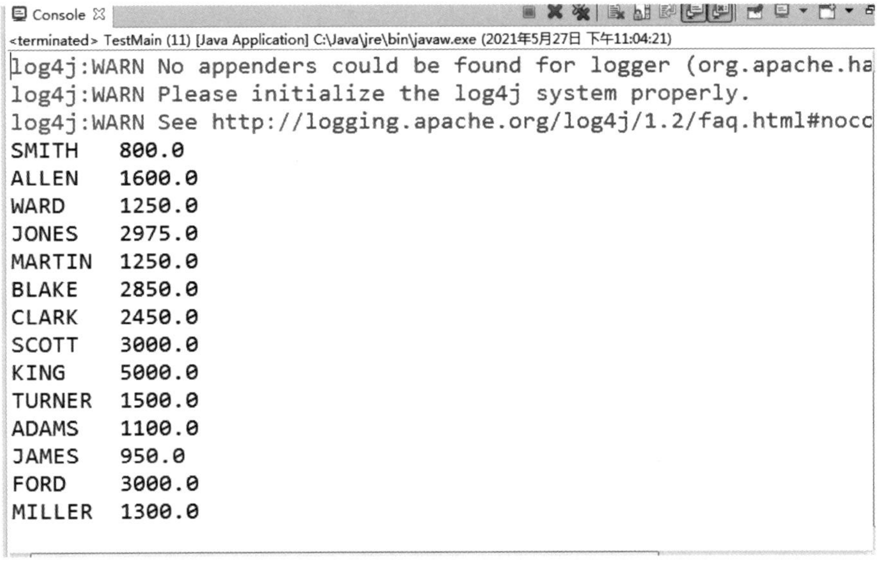

```
Console ⊠                                    ■ X ✕ | ⬚ ⬚ ⬚ ⬚ ⬚ | ⬚ ⬚ ⬚ ▾ ⬚ ▾
<terminated> TestMain (11) [Java Application] C:\Java\jre\bin\javaw.exe (2021年5月27日 下午11:04:21)
log4j:WARN No appenders could be found for logger (org.apache.ha
log4j:WARN Please initialize the log4j system properly.
log4j:WARN See http://logging.apache.org/log4j/1.2/faq.html#nocc
SMITH     800.0
ALLEN     1600.0
WARD      1250.0
JONES     2975.0
MARTIN    1250.0
BLAKE     2850.0
CLARK     2450.0
SCOTT     3000.0
KING      5000.0
TURNER    1500.0
ADAMS     1100.0
JAMES     950.0
FORD      3000.0
MILLER    1300.0
```

图 8.10　通过 JDBC 访问 Presto 的输出结果

第 9 章　大数据计算引擎 Spark Core

前面已经学习了 MapReduce 的计算模型，在执行 MapReduce 的过程中通常会将中间结果输出到磁盘上，这样做的主要目的是进行容错。但是，I/O 的效率往往较低，从而影响了 MapReduce 的运行速度。Spark 的最大特点是基于内存的方式执行计算，并且兼容 HDFS 和 Hive，可融入 Hadoop 的生态系统，因此可以将 Spark 作为 MapReduce 的替代方案，以弥补 MapReduce 的不足。

在 Spark 生态系统中最重要的部分是 Spark Core，它是整个 Spark 的执行引擎，Spark 中的所有计算都是 Spark Core 的计算。而 Spark Core 的本质是一个离线处理引擎，因此 Spark 中的所有计算其实都是离线计算的批处理操作。从数据模型角度来看，RDD 是 Spark Core 最核心的部分，因此这就决定了 Spark RDD 将是 Spark Core 中最重要的内容。

9.1　Spark 基础

9.1.1　Spark 概述

Spark 最早由加州大学伯克利分校 AMPLab 开发，是一种快速、通用、可扩展的大数据分析引擎。目前，Spark 生态圈系统已经发展成为一个包含多个子项目的集合，其中包含 Spark Core、Spark SQL、Spark Streaming、GraphX 和 MLlib。由于 Spark 是基于内存计算的大数据并行计算框架，因此其提高了在大数据环境下数据处理的实时性，同时通过检查点的特性保证了高容错性和高可伸缩性。

Spark 的特点主要体现在以下 4 个方面。

1. 快

快主要是因为 Spark 是基于内存方式进行计算的。与 Hadoop 的 MapReduce 相比，Spark 基于内存的运算速度要快 100 倍以上。另外，Spark 在执行计算时，通过 RDD 之间的依赖关系构建的 DAG（Directed Acyclic Graph，有向无环图）可以高效地在内存中处理数据流。

2. 易用性

易用性主要体现在 Spark 支持多种编程语言，包括 Scala、Java、Python 等。另外，在 Spark MLlib 的机器学习框架中还支持多种算法，用于搭建不同的应用。Spark 还提供了交互式命令行客户端 spark-shell，可以非常方便地在 Spark 环境中验证解决问题的方法。

3. 通用性

通用性主要是指 Spark 是一个完善的生态圈系统，其中包含不同的组件，用于不同的应用场景。Spark 的生态圈组件已经被集成到了 Spark 环境中，彼此之间可以无缝使用。

4. 兼容性

Spark 兼容 Hadoop，可以直接操作 HDFS 中的数据；还可以将 Spark 部署在 YARN 上，通过 YARN 统一管理和调度 Spark 集群的资源和任务；Hadoop 中的数据分析引擎 Hive 和 Pig 也支持 Spark 作为执行引擎。

9.1.2 Spark 的体系架构

Spark 的体系架构其实是一种 C/S（Client/Server，客户端 / 服务器端）结构，而在服务器端又是一种主从模式，如图 9.1 所示。

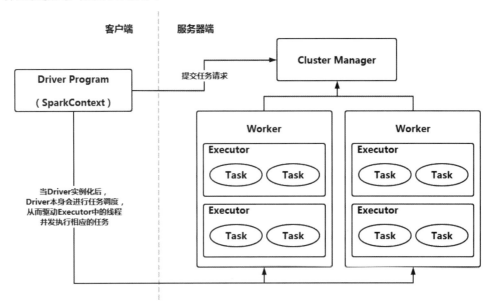

图 9.1 Spark 的体系架构

Spark 的服务器端是一种主从架构，其中 Cluster Manager 可以看成 Master 主节点，Worker 可以看成 Slave 从节点。

从服务器端来看，主节点负责全局的资源管理和分配，这里的资源包括内存、CPU 等；另外，主节点需要接受客户端提交的任务请求，将其分配给 Worker 执行。可以将 Cluster Manager 部署在 Standalone 模式、YARN 模式或 Mesos 模式上。从节点 Worker 是每个子节点上的资源管理者，由多个具体执行任务的 Executor 组成。默认情况下，Spark Worker 会最大限度地使用该节点的 CPU 和内存等资源，这也是 Spark 比较耗费内存的原因。

Spark 的客户端称为 Driver Program，可以通过 Spark 的客户端工具 spark-submit 和 spark-shell 启动。Driver Program 中的核心对象是 SparkContext。通过 SparkContext 对象可以访问 Spark Core 的功能模块，这就决定了 SparkContext 对象是整个 Spark 中最重要的一个访问接口对象。通过 SparkContext 对象可以创建 SQLContext 对象，从而访问 Spark SQL；也可以通过 SparkContext 对象创建 StreamingContext 对象，从而访问 Spark Streaming。

9.1.3　spark-submit

当应用程序开发完成后，需要将其打包成 jar 文件，然后通过 Spark 提供的客户端工具 spark-submit 提交到集群上运行。无论是单节点的伪分布模式还是全分布的集群模式，spark-submit 的使用方式都是一样的。

（1）启动 Spark 集群，命令如下：

```
cd /root/training/spark-3.0.0-bin-hadoop3.2/
sbin/start-all.sh
```

（2）执行 jps 命令，查看 Spark 的后台进程，如图 9.2 所示。

```
1 bigdata111    +
[root@bigdata111 spark-3.0.0-bin-hadoop3.2]# jps
115617 Master
115686 Worker
115737 Jps
[root@bigdata111 spark-3.0.0-bin-hadoop3.2]#
```

图 9.2　Spark 的后台进程

（3）使用 spark-submit 提交任务。spark-submit 位于 Spark 的 bin 目录中，使用该脚本工具可以将一个打包好的 Spark 任务以 jar 文件的形式提交到 Spark 集群上运行。这里使用 Spark 自带的 SparkPi Example 演示 spark-submit 的使用方式。SparkPi 的源代码如下：

```scala
package org.apache.spark.examples

import scala.math.random

import org.apache.spark.sql.SparkSession

/** **/ 计算 pi 的近似值 **/
object SparkPi {
  def main(args: Array[String]): Unit = {
    val spark = SparkSession
      .builder
      .appName("Spark Pi")
      .getOrCreate()
    val slices = if (args.length > 0) args(0).toInt else 2
    val n = math.min(100000L * slices, Int.MaxValue).toInt // avoid overflow
    val count = spark.sparkContext.parallelize(1 until n, slices).map { i =>
      val x = random * 2 - 1
      val y = random * 2 - 1
      if (x*x + y*y <= 1) 1 else 0
    }.reduce(_ + _)
    println(s"Pi is roughly ${4.0 * count / (n - 1)}")
    spark.stop()
  }
}
```

Spark 提供了编译好的 jar 文件，该文件位于 Spark Example 的 jars 目录下：examples/jars/spark-examples_2.12-3.0.0.jar。下面使用spark-submit 将任务提交到集群上运行。其中，参数 100 表示循环迭代的次数，该值越大，计算出来的圆周率越准确，代码如下：

```
bin/spark-submit --master spark://bigdata111:7077 \
--class org.apache.spark.examples.SparkPi \
examples/jars/spark-examples_2.12-3.0.0.jar 100
```

通过 Spark Web Console 的界面可以监控 Spark 任务的运行状态，如图 9.3 所示。

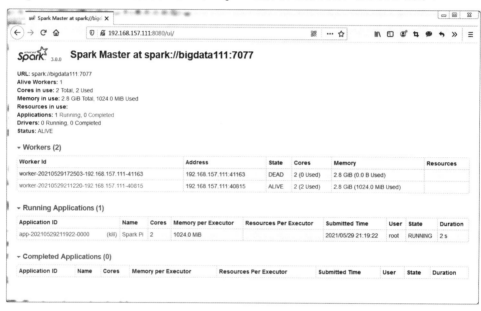

图 9.3　使用 Web Console 监控 Spark 任务

SparkPi 的输出日志如图 9.4 所示。

```
21/05/29 21:19:32 INFO TaskSchedulerImpl: Killing all running tasks in stage 0: Stage finished
21/05/29 21:19:32 INFO DAGScheduler: Job 0 finished: reduce at SparkPi.scala:38, took 6.865253 s
Pi is roughly 3.142763142763115
21/05/29 21:19:32 INFO SparkUI: Stopped Spark web UI at http://bigdata111:4040
21/05/29 21:19:32 INFO StandaloneSchedulerBackend: Shutting down all executors
21/05/29 21:19:32 INFO CoarseGrainedSchedulerBackend$DriverEndpoint: Asking each executor to shut down
21/05/29 21:19:32 INFO MapOutputTrackerMasterEndpoint: MapOutputTrackerMasterEndpoint stopped!
21/05/29 21:19:32 INFO MemoryStore: MemoryStore cleared
21/05/29 21:19:32 INFO BlockManager: BlockManager stopped
21/05/29 21:19:32 INFO BlockManagerMaster: BlockManagerMaster stopped
21/05/29 21:19:32 INFO OutputCommitCoordinator$OutputCommitCoordinatorEndpoint: OutputCommitCoordinator
 stopped!
21/05/29 21:19:32 INFO SparkContext: Successfully stopped SparkContext
21/05/29 21:19:32 INFO ShutdownHookManager: Shutdown hook called
21/05/29 21:19:32 INFO ShutdownHookManager: Deleting directory /tmp/spark-c9053656-3b88-4973-8ac6-87f69
874d2f1
21/05/29 21:19:32 INFO ShutdownHookManager: Deleting directory /tmp/spark-34ad3122-9239-44e9-b109-00037
74963e4
[root@bigdata111 spark-3.0.0-bin-hadoop3.2]#
```

图 9.4　SparkPi 的输出日志

9.1.4　spark-shell

spark-shell 是 Spark 提供的一个能够进行交互式分析数据的强大工具，通过使用 spark-shell 可以非常有效地学习 Spark RDD 的算子，它支持编写 Scala 语言或 Python 语言。spark-shell 有两种不同的运行模式：本地模式和集群模式。

1. 本地模式

本地模式下执行的 Spark 任务会在本地运行，不会提交到集群上。这种方式与在 IDE 环境中执行程序的本质是一样的，多用于开发和测试。可以通过下面的方式启动 spark-shell 的本地模式，如图 9.5 所示。

```
bin/spark-shell
```

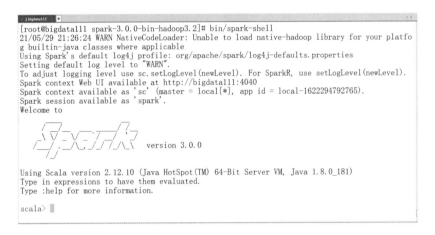

图 9.5　spark-shell 的本地模式

通过图 9.5 所示的输出日志可以看到，spark-shell 在启动时创建了两个对象：SparkContext 和 SparkSession，可以分别使用变量 sc 和 spark 引用它们。SparkContext 在 9.1.2 小节已经作过相应的介绍；SparkSession 是从 Spark 2.x 开始提供的一个统一访问入口，通过 SparkSession 可以访问 Spark 的各个功能模块。在输出日志中还可以看到 master 的地址是 local，这也说明此时运行的模式是本地模式。

通过下面的语句可以退出 spark-shell。

```
:quit
```

2. 集群模式

与本地模式不同，集群模式需要将 spark-shell 作为客户端连接到 Spark 集群上，此时所有在 spark-shell 中编写执行的任务都会在集群上运行。启动 spark-shell 的集群模式需要使用 --master 参数，如图 9.6 所示。

```
bin/spark-shell --master spark://bigdata111:7077
```

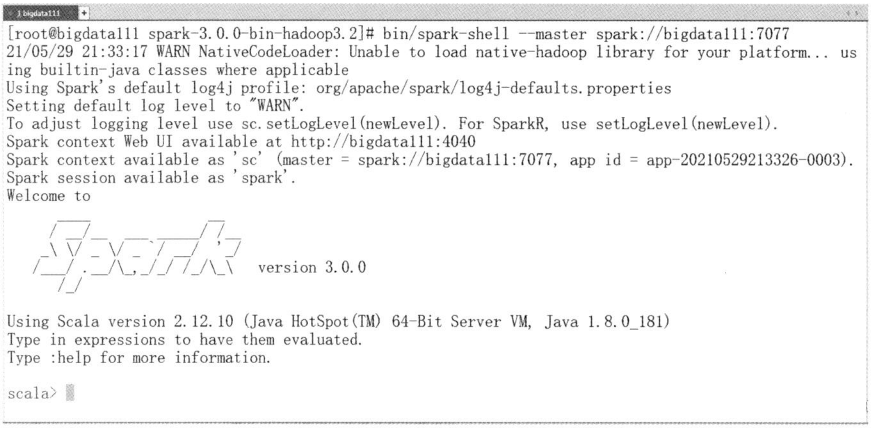

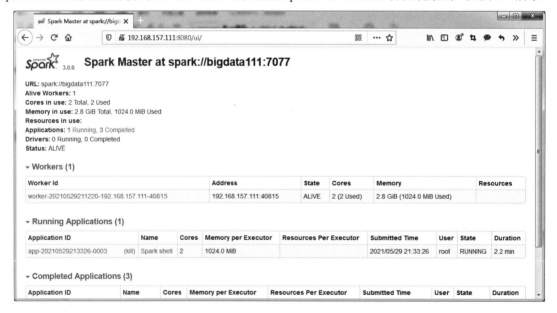

[root@bigdata111 spark-3.0.0-bin-hadoop3.2]# bin/spark-shell --master spark://bigdata111:7077
21/05/29 21:33:17 WARN NativeCodeLoader: Unable to load native-hadoop library for your platform... using builtin-java classes where applicable
Using Spark's default log4j profile: org/apache/spark/log4j-defaults.properties
Setting default log level to "WARN".
To adjust logging level use sc.setLogLevel(newLevel). For SparkR, use setLogLevel(newLevel).
Spark context Web UI available at http://bigdata111:4040
Spark context available as 'sc' (master = spark://bigdata111:7077, app id = app-20210529213326-0003).
Spark session available as 'spark'.
Welcome to
version 3.0.0
Using Scala version 2.12.10 (Java HotSpot(TM) 64-Bit Server VM, Java 1.8.0_181)
Type in expressions to have them evaluated.
Type :help for more information.
scala>

图 9.6　spark-shell 的集群模式

通过图 9.6 所示的输出日志可以看到，master 的地址变成了 spark://bigdata111:7077，说明 spark-shell 运行在集群模式上。这一点也可以通过 Spark Web Console 界面观察到，如图 9.7 所示。

Spark Master at spark://bigdata111:7077
192.168.157.111:8080/ui/
URL: spark://bigdata111:7077
Alive Workers: 1
Cores in use: 2 Total, 2 Used
Memory in use: 2.8 GiB Total, 1024.0 MiB Used
Resources in use:
Applications: 1 Running, 3 Completed
Drivers: 0 Running, 0 Completed
Status: ALIVE
Workers (1)
Worker Id | Address | State | Cores | Memory | Resources
worker-20210529211220-192.168.157.111-40815 | 192.168.157.111:40815 | ALIVE | 2 (2 Used) | 2.8 GiB (1024.0 MiB Used)
Running Applications (1)
Application ID | Name | Cores | Memory per Executor | Resources Per Executor | Submitted Time | User | State | Duration
app-20210529213326-0003 (kill) | Spark shell | 2 | 1024.0 MiB | | 2021/05/29 21:33:26 | root | RUNNING | 2.2 min
Completed Applications (3)
Application ID | Name | Cores | Memory per Executor | Resources Per Executor | Submitted Time | User | State | Duration

图 9.7　在 Web Console 上监控 spark-shell

下面使用 Scala 编程语言开发一个简单的 WordCount 程序，用于统计单词的频率。由于 Spark 兼容 Hadoop，因此可以直接访问 HDFS 中的数据。

（1）启动 Hadoop 环境，命令如下：

```
start-all.sh
```

（2）在 spark-shell 中编写如下代码，读取 HDFS 中的数据。执行完成后，将结果保存到 HDFS 中。

```
sc.textFile("hdfs://bigdata111:9000/input/data.txt").flatMap(_.split(" ")).map((_,1)).
reduceByKey(_+_).saveAsTextFile("hdfs://bigdata111:9000/output/spark/wc")
```

（3）在 HDFS 上查看统计的结果，如图 9.8 所示。

```
[root@bigdata111 ~]# hdfs dfs -ls /output/spark/wc
Found 3 items
-rw-r--r--   3 root supergroup          0 2021-05-29 21:41 /output/spark/wc/_SUCCESS
-rw-r--r--   3 root supergroup         40 2021-05-29 21:41 /output/spark/wc/part-00000
-rw-r--r--   3 root supergroup         31 2021-05-29 21:41 /output/spark/wc/part-00001
[root@bigdata111 ~]# hdfs dfs -cat /output/spark/wc/part-00000
(is,1)
(love,2)
(capital,1)
(Beijing,2)
[root@bigdata111 ~]# hdfs dfs -cat /output/spark/wc/part-00001
(China,2)
(I,2)
(of,1)
(the,1)
[root@bigdata111 ~]#
```

图 9.8　WordCount 的输出结果

9.1.5　Spark HA 基础

由于 Spark 服务器端采用的是主从架构，因此其存在单点故障问题。当主节点 Master 宕机或出现问题时，会造成整个 Spark 集群无法正常工作，因此需要实现 HA 功能。Spark HA 的实现方式具体分为两种：基于文件系统的单点恢复和基于 ZooKeeper 的 StandBy Master。关于这两种 HA 的实现原理和部署步骤，将会在 14.5.1 小节中进行相应的介绍。

9.2　Spark RDD

前面提到，RDD 是 Spark Core 的数据模型，这也决定了 RDD 是整个 Spark 生态圈体系中最重要的部分。在 Spark 中，最终都会将数据模型转换成 RDD 的方式处理，包括 Spark SQL 中的 DataFrame 和 Spark Streaming 中的 DStream。本节将重点介绍 RDD 的核心概念及其特性，以及如何使用相应的算子处理 RDD 中的数据。

9.2.1　Spark RDD 概述

RDD 是 Spark 中最基本、也是最重要的数据模型。它由分区组成，每个分区被 Spark 的一个 Worker 从节点处理，从而支持分布式的并行计算。RDD 通过检查点（Checkpoint）的方式提供自动容错功能，并且具有位置感知性调度和可伸缩的特性。RDD 也可提供缓存机制，可以极大地提高数据处理速度。

在前面的 WordCount 示例中，每一步都会生成一个新的 RDD，用于保存这一步的结果。创建 RDD 也可以使用以下代码。

```
val myrdd = sc.parallelize(Array(1,2,3,4,5,6,7,8),2)
```

这行代码创建了一个名为 myrdd 的 RDD 集合，该集合中包含一个数组。该 RDD 由两个分区组成，通过查看 RDD 的 partitions 算子可以查看分区的长度，如图 9.9 所示。

```
myrdd.partitions.length
res0: Int = 2
```

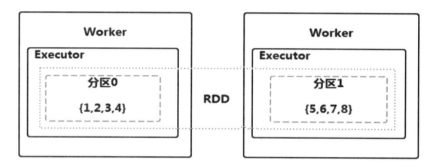

图 9.9　RDD 的分区

那么 RDD 分区和 Worker 节点之间有什么联系呢？这里以刚才创建的 myrdd 为例说明它们之间的关系。

假设有两个 Worker 从节点，而 myrdd 又包含两个分区，每个分区会有一个分区号，分区号从零开始。从图 9.9 中可以看出，在第一个 Worker 上处理的是分区 0 中的数据，即 {1,2,3,4}；在第二个 Worker 上处理的是分区 1 中的数据，即 {5,6,7,8}。这里可以把分区理解成一个物理概念，其中的数据由在 Worker 上的 Executor 执行的任务处理。图 9.9 最外层的虚线方框表示 RDD，可以看出它其实是一个逻辑概念。

在了解了 RDD 的基本概念后，那么 RDD 又具有什么特性呢？关于该问题可以查看源码中的说明，下面的解释摘自 Spark RDD 的源码。

```
 * Internally, each RDD is characterized by five main properties:
 *
 *  - A list of partitions
 *  - A function for computing each split
 *  - A list of dependencies on other RDDs
 *  - Optionally, a Partitioner for key-value RDDs (e.g. to say that the RDD is
hash-partitioned)
 *  - Optionally, a list of preferred locations to compute each split on (e.g.
block locations for
 *     an HDFS file)
```

通过上述解释，可以了解到 RDD 具备以下 5 个基本特性。

（1）由一组分区组成。对于 RDD 来说，每个分区都会被一个计算任务处理，并决定并行计算的粒度。用户可以在创建 RDD 时指定 RDD 的分片个数，如果没有指定，就会采用默认值，默认值就是程序所分配到的 CPU 内核的数目。

（2）具有一个计算每个分区的函数。Spark 中 RDD 的计算以分区为单位，每个 RDD 都需要实现 compute 函数，从而达到处理数据的目的。

（3）RDD 之间存在依赖关系。下面的代码是在 spark-shell 中开发好的 WordCount 程序。

```
sc.textFile("hdfs://bigdata111:9000/input/data.txt").flatMap(_.split(" ")).
map((_,1)).reduceByKey(_+_).saveAsTextFile("hdfs://bigdata111:9000/output/spark/wc")
```

可以把这行代码拆开，每一次转换时可以定义一个新的 RDD 用于保存这一步的结果，如下所示：

```
val rdd1 = sc.textFile("hdfs://bigdata111:9000/input/data.txt")
val rdd2 = rdd1.flatMap(_.split(" "))
val rdd3 = rdd2.map((_,1))
val rdd4 = rdd3.reduceByKey(_+_)
rdd4.saveAsTextFile("hdfs://bigdata111:9000/output/spark/wc")
```

这里一共定义了 4 个 RDD，分别是 rdd1、rdd2、rdd3 和 rdd4，其中 rdd4 依赖 rdd3，rdd3 依赖 rdd2，而 rdd2 依赖 rdd1。根据依赖关系的不同，可以划分任务执行的阶段（Stage），从而支持检查点的容错机制。这样如果在计算过程中丢失了某个分区的数据，Spark 可以通过该依赖关系重新进行计算，而不是对 RDD 的所有分区重新进行计算。

（4）具有一个 Partitioner。这是 Spark RDD 的分区函数。Spark 内部实现了两种类型的分区函数：一种是基于哈希算法的 HashPartitioner，另一种则是基于范围的 RangePartitioner。通过继承 Partitioner 也可以实现自定义的分区函数。分区函数不仅决定了 RDD 本身的分区数量，也决定了 RDD Shuffle 输出时的分区数量。

（5）具有一个存储了读取每个 Partition 的优先位置（Preferred Location）的列表。根据该列表中的信息，Spark 在进行任务调度时会尽可能地将计算任务分配到其所要处理数据块的存储位置，这样可以提高数据处理效率。

9.2.2　RDD 的算子

Spark RDD 由分区组成，要处理分区中的数据，就需要开发相应的函数或方法。这里把这些函数或方法称为算子。Spark 的算子分为两种类型：Transformation 和 Action。

所有的 Transformation 算子并不会直接触发计算，即它们都是延迟计算的；相反，它们只是记录在 RDD 数据集上的操作动作。只有当发生了一个 Action 时，这些 Transformation 操作才会真正地运行，才会真正地触发 Spark 执行计算。通过延时计算方式，可以让 Spark 更加有效率地运行。

RDD 的 Transformation 算子和 Action 算子及其含义见表 9.1 和表 9.2。

表 9.1　Transformation 算子及其含义

Transformation 算子	含　义
map (func)	返回一个新的 RDD，该 RDD 由每一个输入元素经过 func 函数转换后组成
filter (func)	返回一个新的 RDD，该 RDD 由经过 func 函数计算后返回值为 true 的输入元素组成
flatMap (func)	类似于 map，但是每一个输入元素可以被映射为 0 或多个输出元素（所以 func 应该返回一个序列，而不是单一元素）
mapPartitions (func)	类似于 map，但独立地在 RDD 的每一个分片上运行。例如，在类型为 T 的 RDD 上运行时，func 的函数类型必须是 Iterator[T] => Iterator[U]
mapPartitionsWithIndex (func)	类似于 mapPartitions，但 func 带有一个整数参数，表示分片的索引值。例如，在类型为 T 的 RDD 上运行时，func 的函数类型必须是 (Int, Interator[T]) => Iterator[U]
sample (withReplacement, fraction, seed)	根据 fraction 指定的比例对数据进行采样，可以选择是否使用随机数进行替换。其中，seed 用于指定随机数生成器种子
union (otherDataset)	对源 RDD 和参数 RDD 求并集后返回一个新的 RDD
intersection (otherDataset)	对源 RDD 和参数 RDD 求交集后返回一个新的 RDD
distinct ([numTasks]))	对源 RDD 进行去重后返回一个新的 RDD
groupByKey ([numTasks])	在一个 (K, V) 的 RDD 上调用，返回一个 (K, Iterator[V]) 的 RDD
reduceByKey (func, [numTasks])	在一个 (K, V) 的 RDD 上调用，返回一个 (K, V) 的 RDD。使用指定的 reduce 函数，将相同 key 的值聚合到一起。与 groupByKey 类似，reduce 任务的个数可以通过第二个可选的参数来设置
aggregateByKey (zeroValue) (seqOp, combOp, [numTasks])	针对 RDD 中 (K, V) 类型的数据，先进行局部聚合操作，再执行全局聚合操作
sortByKey ([ascending], [numTasks])	在一个 (K, V) 的 RDD 上调用，K 必须实现 Ordered 接口，返回一个按照 key 进行排序的 (K, V) 的 RDD
sortBy (func, [ascending], [numTasks])	与 sortByKey 类似，但是更灵活
join (otherDataset, [numTasks])	在类型为 (K, V) 和 (K, W) 的 RDD 上调用，返回一个相同 key 对应的所有元素对在一起的 (K, (V, W)) 的 RDD
cogroup (otherDataset, [numTasks])	在类型为 (K, V) 和 (K, W) 的 RDD 上调用，返回一个 (K, (Iterable<V>, Iterable<W>)) 类型的 RDD
cartesian (otherDataset)	生成笛卡儿积
coalesce (numPartitions)	将 RDD 中的分区进行重分区，coalesce 默认不会进行 Shuffle
repartition (numPartitions)	将 RDD 中的分区进行重分区，repartition 会进行 Shuffle

表 9.2　Action 算子及其含义

Action 算子	含　义
reduce (func)	通过 func 函数聚集 RDD 中的所有元素，该功能必须是可交换且可并联的
collect ()	在驱动程序中，以数组的形式返回数据集的所有元素
count ()	返回 RDD 的元素个数
first ()	返回 RDD 的第一个元素（类似于 take(1)）
take (n)	返回一个由数据集的前 n 个元素组成的数组
takeSample (withReplacement, num, [seed])	返回一个数组，该数组由从数据集中随机采样的 num 个元素组成，可以选择是否用随机数替换不足的部分。其中，seed 用于指定随机数生成器种子
saveAsTextFile (path)	将数据集的元素以 textfile 的形式保存到 HDFS 文件系统或其他支持的文件系统。对于每个元素，Spark 都会调用 toString 方法，将其转换为文件中的文本
saveAsSequenceFile (path)	将数据集中的元素以 Hadoop sequencefile 的格式保存到指定目录下。该目录可以是 HDFS 中的目录，也可以是其他 Hadoop 支持的目录
countByKey ()	针对 (K, V) 类型的 RDD，返回一个 (K, Int) 的 map，表示每一个 Key 对应的元素个数
foreach (func)	在数据集的每一个元素上运行 func 函数进行更新

9.2.3　RDD 的算子示例

本小节将通过大量的代码示例演示 Spark RDD 算子的使用方法，这里的代码示例可以直接在 spark-shell 中运行。完整的代码可以查看如下链接：http://homepage.cs.latrobe.edu.au/zhe/ZhenHeSparkRDDAPIExamples.html。

1. Transformation 算子

（1）Transformation 的基础算子。

① map (func) 算子：将输入的每个元素重写组合成一个元组。下面的代码会将数组中的每个元素乘以 10。

```
val rdd1 = sc.parallelize(Array(1,2,3,4,5,6,7,8))
val rdd2 = rdd1.map((_ * 10))
```

② filter (func)：返回一个新的 RDD，该 RDD 是经过 func 运算后返回 true 的元素。下面的代码会返回大于 5 的元素。

```
val rdd1 = sc.parallelize(Array(1,2,3,4,5,6,7,8))
val rdd3 = rdd1.filter(_ > 5)
```

③ flatMap (func)：压平操作。

```
val books = sc.parallelize(List("Hadoop","Hive","HDFS"))
books.flatMap(_.toList).collect
```

返回结果：

```
res18: Array[Char] = Array(H, a, d, o, o, p, H, i, v, e, H, D, F, S)
```

④ union (otherDataset)：类似于 SQL 语句中的并集运算。

```
val rdd4 = sc.parallelize(List(5,6,4,7))
val rdd5 = sc.parallelize(List(1,2,3,4))
val rdd6 = rdd4.union(rdd5)
```

⑤ intersection (otherDataset)：类似于 SQL 语句中的交集运算。

```
val rdd7 = rdd5.intersection(rdd4)
```

⑥ distinct ([numTasks])：删除集合中的重复数据。

```
val rdd8 = sc.parallelize(List(5,6,4,7,5,5,5))
rdd8.distinct.collect
```

⑦ groupByKey ([numTasks])：对于一个 <K, V> 的 RDD，按照 Key 进行分组。

```
val rdd9 = sc.parallelize(Array(("I",1),("love",2),("I",3)))
rdd9.groupByKey.collect
```

⑧ cartesian：生成笛卡儿积。

```
val rdd10 = sc.parallelize(List("tom", "jerry"))
val rdd11 = sc.parallelize(List("tom", "kitty", "shuke"))
val rdd12 = rdd10.cartesian(rdd11)
```

（2）Transformation 的高级算子。

① mapPartitionsWithIndex：针对 RDD 中的每个带有小标号的分区进行某种方式的计算，这里的分区小标号就是分区号，从零开始。mapPartitionsWithIndex 的 API 说明如下：

```
def mapPartitionsWithIndex[U](f: (Int, Iterator[T]) => Iterator[U],
                              preservesPartitioning: Boolean = false)
                             (implicit arg0: ClassTag[U]): RDD[U]
```

其中最主要的参数是第一个参数，即 f: (Int, Iterator[T]) => Iterator[U]，这是一个函数参数。该函数的第一个参数是 Int 类型，表示分区号；第二个参数是 Iterator[T]，表示该分区中的元素，该分区的元素处理完成后返回的结果用 Iterator[U] 表示。下面将每个分区中的元素和分区号输出。

首先，创建一个 RDD，代码如下：

```
val rdd1 = sc.parallelize(List(1,2,3,4,5,6,7,8,9), 2)
```

然后，定义一个函数 func1，将分区号和分区中的元素拼加成一个字符串，代码如下：

```
def func1(index:Int, iter:Iterator[Int]):Iterator[String] ={
  iter.toList.map( x => "[PartID:" + index + ", value=" + x + "]" ).iterator
}
```

最后，调用 mapPartitionsWithIndex，并将结果输出到屏幕，代码如下：

```
rdd1.mapPartitionsWithIndex(func1).collect
```

输出结果如图 9.10 所示。

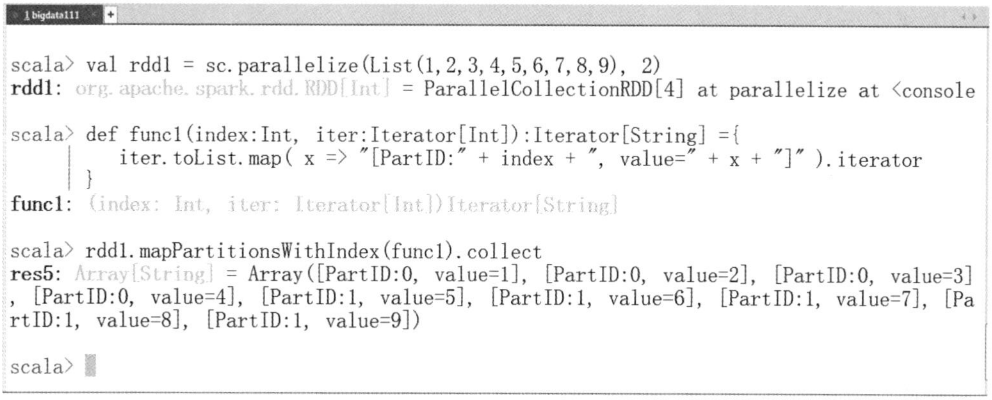

```
scala> val rdd1 = sc.parallelize(List(1,2,3,4,5,6,7,8,9), 2)
rdd1: org.apache.spark.rdd.RDD[Int] = ParallelCollectionRDD[4] at parallelize at <console

scala> def func1(index:Int, iter:Iterator[Int]):Iterator[String] ={
     |     iter.toList.map( x => "[PartID:" + index + ", value=" + x + "]" ).iterator
     | }
func1: (index: Int, iter: Iterator[Int])Iterator[String]

scala> rdd1.mapPartitionsWithIndex(func1).collect
res5: Array[String] = Array([PartID:0, value=1], [PartID:0, value=2], [PartID:0, value=3]
, [PartID:0, value=4], [PartID:1, value=5], [PartID:1, value=6], [PartID:1, value=7], [Pa
rtID:1, value=8], [PartID:1, value=9])

scala>
```

图 9.10　mapPartitionsWithIndex 的输出结果

② aggregate：针对 RDD 中的每个分区先进行局部聚合操作，再执行全局聚合操作。aggregate 的 API 说明如下：

```
def aggregate[U](zeroValue: U)(seqOp: (U, T)=>U,
                               combOp: (U, U)=>U)
                               (implicit arg0: ClassTag[U]): U
```

其中，参数 zeroValue: U 表示聚合操作时的初始值；参数 seqOp: (U, T) => U 表示局部执行的操作；参数 combOp: (U, U) => U 表示全局执行的操作。

下面举例说明 aggregate 的执行过程。例如，求 RDD 中每个分区最大值的和，aggregate 的执行过程如图 9.11 所示。这里假设 RDD 包含两个分区，在分区 0 中含有元素 {1,2}，在分区 1 中含有元素 {3,4,5}。先通过局部操作求出每个分区的最大值，即 2 和 5；再执行全局的求和操作，得到结果 7。

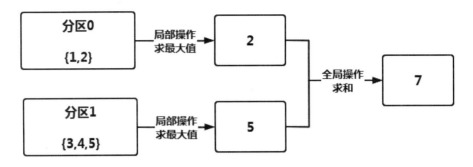

图 9.11   aggregate 的执行过程

上面的示例可以通过下面的代码实现。

```
val rdd2 = sc.parallelize(List(1,2,3,4,5),2)
rdd2.aggregate(0)(math.max(_,_),_+_)
```

下面给出一个稍复杂的示例。

```
val rdd3 = sc.parallelize(List("12","23","345","4567"),2)
rdd3.aggregate("")((x,y) => math.max(x.length,y.length).toString,(x,y) => x + y)
```

返回结果：

```
24
```

```
val rdd4 = sc.parallelize(List("12","23","345",""),2)
rdd4.aggregate("")((x,y) => math.min(x.length,y.length).toString,(x,y) => x + y)
```

返回结果：

```
01
```

③ aggregateByKey：作用与 aggregate 完全一样，只不过 aggregateBykey 处理的是 <Key,Value>
类型的数据。下面通过具体的代码进行说明。

创建一个 RDD，代码如下：

```
val pairRDD = sc.parallelize(List( ("cat",2), ("cat", 5),("mouse", 4),("cat",
12), ("dog", 12), ("mouse", 2)), 2)
```

将每个分区中的元素和分区号拼加为一个字符串，代码如下：

```
def func2(index: Int, iter: Iterator[(String, Int)]) : Iterator[String] = {
  iter.toList.map(x => "[partID:" +  index + ", val: " + x + "]").iterator
}
```

调用 mapPartitionsWithIndex，查看分区中的元素，代码如下：

```
pairRDD.mapPartitionsWithIndex(func2).collect
```

输出结果：

```
[partID:0, val: (cat,2)], [partID:0, val: (cat,5)], [partID:0, val: (mouse,4)],
[partID:1, val: (cat,12)], [partID:1, val: (dog,12)], [partID:1, val: (mouse,2)]
```

将每个分区中个数最多的动物进行求和，代码如下：

```
pairRDD.aggregateByKey(0)(math.max(_,_),_+_).collect
```

输出结果：

```
Array((dog,12), (cat,17), (mouse,6))
```

求每种动物的和，代码如下：

```
pairRDD.aggregateByKey(0)(_+_,_+_).collect
```

输出结果：

```
Array((dog,12), (cat,19), (mouse,6))
```

④ coalesce 与 repartition：这两个算子将 RDD 中的分区进行重分区，区别是 coalesce 默认不会进行 Shuffle，即不会真正执行重分区；而 repartition 会进行 Shuffle，即会将数据真正地进行重分区。

```
val rdd5 = sc.parallelize(List(1,2,3,4,5,6,7,8,9), 2)
```

下面两行代码是等价的。

```
val rdd6 = rdd5.repartition(3)
val rdd7 = rdd5.coalesce(3,true);
```

2. Action 算子

（1）collect：触发计算，将结果输出到屏幕。代码如下：

```
val rdd1 = sc.parallelize(List(1,2,3,4,5), 2)
rdd1.collect
```

（2）reduce：将集合中的所有元素进行某种操作。例如，对集合中的所有元素进行求和，代码如下：

```
val rdd2 = rdd1.reduce(_+_)
```

返回结果：

```
rdd2: Int = 15
```

（3）count：返回 RDD 集合中的元素个数。代码如下：

```
rdd1.count
```

（4）top：返回集合中元素降序排序后的最前面的元素。例如，返回集合中最大的两个元素，代码如下：

```
rdd1.top(2)
```

（5）take：按照插入顺序取出前面的几个元素。例如，返回集合中的前两个元素，代码如下：

```
rdd1.take(2)
```

（6）first ()：按照插入顺序取出第一个元素。代码如下：

```
rdd1.first
```

9.2.4　RDD 的缓存机制

RDD 可以通过 persist 方法或 cache 方法将前面的计算结果缓存，但并不是在这两个方法被调用时立即缓存，而是触发后面的 action 时，该 RDD 会被缓存到计算节点的内存中，并供后面重用。persist 方法和 cache 方法的定义如下：

```
def persist(): this.type = persist(StorageLevel.MEMORY_ONLY)
def cache(): this.type = persist()
```

通过上述定义可以发现，cache 最终也调用了 persist 方法，默认的存储级别都是仅在内存存储一份。Spark 的存储级别有多种，存储级别在 object StorageLevel 中定义。在 StorageLevel 中定义的缓存级别如下：

```
val NONE = new StorageLevel(false, false, false, false)
val DISK_ONLY = new StorageLevel(true, false, false, false)
val DISK_ONLY_2 = new StorageLevel(true, false, false, false, 2)
val MEMORY_ONLY = new StorageLevel(false, true, false, true)
val MEMORY_ONLY_2 = new StorageLevel(false, true, false, true, 2)
val MEMORY_ONLY_SER = new StorageLevel(false, true, false, false)
val MEMORY_ONLY_SER_2 = new StorageLevel(false, true, false, false, 2)
val MEMORY_AND_DISK = new StorageLevel(true, true, false, true)
val MEMORY_AND_DISK_2 = new StorageLevel(true, true, false, true, 2)
val MEMORY_AND_DISK_SER = new StorageLevel(true, true, false, false)
val MEMORY_AND_DISK_SER_2 = new StorageLevel(true, true, false, false, 2)
val OFF_HEAP = new StorageLevel(true, true, true, false, 1)
```

需要说明的是，使用 RDD 的缓存机制时数据可能丢失，或者会由于内存不足而造成数据被删除。可以通过使用 RDD 的检查点机制保证缓存的容错，即使缓存丢失，也能保证计算的正确执行。

下面是使用 RDD 缓存机制的一个示例。这里使用 RDD 读取一个大的文件，该文件中包含 918843 条记录。通过 Spark Web Console 可以对比在不使用缓存机制和使用缓存机制时执行效率的差别。

（1）读取一个大文件，代码如下：

```
val rdd1 = sc.textFile("/root/temp/sales")
```

（2）触发一个计算，这里没有使用缓存机制，代码如下：

```
rdd1.count
```

（3）调用 cache，标识该 RDD 可以被缓存，代码如下：

```
rdd1.cache
```

（4）第二次触发计算，计算完成后会将结果缓存，代码如下：

```
rdd1.count
```

（5）第三次触发计算，这一次会直接从之前的缓存中获取结果，代码如下：

```
rdd1.count
```

访问 Spark 的 Web Console，观察这 3 次 count 计算的执行时间，可以看出最后一次 count 计算只耗费了 98ms，如图 9.12 所示。

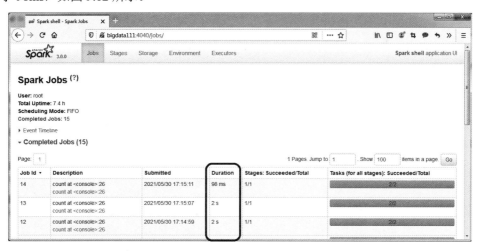

图 9.12　在 Web Console 查看任务执行时间

9.2.5　RDD 的检查点机制

由于 Spark 的计算是在内存中完成的，因此任务执行的生命周期 lineage（血统）越长，执行出错的概率就会越大。Spark 通过检查点的方式将 RDD 的状态写入磁盘进行持久化的保存，从而支持容错。如果在检查点之后有节点出现了问题，Spark 只需从检查点位置开始重做 lineage 即可，这样就减少了开销。设置检查点的目录，可以是本地的文件夹，也可以是 HDFS。建议在生产系统中采用具有容错能力、高可靠的文件系统作为检查点保存的目录。

1. 使用本地目录作为检查点目录

这种模式需要将 spark-shell 运行在本地模式上，下面使用本地目录作为 RDD 检查点的目录。

（1）设置检查点目录，代码如下：

```
sc.setCheckpointDir("file:///root/temp/checkpoint")
```

（2）创建 RDD，代码如下：

```
val rdd1 = sc.textFile("hdfs://bigdata111:9000/input/sales")
```

（3）标识 RDD 的检查点，代码如下：

```
rdd1.checkpoint
```

（4）执行计算，代码如下：

```
rdd1.count
```

计算完成后，查看本地的 /root/temp/checkpoint 目录，可以看到生成了相应的检查点信息，如图 9.13 所示。

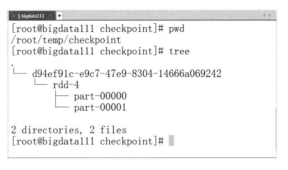

图 9.13　在本地目录上保存检查点文件

2. 使用 HDFS 目录作为检查点目录

这种模式需要将 spark-shell 运行在集群模式上，下面使用 HDFS 目录作为 RDD 检查点的目录。

（1）设置检查点目录，代码如下：

```
sc.setCheckpointDir("hdfs://bigdata111:9000/spark/checkpoint")
```

（2）创建 RDD，代码如下：

```
val rdd1 = sc.textFile("hdfs://bigdata111:9000/input/sales")
```

（3）标识 RDD 的检查点，代码如下：

```
rdd1.checkpoint
```

（4）执行计算，代码如下：

```
rdd1.count
```

计算完成后，查看 HDFS 的 /spark/checkpoint 目录，可以看到生成了相应的检查点信息，如图 9.14 所示。

```
[root@bigdata111 ~]# hdfs dfs -ls -R /spark/checkpoint
drwxr-xr-x   - root supergroup          0 2021-05-30 19:10 /spark/checkpoint/cf78b86b-2f22-4d0e-9
5cb-04d7a0d8de57
drwxr-xr-x   - root supergroup          0 2021-05-30 19:10 /spark/checkpoint/cf78b86b-2f22-4d0e-9
5cb-04d7a0d8de57/rdd-1
-rw-r--r--   3 root supergroup   16337859 2021-05-30 19:10 /spark/checkpoint/cf78b86b-2f22-4d0e-9
5cb-04d7a0d8de57/rdd-1/part-00000
-rw-r--r--   3 root supergroup   16335899 2021-05-30 19:10 /spark/checkpoint/cf78b86b-2f22-4d0e-9
5cb-04d7a0d8de57/rdd-1/part-00001
[root@bigdata111 ~]#
```

图 9.14　在 HDFS 目录上保存检查点文件

9.2.6　RDD 的依赖关系和任务执行阶段

前面提到，RDD 彼此之间会存在一定的依赖关系。依赖关系有两种不同类型：窄依赖和宽依赖。如果父 RDD 的每一个分区最多只被一个子 RDD 的分区使用，则这样的依赖关系就是窄依赖；反之，如果父 RDD 的每一个分区被多个子 RDD 的分区使用，则这样的依赖关系就是宽依赖。

map、filter、union 等操作都是典型的窄依赖操作。通过观察发现，每一个父 RDD 的分区都只被一个子 RDD 的分区使用，如图 9.15 所示。

📢 注意：

join 操作比较特殊，某些情况的 join 是窄依赖操作，如图 9.15 所示；但有些情况的 join 是宽依赖操作，具体问题需要具体分析。

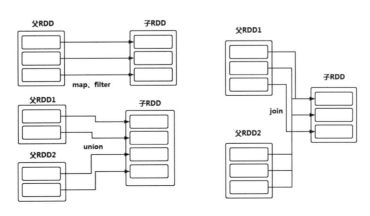

图 9.15　窄依赖操作

宽依赖最典型的操作就是分组，如图 9.16 所示。父 RDD 的每一个分区都被多个子 RDD 的分区使用。这里的 join 操作就是一个宽依赖操作。

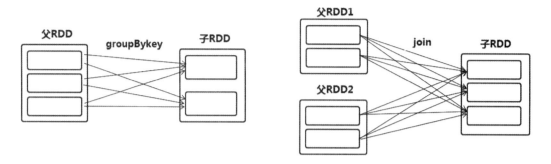

图 9.16 宽依赖操作

有了 RDD 之间不同的依赖关系，就可以划分任务执行的阶段，从而构建任务执行的 DAG。对于窄依赖，分区的转换处理在同一个阶段完成计算；对于宽依赖，由于有 Shuffle 的存在，只能在父 RDD 处理完成后，子 RDD 才能开始计算，因此宽依赖是划分任务阶段的标准。如图 9.17 所示，该任务一共被划分为 3 个不同阶段来执行。

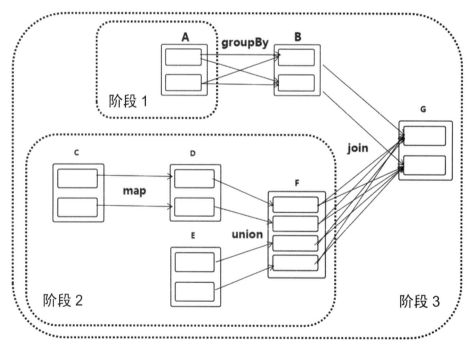

图 9.17 任务的 DAG

通过借助 Spark Web Console，可以很方便地查看任务被划分的阶段及 DAG。图 9.18 是在 Web Console 查看之前的 WordCount 任务的 DAG。

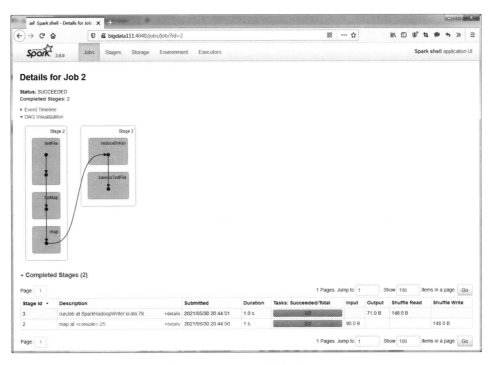

图 9.18　WordCount 任务的 DAG

9.3　Spark Core 编程案例

本节将通过几个具体的编程示例介绍如何开发常见的 Spark 程序。开发 Spark 程序需要将以下 jar 文件包含在 Scala 工程或者 Java 中，或者使用 Maven 的方式搭建工程。

```
/root/training/spark-3.0.0-bin-hadoop3.2/jars
```

9.3.1　Java 版 WordCount

前面已经开发好了 Scala 版本的 WordCount 程序，以下是对应的 Java 版本的 WordCount 程序。

```
import java.util.Arrays;
import java.util.Iterator;
import java.util.List;

import org.apache.spark.SparkConf;
import org.apache.spark.api.java.JavaPairRDD;
import org.apache.spark.api.java.JavaRDD;
import org.apache.spark.api.java.JavaSparkContext;
```

```java
import org.apache.spark.api.java.function.FlatMapFunction;
import org.apache.spark.api.java.function.Function2;
import org.apache.spark.api.java.function.PairFunction;

import scala.Tuple2;

public class JavaWordCount {

    public static void main(String[] args) {
        // 创建一个 JavaSparkContext 的对象，并将其运行在本地模式
        SparkConf conf = new SparkConf().setAppName("JavaWordCount")
                                        .setMaster("local");
        JavaSparkContext sc = new JavaSparkContext(conf);

        // 读取 HDFS
        JavaRDD<String> text = sc.textFile("hdfs://bigdata111:9000/input/data.txt");

        // 分词
        JavaRDD<String> words = text.flatMap(new FlatMapFunction<String, String>() {

            @Override
            public Iterator<String> call(String line) throws Exception {
                // 执行分词
                return Arrays.asList(line.split(" ")).iterator();
            }
        });

        // 每个单词记一次数
        JavaPairRDD<String, Integer> wordsPair = words.mapToPair
        (new PairFunction<String, String, Integer>() {
            @Override
            public Tuple2<String, Integer> call(String word) throws Exception {
                // 每个单词记一次数
                return new Tuple2<String, Integer>(word,1);
            }
        });

        // 按照单词分组、计数
        JavaPairRDD <String, Integer> total = wordsPair.reduceByKey
        (new Function2<Integer, Integer, Integer>() {
            @Override
            public Integer call(Integer x, Integer y) throws Exception {
                return x + y;
            }
        });

        // 触发一个 Action
```

```
        List<Tuple2<String, Integer>> result = total.collect();

        // 输出到屏幕
        for(Tuple2<String, Integer> r:result) {
            System.out.println(r._1+"\t"+r._2);
        }
        sc.stop();
    }
}
```

这里将任务直接运行在本地模式上，输出结果如图 9.19 所示。也可以将程序打包为 jar 文件，通过 spark-submit 提交到集群上运行。

图 9.19　Java WordCount 的输出结果

9.3.2　求网站的访问量

在网站的运维过程中需要统计每个网页的访问量，即 PV（Page View）值，用于支持用户的决策。下面是一个网站的点击日志，它是一个标准的 HTTP 访问日志，一共包含 5 个字段：客户端的 IP、点击访问的时间、访问的资源、本次访问的状态和本次访问的流量大小。

```
192.168.88.1 - - [30/Jul/2017:12:53:43 +0800] "GET /MyDemoWeb/ HTTP/1.1" 200 259
192.168.88.1 - - [30/Jul/2017:12:53:43 +0800] "GET /MyDemoWeb/head.jsp HTTP/1.1" 200 713
192.168.88.1 - - [30/Jul/2017:12:53:43 +0800] "GET /MyDemoWeb/body.jsp HTTP/1.1" 200 240
192.168.88.1 - - [30/Jul/2017:12:54:37 +0800] "GET /MyDemoWeb/oracle.jsp HTTP/1.1" 200 242
192.168.88.1 - - [30/Jul/2017:12:54:38 +0800] "GET /MyDemoWeb/hadoop.jsp HTTP/1.1" 200 242
```

```
192.168.88.1 - - [30/Jul/2017:12:54:38 +0800] "GET /MyDemoWeb/java.jsp HTTP/1.1" 200 240
192.168.88.1 - - [30/Jul/2017:12:54:40 +0800] "GET /MyDemoWeb/oracle.jsp HTTP/1.1" 200 242
192.168.88.1 - - [30/Jul/2017:12:54:40 +0800] "GET /MyDemoWeb/hadoop.jsp HTTP/1.1" 200 242
192.168.88.1 - - [30/Jul/2017:12:54:41 +0800] "GET /MyDemoWeb/mysql.jsp HTTP/1.1" 200 241
192.168.88.1 - - [30/Jul/2017:12:54:41 +0800] "GET /MyDemoWeb/hadoop.jsp HTTP/1.1" 200 242
192.168.88.1 - - [30/Jul/2017:12:54:42 +0800] "GET /MyDemoWeb/web.jsp HTTP/1.1" 200 239
192.168.88.1 - - [30/Jul/2017:12:54:42 +0800] "GET /MyDemoWeb/oracle.jsp HTTP/1.1" 200 242
192.168.88.1 - - [30/Jul/2017:12:54:52 +0800] "GET /MyDemoWeb/oracle.jsp HTTP/1.1" 200 242
192.168.88.1 - - [30/Jul/2017:12:54:52 +0800] "GET /MyDemoWeb/hadoop.jsp HTTP/1.1" 200 242
192.168.88.1 - - [30/Jul/2017:12:54:53 +0800] "GET /MyDemoWeb/oracle.jsp HTTP/1.1" 200 242
192.168.88.1 - - [30/Jul/2017:12:54:54 +0800] "GET /MyDemoWeb/mysql.jsp HTTP/1.1" 200 241
192.168.88.1 - - [30/Jul/2017:12:54:54 +0800] "GET /MyDemoWeb/hadoop.jsp HTTP/1.1" 200 242
192.168.88.1 - - [30/Jul/2017:12:54:54 +0800] "GET /MyDemoWeb/hadoop.jsp HTTP/1.1" 200 242
192.168.88.1 - - [30/Jul/2017:12:54:56 +0800] "GET /MyDemoWeb/web.jsp HTTP/1.1" 200 239
192.168.88.1 - - [30/Jul/2017:12:54:56 +0800] "GET /MyDemoWeb/java.jsp HTTP/1.1" 200 240
192.168.88.1 - - [30/Jul/2017:12:54:57 +0800] "GET /MyDemoWeb/oracle.jsp HTTP/1.1" 200 242
192.168.88.1 - - [30/Jul/2017:12:54:57 +0800] "GET /MyDemoWeb/java.jsp HTTP/1.1" 200 240
192.168.88.1 - - [30/Jul/2017:12:54:58 +0800] "GET /MyDemoWeb/oracle.jsp HTTP/1.1" 200 242
192.168.88.1 - - [30/Jul/2017:12:54:58 +0800] "GET /MyDemoWeb/hadoop.jsp HTTP/1.1" 200 242
192.168.88.1 - - [30/Jul/2017:12:54:59 +0800] "GET /MyDemoWeb/oracle.jsp HTTP/1.1" 200 242
192.168.88.1 - - [30/Jul/2017:12:54:59 +0800] "GET /MyDemoWeb/hadoop.jsp HTTP/1.1" 200 242
192.168.88.1 - - [30/Jul/2017:12:55:00 +0800] "GET /MyDemoWeb/mysql.jsp HTTP/1.1" 200 241
192.168.88.1 - - [30/Jul/2017:12:55:00 +0800] "GET /MyDemoWeb/oracle.jsp HTTP/1.1" 200 242
192.168.88.1 - - [30/Jul/2017:12:55:02 +0800] "GET /MyDemoWeb/web.jsp HTTP/1.1" 200 239
192.168.88.1 - - [30/Jul/2017:12:55:02 +0800] "GET /MyDemoWeb/hadoop.jsp HTTP/1.1" 200 242
```

通过解析日志文件中的"访问的资源"属性，可以得到用户访问的网页名称。根据网页的名称，把访问相同网页的点击日志分成一组，就可以求出该网页的 PV 值。其完整的代码如下：

```scala
import org.apache.spark.SparkConf
import org.apache.spark.SparkContext
import org.apache.log4j.Logger
import org.apache.log4j.Level

object MyWebCount {
  def main(args: Array[String]): Unit = {
    // 执行任务时不输出日志
    Logger.getLogger("org.apache.spark").setLevel(Level.ERROR)
    Logger.getLogger("org.eclipse.jetty.server").setLevel(Level.OFF)

    // 创建一个 SparkContext 的对象，接收一个参数：SparkConf
    // 将任务运行在本地模式
    val conf = new SparkConf().setAppName("MyWebCount").setMaster("local")
    val sc = new SparkContext(conf)

    // 读取日志，解析出访问的网页
    val rdd1 = sc.textFile("d:\\temp\\localhost_access_log.2017-07-30.txt").map(
```

```
    log => {
        // 解析出访问的网页
        // 找到两个双引号的位置
        val index1 = log.indexOf("\"")
        val index2 = log.lastIndexOf("\"")
        // 取出来的是 GET /MyDemoWeb/hadoop.jsp HTTP/1.1
        val log1 = log.substring(index1+1,index2)

        // 找到两个空格的位置
        val index3 = log1.indexOf(" ")
        val index4 = log1.lastIndexOf(" ")
        // 取出来的是 /MyDemoWeb/hadoop.jsp
        val log2 = log1.substring(index3+1, index4)

        // 得到访问的网页: hadoop.jsp
        val jspName = log2.substring(log2.lastIndexOf("/") + 1)

        // 返回一个网页时记一次数
        (jspName,1)
    }
)

// 按照 jspName 进行分组、求和
val rdd2 = rdd1.reduceByKey(_+_)

// 按照 value 进行排序: 降序
val rdd3 = rdd2.sortBy(_._2, false)

// 输出到屏幕
rdd3.take(2).foreach(println)

sc.stop
  }
}
```

9.3.3　创建自定义分区

前面提到，通过继承 Partitioner 也可以实现对 RDD 的自定义分区函数。以 9.3.2 小节的网站点击日志为例，创建一个自定义分区器，用于根据访问的 JSP 网页建立分区。将访问相同 jsp 网页的日志放到同一个分区中，再进行输出。这里输出的每一个分区最终将对应一个输出的文件。

（1）定义一个分区规则，根据日志中访问的 JSP 文件的名称将各自的访问日志放入不同的分区文件，代码如下：

```
import org.apache.spark.Partitioner
import scala.collection.mutable.HashMap

class MyPartitioner(allJSPName: Array[String]) extends Partitioner{
    // 定义一个 HashMap，保存分区的条件
```

```
    val partitionMap = new HashMap[String,Int]()

    // 初始化 partitionMap
    // 分区号
    var partID = 0
    for(name <- allJSPName){
      partitionMap.put(name, partID)
      partID += 1
    }

    // 分区的个数
    override def numPartitions: Int = partitionMap.size

    override def getPartition(key: Any): Int={
      // 根据输入的 jsp 的名称返回对应的分区号
      // 如果 key 存在，返回分区号；否则返回 0
      partitionMap.getOrElse(key.toString, 0)
    }
}
```

（2）开发主程序，使用自定义分区规则，代码如下：

```
import org.apache.spark.SparkConf
import org.apache.spark.SparkContext
import org.apache.log4j.Logger
import org.apache.log4j.Level

object MyWebPartitionDemo {
  def main(args: Array[String]): Unit = {
    // 执行任务时不输出日志
    Logger.getLogger("org.apache.spark").setLevel(Level.ERROR)
    Logger.getLogger("org.eclipse.jetty.server").setLevel(Level.OFF)

    // 创建一个 SparkContext 的对象，将任务运行在本地模式
    val conf = new SparkConf().setAppName("MyWebCount").setMaster("local")
    val sc = new SparkContext(conf)

    // 读取日志，解析出访问的网页
    val rdd1 = sc.textFile("d:\\temp\\localhost_access_log.2017-07-30.txt").map(
      log => {
        // 解析出访问的网页
        // 找到两个双引号的位置
        val index1 = log.indexOf("\"")
        val index2 = log.lastIndexOf("\"")
        // 取出来的是 GET /MyDemoWeb/hadoop.jsp HTTP/1.1
        val log1 = log.substring(index1+1,index2)

        // 找到两个空格的位置
        val index3 = log1.indexOf(" ")
        val index4 = log1.lastIndexOf(" ")
```

```
        // 取出来的是 /MyDemoWeb/hadoop.jsp
        val log2 = log1.substring(index3+1, index4)

        // 得到访问的网页：hadoop.jsp
        val jspName = log2.substring(log2.lastIndexOf("/") + 1)

        // 返回结果
        (jspName,log)
      }
    )

    // 得到所有唯一的 JSP 网页
    val rdd2 = rdd1.map(_._1).distinct().collect()

    // 创建分区规则
    val myPartitioner = new MyPartitioner(rdd2)

    // 根据 jsp 的名称创建分区
    val rdd3 = rdd1.partitionBy(myPartitioner)

    // 输出 rdd3
    rdd3.saveAsTextFile("d:\\temp\\partition")

    sc.stop
  }
}
```

这里将分区后的结果直接输出到了本地目录 d:\temp\partition，如图 9.20 所示。

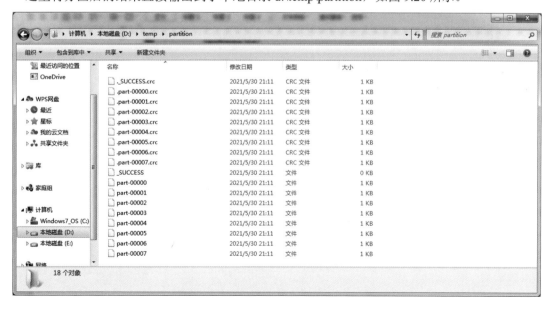

图 9.20 Spark 自定义分区的输出文件

查看某一个输出文件的内容，其中只包含某一个网页对应的日志，如图 9.21 所示。

```
part-00001.txt - 记事本
文件(F)  编辑(E)  格式(O)  查看(V)  帮助(H)
(oracle.jsp,192.168.88.1 - - [30/Jul/2017:12:54:37 +0800] "GET /MyDemoWeb/oracle.jsp HTTP/1.1" 200 242)
(oracle.jsp,192.168.88.1 - - [30/Jul/2017:12:54:40 +0800] "GET /MyDemoWeb/oracle.jsp HTTP/1.1" 200 242)
(oracle.jsp,192.168.88.1 - - [30/Jul/2017:12:54:42 +0800] "GET /MyDemoWeb/oracle.jsp HTTP/1.1" 200 242)
(oracle.jsp,192.168.88.1 - - [30/Jul/2017:12:54:52 +0800] "GET /MyDemoWeb/oracle.jsp HTTP/1.1" 200 242)
(oracle.jsp,192.168.88.1 - - [30/Jul/2017:12:54:53 +0800]| "GET /MyDemoWeb/oracle.jsp HTTP/1.1" 200 242)
(oracle.jsp,192.168.88.1 - - [30/Jul/2017:12:54:57 +0800] "GET /MyDemoWeb/oracle.jsp HTTP/1.1" 200 242)
(oracle.jsp,192.168.88.1 - - [30/Jul/2017:12:54:58 +0800] "GET /MyDemoWeb/oracle.jsp HTTP/1.1" 200 242)
(oracle.jsp,192.168.88.1 - - [30/Jul/2017:12:54:59 +0800] "GET /MyDemoWeb/oracle.jsp HTTP/1.1" 200 242)
(oracle.jsp,192.168.88.1 - - [30/Jul/2017:12:55:00 +0800] "GET /MyDemoWeb/oracle.jsp HTTP/1.1" 200 242)
```

图 9.21　分区文件中的日志

9.3.4　访问数据库

通常在 Spark 中完成计算后，需要将结果保存至外部存储，如 HDFS 或数据库中。前面的 WordCount 程序是将结果输出到 HDFS 中，这里以数据库为例介绍如何在 Spark 中操作关系型数据库以及需要注意的问题。改造之前的 WordCount 程序，将结果输出到 Oracle 中。

（1）在 Oracle 中创建一张表，保存结果，语句如下：

```
create table wordcount(word varchar2(20),count number);
```

（2）将 Oracle 的 JDBC 驱动加入开发工程中。

（3）开发 Scala 版的 WordCount 程序，代码如下：

```scala
import org.apache.spark.SparkConf
import org.apache.spark.SparkContext
import org.apache.log4j.Logger
import org.apache.log4j.Level
import java.sql.DriverManager
import java.sql.Connection
import java.sql.PreparedStatement

object WordCountToOracle {
  def main(args: Array[String]): Unit = {
    Logger.getLogger("org.apache.spark").setLevel(Level.ERROR)
    Logger.getLogger("org.eclipse.jetty.server").setLevel(Level.OFF)

    // 创建一个 SparkContext 的对象，接收一个参数：SparkConf
    // 本地模式
    val conf = new SparkConf().setAppName("WrodCountDemo").setMaster("local")
    val sc = new SparkContext(conf)

    // 执行 WordCount
    val result = sc.textFile("hdfs://bigdata111:9000/input/data.txt")
                   .flatMap(_.split(" ")).map((_,1)).reduceByKey(_+_)
```

```
    // 针对分区将数据写入 Oracle
    // 定义 JDBC 的相关参数
    // 注册驱动
    Class.forName("oracle.jdbc.OracleDriver")

    // 创建数据库连接和 SQL 运行环境的 Statement 对象
    // 获取 Oracle 的 JDBC 的 Connection
    val conn:Connection = DriverManager.
                        getConnection("jdbc:oracle:thin:@192.168.157.155:1521/orcl",
                                      "scott","tiger")
    val pst:PreparedStatement = conn.prepareStatement("insert into wordcount values(?,?)")

    // 将 RDD 结果保存到 Oracle
    result.foreach(f => {
      // 把结果保存到 Oracle
      pst.setString(1, f._1)      // 单词
      pst.setInt(2, f._2)         // 计数

      // 执行 SQL
      pst.executeUpdate()

      pst.close
      conn.close
    })
    sc.stop()
  }
}
```

（4）运行程序，将出现图 9.22 所示的错误信息。

图 9.22　非序列化对象的错误信息

之所以会出现该错误信息，是因为 Spark 的任务是在一个分布式环境中执行的，而 JDBC 的 Connection 对象不是一个序列化对象，其不能在一个分布式环境中的各个节点上传输。

（5）改造之前的代码，将 Connection 对象和 Statement 放入 foreach 循环的内部，代码如下：

```
// 将 RDD 结果保存到 Oracle
result.foreach(f => {
    // 创建数据库连接和 SQL 运行环境的 Statement 对象
    // 获取 Oracle 的 JDBC 的 Connection
    val conn: Connection = DriverManager
                         .getConnection("jdbc:oracle:thin:@192.168.157.155:1521/orcl",
                                        "scott", "tiger")
    val pst:PreparedStatement = conn.prepareStatement
                                    ("insert into wordcount values(?,?)")
    // 把结果保存到 Oracle
    pst.setString(1, f._1) // 单词
    pst.setInt(2, f._2)    // 计数

    // 执行 SQL
    pst.executeUpdate()

    pst.close
    conn.close
})
```

上述代码可以正常运行，且可以得到正确的结果。但是，不建议使用这样的方式，因为这种方式将 Connection 和 Statement 对象的创建放入了 foreach 循环的内部。假设该 RDD 中有 1000 万条数据，每次循环时都需要创建 Connection 和 Statement 对象，这就意味着需要创建 1000 万个这样的对象，这对于数据库来说非常不合适。

（6）更好的解决方案就是针对分区创建 Connection 和 Statement 对象，完整的代码如下：

```
import org.apache.spark.SparkConf
import org.apache.spark.SparkContext
import org.apache.log4j.Logger
import org.apache.log4j.Level
import java.sql.DriverManager
import java.sql.Connection
import java.sql.PreparedStatement

object WordCountToOracle {
    def main(args: Array[String]): Unit = {
        Logger.getLogger("org.apache.spark").setLevel(Level.ERROR)
        Logger.getLogger("org.eclipse.jetty.server").setLevel(Level.OFF)

        // 创建一个 SparkContext 的对象，接收一个参数：SparkConf
        // 本地模式
        val conf = new SparkConf().setAppName("WrodCountDemo").setMaster("local")
        val sc = new SparkContext(conf)

        // 执行 WordCount
        val result = sc.textFile("hdfs://bigdata111:9000/input/data.txt")
          .flatMap(_.split(" ")).map((_, 1)).reduceByKey(_ + _)
```

```scala
    // 针对分区将数据写入 Oracle
    // 定义 JDBC 的相关参数
    // 注册驱动
    Class.forName("oracle.jdbc.OracleDriver")

    // 将 RDD 结果保存到 Oracle
    result.foreachPartition(saveToOracle)
    sc.stop()
}

def saveToOracle(its: Iterator[(String, Int)]) = {
    // 调用该函数，写入分区中的数据
    Class.forName("oracle.jdbc.OracleDriver")
    val conn: Connection = DriverManager.getConnection(
                        "jdbc:oracle:thin:@192.168.157.155:1521/orcl",
                        "scott","tiger")
    val pst: PreparedStatement = conn
                            .prepareStatement("insert into wordcount values(?,?)")

    // 分区中的元素
    its.foreach(f => {
        pst.setString(1, f._1)      // 单词
        pst.setInt(2, f._2)         // 计数

        // 执行 SQL
        pst.executeUpdate()

    })

    pst.close
    conn.close
    }
}
```

运行程序，登录 Oracle 数据库查看结果，如图 9.23 所示。

图 9.23　将 WordCount 的结果保存到 Oracle

第 10 章　数据分析引擎 Spark SQL

与 Hadoop 中的 Hive 一样，在 Spark 生态圈体系中也提供了数据分析引擎，即 Spark SQL。既然已经学习了 Hive，那么为什么还要学习 Spark SQL 呢？这是由于 Hive 基于 MapReduce 的方式运行，而 MapReduce 执行效率比较慢，因此为了提高执行效率，Spark 中就提供了 Spark SQL，它可以将 SQL 语句转换成 RDD，然后提交到集群执行，执行效率非常快。同时，Spark SQL 也支持从 Hive 中读取数据。

10.1　Spark SQL 基础

10.1.1　Spark SQL 简介

在 Spark 的官方网站上对 Spark SQL 作出了如下说明。

```
Spark SQL is Apache Spark's module for working with structured data.
```

Spark SQL 是 Spark 用来处理结构化数据的一个模块，它提供了一个编程抽象——DataFrame，并将其作为分布式 SQL 查询引擎。DataFrame 是 Spark SQL 的数据模型，可以把它理解成一张表。

由于 Spark SQL 基于 Spark Core，因此 Spark SQL 具有如下特性。

1. 容易整合

由于 Hive 并没有集成到 Hadoop 的环境中，因此需要单独进行安装；另外，Hive 还需要关系型数据库 MySQL 的支持，用于处理 Hive 的元信息。Spark SQL 已经被集成到了 Spark 的环境中，不需要单独进行安装。当 Spark 部署完成后，即可直接使用 Spark SQL。

2. 提供统一的数据访问方式

Spark SQL 主要用于处理结构化数据。结构化数据包含很多类型，如 JSON 文件、csv 文件、Parquet 文件，或者是关系型数据库中的数据。Spark SQL 提供了 DataFrame 的数据抽象，用于代表不同的结构化数据。通过创建和使用 DataFrame 能够处理不同类型的结构化数据。

3. 兼容 Hive

Hive 是基于 HDFS 的数据仓库，可以将 Hive 当成一个数据库使用。将数据存储在 Hive 的表中，通过 Spark SQL 的方式处理 Hive 中的数据。

4. 支持标准的数据连接方式

Spark SQL 支持标准的数据连接方式，如 JDBC 和 ODBC（Open Database Connectivity，开放数据库互连）。

10.1.2　Spark SQL 的数据模型

使用 SQL 语句处理数据的前提是需要创建一张表。在 Spark SQL 中表被定义为 DataFrame，它由两部分组成：表结构的 Schema 和数据集合 RDD，如图 10.1 所示。

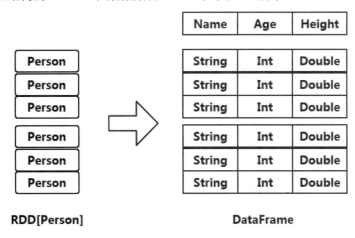

图 10.1　DataFrame 的组成

从图 10.1 可以看出，RDD 是一个 Java 对象的数据集合，而 DataFrame 增加了 Schema 的结构信息。因此，可以把 DataFrame 看成一张表，而 DataFrame 的表现形式也可以看成 RDD。DataFrame 除了具有 RDD 的特性以外，还提供了更加丰富的算子，可以提升执行效率，减少数据读取，优化执行计划。

10.1.3　创建 DataFrame

DataFrame 主要可以通过 3 种不同的方式进行创建，这里仍以之前的员工数据的 csv 文件为例，分别举例说明如何使用 spark-shell 在 Spark SQL 中创建 DataFrame。

1. 使用 case class 定义表结构

（1）定义员工表的结构 Schema，命令如下：

```
case class Emp(empno:Int,ename:String,job:String,mgr:Int,hiredate:String,sal:
Int,comm:Int,deptno:Int)
```

（2）将员工数据读入 RDD，命令如下：

```
val rdd1 = sc.textFile("/scott/emp.csv").map(_.split(","))
```

（3）关联 RDD 和 Schema，命令如下：

```
val emp = rdd1.map(x=>Emp(x(0).toInt,x(1),x(2),x(3).toInt,x(4),x(5).toInt,x(6).
toInt,x(7).toInt))
```

（4）生成 DataFrame，命令如下：

```
val df = emp.toDF
```

（5）查询员工表中的数据，结果如图 10.2 所示。

```
df.show
```

```
scala> df.show
+-----+------+---------+----+----------+----+----+------+
|empno| ename|      job| mgr|   hiredate| sal|comm|deptno|
+-----+------+---------+----+----------+----+----+------+
| 7369| SMITH|    CLERK|7902|1980/12/17| 800|   0|    20|
| 7499| ALLEN| SALESMAN|7698| 1981/2/20|1600| 300|    30|
| 7521|  WARD| SALESMAN|7698| 1981/2/22|1250| 500|    30|
| 7566| JONES|  MANAGER|7839|  1981/4/2|2975|   0|    20|
| 7654|MARTIN| SALESMAN|7698| 1981/9/28|1250|1400|    30|
| 7698| BLAKE|  MANAGER|7839|  1981/5/1|2850|   0|    30|
| 7782| CLARK|  MANAGER|7839|  1981/6/9|2450|   0|    10|
| 7788| SCOTT|  ANALYST|7566| 1987/4/19|3000|   0|    20|
| 7839|  KING|PRESIDENT|  -1|1981/11/17|5000|   0|    10|
| 7844|TURNER| SALESMAN|7698|  1981/9/8|1500|   0|    30|
| 7876| ADAMS|    CLERK|7788| 1987/5/23|1100|   0|    20|
| 7900| JAMES|    CLERK|7698| 1981/12/3| 950|   0|    30|
| 7902|  FORD|  ANALYST|7566| 1981/12/3|3000|   0|    20|
| 7934|MILLER|    CLERK|7782| 1982/1/23|1300|   0|    10|
+-----+------+---------+----+----------+----+----+------+
scala>
```

图 10.2　查询员工表中的数据

2. 使用 StructType 定义表结构

（1）导入需要的类型，命令如下：

```
import org.apache.spark.sql.types._
import org.apache.spark.sql.Row
```

（2）定义表结构，命令如下：

```
val myschema = StructType(List(StructField("empno",DataTypes.IntegerType),
StructField("ename",DataTypes.StringType),StructField("job",DataTypes.StringType),
StructField("mgr",DataTypes.IntegerType),StructField("hiredate",DataTypes.String-
Type),StructField("sal",DataTypes.IntegerType),StructField("comm",DataTypes.Intege-
Type),StructField("deptno",DataTypes.IntegerType)))
```

（3）将数据读入 RDD，命令如下：

```
val rdd2 = sc.textFile("/scott/emp.csv").map(_.split(","))
```

（4）将 RDD 中的数据映射成 Row 对象，命令如下：

```
val rowRDD = rdd2.map(x=>Row(x(0).toInt,x(1),x(2),x(3).toInt,x(4),x(5).toInt,
x(6).toInt,x(7).toInt))
```

（5）创建 DataFrame，命令如下：

```
val df = spark.createDataFrame(rowRDD,myschema)
```

3. 直接加载带格式的数据文件

Spark 提供了结构化的示例数据文件，这些文件位于 Spark 安装目录下的 /examples/src/main/
resources 中，利用这些结构化的数据文件可以直接创建 DataFrame。people.json 文件中的数据内容
如下：

```
{"name":"Michael"}
{"name":"Andy", "age":30}
{"name":"Justin", "age":19}
```

由于数据源文件本身就具有格式，因此可以直接创建 DataFrame，具体如下。

（1）为了便于操作，将 people.json 文件复制到用户的 HOME 目录下，命令如下：

```
cp people.json /root
```

（2）直接创建 DataFrame。这里加载的文件在本地目录，也可以是 HDFS，命令如下：

```
val people = spark.read.json("file:///root/people.json")
```

（3）执行一个简单的查询，结果如图 10.3 所示。

```
people.show
```

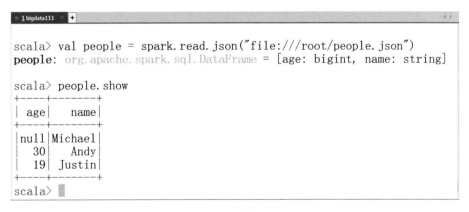

图 10.3　查询结果

10.1.4　使用 DataFrame 处理数据

在默认情况下，可以使用 DSL 语句处理 DataFrame 中的数据。下面通过具体的示例演示如何
使用 DSL 语句。这里以前面创建好的员工表为例。

（1）查询所有的员工姓名，命令如下：

```
df.select("ename").show
```

或者

```
df.select($"ename").show
```

（2）使用 filter 过滤数据。查询工资大于 2000 元的员工，执行结果如图 10.4 所示。

```
df.filter($"sal" > 2000).show
```

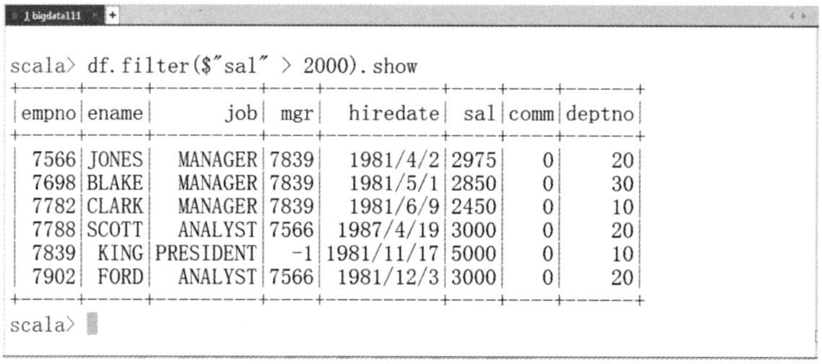

```
scala> df.filter($"sal" > 2000).show
+-----+------+---------+----+----------+----+----+------+
|empno|ename |      job| mgr|   hiredate| sal|comm|deptno|
+-----+------+---------+----+----------+----+----+------+
| 7566| JONES|  MANAGER|7839|  1981/4/2|2975|   0|    20|
| 7698| BLAKE|  MANAGER|7839|  1981/5/1|2850|   0|    30|
| 7782| CLARK|  MANAGER|7839|  1981/6/9|2450|   0|    10|
| 7788| SCOTT|  ANALYST|7566| 1987/4/19|3000|   0|    20|
| 7839|  KING|PRESIDENT|  -1|1981/11/17|5000|   0|    10|
| 7902|  FORD|  ANALYST|7566| 1981/12/3|3000|   0|    20|
+-----+------+---------+----+----------+----+----+------+

scala>
```

图 10.4　使用 DSL 语句过滤数据

（3）查询所有的员工姓名和工资，并给工资加 100 元，执行结果如图 10.5 所示。

```
df.select($"ename",$"sal",$"sal"+100).show
```

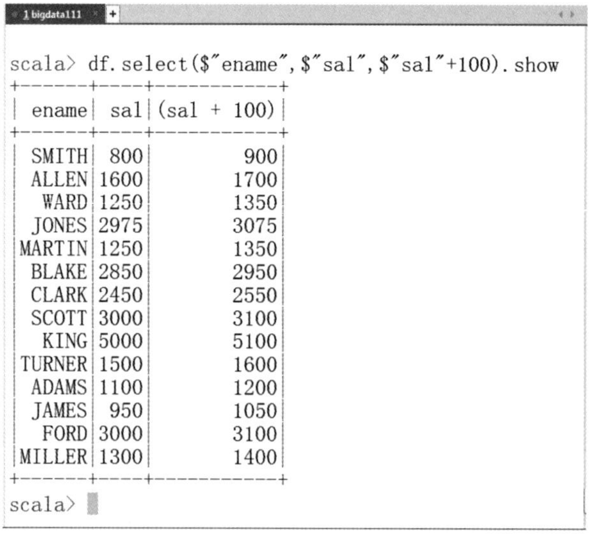

```
scala> df.select($"ename",$"sal",$"sal"+100).show
+------+----+----------+
| ename| sal|(sal + 100)|
+------+----+----------+
| SMITH| 800|       900|
| ALLEN|1600|      1700|
|  WARD|1250|      1350|
| JONES|2975|      3075|
|MARTIN|1250|      1350|
| BLAKE|2850|      2950|
| CLARK|2450|      2550|
| SCOTT|3000|      3100|
|  KING|5000|      5100|
|TURNER|1500|      1600|
| ADAMS|1100|      1200|
| JAMES| 950|      1050|
|  FORD|3000|      3100|
|MILLER|1300|      1400|
+------+----+----------+

scala>
```

图 10.5　在 DSL 语句中使用表达式

（4）求每个部门的员工人数，执行结果如图 10.6 所示。

```
df.groupBy($"deptno").count.show
```

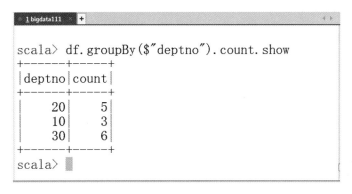

图 10.6　使用 DSL 语句分组数据

10.1.5　使用视图

前面的示例使用 DSL 语句处理 DataFrame 中的数据。如果想使用 SQL 语句处理数据，可以先基于 DataFrame 创建视图。视图在 Spark SQL 中分为两种不同类型，即局部视图和全局视图。局部视图只能在当前会话中使用，而全局视图可以在不同的会话中使用，并且全局视图创建在命名空间 global_temp 上。因此，使用全局视图时，需要加上 global_temp 的前缀。

这里依然以之前的员工数据为例创建视图。

（1）创建一个局部视图，命令如下：

```
df.createOrReplaceTempView("emp1")
```

（2）在当前会话中，通过标准的 SQL 语句查询局部视图的数据，如图 10.7 所示。

```
spark.sql("select * from emp1 where deptno=10").show
```

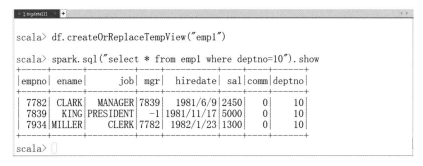

图 10.7　在当前会话中查询局部视图

（3）在一个新的会话中，通过标准的 SQL 语句查询局部视图，将会提示如图 10.8 所示的错误信息。

```
spark.newSession.sql("select * from emp1 where deptno=10").show
```

```
scala> spark.newSession.sql("select * from emp1 where deptno=10").show
org.apache.spark.sql.AnalysisException: Table or view not found: emp1; line 1 pos 14;
'Project [*]
+- 'Filter ('deptno = 10)
   +- 'UnresolvedRelation [emp1]

  at org.apache.spark.sql.catalyst.analysis.package$AnalysisErrorAt.failAnalysis(package.s
cala:42)
  at org.apache.spark.sql.catalyst.analysis.CheckAnalysis.$anonfun$checkAnalysis$1(CheckAn
alysis.scala:106)
  at org.apache.spark.sql.catalyst.analysis.CheckAnalysis.$anonfun$checkAnalysis$1$adapted
(CheckAnalysis.scala:92)
  at org.apache.spark.sql.catalyst.trees.TreeNode.foreachUp(TreeNode.scala:177)
  at org.apache.spark.sql.catalyst.trees.TreeNode.$anonfun$foreachUp$1(TreeNode.scala:176)
  at org.apache.spark.sql.catalyst.trees.TreeNode.$anonfun$foreachUp$1$adapted(TreeNode.sc
ala:176)
```

图 10.8　在新的会话中查询局部视图时的错误信息

（4）创建一个全局视图，命令如下：

```
df.createOrReplaceGlobalTempView("emp2")
```

（5）在当前会话中，通过标准的 SQL 语句查询全局视图的数据，如图 10.9 所示。

```
spark.sql("select * from global_temp.emp2 where deptno=10").show
```

```
scala> spark.sql("select * from global_temp.emp2 where deptno=10").show
+-----+------+---------+----+---------+----+----+------+
|empno| ename|      job| mgr| hiredate| sal|comm|deptno|
+-----+------+---------+----+---------+----+----+------+
| 7782| CLARK|  MANAGER|7839| 1981/6/9|2450|   0|    10|
| 7839|  KING|PRESIDENT|  -1|1981/11/17|5000|   0|    10|
| 7934|MILLER|    CLERK|7782|1982/1/23|1300|   0|    10|
+-----+------+---------+----+---------+----+----+------+

scala>
```

图 10.9　在当前会话中查询全局视图

（6）在一个新的会话中，通过标准的 SQL 语句查询全局视图，如图 10.10 所示。

```
spark.newSession.sql("select * from global_temp.emp2 where deptno=10").show
```

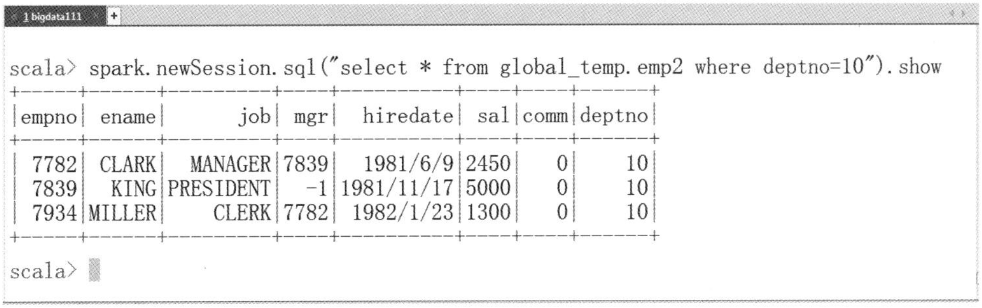

```
scala> spark.newSession.sql("select * from global_temp.emp2 where deptno=10").show
+-----+------+---------+----+---------+----+----+------+
|empno| ename|      job| mgr| hiredate| sal|comm|deptno|
+-----+------+---------+----+---------+----+----+------+
| 7782| CLARK|  MANAGER|7839| 1981/6/9|2450|   0|    10|
| 7839|  KING|PRESIDENT|  -1|1981/11/17|5000|   0|    10|
| 7934|MILLER|    CLERK|7782|1982/1/23|1300|   0|    10|
+-----+------+---------+----+---------+----+----+------+

scala>
```

图 10.10　在新的会话中查询全局视图

10.2　Spark SQL 的数据源

使用 Spark SQL 的 Load 函数可以加载和处理不同数据源的结构化数据，如 Parquet 文件、JSON 文件等。在处理完成后，可以使用 Save 函数将结果进行持久化的保存。

10.2.1　通用的 Load/Save 函数

Load 函数主要用于加载结构化数据，并创建 DataFrame，用于进一步的数据处理；Save 函数主要对 DataFrame 处理的结果进行持久化的保存。

在使用 Load 函数加载数据时，默认的数据源格式是 Parquet 文件。如果数据源的格式不是 Parquet 文件，将会产生错误，如图 10.11 所示。

```
spark.read.load("/root/temp/emp.csv")
```

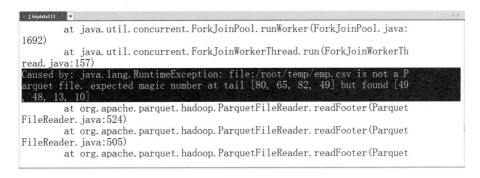

图 10.11　使用 Load 函数加载非 Parquet 文件

当数据处理完成后，可以使用 Save 函数对结果进行持久化的保存。如果不指定保存格式，将默认保存为 Parquet 文件格式。Save 函数支持不同的存储模式见表 10.1。

表 10.1 Save 函数的存储模式

存 储 模 式	说 明
SaveMode.ErrorIfExists（默认值）	如果目标文件目录中数据已经存在，则抛出异常
SaveMode.Append	如果目标文件目录中数据已经存在，则将数据追加到目标文件中
SaveMode.Overwrite	如果目标文件目录中数据已经存在，则用需要保存的数据覆盖已经存在的数据
SaveMode.Ignore	如果目标文件目录中数据已经存在，则不进行任何操作

10.2.2　Parquet 文件

Parquet 是列式存储格式的一种文件类型，是 Spark SQL 的默认数据源。Parquet 文件具有以下特点。

（1）只读取需要的数据，可以跳过不符合条件的数据，降低读 / 写操作的数据量。

（2）支持压缩编码，从而降低磁盘存储空间。由于 Parquet 文件采用列式存储，同一列的数据类型是一样的，因此可以使用更高效的压缩编码进一步节约存储空间。

（3）能够获取更好的扫描性能，支持向量运算。

Spark SQL 提供了 Parquet 文件的测试数据，这些测试数据可以在 Spark 安装目录下的 examples/src/main/resources 中找到。下面通过具体的示例进行说明。

（1）将 Parquet 测试数据文件 users.parquet 复制到一个便于操作的目录，命令如下：

```
cp users.parquet /root/temp/
```

（2）通过 Spark SQL 加载 users.parquet 文件，命令如下：

```
val users = spark.read.load("/root/temp/users.parquet")
```

（3）查看生成的 users 的 Schema 结构，如图 10.12 所示。

```
users.printSchema
```

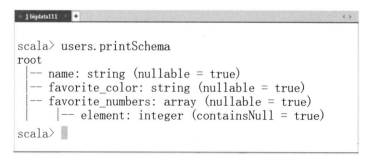

图 10.12　Parquet 文件的 Schema 结构

（4）通过 DSL 语句查询数据，如图 10.13 所示。

```
users.show
```

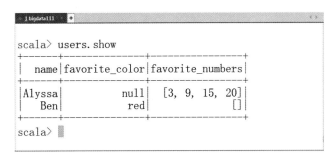

图 10.13　使用 DSL 语句查询数据

（5）查询用户的姓名和喜爱的颜色，并保存到文件目录，命令如下：

```
users.select($"name",$"favorite_color").write.save("/root/result/parquet")
```

（6）检查目录 /root/result/parquet 下生成的文件，可以看到 Save 函数默认将结果保存为 Parquet 文件，如图 10.14 所示。

```
[root@bigdata111 parquet]# pwd
/root/result/parquet
[root@bigdata111 parquet]# tree
.
├── part-00000-2c5e4fe6-359c-4bed-894c-54b8e88e163a-c000.snappy.parquet
└── _SUCCESS

0 directories, 2 files
[root@bigdata111 parquet]#
```

图 10.14　使用 Save 函数存储的 Parquet 文件

10.2.3　JSON 文件

JSON 文件本身也可以是一个格式化的数据源，如果 JSON 带有数据的格式，那么也可以通过 Spark SQL 直接创建 DataFrame。Spark SQL 提供了 JSON 文件的测试数据，这些测试数据可以在 Spark 安装目录下的 examples/src/main/resources 中找到。下面通过具体的示例进行说明。

（1）将 JSON 测试数据文件 people.json 复制到一个便于操作的目录，命令如下：

```
cp people.json /root/temp
```

（2）查看 people.json 的文件内容，如图 10.15 所示。

```
more /root/temp/people.json
```

```
[root@bigdata111 temp]# more /root/temp/people.json
{"name":"Michael"}
{"name":"Andy", "age":30}
{"name":"Justin", "age":19}
[root@bigdata111 temp]#
```

图 10.15　people.json 的文件内容

（3）通过 Spark SQL 加载 people.json 文件，命令如下：

```
val people = spark.read.json("/root/temp/people.json")
```

或者写成以下形式：

```
val people = spark.read.format("json").load("/root/temp/people.json")
```

（4）查看生成的 DataFrame 的 Schema 结构，如图 10.16 所示。

```
people.printSchema
```

```
scala> people.printSchema
root
 |-- age: long (nullable = true)
 |-- name: string (nullable = true)

scala>
```

图 10.16　DataFrame 的 Schema 结构

（5）通过 DSL 语句查询数据，如图 10.17 所示。

```
people.show
```

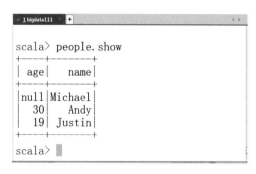

```
scala> people.show
+----+-------+
| age|   name|
+----+-------+
|null|Michael|
|  30|   Andy|
|  19| Justin|
+----+-------+

scala>
```

图 10.17　使用 DSL 语句查询数据

10.2.4　使用 JDBC

Spark SQL 同样支持通过 JDBC 读取其他数据库的数据作为数据源。这里使用 Spark SQL 读取 Oracle 数据库中的表。

（1）启动 Spark Shell 时指定 Oracle 数据库的驱动，代码如下：

```
bin/spark-shell --master spark://bigdata111:7077 --jars /root/temp/ojdbc6.jar
--driver-class-path /root/temp/ojdbc6.jar
```

（2）将 Oracle 数据库中的表加载到 DataFrame，代码如下：

```
val oracleDF = spark.read.format("jdbc")
                         .option("url","jdbc:oracle:thin:@192.168.157.155:1521/orcl")
                         .option("dbtable","scott.emp")
                         .option("user","scott")
                         .option("password","tiger").load
```

（3）通过 DataFrame 查询 Oracle 中的表，如图 10.18 所示。

```
oracleDF.show
```

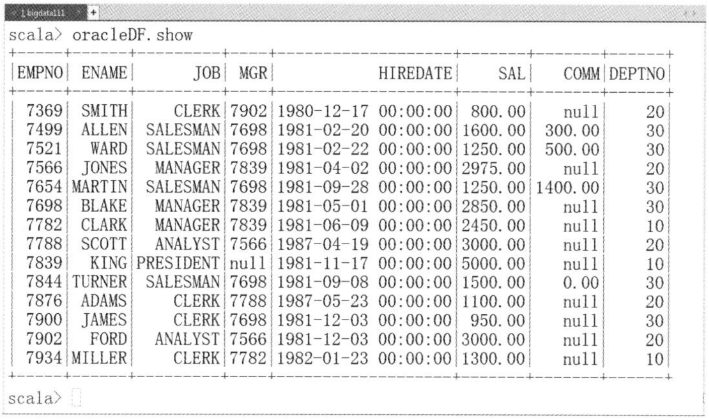

```
scala> oracleDF.show
+-----+------+---------+----+-------------------+-------+-------+------+
|EMPNO| ENAME|      JOB| MGR|           HIREDATE|    SAL|   COMM|DEPTNO|
+-----+------+---------+----+-------------------+-------+-------+------+
| 7369| SMITH|    CLERK|7902|1980-12-17 00:00:00| 800.00|   null|    20|
| 7499| ALLEN| SALESMAN|7698|1981-02-20 00:00:00|1600.00| 300.00|    30|
| 7521|  WARD| SALESMAN|7698|1981-02-22 00:00:00|1250.00| 500.00|    30|
| 7566| JONES|  MANAGER|7839|1981-04-02 00:00:00|2975.00|   null|    20|
| 7654|MARTIN| SALESMAN|7698|1981-09-28 00:00:00|1250.00|1400.00|    30|
| 7698| BLAKE|  MANAGER|7839|1981-05-01 00:00:00|2850.00|   null|    30|
| 7782| CLARK|  MANAGER|7839|1981-06-09 00:00:00|2450.00|   null|    10|
| 7788| SCOTT|  ANALYST|7566|1987-04-19 00:00:00|3000.00|   null|    20|
| 7839|  KING|PRESIDENT|null|1981-11-17 00:00:00|5000.00|   null|    10|
| 7844|TURNER| SALESMAN|7698|1981-09-08 00:00:00|1500.00|   0.00|    30|
| 7876| ADAMS|    CLERK|7788|1987-05-23 00:00:00|1100.00|   null|    20|
| 7900| JAMES|    CLERK|7698|1981-12-03 00:00:00| 950.00|   null|    30|
| 7902|  FORD|  ANALYST|7566|1981-12-03 00:00:00|3000.00|   null|    20|
| 7934|MILLER|    CLERK|7782|1982-01-23 00:00:00|1300.00|   null|    10|
+-----+------+---------+----+-------------------+-------+-------+------+

scala>
```

图 10.18　使用 DataFrame 查询 Oracle 中的表

（4）也可以通过 Properties 类封装相关的属性，代码如下：

```
import java.util.Properties

val oracleprops = new Properties()
oracleprops.setProperty("user","scott")
oracleprops.setProperty("password","tiger")

val oracleDF = spark.read.jdbc("jdbc:oracle:thin:@192.168.157.155:1521/orcl",
                                "scott.emp",oracleprops)
```

10.2.5 使用 Hive Table

Spark SQL 同样支持与 Hive 的集成，可以通过 Spark SQL 直接处理 Hive 中的数据。但值得注意的是，在实际工作中，集成 Spark SQL 和 Hive 的情况比较少，其最直接的原因是 Hive 支持 Spark 作为执行引擎，即 Hive on Spark，这样就可以直接将 Hive SQL 转换成 Spark 任务运行在 Spark 的集群上，而不需要再通过 Spark SQL 进行处理。

将 Spark SQL 与 Hive 集成在一起，步骤如下：

（1）启动 Hadoop 集群，命令如下：

```
start-all.sh
```

（2）进入 Spark 的安装目录，命令如下：

```
cd /root/training/spark-3.0.0-bin-hadoop3.2
```

（3）将文件 hive-site.xml、core-site.xml 和 hdfs-site.xml 复制到 Spark 的 conf 目录中，命令如下：

```
cp $HIVE_HOME/conf/hive-site.xml conf/
cp $HADOOP_HOME/etc/hadoop/core-site.xml conf/
cp $HADOOP_HOME/etc/hadoop/hdfs-site.xml conf/
```

（4）启动 Spark Shell 时，需要使用 --jars 指定 MySQL 的驱动程序，命令如下：

```
bin/spark-shell --master spark://bigdata111:7077 --jars \
/root/temp/mysql-connector-java-5.1.43-bin.jar r-java-5.1.43-bin.jar
```

（5）使用 Spark SQL 读取 Hive 中的表，如图 10.19 所示。

```
spark.sql("show tables").show
```

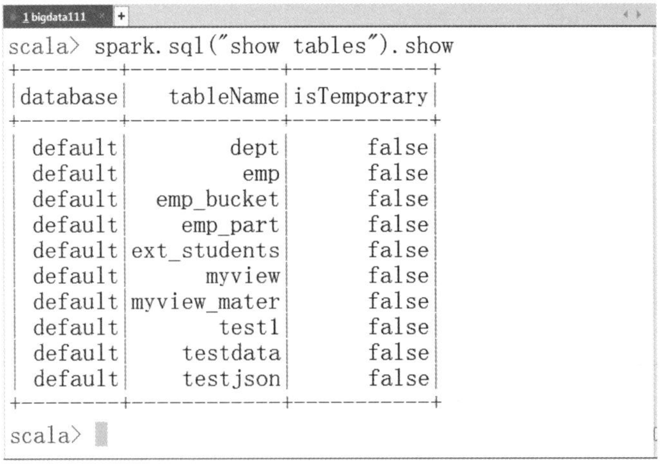

图 10.19　使用 Spark SQL 读取 Hive 中的表

（6）查询 Hive 表中的数据，如图 10.20 所示。

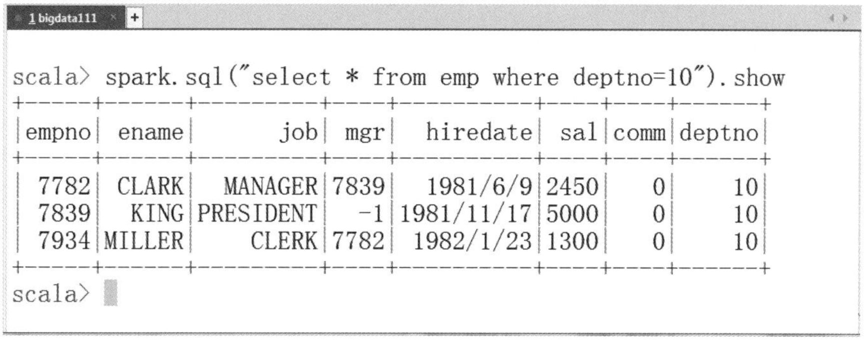

图 10.20　使用 Spark SQL 查询 Hive 中的表

（7）在 Spark 中创建 Hive 的表，命令如下：

```
spark.sql("create table testtable(word string,count int) row format delimited
fields terminated by ','")
```

10.3　优化 Spark SQL

10.3.1　使用 Spark SQL 的缓存机制

性能调优主要是将数据放入内存中操作。由于 Spark SQL 的 DataFrame 底层存储模型是 RDD，因此就可以利用 RDD 的缓存机制达到缓存 DataFrame 的目的。通过 SparkSession.cacheTable() 或 DataFrame.cache() 表示缓存 DataFrame，而使用 SparkSession.uncacheTable() 从内存中去除 DataFrame。

这里以之前创建的 Oracle DataFrame 为例，演示如何使用 Spark SQL 的缓存机制。

（1）将 DataFrame 注册成表，命令如下：

```
oracleDF.registerTempTable("emp")
```

（2）执行第一次查询，并通过 Web Console 监控执行时间，可以看到这一次查询没有缓存，执行时间为 4s，如图 10.21 所示。

```
spark.sql("select * from emp").show
```

（3）将表进行缓存，命令如下：

```
spark.sqlContext.cacheTable("emp")
```

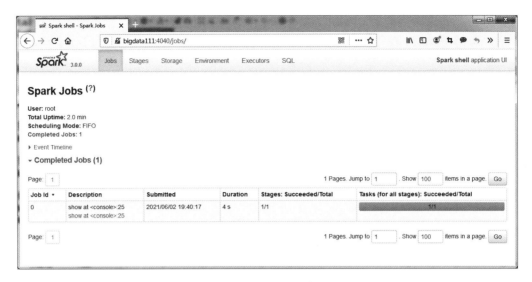

图 10.21　第一次查询耗费的时间

（4）执行第二次查询，并通过 Web Console 监控执行时间，可以看到第二次查询耗费了 0.4s，如图 10.22 所示。由于已经将 emp 表进行了缓存，因此查询完成后，会将结果缓存到内存中。

```
spark.sql("select * from emp").show
```

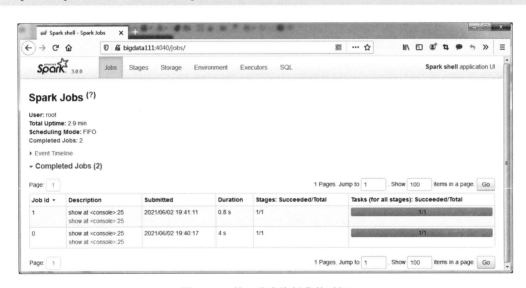

图 10.22　第二次查询耗费的时间

（5）执行第三次查询，并通过 Web Console 监控执行时间。这一次查询并没有真正执行 Spark 任务，而是直接从第二次缓存中读取数据，因此只耗费了 0.1s，如图 10.23 所示。

```
spark.sql("select * from emp").show
```

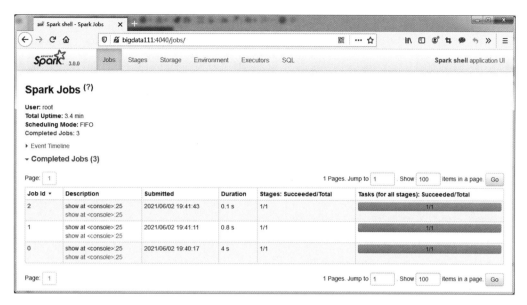

图 10.23　第三次查询耗费的时间

（6）清空缓存，命令如下：

```
spark.sqlContext.cacheTable("emp")
spark.sqlContext.clearCache
```

10.3.2　Spark SQL 的优化参数

除了可以使用 DataFrame 的缓存机制提高效率以外，Spark SQL 也提供了一系列的参数对性能进行优化，下面列举了一些 Spark SQL 的优化参数。

（1）spark.sql.inMemoryColumnarStorage.compressed：默认值为 true。该参数表示当把 DataFrame 缓存到内存中时，Spark SQL 将会自动对每一列进行压缩。

（2）spark.sql.inMemoryColumnarStorage.batchSize：默认值为 10000。在执行 DataFrame 缓存时，该参数用于设置缓存批处理大小。增大该参数，可以提高内存利用率和压缩率，但可能导致 OOM（Out of Memory，内存溢出）问题。

（3）spark.sql.files.maxPartitionBytes：默认值为 128MB。该参数表示使用 Spark SQL 读取文件时单个分区可容纳的最大字节数。

（4）spark.sql.files.openCostInBytes：默认值为 4MB。该参数表示 Spark SQL 打开文件时估算的成本，该成本以能够扫描的字节数进行测量。

（5）spark.sql.autoBroadcastJoinThreshold：默认值为 10MB。该参数表示当执行表连接操作时，一张表能够给所有 Worker 节点广播的最大字节数。通过将该值设置为 -1，可以禁用广播。

（6）spark.sql.shuffle.partitions：默认值为 200。该参数用于配置 join 或聚合操作混洗（Shuffle）数据时使用的分区数。

10.4　在 IDE 中开发 Spark SQL 程序

前面的示例都是在 spark-shell 中直接书写 Scala 程序开发 Spark SQL 的 DataFrame，而在实际的项目开发过程中会使用一些 IDE 环境。下面列举几个完整的示例，演示如何在 IDE 环境中开发 Spark SQL 程序。

为了方便创建 DataFrame，这里将使用部门表（dept.csv）的数据进行测试。部门表的数据如下，其中每个字段的含义是部门号、部门名称和部门地点。

```
10,ACCOUNTING,NEW YORK
20,RESEARCH,DALLAS
30,SALES,CHICAGO
40,OPERATIONS,BOSTON
```

10.4.1　使用 StructType 指定 Schema

使用 StructType 指定 Schema 的代码如下：

```
import org.apache.spark.sql.SparkSession
import org.apache.spark.sql.Row
import org.apache.spark.sql.types.StructType
import org.apache.spark.sql.types.StructField
import org.apache.spark.sql.types.IntegerType
import org.apache.spark.sql.types.StringType
import org.apache.log4j.Logger
import org.apache.log4j.Level

object SparkSQLDemo1 {
  def main(args: Array[String]): Unit = {
    Logger.getLogger("org.apache.spark").setLevel(Level.ERROR)
    Logger.getLogger("org.eclipse.jetty.server").setLevel(Level.OFF)

    // 创建 SparkSession 对象
    val spark = SparkSession.builder().master("local")
                            .appName("SparkSQLDemo1").getOrCreate()

    // 读取数据，可以是 HDFS，也可以是本地文件
    val rdd = spark.sparkContext
                   .textFile("hdfs://bigdata111:9000/scott/dept.csv")
                   .map(_.split(","))

    // 把 rdd 中的数据映射成 RDD[Row]
    val rddRow = rdd.map(x => Row(x(0).toInt,x(1),x(2)))
    // 创建 Schema
    val schema = StructType(List(
        StructField("deptno",IntegerType,true),
```

```
        StructField("dname",StringType,true),
        StructField("location",StringType,true)
    ))

    // 创建 DataFrame
    val df = spark.createDataFrame(rddRow, schema)
    // 注册视图
    df.createOrReplaceTempView("dept")
    // 执行 SQL
    spark.sql("select * from dept order by deptno").show
    spark.stop()
    }
}
```

将程序运行在本地模式下，输出结果如图 10.24 所示。

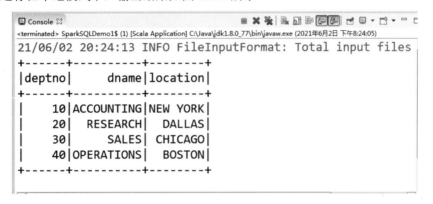

图 10.24　程序输出结果

10.4.2　使用样本类指定 Schema

使用样本类指定 Schema 的代码如下：

```
import org.apache.spark.sql.SparkSession
import org.apache.log4j.Logger
import org.apache.log4j.Level

// 定义 case class，代表 DataFrame 的表结构
case class Dept(deptno:Int,dname:String,loc:String)

object SparkSQLDemo2 {
  def main(args: Array[String]): Unit = {
    Logger.getLogger("org.apache.spark").setLevel(Level.ERROR)
    Logger.getLogger("org.eclipse.jetty.server").setLevel(Level.OFF)
```

```
       // 创建 SparkSession 对象
       val spark = SparkSession.builder().master("local")
                                 .appName("SparkSQLDemo2")
                                 .getOrCreate()

       // 读取数据，可以是 HDFS
       val rdd1 = spark.sparkContext
                     .textFile("hdfs://bigdata111:9000/scott/dept.csv")
                             .map(_.split(","))

       // 把 rdd 映射成 RDD[Dept]
       val rdd2 = rdd1.map(x => Dept(x(0).toInt,x(1),x(2)))

       // 导入隐式转换
       import spark.sqlContext.implicits._

       // 生成 DataFrame
       val df = rdd2.toDF

       // 注册视图
       df.createOrReplaceTempView("dept")
       // 执行 SQL
       spark.sql("select * from dept order by deptno desc").show
       spark.stop()
   }
}
```

10.4.3　将 Spark SQL 的处理结果保存到数据库中

通过集成 Spark SQL 与 JDBC，可以将处理结果保存到关系型数据库中。这里使用 Oracle 数据库存储 Spark SQL 处理完成的结果，代码如下：

```
import org.apache.spark.sql.SparkSession
import org.apache.spark.sql.types._
import org.apache.spark.sql._
import java.util.Properties

object SparkSQLDemo3 {
  def main(args: Array[String]): Unit = {
    // 创建一个 SparkSession 对象
    val spark = SparkSession.builder().master("local")
                              .appName("SparkSQLDemo3").getOrCreate()

    // 通过 SparkContext 读取数据
    val rdd1 = spark.sparkContext.
                    textFile("hdfs://bigdata111:9000/scott/dept.csv")
```

```
                        .map(_.split(","))

// 把 rdd 映射成 RDD[Dept]
val rdd2 = rdd1.map(x => Dept(x(0).toInt,x(1),x(2)))

// 导入隐式转换
import spark.sqlContext.implicits._

// 生成 DataFrame
val df = rdd2.toDF

df.createOrReplaceTempView("dept")

// 查询部门的部门名称
val result = spark.sql("select dname from dept")

// 将结果保存到 Oracle 中的 mydept 表中
val prop = new Properties()
prop.setProperty("user", "scott")
prop.setProperty("password", "tiger")
Class.forName("oracle.jdbc.OracleDriver")
result.write.jdbc("jdbc:oracle:thin:@192.168.157.155:1521:orcl",
                    "scott.mydept", prop)
spark.stop
    }
}
```

程序成功执行后，登录 Oracle 数据库，查看保存结果，如图 10.25 所示。

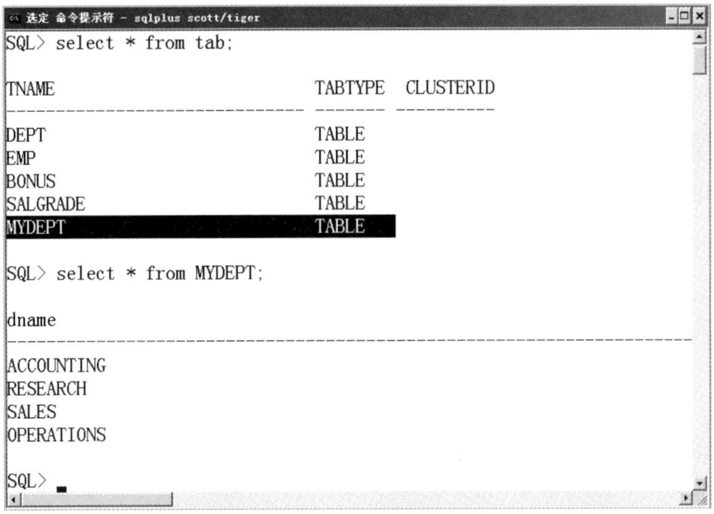

图 10.25　Oracle 中保存的部门名称数据

第 11 章　流式计算引擎 Spark Streaming

从功能上看，Spark Core 与 MapReduce 类似，它们都是一种离线处理引擎，或者说是一种批处理引擎。大数据计算另一个非常重要的方向就是大数据的实时计算。Spark 生态圈系统中提供了 Spark Streaming，使得 Spark 能够支持大数据的流式计算。但从本质上看，Spark Streaming 的底层依赖的依然是 Spark Core，因此其本质依然是一个批处理的离线计算。

11.1　Spark Streaming 基础

11.1.1　Spark Streaming 简介

Spark Streaming 基于 Spark Core，它是核心 Spark API 的扩展。通过使用 Spark Streaming，可以实现高吞吐量、可容错和可扩展的实时数据流处理。另外，Spark Streaming 支持多种数据源获取实时的流式数据，如 Flume、Kafka 等。由于 Spark Streaming 数据模型的本质依然是 RDD，因此通过使用 Spark Streaming 的算子可以开发复杂算法进行流数据处理。同时，由于 Spark SQL 和 Spark Streaming 都已经被集成到了 Spark 中，因此在 Spark Streaming 的流式处理中也可以使用 Spark SQL，即使用 SQL 语句处理流式的实时数据。Spark Streaming 可以将流式计算处理的多种结果保存到文件系统、数据库或实时显示的仪表盘上。Spark Streaming 的功能架构如图 11.1 所示。

图 11.1　Spark Streaming 的功能架构（摘自 Spark 官方网站）

Spark Streaming 作为 Spark 生态圈系统中的组成部分，具有以下特点。

1. 易用性

由于 Spark Streaming 已经集成在 Spark 体系中，因此其不用单独进行部署和安装。Spark Streaming 支持使用 Scala、Java 和 Python 语言。

2. 容错性

Spark Streaming 底层基于 RDD 实现，因此利用 RDD 的容错机制就可以非常方便地实现 Spark

Streaming 容错。

11.1.2　运行第一个 Spark Streaming 任务

Spark Example 提供了一个 Spark Streaming 的示例程序：NetworkWordCount。该示例程序的功能是从网络上接收发送来的字符串数据，并统计每个单词的频率。要运行该示例程序，需要使用 Netcat 工具发送数据。Netcat 是一款简单的 UDP（User Datagram Protocol，用户数据报协议）和 TCP（Transmission Control Protocol，传输控制协议）工具，可以将 Netcat 用作网络的测试工具，模拟一个消息服务器。使用 Netcat 可以非常容易地建立任何连接。

这里使用 bigdata111 上的伪分布环境，执行 NetworkWordCount 示例程序的步骤如下。

（1）启动 Spark 环境，命令如下：

```
cd /root/training/spark-3.0.0-bin-hadoop3.2/
sbin/start-all.sh
```

（2）新开一个命令行窗口启动 Netcat，并运行在本机的 1234 端口上，命令如下：

```
nc -l -p 1234
```

（3）执行 Spark Streaming 示例程序 NetworkWordCount，如图 11.2 所示。

```
bin/run-example streaming.NetworkWordCount localhost 1234
```

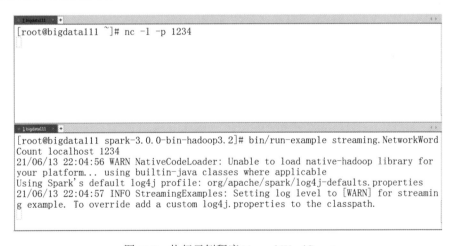

图 11.2　执行示例程序 NeworkWordCount

（4）在 Netcat 窗口中发送测试数据，并观察 NetworkWordCount 窗口中的输出，如图 11.3 所示。

从图 11.3 中可以发现在 NetworkWordCount 窗口中并没有得到相应的输出结果。之所以会出现这样的问题，其核心原因就是要运行 Spark Streaming 程序，至少应保证有两个线程。当只有一个线程时，如果该线程负责数据接收，就没有可用线程负责处理数据。官方文档中对此作出了如下说明。

When running a Spark Streaming program locally, do not use "local" or "local[1]" as the master URL. Either of these means that only one thread will be used for running tasks locally. If you are using an input DStream based on a receiver (e.g. sockets, Kafka, etc.), then the single thread will be used to run the receiver, leaving no thread for processing the received data. Hence, when running locally, always use "local[n]" as the master URL, where n > number of receivers to run (see Spark Properties for information on how to set the master).

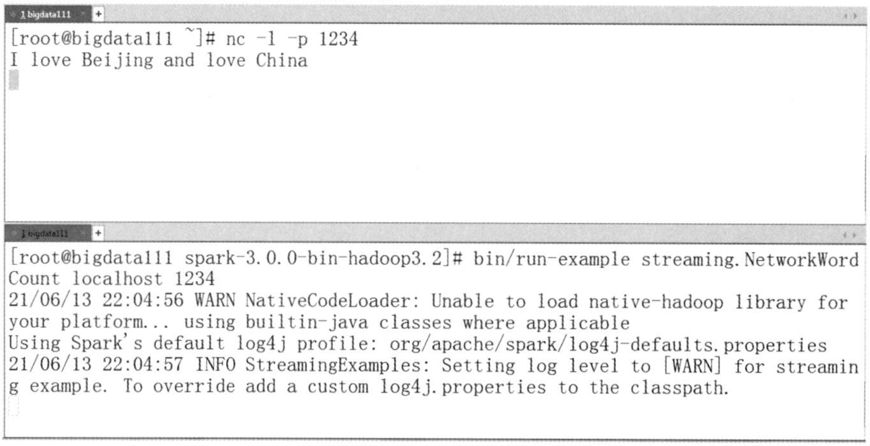

```
[root@bigdata111 ~]# nc -l -p 1234
I love Beijing and love China
```

```
[root@bigdata111 spark-3.0.0-bin-hadoop3.2]# bin/run-example streaming.NetworkWord
Count localhost 1234
21/06/13 22:04:56 WARN NativeCodeLoader: Unable to load native-hadoop library for
your platform... using builtin-java classes where applicable
Using Spark's default log4j profile: org/apache/spark/log4j-defaults.properties
21/06/13 22:04:57 INFO StreamingExamples: Setting log level to [WARN] for streamin
g example. To override add a custom log4j.properties to the classpath.
```

图 11.3　在 Netcat 中发送测试数据

以上官方解释对应到搭建的虚拟机环境上，就应该保证虚拟机至少有两个 CPU 内核，才能使 Spark Streaming 程序正常执行。

（5）关闭虚拟机，并修改处理器数量为 2，如图 11.4 所示。

图 11.4　修改虚拟机处理器数量

（6）重新执行 NetworkWordCount 示例程序，此时即可观察到正常的输出结果，如图 11.5 所示，通过输出的时间戳可以看出程序每隔 1s 会处理一次数据。

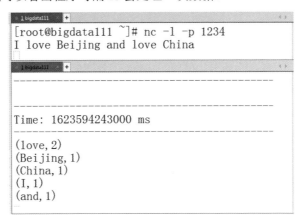

图 11.5　NetworkWordCount 的输出

11.1.3　开发第一个自己的 Spark Streaming 任务

11.1.2 小节演示了 Spark Steaming 的示例程序 NetworkWordCount，本小节将开发自己的 NetworkWordCount 程序。开发 Spark Streaming 程序的核心是通过 StreamingContext 对象创建一个 DStream（Discretized Stream，离散流），关于 DStream 的概念会在 11.2.1 小节中进行详细介绍。程序的完整代码如下：

```
import org.apache.log4j.Logger
import org.apache.log4j.Level
import org.apache.spark.streaming.StreamingContext
import org.apache.spark.SparkConf
import org.apache.spark.streaming.Seconds
import org.apache.spark.streaming.Milliseconds

object MyNetworkWordCount {
  def main(args: Array[String]): Unit = {
    Logger.getLogger("org.apache.spark").setLevel(Level.ERROR)
    Logger.getLogger("org.eclipse.jetty.server").setLevel(Level.OFF)

    // 创建 StreamingContext
    val conf = new SparkConf().setAppName("MyNetworkWordCount").setMaster("local[2]")

    // 每隔 3s 处理一次数据
    val ssc = new StreamingContext(conf,Seconds(3))

    // 接收数据：DStream
    val input = ssc.socketTextStream("bigdata111",1234)
```

```
    // 处理数据，并直接将结果输出到屏幕上
    input.flatMap(_.split(" ")).map(word => (word,1)).reduceByKey(_+_).print

    // 启动 StreamingContext
    ssc.start()
    ssc.awaitTermination()
  }
}
```

这里需要注意的是，程序将运行在 Local 模式上。其中，local[2] 表示启动了两个工作线程，分别用于接收数据和处理数据。

（1）在 bigdata1111 虚拟机上启动 Netcat，命令如下：

```
nc -l -p 1234
```

（2）运行 MyNetworkWordCount 程序，这时并没有输出结果，如图 11.6 所示。

图 11.6　运行 NetworkWordCount 程序

（3）在 Netcat 中发送数据，如 I love Beijing and I love China，如图 11.7 所示。

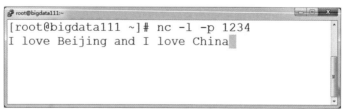

图 11.7　在 Netcat 中发送数据

（4）在 IDE 开发工具中观察 MyNetworkWordCount 程序的输出结果，如图 11.8 所示。

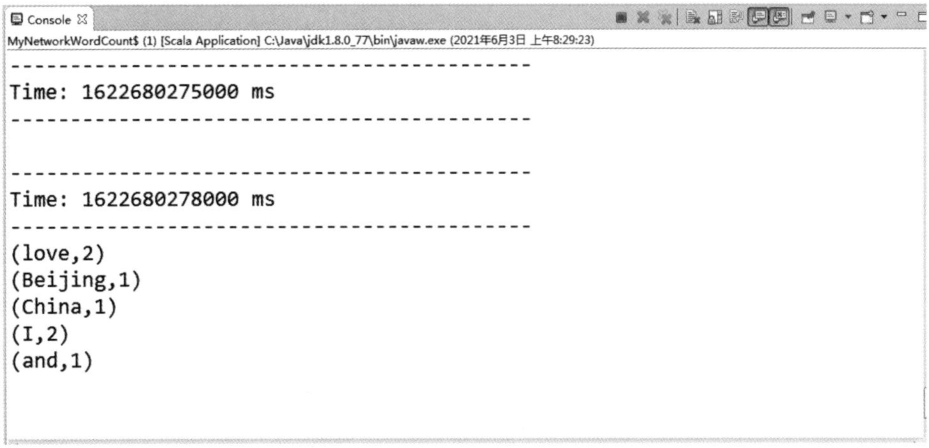

Console
MyNetworkWordCount$ (1) [Scala Application] C:\Java\jdk1.8.0_77\bin\javaw.exe (2021年6月3日 上午8:29:23)

Time: 1622680275000 ms

Time: 1622680278000 ms

(love,2)
(Beijing,1)
(China,1)
(I,2)
(and,1)

图 11.8　MyNetworkWordCount 程序的输出结果

11.2　Spark Streaming 进阶

11.1 节中演示了 Spark Streaming 的示例程序，并且开发了自己的 NetworkWordCount 程序。本节将重点介绍 Spark Streaming 的核心对象 DStream 及其相关特性。

11.2.1　DStream

要开发 Spark Streaming 应用程序，核心是通过 StreamingContext 创建 DStream。因此，DStream 就是 Spark Streaming 中最核心的对象。DStream 是 Spark Streaming 对流式数据的基本数据抽象，或者说是 Spark Streaming 的数据模型。DStream 的核心是通过时间的采样间隔将连续的数据流转换成一系列不连续的 RDD，再由 Transformation 进行转换，从而达到处理流式数据的目的。因此，从表现形式上看，DStream 由一系列连续的 RDD 组成，因此 DStream 也就具备了 RDD 的特性。

以 11.1 节开发的 MyNetworkWordCount 程序为例，StreamingContext 将每隔 3s 采样一次的流式数据生成对应的 RDD，过程如图 11.9 所示。

3
6
9
12
15
连续的数据流
时间
不连续的RDD
RDD
RDD
RDD
RDD
DStream

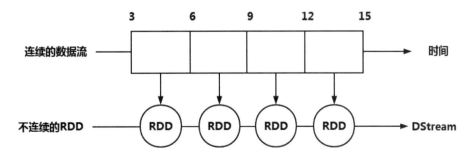

图 11.9　生成 RDD 的过程

通过图 11.9 可以看出，DStream 的表现形式其实就是 RDD，因此操作 DStream 和操作 RDD 的本质是一样的。由于 DStream 由一系列离散的 RDD 组成，因此 Spark Streaming 其实是一个小批的处理模型，其本质仍是批处理的离线计算。

11.2.2　DStream 中的转换操作

表 11.1 为 DStream 中的转换（Transformation）操作。观察表 11.1 可以发现，这些转换操作与 RDD 的转换操作基本类似。

表 11.1　DStream 中的转换操作

转换操作	含　义
map ()	使用给定的函数对 DStream 中的每个元素进行处理，并将处理后的结果组成新的 DStream
flatMap ()	对 DStream 中的每个元素应用给定函数，返回由各元素输出的迭代器组成的 DStream
filter ()	返回由给定 DStream 中通过过滤的元素组成的 DStream
repartition ()	修改 DStream 的分区数
reduceByKey ()	将每个 DStream 中 Key 相同的记录进行归约
groupByKey ()	将每个 DStream 中的记录根据 Key 分组
updateStateByKey	使用给定的函数根据 Key 值更新 DStream 的状态，并返回一个新的 DStream

与 RDD 转换操作一样的算子这里不再赘述，这里重点介绍 updateStateByKey 算子的作用。通过该算子，可以在 Spark Streaming 处理过程中实现状态的管理。例如，如果想在前面的 MyNetworkWordCount 中实现单词的累计，就需要使用该算子，在累计过程中实现状态的更新。修改前述 MyNetworkWordCount 的代码，实现累计单词出现的频率，完整代码如下：

```
import org.apache.log4j.Logger
import org.apache.log4j.Level
import org.apache.spark.streaming.StreamingContext
import org.apache.spark.SparkConf
import org.apache.spark.streaming.Seconds

object MyNetworkWordCountWithTotal {
  def main(args: Array[String]): Unit = {
    Logger.getLogger("org.apache.spark").setLevel(Level.ERROR)
    Logger.getLogger("org.eclipse.jetty.server").setLevel(Level.OFF)

    // 创建 StreamingContext
    val conf = new SparkConf().setAppName("MyNetworkWordCountWithTotal")
                              .setMaster("local[2]")

    // 每隔 3s 处理一次
    val ssc = new StreamingContext(conf,Seconds(3))
```

```
// 设置检查点
ssc.checkpoint("hdfs://bigdata111:9000/spark/ssc")

// 接收数据：DStream
val input = ssc.socketTextStream("bigdata111",1234)
val words = input.flatMap(_.split(" ")).map(word => (word,1))

/*
 * 定义一个函数，实现状态的更新
 * 其中，第一个参数表示当前状态的值，第二个参数表示之前状态的值
 */
val updateFunc = (currentValues:Seq[Int],previousValues:Option[Int]) => {
 // 实现状态的更新

 //1.对当前值求和
 val currentTotal = currentValues.sum

 //2.得到之前的值
 val previousTotal = previousValues.getOrElse(0)

 // 累加
 Some(currentTotal + previousTotal)
}

// 实现状态的更新
val result = words.updateStateByKey[Int](updateFunc)

result.print()

// 启动 StreamingContext
ssc.start()
ssc.awaitTermination()
 }
}
```

（1）在虚拟机上启动 Netcat，如图 11.10 所示，命令如下：

```
nc -l -p 1234
```

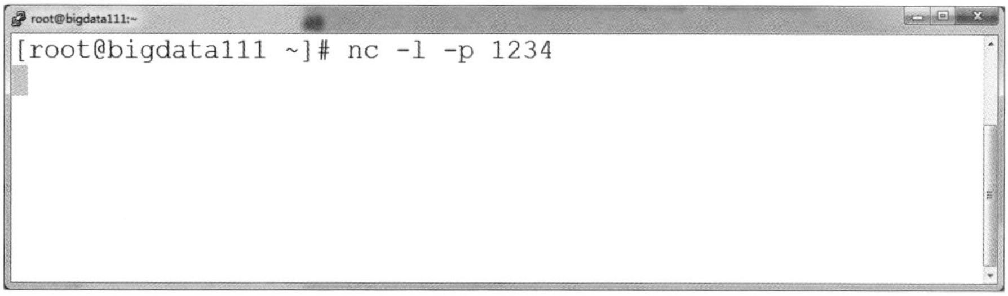

```
[root@bigdata111 ~]# nc -l -p 1234
```

图 11.10　启动 Netcat

（2）在 bigdata111 上启动 HDFS，命令如下：

```
start-dfs.sh
```

（3）启动 MyNetworkWordCountWithTotal 程序，如图 11.11 所示。

图 11.11　启动 MyNetworkWordCountWithTotal 程序

（4）在 Netcat 中发送数据，如图 11.12 所示。

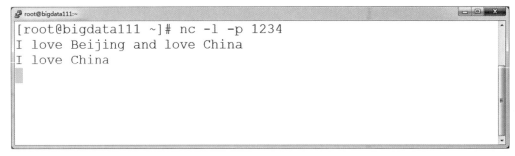

图 11.12　在 Netcat 中发送数据

（5）观察 MyNetworkWordCountWithTotal 程序的输出结果，可以看出累计出了单词出现的频率，如图 11.13 所示。

```
Console ⋈                                                                  ■ ✕ ※ | ᪑ 🖺 🗐 | 🗐 | 🗗 ▾ 🗗 ▾ 📄
MyNetworkWordCountWithTotal$ (1) [Scala Application] C:\Java\jdk1.8.0_77\bin\javaw.exe (2021年6月13日 下午3:20:07)
Time: 1623568896000 ms
-------------------------------------------
(love,2)
(Beijing,1)
(China,1)
(I,1)
(and,1)

-------------------------------------------
Time: 1623568899000 ms
-------------------------------------------
(love,3)
(Beijing,1)
(China,2)
(I,2)
(and,1)
-------------------------------------------
```

图 11.13　MyNetworkWordCountWithTotal 程序的输出结果

11.2.3　窗口操作

Spark Streaming 还提供了窗口计算功能，允许在数据的滑动窗口上应用转换操作。图 11.14 为窗口计算的基本过程。

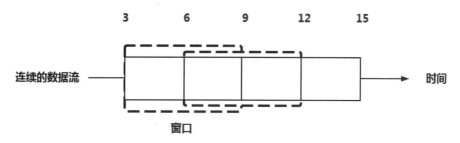

图 11.14　窗口计算的基本过程

如图 11.14 所示，当窗口在时间轴上移动时，落在窗口内的数据会被组合并被执行操作，以产生基于窗口的 DStream。在上面的示例中，操作应用于最近 6 个时间单位的数据，并以 3 个时间单位滑动。因此，在执行窗口计算时，需要指定以下两个参数。

（1）窗口的大小：窗口的时间长度。以图 11.14 为例，该窗口的大小为 6 个时间单位。

（2）窗口滑动的距离：两次相邻的窗口操作的间隔。以图 11.14 为例，窗口滑动的距离为 3 个时间单位。

📢 注意：

> 这两个参数必须是 DStream 时间采样间隔时间的整数倍。

下面通过一个具体示例说明窗口操作。改写之前的单词计数程序，希望每 3s 对过去 6s 的数据进行 WordCount。因此，程序必须将 DStream 中最近 6s 内的数据进行处理，并生成 (word, 1) 键值对，再使用 reduceByKeyAndWindow 完成操作。完整的代码如下：

```scala
import org.apache.log4j.Logger
import org.apache.log4j.Level
import org.apache.spark.streaming.StreamingContext
import org.apache.spark.SparkConf
import org.apache.spark.streaming.Seconds

object MyNetworkWordCountWithWindows {
  def main(args: Array[String]): Unit = {
    Logger.getLogger("org.apache.spark").setLevel(Level.ERROR)
    Logger.getLogger("org.eclipse.jetty.server").setLevel(Level.OFF)

    // 创建 StreamingContext
    val conf = new SparkConf().setAppName("MyNetworkWordCount")
                              .setMaster("local[2]")

    // 每隔 3s 处理一次
    val ssc = new StreamingContext(conf,Seconds(3))

    // 接收数据：DStream
    val input = ssc.socketTextStream("bigdata111",1234)

    val words = input.flatMap(_.split(" ")).map(word => (word,1))

    // 需求：每隔 3s 对过去 6s 的数据进行处理
    words.reduceByKeyAndWindow((a:Int,b:Int) => a+b, Seconds(6),Seconds(3)).print()

    // 启动 StreamingContext
    ssc.start()
    ssc.awaitTermination()
  }
}
```

11.2.4　输入 DStream

输入 DStream 表示从数据源获取输入数据流的原始 DStream。每一个输入 DStream 和一个接收器对象对应，该接收器从数据源中获取数据，并将数据存入内存用于处理。Spark Streaming 拥有以下两类数据源。

（1）基本输入源：可以在 StreamingContext API 中直接使用，如文件流、套接字连接、RDD 队列流等。

（2）高级输入源：典型的 Spark Streaming 高级输入源是消息系统 Kafka。

下面通过具体的示例代码介绍如何在 Spark Streaming 中使用基本输入源。关于如何在 Spark Streaming 中使用 Kafka，将会在第 16 章进行详细介绍。

1. 文件流

监控文件系统的变化，若有新文件添加，则将其读入并作为数据流。需要注意的事项如下：

（1）新添加的文件应该具有相同的格式。

（2）新添加的文件需要通过原子移动或重命名的方式创建。

（3）如果在已存在的文件中追加内容，则这些追加的新数据不会被读取。

下面的代码的功能是监听 /root/temp/input 目录，如果该目录下有新的文件添加进来，则其会被转换为 DStream，直接将新添加的内容输出，代码如下：

```scala
import org.apache.spark.SparkConf
import org.apache.spark.streaming.StreamingContext
import org.apache.spark.streaming.Seconds
import org.apache.spark.storage.StorageLevel
import org.apache.log4j.Logger
import org.apache.log4j.Level

// 通过文件流读取数据
object MyFileStreamDemo {
  def main(args: Array[String]): Unit = {
    Logger.getLogger("org.apache.spark").setLevel(Level.ERROR)
    Logger.getLogger("org.eclipse.jetty.server").setLevel(Level.OFF)

    // 创建一个 StreamingContext
    val conf = new SparkConf().setAppName("MyFileStreamDemo")
                              .setMaster("local[2]")

    // 注意：数据采样的时间间隔必须是滑动距离的整数倍
    val ssc = new StreamingContext(conf,Seconds(2))

    val dstream = ssc.textFileStream("/root/temp/input")

    // 直接输出结果
    dstream.print

    ssc.start
    ssc.awaitTermination()
  }
}
```

2. RDD 队列流

使用 queueStream (queue) 创建基于 RDD 队列的 DStream，使用 RDD 队列流调试 Spark Streaming 应用程序，代码如下：

```scala
import org.apache.spark.SparkConf
import org.apache.spark.streaming.StreamingContext
import org.apache.spark.streaming.Seconds
import org.apache.spark.storage.StorageLevel
import org.apache.log4j.Logger
import org.apache.log4j.Level
```

```
import scala.collection.mutable.Queue
import org.apache.spark.rdd.RDD

object MyRDDQueueStream {
  def main(args: Array[String]): Unit = {
    Logger.getLogger("org.apache.spark").setLevel(Level.ERROR)
    Logger.getLogger("org.eclipse.jetty.server").setLevel(Level.OFF)

    // 创建一个 StreamingContext
    val conf = new SparkConf().setAppName("MyRDDQueueStream")
                              .setMaster("local[2]")

    val ssc = new StreamingContext(conf,Seconds(3))

    // 定义一个队列
    val queue = new Queue[RDD[Int]]()
    // 初始化队列
    for(i <- 1 to 3){
      queue += ssc.sparkContext.makeRDD(1 to 5)

      Thread.sleep(1000)
    }

    // 创建一个 RDD 队列流
    val inputStream = ssc.queueStream(queue)
    inputStream.print()

    ssc.start
    ssc.awaitTermination()
  }
}
```

11.2.5 DStream 的输出操作

输出操作允许 DStream 将数据存储到外部，如数据库、文件系统等。因为输出操作允许外部系统消费转换后的数据，所以它们触发的实际操作是 DStream 转换。DStream 的输出操作见表 11.2。

表 11.2 DStream 的输出操作

输出操作	含　　义
print()	直接将 DStream 中 RDD 的数据输出到屏幕
saveAsTextFiles()	将此 DStream 的内容另存为文本文件
saveAsObjectFiles()	将此 DStream 的内容保存为 SequenceFiles 序列化 Java 对象的内容
saveAsHadoopFiles()	将此 DStream 的内容另存为 Hadoop 文件
foreachRDD()	将 DStream 中的每个 RDD 中的数据推送到外部系统，如将 RDD 保存到文件或通过网络将其写入数据库

下面通过一个具体示例演示如何将 DStream 中的数据存入外部数据库中，代码如下：

```scala
import java.sql.{Connection, DriverManager, PreparedStatement}
import org.apache.spark.SparkConf
import org.apache.spark.storage.StorageLevel
import org.apache.spark.streaming.{Seconds, StreamingContext}

object MyNetworkWordCountToDB {
  def main(args: Array[String]): Unit = {
    // 创建一个 Context 对象：StreamingContext (SparkContext, SQLContext)
    // 指定批处理的时间间隔
    val conf = new SparkConf().setAppName("MyNetworkWordCountToDB")
                              .setMaster("local[2]")
    val ssc = new StreamingContext(conf,Seconds(3))

    // 创建一个 DStream 处理数据
    val lines  = ssc.socketTextStream("bigdata111",1234)

    // 执行 wordCount
    val words = lines.flatMap(_.split(" "))
    val wordPair = words.map(x => (x,1))
    val wordCountResult = wordPair.reduceByKey(_ + _)

    // 输出结果
    wordCountResult.foreachRDD(rdd =>{
      // 针对分区进行操作
      rdd.foreachPartition(partitionRecord =>{
        var conn:Connection = null
        var pst:PreparedStatement = null

        try {
          conn = DriverManager.getConnection("jdbc:mysql://bigdata111:3306/demodb",
                                              "username", "password")
          partitionRecord.foreach(record => {
            pst = conn.prepareStatement("insert into myresult values(?,?)")
            pst.setString(1, record._1)
            pst.setInt(2, record._2)
            // 执行
            pst.executeUpdate()
          })
        }catch{
          case e1:Exception => println("Some Error: " + e1.getMessage)
        }finally {
          if(pst != null) pst.close()
          if(conn != null) conn.close()
        }
      })
    })
```

```
    // 启动 StreamingContext
    ssc.start()

    // 等待计算完成
    ssc.awaitTermination()
  }
}
```

11.2.6   使用 Spark SQL

在 Spark Streaming 中可以很方便地使用 DataFrame 和 SQL 操作处理流数据。需要注意的是，必须使用当前的 StreamingContext 对应的 SparkContext 创建一个 SparkSession。下面使用 DataFrame 和 SQL 修改之前的 WordCount 示例并对单词进行计数，代码如下：

```
import org.apache.spark.SparkConf
import org.apache.spark.streaming.StreamingContext
import org.apache.spark.streaming.Seconds
import org.apache.spark.storage.StorageLevel
import org.apache.log4j.Logger
import org.apache.log4j.Level
import org.apache.spark.sql.SparkSession

object MyNetworkWordCountWithSQL {
  def main(args: Array[String]): Unit = {
    Logger.getLogger("org.apache.spark").setLevel(Level.ERROR)
    Logger.getLogger("org.eclipse.jetty.server").setLevel(Level.OFF)

    // 创建一个 StreamingContext
    val conf = new SparkConf().setAppName("MyNetworkWordCountWithSQL")
                              .setMaster("local[2]")

    // 注意：数据采样的时间间隔必须是滑动距离的整数倍
    val ssc = new StreamingContext(conf,Seconds(2))

    // 得到 DStream，是一个输入流
    val dstream = ssc.socketTextStream("bigdata111", 1234)

    // 执行单词拆分，得到的是所有单词
    val words = dstream.flatMap(_.split(" "))

    // 使用 Spark SQL 执行 WordCount
    words.foreachRDD(rdd =>{
      // 创建 SparkSession
      val spark = SparkSession.builder().config(rdd.sparkContext.getConf).getOrCreate()

      // 通过隐式转换创建 DataFrame
```

```
        import spark.implicits._
        val df = rdd.toDF("word")   //word 代表列名
        df.createOrReplaceTempView("mywords")

        // 执行 SQL
        spark.sql("select word,count(*) as total from mywords group by word").show

    })
    // 启动流式计算
    ssc.start()
    ssc.awaitTermination()
  }
}
```

程序运行结果如图 11.15 所示。

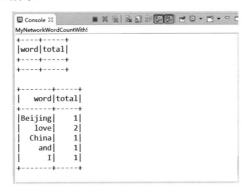

图 11.15　程序运行结果

11.3　优化 Spark Streaming

11.3.1　减少批数据的执行时间

在 Spark Streaming 中进行如下优化，可以减少批处理的时间。

1. 并行水平接收数据

如果数据接收成为系统的瓶颈，就要考虑并行地接收数据。例如，从 Kafka 中接收数据时，每个输入 DStream 创建一个接收器，接收单个数据流。创建多个输入 DStream 可以从源中接收不同分区的数据流，从而实现多数据流接收。其核心代码如下：

```
val numStream = 3
val kafkaStreams = (1 to numStream).map{i=> KafkaUtils.createStream(...)}
val dStream = streamingContext.union(kafkaStreams)
```

2. 并行水平处理数据

可以通过调整参数 spark.default.parallelism 指定每个 Worker 节点上的并发任务数，从而充分利用集群的资源。

3. 使用序列化数据

通过使用序列化格式减少数据在序列化时的开销。这里可以使用 Kryo 序列化框架对输入数据和 DStream 中的 RDD 进行高效的序列化操作。

11.3.2　设置正确的批容量

前面提到，Spark Streaming 是通过时间的采样间隔读取流式数据的，因此正确设置采样的时间间隔将会显著影响数据处理的速度。要找出一个正确的采样时间间隔，较好的方法是先用一个保守的间隔时间（如 5s、10s）和低数据速率测试应用程序，然后逐步调整该时间间隔，最终找到合理的时间采样间隔。

第 12 章 大数据计算引擎 Flink 基础

Flink 作为最新一代的大数据处理引擎,从功能上看与 Spark 一样,都可以实现批处理的离线计算和流处理的实时计算,但是 Flink 的流式计算与 Spark 的流式计算却有着本质差别。Spark 的流式计算是小批量的计算;而在 Flink 中采用的是 Native Streaming 模型,并且认为批处理的计算是流计算的特例。这种模型更加自然,并且在延时性能方面更优。本章将从 Flink 的体系架构入手,逐步介绍 Flink 的批处理模型和流处理模型,以及 Flink 中的一些功能特性。

12.1 Flink 基础

12.1.1 Flink 简介

Flink 是一个用于计算无边界数据流和有边界数据流的计算框架,或者说是一种分布式计算引擎。Flink 与 Spark 计算一样可以在内存中完成计算,并进行状态的管理。同时,Flink 支持在所有常见的集群环境中部署。Flink 的功能架构如图 12.1 所示。

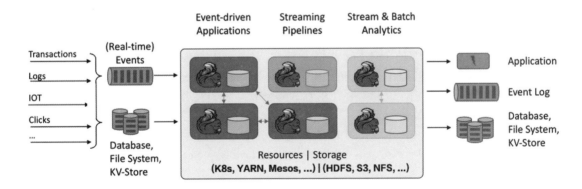

图 12.1 Flink 的功能架构(摘自 Flink 官方网站)

1. 无边界数据流

无边界数据流定义了数据流的开始,但没有定义结束,因此必须源源不断地处理,即当数据源产生数据后,就需要立即处理。其实这种数据流对应的是流式数据的实时计算。Flink 在其生态圈体系中提供了 DataStream API 来对这种类型的数据进行处理。

2. 有边界数据流

有边界数据流定义了数据流的开始和结束。任务可以在执行时拉取到所有需要处理的数据,因此有边界数据流处理也称为批处理操作。Flink 在其生态圈体系中提供了 DataSet API 来对这种类型的数据进行处理。

12.1.2　Flink 的体系架构

Flink 的体系架构与 Spark 类似，采用的也是主从架构，如图 12.2 所示。

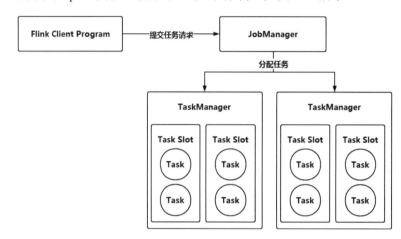

图 12.2　Flink 的体系架构

整个集群的主节点是 JobManager，而从节点称为 TaskManager。Flink 集群中应该至少有一个 JobManager，它负责集群的管理、任务调度和失败恢复等工作；从节点的 TaskManager 主要用于执行不同的分布式任务、提供缓存和交换数据流等工作。另外，在每个 TaskManager 上可以启动多个 Task Slot 并行执行任务，这里的 Task Slot 类似于 Spark Worker 中的 Executor。

在一个全分布 Flink 集群中，应该至少包含一个 JobManager 和两个 TaskManager。由于 Flink 的架构是一种主从架构，因此其存在单点故障问题。为了实现 Flink 的 HA，可以搭建多个 JobManager，然后使用 ZooKeeper 选举其中一个作为 Leader，其余作为 Standby。

当 Flink 集群部署完成后，可以使用 Flink 的客户端将任务提交到集群上运行。严格来说，客户端并不属于集群运行时的一部分。客户端程序可以是 Java 或者 Scala 程序，也可以使用 bin/flink run 命令提交客户端任务。

12.1.3　运行 Flink Example

由于 Flink 是流批一体的计算引擎，因此在提供的 Example 示例程序中提供了相应的例子。这里需要注意的是，由于 Flink 没有与 Hadoop 进行集成，因此要在 Flink 中访问 HDFS，或者运行 Flink on YARN，需要手动将 Flink 与 Hadoop 进行集成。

（1）集成 Flink 与 Hadoop，将官方提供的 jar 包复制到 Flink 的 lib 目录下，命令如下：

```
cp flink-shaded-hadoop-2-uber-2.8.3-10.0.jar /root/training/flink-1.11.0/lib
```

（2）启动 Flink，命令如下：

```
cd /root/training/flink-1.11.0/
bin/start-cluster.sh
```

（3）启动 HDFS。这里主要是为了通过 Flink 访问 HDFS 中的数据，执行批处理计算。

```
start-dfs.sh
```

（4）执行批处理的 WordCount 示例程序，如图 12.3 所示。

```
bin/flink run examples/batch/WordCount.jar -input hdfs://bigdata111:9000/input/
data.txt -output hdfs://bigdata111:9000/flink/wc
```

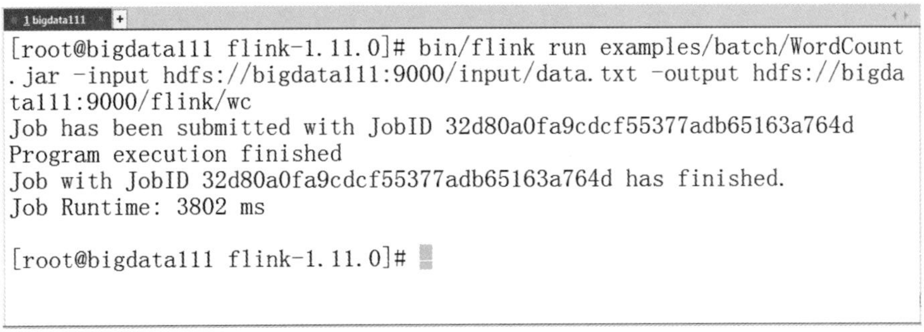

```
[root@bigdata111 flink-1.11.0]# bin/flink run examples/batch/WordCount
.jar -input hdfs://bigdata111:9000/input/data.txt -output hdfs://bigda
ta111:9000/flink/wc
Job has been submitted with JobID 32d80a0fa9cdcf55377adb65163a764d
Program execution finished
Job with JobID 32d80a0fa9cdcf55377adb65163a764d has finished.
Job Runtime: 3802 ms

[root@bigdata111 flink-1.11.0]#
```

图 12.3　执行批处理的 WordCount 示例程序

（5）查看批处理 WordCount 的结果，如图 12.4 所示。

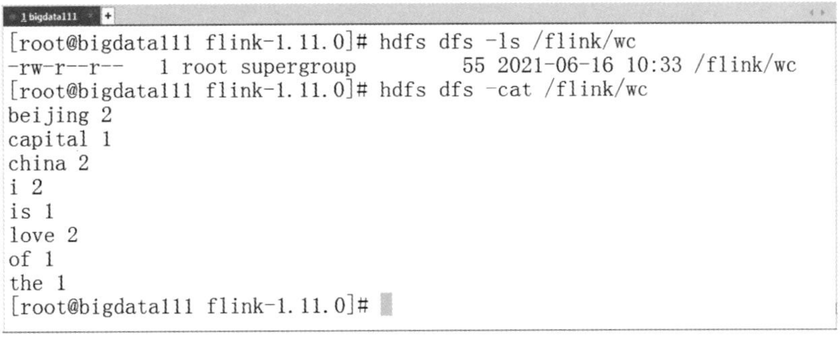

```
[root@bigdata111 flink-1.11.0]# hdfs dfs -ls /flink/wc
-rw-r--r--   1 root supergroup         55 2021-06-16 10:33 /flink/wc
[root@bigdata111 flink-1.11.0]# hdfs dfs -cat /flink/wc
beijing 2
capital 1
china 2
i 2
is 1
love 2
of 1
the 1
[root@bigdata111 flink-1.11.0]#
```

图 12.4　批处理 WordCount 的结果

（6）新打开一个命令行窗口，启动 Netcat，并监听本机的 1234 端口，命令如下：

```
nc -l -p 1234
```

（7）执行流处理的 WordCount 示例程序，命令如下：

```
bin/flink run examples/streaming/SocketWindowWordCount.jar --port 1234
```

（8）在 Netcat 中输入一些测试数据，这里输入如下内容。

```
I love Beijing and love China
```

（9）查看流计算的处理结果，如图 12.5 所示。

```
cd /root/training/flink-1.11.0/log/
tail -f flink-root-taskexecutor-0-bigdata111.out
```

```
1 bigdata111   +
[root@bigdata111 log]# tail -f flink-root-taskexecutor-0-bigdata111.out
I : 1
China : 1
and : 1
Beijing : 1
love : 2
```

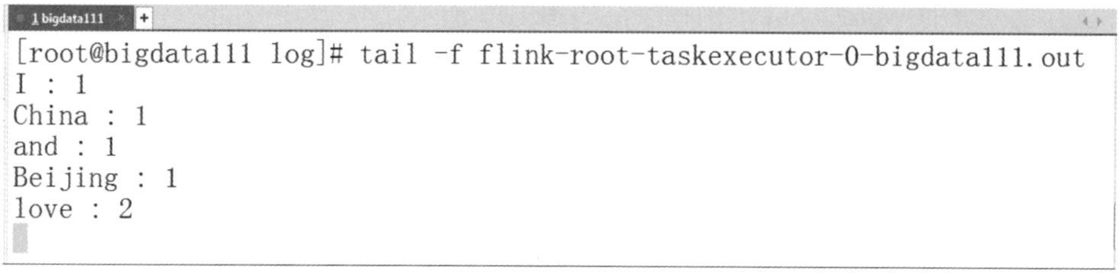

图 12.5　流处理的处理结果

（10）打开 Flink Web Console，可以看到已经完成的批处理任务和正在执行的流处理任务，如图 12.6 所示。

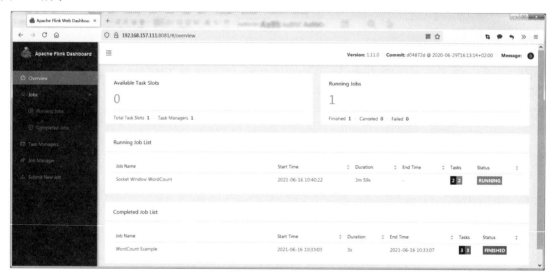

图 12.6　在 Web Console 上查看 Flink 任务

12.1.4　Flink on YARN

在前面的示例中，Flink 集群运行在 Standalone 模式上，即独立运行。但在实际的大数据平台上会有各种计算引擎，如 MapReduce、Spark、Storm 和 Flink 等，为了对各种计算集群进行统一的管理和调度，可以将 Flink 集群部署在 YARN 上，由 YARN 对各种计算引擎进行统一管理。Flink on YARN 具体又可以分为内存集中管理模式和内存 Job 管理模式两种。

1. 内存集中管理模式

内存集中管理模式需要在 YARN 中初始化一个 Flink 集群，并为其分配相应的资源。这时即使没有 Flink 任务在运行，这块资源也将常驻于 YARN 中，不能供其他任务使用，除非手动释放。由于用户后续提交的所有 Flink 任务都将运行在这个 Flink YARN-Session 中，因此可能会造成任务资源的争用。内存集中管理模式的工作原理如图 12.7 所示。

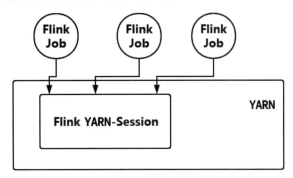

图 12.7　内存集中管理模式的工作原理

（1）启动 YARN，命令如下：

```
start-yarn.sh
```

（2）启动 Flink on YARN 的内存集中管理模式，命令如下：

```
bin/yarn-session.sh -n 2 -jm 1024 -tm 1024 -d
```

命令脚本 yarn-session.sh 的主要参数说明见表 12.1。

表 12.1　yarn-session.sh 的主要参数说明

参　　数	说　　明
-at, --applicationType <arg>	在 YARN 上设置用户应用程序的类型
-D <property=value>	使用 -D 参数设置应用程序的参数
-d, --detached	启动独立运行模式
-h, --help	输出帮助信息
-id, --applicationId <arg>	将应用程序附加到正在运行的 YARN Session 上。该参数表示正在运行的 YARN Session 的 ID 号
-j, --jar <arg>	Flink jar 文件的路径
-jm, --jobManagerMemory <arg>	JobManager 的内存，单位为 MB

续表

参　　数	说　　明
-m, --jobmanager <arg>	JobManager 的地址
-nl, --nodeLabel <arg>	为 YARN 应用程序指定 YARN 节点的标签
-nm, --name <arg>	在 YARN 上设置用户应用程序的名称
-q, --query	显示可用的 YARN 资源
-qu, --queue <arg>	指定 YARN 的队列
-s, --slots <arg>	指定每个 TaskManager 的 Slot 数目
-tm, --taskManagerMemory <arg>	TaskManager 的内存，单位为 MB
-z, --zookeeperNamespace <arg>	HA 模式下，指定 ZooKeeper 中存储的路径

（3）通过 YARN Web Console 检查分配的信息，如图 12.8 所示，可以看到在 YARN 上为 Flink 分配了一块相应的资源。

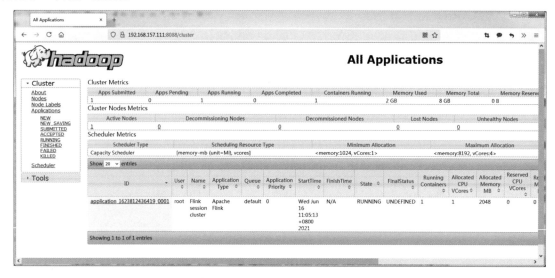

图 12.8　在 YARN 监控 Flink 的内存集中管理模式

（4）重新执行之前的 Flink 示例任务程序，所有的任务程序都将共享这块资源。

2. 内存 Job 管理模式

内存集中管理模式需要在提交任务之前在 YARN 上为其分配资源，因此会造成资源的浪费和争用问题。内存 Job 管理模式在每次提交任务时都会在 YARN 上创建一个新的 Flink Session，这些 Flink Session 之间相互独立，互不影响。当任务执行完成后，对应的 Flink Session 也会随之释放。

内存 Job 管理模式的工作原理如图 12.9 所示。

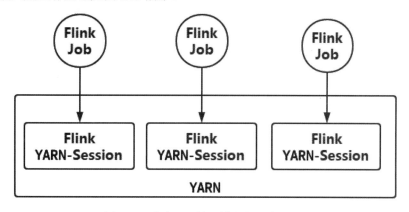

图 12.9 内存 Job 管理模式的工作原理

（1）如果是内存 Job 管理模式，则直接使用下面的命令即可。

```
bin/flink run -m yarn-cluster -yjm 1024 -ytm 1024 examples/batch/WordCount.jar
```

（2）观察 YARN Web Console，可以看到有一个 Flink per-job cluster 在 YARN 上运行，状态是 RUNNING，如图 12.10 所示。

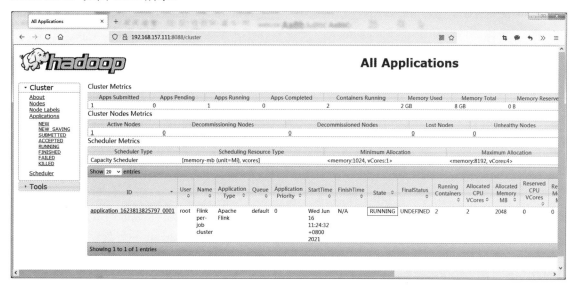

图 12.10 在 YARN 监控 Flink 的内存 Job 管理模式

（3）当任务执行完成后，任务的状态将会变成 FINISHED，如图 12.11 所示。

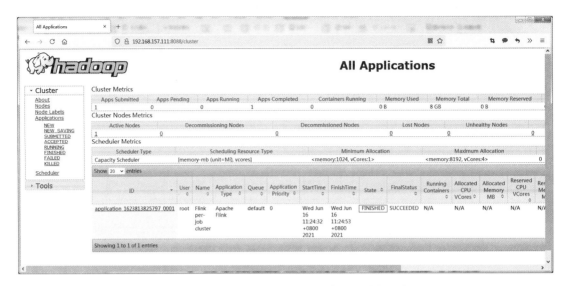

图 12.11　内存 Job 管理模式下任务完成时的状态

12.1.5　对比 Flink、Storm 和 Spark Streaming

Flink 的优势在于流式计算，但除了 Flink 以外，使用 Storm 和 Spark Streaming 也可以实现类似的功能。Flink、Storm 和 Spark Streaming 这 3 种流式计算引擎的对比见表 12.2。

表 12.2　Flink、Storm 和 Spark Streaming 3 种流式计算引擎的对比

流式计算引擎	模　型	API	保证处理次数	容错机制	状态管理	延　时	吞吐量
Flink	Native	声明式	只处理一次	检查点	基于操作	低	高
Storm	Native	组合式	至少一次	ACK 机制	无	低	低
Spark Streaming	Micro-Batching	声明式	只处理一次	检查点	基于 DStream	高	高

从表 12.2 中可以看出如下几个主要区别。

（1）在处理模型方面，Storm 和 Flink 属于真正的流式计算引擎；而 Spark Streaming 不是，它采用的是小批量的处理方式，即通过时间采样间隔把数据流转换为 DStream 进行处理。

（2）在消息保证处理次数方面，Spark Streaming 和 Flink 只会对消息处理一次；而 Storm 则至少处理一次，即一条消息在 Storm 中可能会被重复处理。

（3）在状态管理方面，Storm 本身不提供状态的管理，需要在应用程序中手动维护；而 Spark Streaming 和 Flink 都可以实现在流式计算中的状态管理。

（4）在延时方面，Spark Streaming 延时比较高，这是由模型决定的。

（5）在吞吐量方面，Storm 的吞吐量最低。

通过以上对比会发现，在流式计算中，基于 Flink 实现的流式计算应用在各个技术指标方面都比较优越，因此目前 Flink 也成为主流的流式计算引擎。

12.2　Flink 开发入门

Flink 提供了 DataSet API 和 DataStream API，分别用于批处理的离线计算和流处理的实时计算。本节将通过实现最基本的 WordCount 程序，介绍如何使用这些 API 开发基于 Flink 的应用程序。

这里推荐使用 Maven 的方式搭建 Flink 的工程，下面给出对应的 Java 版本的 Maven 依赖和 Scala 版本的 Maven 依赖。

（1）Java 版本的 Maven 依赖如下：

```
<dependency>
    <groupId>org.apache.flink</groupId>
    <artifactId>flink-streaming-java_2.11</artifactId>
    <version>1.11.0</version>
    <scope>provided</scope>
</dependency>
<dependency>
    <groupId>org.apache.flink</groupId>
    <artifactId>flink-clients_2.11</artifactId>
    <version>1.11.0</version>
</dependency>
```

（2）Scala 版本的 Maven 依赖如下：

```
<dependency>
    <groupId>org.apache.flink</groupId>
    <artifactId>flink-streaming-scala_2.11</artifactId>
    <version>1.11.0</version>
    <scope>provided</scope>
</dependency>
<dependency>
    <groupId>org.apache.flink</groupId>
    <artifactId>flink-clients_2.11</artifactId>
    <version>1.11.0</version>
</dependency>
```

12.2.1　Flink 批处理开发

本小节使用 Flink DataSet API 分别开发 Java 版本和 Scala 版本的 WordCount 应用程序。Flink 应用程序可以在本地运行，也可以打包成 jar 文件，通过 bin/flink run 命令提交到集群上运行。

（1）Java 版本的 WordCount 批处理应用程序如下：

```
import org.apache.flink.api.common.functions.FlatMapFunction;
import org.apache.flink.api.java.DataSet;
import org.apache.flink.api.java.ExecutionEnvironment;
import org.apache.flink.api.java.tuple.Tuple2;
```

```
import org.apache.flink.util.Collector;

public class WordCountBatchJavaDemo {

    public static void main(String[] args) throws Exception {
        // 访问接口：ExecutionEnvironment
        ExecutionEnvironment env = ExecutionEnvironment.getExecutionEnvironment();

        // 构造DataSet数据源
        DataSet<String> source = env.fromElements("I love Beijing","I love China",
                                            "Beijing is the capital of China");

        // 执行WordCount统计
        DataSet<Tuple2<String, Integer>> result = source.flatMap(
                new FlatMapFunction<String, Tuple2<String, Integer>>() {

            @Override
            public void flatMap(String value, Collector<Tuple2<String, Integer>> out)
                    throws Exception {
                // 拆分单词
                String[] words = value.split(" ");
                for(String w:words) {
                    out.collect(new Tuple2<String, Integer>(w,1));
                }
            }
        }).groupBy(0).sum(1);

        // 将结果输出到屏幕
        result.print();
    }
}
```

这里通过第 14 行代码构造了一个 DataSet 的本地数据源，也可以访问 HDFS 中的数据。如果要在 Flink 中访问 HDFS，需要添加以下依赖。

```
<dependency>
    <groupId>org.apache.flink</groupId>
    <artifactId>flink-hadoop-compatibility_2.11</artifactId>
    <version>1.11.0</version>
</dependency>

<dependency>
    <groupId>org.apache.hadoop</groupId>
    <artifactId>hadoop-client</artifactId>
    <version>3.1.2</version>
    <scope>provided</scope>
</dependency>
```

将第 14 行代码修改为下面的形式。

```
DataSet<String> source = env.readTextFile("hdfs://bigdata111:9000/input");
```

将应用程序直接运行在本地，输出结果如图 12.12 所示。

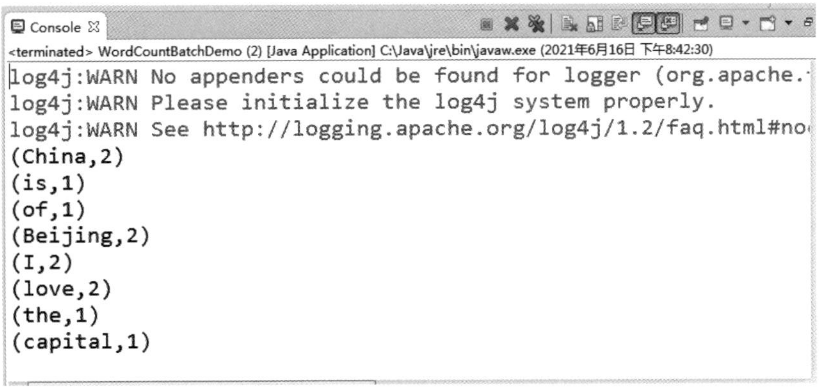

图 12.12　WordCountBatchJavaDemo 的输出结果

（2）Scala 版本的 WordCount 批处理应用程序如下：

```scala
import org.apache.flink.api.scala._

object WordCountBatchScalaDemo {
  def main(args: Array[String]): Unit = {
    // 创建访问接口
    val env = ExecutionEnvironment.getExecutionEnvironment

    // 创建 DataSet 数据源
    val source = env.fromElements("I love Beijing",
                                  "I love China",
                                  "Beijing is the capital of China")

    // 执行 WordCount 并输出结果
    source.flatMap(_.split(" ")).map((_,1)).groupBy(0).sum(1).print

  }
}
```

通过对比可以发现，使用 Scala 语言的函数式编程可以大大简化程序代码。但是，这样的简化会降低程序的可读性。

12.2.2　Flink 流处理开发

使用 Flink DataStream API 能够开发基于 Flink 的流处理应用程序，完成与 Spark Streaming 类似的

功能。这里的应用程序也将从 Netcat 上接收数据，然后执行 WordCount，最后将结果输出到屏幕上。

（1）Java 版本的 WordCount 流处理应用程序如下：

```java
import org.apache.flink.api.common.functions.FlatMapFunction;
import org.apache.flink.api.java.tuple.Tuple2;
import org.apache.flink.streaming.api.datastream.DataStream;
import org.apache.flink.streaming.api.datastream.DataStreamSource;
import org.apache.flink.streaming.api.environment.StreamExecutionEnvironment;
import org.apache.flink.util.Collector;

public class StreamWordCountJavaDemo {

    public static void main(String[] args) throws Exception {
        // 创建访问接口：StreamExecutionEnvironment
        StreamExecutionEnvironment sEnv = StreamExecutionEnvironment
                                    .getExecutionEnvironment();

        // 从 Netcat 上接收数据，构造 DataStream 数据源
        DataStreamSource<String> source = sEnv.socketTextStream("bigdata111", 1234);

        // 执行 WordCount 计数
        DataStream<Tuple2<String, Integer>> result = source
                .flatMap(new FlatMapFunction<String, Tuple2<String, Integer>>() {

            @Override
            public void flatMap(String value, Collector<Tuple2<String, Integer>> out)
                    throws Exception {
                String[] words = value.split(" ");
                for(String w:words) {
                    out.collect(new Tuple2<String, Integer>(w,1));
                }
            }
        }).keyBy(0).sum(1);

        // 将结果输出到屏幕
        result.print();

        sEnv.execute("StreamWordCountJavaDemo");
    }
}
```

在 bigdata111 虚拟机上启动 Netcat，监听 1234 的端口，并输入一些测试数据，命令如下：

```
nc -l -p 1234
```

执行应用程序，输出结果如图 12.13 所示。

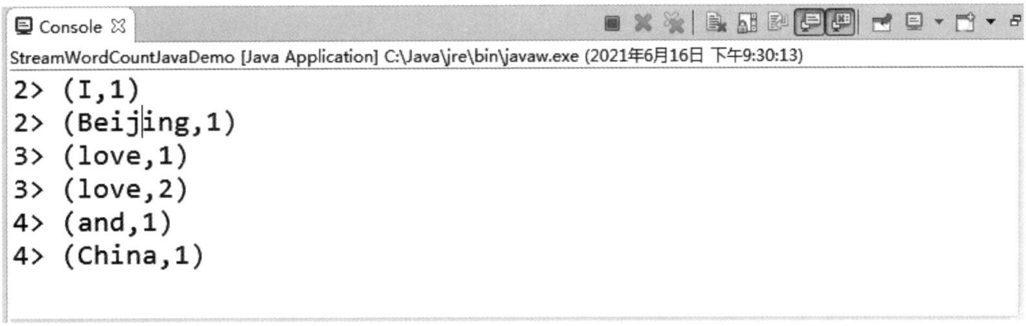

图 12.13　StreamWordCountJavaDemo 的输出结果

（2）Scala 版本的 WordCount 流处理应用程序如下：

```
import org.apache.flink.streaming.api.scala.StreamExecutionEnvironment
import org.apache.flink.api.scala._

object StreamWordCountScalaDemo {
  def main(args: Array[String]): Unit = {
    val sEnv = StreamExecutionEnvironment.getExecutionEnvironment

    val source = sEnv.socketTextStream("bigdata111",1234)

    val result = source.flatMap(_.split(" "))
                       .map(word => WordWithCount(word,1))
                       .keyBy("word")
                       .sum("count")

    // 输出到屏幕
    result.print().setParallelism(1)

    sEnv.execute("StreamWordCountDemo1")
  }

  // 定义一个自己的数据结构保存数据
  case class WordWithCount(word:String,count:Int)
}
```

12.2.3　使用 Flink Scala Shell

Flink 内置支持交互式的 Scala Shell，其既可以在本地模式下运行，也可以在集群模式下运行。可以通过下面的命令在单机模式下启动 Scala Shell。

```
bin/start-scala-shell.sh [local | remote <host> <port> | yarn]
```

如果使用 remote 方式，可以将 Flink Scala Shell 连接到一个 Flink 集群上。例如：

```
bin/start-scala-shell.sh remote bigdata111 8081
```

当 Flink Scala Shell 启动成功后，就可以直接通过书写 Scala 程序开发相应的应用程序。例如，执行 WordCount 的单词计数，代码如下：

```
val text = benv.fromElements("hello you","hello world")
val counts = text.flatMap {_.toLowerCase.split("\\W+")}.map {(_, 1)}.groupBy(0).
sum(1)
counts.print()
```

其在 Flink Scala Shell 中的执行结果如图 12.14 所示。

```
scala> val text = benv.fromElements("hello you","hello world")
text: org.apache.flink.api.scala.DataSet[String] = org.apache.flink.api.scala.DataSet@4ab90d01

scala>  val counts = text.flatMap { _.toLowerCase.split("\\W+") }.map { (_, 1) }.groupBy(0).sum(1)
counts: org.apache.flink.api.scala.AggregateDataSet[(String, Int)] = org.apache.flink.api.scala.Ag

scala> counts.print()
(hello, 2)
(world, 1)
(you, 1)
```

图 12.14　在 Flink Scala Shell 中的执行结果

12.3　使用 Fink DataSet API

Flink DataSet API 是 Flink 中用于处理有边界数据流的功能模块，其本质就是执行批处理的离线计算，这一点与 Hadoop 中的 MapReduce 和 Spark 中的 Spark Core 相同。表 12.3 列出了 Flink DataSet API 中的常见算子。本节将通过一些代码示例介绍它们的使用方法。

表 12.3　Flink DataSet API 中的常见算子

算　子	说　　明
map	输入一个元素，返回一个元素，中间可以进行清洗、转换等操作
flatMap	输入一个元素，返回零个、一个或者多个元素
mapPartition	类似于 map，一次处理一个分区的数据
filter	过滤函数，对传入的数据进行判断，符合条件的数据会被留下
reduce	对数据进行聚合操作，结合当前元素和上一次 reduce 返回的值进行聚合操作，返回一个新的值
aggregate	聚合操作，如 sum、max、min 等
distinct	返回一个数据集去重之后的元素
join	内连接

算　　子	说　　明
OuterJoin	外连接
cross	获取两个数据集的笛卡儿全集
union	返回两个数据集的总和，数据类型需要一致
First-N	获取集合中的前 N 个元素

12.3.1　map、flatMap 与 mapPartition

1. map 算子

map 算子相当于一个循环。使用 map 算子能够对数据流集合中的每一个元素进行处理，处理完成后返回一个新的数据流集合。map 算子的示例程序如下：

```java
import java.util.ArrayList;
import java.util.List;

import org.apache.flink.api.common.functions.RichMapFunction;
import org.apache.flink.api.java.DataSet;
import org.apache.flink.api.java.ExecutionEnvironment;

public class FlinkMapDemo {

    public static void main(String[] args) throws Exception {
        ExecutionEnvironment env = ExecutionEnvironment.getExecutionEnvironment();
        DataSet<String> source = env.fromElements("I love Beijing",
                                            "I love China",
                                            "Beijing is the capital of China");

        // map 算子
        source.map(new RichMapFunction<String, List<String>>() {

            @Override
            public List<String> map(String value) throws Exception {
                // 分词
                String[] words = value.split(" ");

                List<String> result = new ArrayList<String>();
                for(String w:words) {
                    result.add(" 单词是: " + w);
                }
                return result;
            }
        }).print();
    }
}
```

程序输出结果如图 12.15 所示。

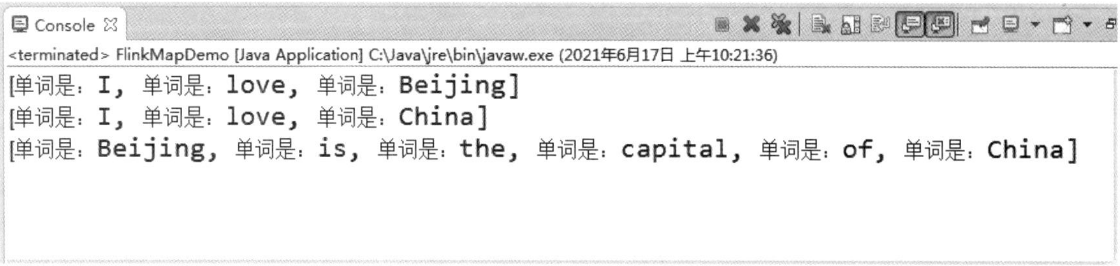

图 12.15　map 算子的输出结果

2. flatMap 算子

flatMap 算子是在 map 算子的基础上加了一个压平操作，这里可以把压平操作理解为将多个集合合并为一个集合。flatMap 算子的示例程序如下：

```java
import org.apache.flink.api.common.functions.FlatMapFunction;
import org.apache.flink.api.java.DataSet;
import org.apache.flink.api.java.ExecutionEnvironment;
import org.apache.flink.util.Collector;

public class FlinkFlatMapDemo {

    public static void main(String[] args) throws Exception {
        ExecutionEnvironment env = ExecutionEnvironment.getExecutionEnvironment();

        // 数据源
        DataSet<String> source = env.fromElements("I love Beijing",
                                                  "I love China",
                                                  "Beijing is the capital of China");


        source.flatMap(new FlatMapFunction<String, String>() {

            @Override
            public void flatMap(String value, Collector<String> out) throws Exception {
                String[] words = value.split(" ");
                for(String w:words) {
                        out.collect(w);
                }
            }
        }).print();
    }
}
```

程序输出结果如图 12.16 所示。

```
Console ✕
<terminated> FlinkFlatMapDemo [Java Application] C:\Java\jre\bin\javaw.exe (2021年6月17日 上午10:24:40)
I
love
Beijing
I
love
China
Beijing
is
the
capital
of
China
```

图 12.16　flatMap 算子的输出结果

3. mapPartition 算子

mapPartition 算子是针对 DataSet 集合中的每一个分区进行处理。这里可以把 DataSet 理解为由分区组成，这一点与 Spark RDD 的概念类似。下面是 mapPartition 算子的测试代码。其中，MapPartitionFunction 的第一个泛型参数表示分区中元素的类型，第二个泛型参数表示针对分区中的元素处理后的数据类型。mapPartition 算子的示例程序如下：

```java
import java.util.Iterator;

import org.apache.flink.api.common.functions.MapPartitionFunction;
import org.apache.flink.api.java.DataSet;
import org.apache.flink.api.java.ExecutionEnvironment;
import org.apache.flink.util.Collector;

public class FlinkMapPartitionDemo {

    public static void main(String[] args) throws Exception {
        ExecutionEnvironment env = ExecutionEnvironment.getExecutionEnvironment();

        // 数据源
        DataSet<String> source = env.fromElements("I love Beijing",
                                                  "I love China",
                                                  "Beijing is the capital of China");

        source.mapPartition(new MapPartitionFunction<String, String>() {
            // 分区号
            private int index = 0;

            @Override
            public void mapPartition(Iterable<String> values, Collector<String> out)
```

```
                    throws Exception {
                    // 针对分区中的元素进行操作
                    Iterator<String> its = values.iterator();
                    while(its.hasNext()) {
                        String line = its.next();
                        String[] words = line.split(" ");
                        for(String w:words) {
                            out.collect(" 分区 "+index+" 中的元素: " + w);
                        }
                        index ++;
                        out.collect("==================");
                    }
                }
            }).print();

        }
    }
```

程序输出结果如图 12.17 所示。

图 12.17   mapPartition 算子的输出结果

12.3.2   filter 与 distinct

filter 算子类似于 SQL 语句中的 where 条件, 可以过滤数据集中的元素; 而 distinct 算子则完成数据去重工作。filter 算子和 distinct 算子的示例程序如下:

```
import org.apache.flink.api.common.functions.FilterFunction;
import org.apache.flink.api.common.functions.FlatMapFunction;
import org.apache.flink.api.java.DataSet;
```

```java
import org.apache.flink.api.java.ExecutionEnvironment;
import org.apache.flink.util.Collector;

public class FlinkFilterDistinctDemo {
    public static void main(String[] args) throws Exception {
        ExecutionEnvironment env = ExecutionEnvironment.getExecutionEnvironment();
        DataSet<String> source = env.fromElements("I love Beijing","I love China",
                                        "Beijing is the capital of China");

        // 得到数据集中的每一个单词
        DataSet<String> flatResult =source.flatMap(new FlatMapFunction<String, String>() {
            @Override
            public void flatMap(String value, Collector<String> out) throws Exception {
                String[] words = value.split(" ");
                for (String w : words) {
                    out.collect(w);
                }
            }
        });
        // 选择长度大于 5 的单词
        flatResult.filter(new FilterFunction<String>() {
            @Override
            public boolean filter(String value) throws Exception {
                return value.length() >= 5 ? true : false;
            }
        }).print();

        System.out.println("--------------------------");
        // 去掉重复的单词
        flatResult.distinct().print();
    }
}
```

程序输出结果如图 12.18 所示。

图 12.18　filter 与 distinct 算子的输出结果

12.3.3　join

与 SQL 语句中的多表查询一样，使用 Flink DataSet API 中的 join 算子能够完成多表连接操作。下面的示例代码中首先构造了两张表，然后使用 join 算子完成了多表连接。

```java
import java.util.ArrayList;

import org.apache.flink.api.common.functions.JoinFunction;
import org.apache.flink.api.java.DataSet;
import org.apache.flink.api.java.ExecutionEnvironment;
import org.apache.flink.api.java.tuple.Tuple2;
import org.apache.flink.api.java.tuple.Tuple3;

public class FlinkJoinDemo {

    public static void main(String[] args) throws Exception {
        ExecutionEnvironment env = ExecutionEnvironment.getExecutionEnvironment();

        // 创建两张表
        // 用户表（用户ID，姓名）
        ArrayList<Tuple2<Integer, String>> list1=new ArrayList<Tuple2<Integer,String>>();
        list1.add(new Tuple2<Integer, String>(1,"Tom"));
        list1.add(new Tuple2<Integer, String>(2,"Mike"));
        list1.add(new Tuple2<Integer, String>(3,"Mary"));
        list1.add(new Tuple2<Integer, String>(4,"Jone"));

        // 地区表（用户ID，地区）
        ArrayList<Tuple2<Integer, String>> list2=new ArrayList<Tuple2<Integer,String>>();
        list2.add(new Tuple2<Integer, String>(1," 北京 "));
        list2.add(new Tuple2<Integer, String>(2," 北京 "));
        list2.add(new Tuple2<Integer, String>(3," 上海 "));
        list2.add(new Tuple2<Integer, String>(4," 广州 "));

        DataSet<Tuple2<Integer, String>> table1 = env.fromCollection(list1);
        DataSet<Tuple2<Integer, String>> table2 = env.fromCollection(list2);

        // 执行join等值连接，其中连接条件：
        // where(0).equalTo(0) 表示使用第一张表的第一个列连接第二张表的第一个列
        table1.join(table2).where(0).equalTo(0)
        /*
         * JoinFunction 3个泛型参数的含义分别如下
         * 第1个泛型：表示第一张表
         * 第2个泛型：表示第二张表
         * 第3个泛型：表示 Join 操作后的输出结果
         */
        .with(new JoinFunction<Tuple2<Integer, String>,
                               Tuple2<Integer, String>,
```

```
                                        Tuple3<Integer, String, String>>() {

                    @Override
                    public Tuple3<Integer, String, String> join(Tuple2<Integer, String> first,
                                                Tuple2<Integer, String> second)
                            throws Exception {
                        // 返回：用户 ID、姓名、地区
                        return new Tuple3<Integer, String, String>(first.f0,first.f1,second.f1);
                    }
            }).print();
        }
}
```

程序输出结果如图 12.19 所示。

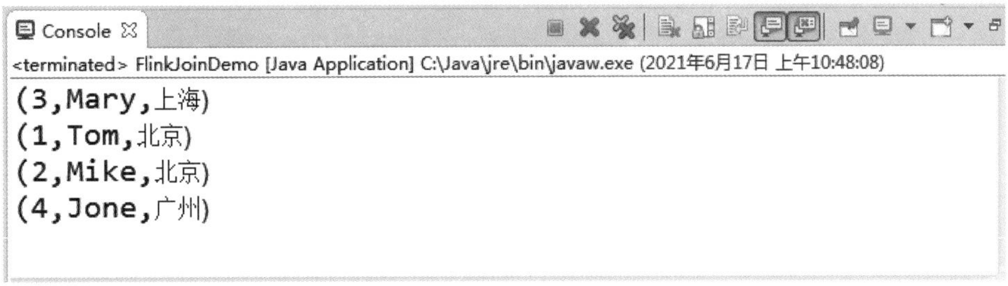

图 12.19 join 算子的输出结果

12.3.4 cross

SQL 语句中，如果在执行多表连接时没有连接条件，将会得到多表连接的笛卡儿全集。应当避免使用笛卡儿全集，因为该全集中包含一些不正确的结果。Flink DataSet API 也提供了 cross 算子来得到多表连接的笛卡儿全集。

```
import java.util.ArrayList;

import org.apache.flink.api.java.DataSet;
import org.apache.flink.api.java.ExecutionEnvironment;
import org.apache.flink.api.java.tuple.Tuple2;

public class FlinkCrossDemo {

    public static void main(String[] args) throws Exception {
        ExecutionEnvironment env = ExecutionEnvironment.getExecutionEnvironment();

        // 创建两张表
        // 用户表（用户 ID，姓名）
        ArrayList<Tuple2<Integer, String>> list1=new ArrayList<Tuple2<Integer,String>>();
```

```
            list1.add(new Tuple2<Integer, String>(1,"Tom"));
            list1.add(new Tuple2<Integer, String>(2,"Mike"));
            list1.add(new Tuple2<Integer, String>(3,"Mary"));
            list1.add(new Tuple2<Integer, String>(4,"Jone"));

            //地区表（用户 ID，地区）
            ArrayList<Tuple2<Integer, String>> list2=new ArrayList<Tuple2<Integer,String>>();
            list2.add(new Tuple2<Integer, String>(1,"北京"));
            list2.add(new Tuple2<Integer, String>(2,"北京"));
            list2.add(new Tuple2<Integer, String>(3,"上海"));
            list2.add(new Tuple2<Integer, String>(4,"广州"));

            DataSet<Tuple2<Integer, String>> table1 = env.fromCollection(list1);
            DataSet<Tuple2<Integer, String>> table2 = env.fromCollection(list2);

            //生成笛卡儿全集
            table1.cross(table2).print();
        }
    }
```

程序输出结果如图 12.20 所示。

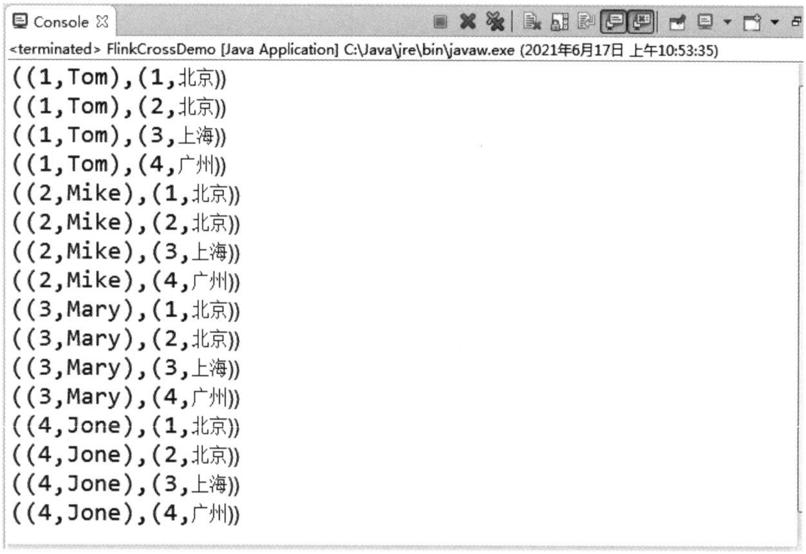

```
Console
<terminated> FlinkCrossDemo [Java Application] C:\Java\jre\bin\javaw.exe (2021年6月17日 上午10:53:35)
((1,Tom),(1,北京))
((1,Tom),(2,北京))
((1,Tom),(3,上海))
((1,Tom),(4,广州))
((2,Mike),(1,北京))
((2,Mike),(2,北京))
((2,Mike),(3,上海))
((2,Mike),(4,广州))
((3,Mary),(1,北京))
((3,Mary),(2,北京))
((3,Mary),(3,上海))
((3,Mary),(4,广州))
((4,Jone),(1,北京))
((4,Jone),(2,北京))
((4,Jone),(3,上海))
((4,Jone),(4,广州))
```

图 12.20　cross 算子的输出结果

12.3.5　First-N

First-N 操作也称 Top-N 操作，其按照某种规律先对数据集中的元素进行排序，再取出排在最前面的几个元素。First-N 操作的示例代码如下：

```java
import org.apache.flink.api.common.operators.Order;
import org.apache.flink.api.java.DataSet;
import org.apache.flink.api.java.ExecutionEnvironment;
import org.apache.flink.api.java.tuple.Tuple3;

public class FlinkFirstNDemo {
    public static void main(String[] args) throws Exception {
        ExecutionEnvironment env = ExecutionEnvironment.getExecutionEnvironment();

        // 构造一张表，包含 3 个字段：姓名、工薪、部门号
        DataSet<Tuple3<String, Integer, Integer>> source =
            env.fromElements(new Tuple3<String, Integer, Integer>("SMITH",1000,10),
                            new Tuple3<String, Integer, Integer>("KING",5000,10),
                            new Tuple3<String, Integer, Integer>("Ford",3000,20),
                            new Tuple3<String, Integer, Integer>("JONE",2500,30),
                            new Tuple3<String, Integer, Integer>("CLARK",1000,10));
        // 按照插入顺序取出前 3 条记录
        source.first(3).print();
        System.out.println("**********************");

        // 先按照部门号排序，再按照工资排序
        source.sortPartition(2, Order.ASCENDING)
            .sortPartition(1, Order.DESCENDING).print();

        System.out.println("**********************");
        // 按照部门号分组，取每组中的第一条记录
        source.groupBy(2).first(1).print();
    }
}
```

程序输出结果如图 12.21 所示。

```
Console ✕                                        ■ ✕ ✖ | ≡ ≡ ≡ | ≡ ≡ ≡ | ⊟ ▼ ⊟ ▼ ⊟
<terminated> FlinkFirstNDemo [Java Application] C:\Java\jre\bin\javaw.exe (2021年6月17日 上午11:03:14)
(SMITH,1000,10)
(KING,5000,10)
(Ford,3000,20)
**********************
(KING,5000,10)
(SMITH,1000,10)
(CLARK,1000,10)
(Ford,3000,20)
(JONE,2500,30)
**********************
(JONE,2500,30)
(SMITH,1000,10)
(Ford,3000,20)
```

图 12.21 First-N 的输出结果

12.3.6　Outer Join

外连接（Outer Join）操作是一种特殊的连接操作，其可以把针对连接条件不成立的记录依然包含在连接的结果中。外连接分为左外连接（Left Outer Join）、右外连接（Right Outer Join）和全外连接（Full Outer Join）。左外连接的示例代码如下：

```java
import java.util.ArrayList;
import org.apache.flink.api.common.functions.JoinFunction;
import org.apache.flink.api.java.DataSet;
import org.apache.flink.api.java.ExecutionEnvironment;
import org.apache.flink.api.java.tuple.Tuple2;
import org.apache.flink.api.java.tuple.Tuple3;

public class FlinkOuterJoinDemo {

    public static void main(String[] args) throws Exception {
        ExecutionEnvironment env = ExecutionEnvironment.getExecutionEnvironment();

        // 创建两张表
        // 用户表（用户 ID，姓名），注意这里没有 2 号用户
        ArrayList<Tuple2<Integer, String>> list1 =
                                new ArrayList<Tuple2<Integer,String>>();
        list1.add(new Tuple2<Integer, String>(1,"Tom"));
        list1.add(new Tuple2<Integer, String>(3,"Mary"));
        list1.add(new Tuple2<Integer, String>(4,"Jone"));

        // 地区表（用户 ID，地区），注意这里没有 3 号用户
        ArrayList<Tuple2<Integer, String>> list2 =
                                new ArrayList<Tuple2<Integer,String>>();
        list2.add(new Tuple2<Integer, String>(1," 北京 "));
        list2.add(new Tuple2<Integer, String>(2," 北京 "));
        list2.add(new Tuple2<Integer, String>(4," 广州 "));

        DataSet<Tuple2<Integer, String>> table1 = env.fromCollection(list1);
        DataSet<Tuple2<Integer, String>> table2 = env.fromCollection(list2);

        // 执行左外连接
        table1.leftOuterJoin(table2).where(0).equalTo(0)
            .with(new JoinFunction<Tuple2<Integer, String>,
                                Tuple2<Integer, String>,
                                Tuple3<Integer, String, String>>() {

                @Override
                public Tuple3<Integer, String, String> join(Tuple2<Integer, String> first,
                                Tuple2<Integer, String> second)
                        throws Exception {
                    if(second == null) {
```

```
                    return new Tuple3<Integer, String, String>(first.f0,first.f1,null);
                }else {
                    return new Tuple3<Integer, String, String>(first.f0,first.f1,second.f1);
                }
            }
    }).print();
    }
}
```

左外连接的输出结果如图 12.22 所示。

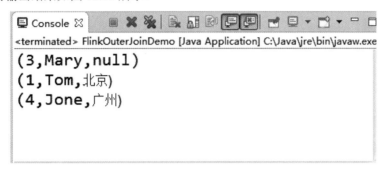

图 12.22　左外连接的输出结果

右外连接的示例代码如下：

```
// 右外连接
table1.rightOuterJoin(table2).where(0).equalTo(0)
     .with(new JoinFunction<Tuple2<Integer, String>,
                            Tuple2<Integer, String>,
                            Tuple3<Integer, String, String>>() {

    @Override
    public Tuple3<Integer, String, String> join(Tuple2<Integer, String> first,
                                        Tuple2<Integer, String> second)
            throws Exception {
        if(first == null) {
            return new Tuple3<Integer, String, String>(second.f0,null,second.f1);
        }else {
            return new Tuple3<Integer, String, String>(first.f0,first.f1,second.f1);
        }
    }
}).print();
```

右外连接的输出结果如图 12.33 所示。

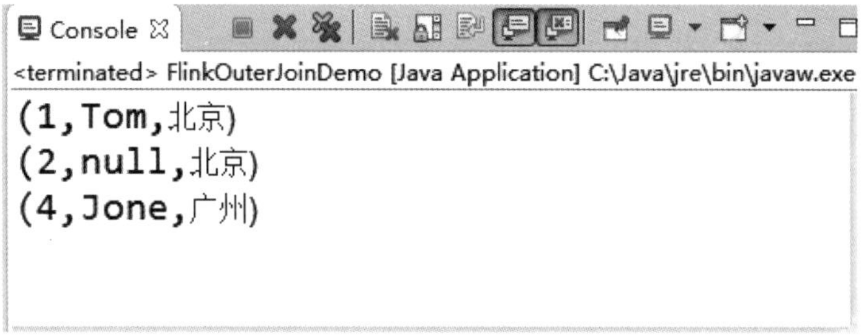

图 12.23　右外连接的输出结果

全外连接的示例代码如下：

```java
// 全外连接
table1.fullOuterJoin(table2).where(0).equalTo(0)
    .with(new JoinFunction<Tuple2<Integer, String>,
                           Tuple2<Integer, String>,
                           Tuple3<Integer, String, String>>() {

    @Override
    public Tuple3<Integer, String, String> join(Tuple2<Integer, String> first,
                                                Tuple2<Integer, String> second)
        throws Exception {
        if(first == null) {
            return new Tuple3<Integer, String, String>(second.f0,null,second.f1);
        }else if(second == null) {
            return new Tuple3<Integer, String, String>(first.f0,first.f1,null);
        }else {
            return new Tuple3<Integer, String, String>(first.f0,first.f1,second.f1);
        }
    }
}).print();
```

全外连接的输出结果如图 12.24 所示。

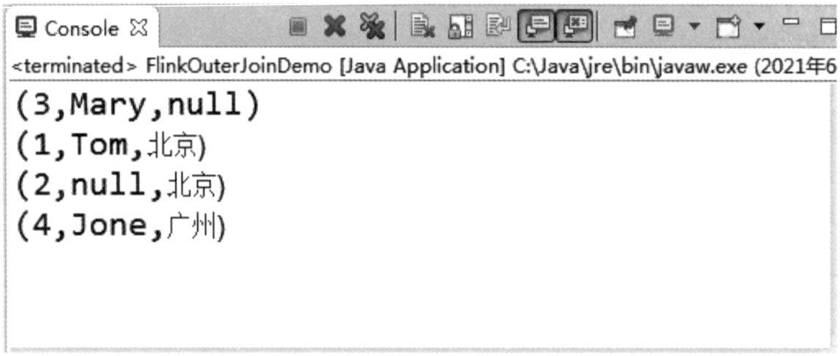

图 12.24　全外连接的输出结果

12.4 使用 Fink DataStream API

Flink DataStream API 可以从多种数据源创建 DataStreamSource，如消息队列 Kafka、文件流和 Socket 连接等，然后通过 Transformation 转换操作进行流式数据的处理，最后由 Sink 组件将处理结果进行输出。本节将通过代码示例介绍 DataStream API 的 3 个组成部分：Source、Transformation 和 Sink，以及它们的使用方式。

12.4.1 DataStream Source

DataStream Source 是应用程序的数据源输入。当成功创建 Source 后，可以通过 StreamExecutionEnvironment.addSource () 指定程序的 Source 源。Flink DataStream API 提供了大量已经实现好的 Source，也可以通过实现 SourceFunction 接口和 ParallelSourceFunction 接口开发自定义的单并行度 Source 和多并行度 Source。

本小节将使用 3 个 Source 源演示如何创建和使用 DataStream Source，分别是基本的数据源、自定义单并行度数据源和自定义多并行度数据源。

1. 基本的数据源

基本的数据源包括基于文件的数据源、基于 Socket 的数据源和基于集合的数据源。下面以基于集合的数据流为例介绍程序开发示例，代码如下：

```java
import java.util.ArrayList;
import org.apache.flink.api.common.functions.RichMapFunction;
import org.apache.flink.streaming.api.datastream.DataStreamSource;
import org.apache.flink.streaming.api.environment.StreamExecutionEnvironment;

public class BasicDataSourceDemo {
    public static void main(String[] args) throws Exception {
        // 创建一个数据集合
        ArrayList<Integer> list = new ArrayList<Integer>();
        list.add(1);
        list.add(2);
        list.add(3);
        list.add(4);
        list.add(5);

        // 创建访问接口：StreamExecutionEnvironment
        StreamExecutionEnvironment sEnv = StreamExecutionEnvironment
                                    .getExecutionEnvironment();
        // 创建数据源
        DataStreamSource<Integer> source = sEnv.fromCollection(list);

        // 执行一个简单的计算：每个元素 +5
        source.map(new RichMapFunction<Integer, Integer>() {
            @Override
            public Integer map(Integer value) throws Exception {
                return value+5;
```

```
            }
        }).print();

        sEnv.execute("BasicDataSourceDemo");
    }
}
```

程序输出结果如图 12.25 所示。

图 12.25　使用基本的数据源的输出结果

2. 自定义单并行度数据源

通过实现 SourceFunction 接口能够实现并行度为 1 的数据源。这种类型的数据源不能指定其并行度，否则程序会抛出 Exception。关于并行度的概念会在第 13 章中进行介绍。

首先，开发一个单并行度数据源，代码如下：

```java
import org.apache.flink.streaming.api.functions.source.SourceFunction;

// 自定义实现并行度为 1 的数据源，每秒产生一个 Long 类型的数据
// 注意：SourceFunction 和 SourceContext 都需要指定数据类型
// 如果不指定，代码运行时会报错
public class MyNoParalleSource implements SourceFunction<Long>{
    private long count = 1;
    private boolean isRunning = true;

    // 主要的方法，启动一个 source
    public void run(SourceContext<Long> ctx) throws Exception {
        while(isRunning){
            ctx.collect(count);
            count++;
            // 每秒产生一条数据
            Thread.sleep(1000);
        }
    }
    // 取消一个 cancel 时会调用的方法
    public void cancel() {
        isRunning = false;
    }
}
```

然后，开发一个测试程序用于使用上面的数据源，代码如下：

```java
import org.apache.flink.api.common.functions.RichMapFunction;
import org.apache.flink.streaming.api.datastream.DataStreamSource;
import org.apache.flink.streaming.api.environment.StreamExecutionEnvironment;

public class MyNoParalleSourceMain {

    public static void main(String[] args) throws Exception {
        // 创建访问接口：StreamExecutionEnvironment
        StreamExecutionEnvironment sEnv = StreamExecutionEnvironment
                                        .getExecutionEnvironment();

        // 创建数据源
        DataStreamSource<Long> source=sEnv.addSource(new MyNoParalleSource());

        source.map(new RichMapFunction<Long, String>() {

            @Override
            public String map(Long value) throws Exception {
                return " 数据是： " + value;
            }
        }).print();

        sEnv.execute("MyNoParalleSourceMain");
    }
}
```

执行应用程序，数据源将源源不断地产生数据，输出结果如图 12.26 所示。

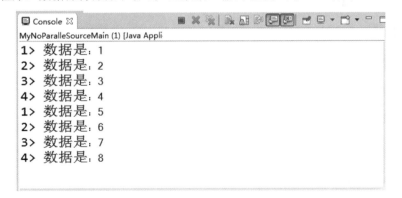

图 12.26　使用自定义单并行度数据源的输出结果

由于 MyNoParalleSource 是一个单并行度数据源，因此不能指定其并行度，即该数据源的并行度只能是 1。下面的代码修改其并行度为 2。

```java
DataStreamSource<Long> source = sEnv.addSource(new MyNoParalleSource())
                                    .setParallelism(2);
```

程序在执行过程中会抛出 Exception 信息，如图 12.27 所示。

```
Console ☒
<terminated> MyNoParalleSourceMain (1) [Java Application] C:\Java\jre\bin\javaw.exe (2021年6月17日 下午12:48:47)
SLF4J: Failed to load class "org.slf4j.impl.StaticLoggerBinder".
SLF4J: Defaulting to no-operation (NOP) logger implementation
SLF4J: See http://www.slf4j.org/codes.html#StaticLoggerBinder for further details.
Exception in thread "main" java.lang.IllegalArgumentException: The parallelism of non parallel operator must be 1.
	at org.apache.flink.util.Preconditions.checkArgument(Preconditions.java:139)
	at org.apache.flink.api.common.operators.util.OperatorValidationUtils.validateParallelism(OperatorValidationUt
	at org.apache.flink.streaming.api.datastream.DataStreamSource.setParallelism(DataStreamSource.java:85)
	at demo.MyNoParalleSourceMain.main(MyNoParalleSourceMain.java:16)
```

图 12.27 单并行度数据源设置并行度的 Exception 信息

3. 自定义多并行度数据源

Flink DataStream API 提供了 ParallelSourceFunction 接口实现多并行度数据源。

首先，开发一个多并行度数据源，代码如下：

```java
import org.apache.flink.streaming.api.functions.source.ParallelSourceFunction;

public class MyParalleSource implements ParallelSourceFunction<Long> {

    private long count = 1L;

    private boolean isRunning = true;

    public void run(SourceContext<Long> ctx) throws Exception {
        while (isRunning) {
            ctx.collect(count);
            count++;
            //每秒产生一条数据
            Thread.sleep(1000);
        }
    }

    //取消一个 cancel 时会调用的方法
    public void cancel() {
        isRunning = false;
    }
}
```

然后，开发一个测试程序，用于使用上面的多并行度数据源，代码如下：

```java
import org.apache.flink.api.common.functions.MapFunction;
import org.apache.flink.streaming.api.datastream.DataStream;
import org.apache.flink.streaming.api.datastream.DataStreamSource;
import org.apache.flink.streaming.api.environment.StreamExecutionEnvironment;
import org.apache.flink.streaming.api.windowing.time.Time;

public class MyParalleSourceMain {
```

```java
public static void main(String[] args) throws Exception {
    // 获取 Flink 的运行环境
    StreamExecutionEnvironment env = StreamExecutionEnvironment
                                .getExecutionEnvironment();


    // 获取数据源，指定并行度为 2
    DataStreamSource<Long> text = env.addSource(new MyParalleSource())
                            .setParallelism(2);


    DataStream<Long> num = text.map(new MapFunction<Long, Long>() {
        public Long map(Long value) throws Exception {
            System.out.println("接收到数据: " + value);
            return value;
        }
    });


    // 每 2s 处理一次数据
    DataStream<Long> sum = num.timeWindowAll(Time.seconds(2)).sum(0);


    // 输出结果
    sum.print().setParallelism(1);
    env.execute("MyParalleSourceMain");

    }
}
```

上面的测试程序使用了多并行度数据源，其并行度设置为 2，并且每 2s 进行一次求和操作。

程序输出结果如图 12.28 所示，从输出结果可以看出，由于设置了数据源的并行度为 2，相当于有两个数据源在同时产生数据。

图 12.28　使用自定义多并行度数据源的输出结果

12.4.2　DataStream Transformation

与 Flink DataSet API 类似，Flink DataStream API 中也提供了相应的 Transformation 转换操作。表 12.4 列举了常见的 DataStream Transformation 转换操作，与 DataSet API 类似的算子这里不再赘述。

表 12.4　常见的 DataStream Transformation 转换操作

转换操作	说　明
map	输入一个元素，经过转换后返回一个新元素
flatmap	输入一个元素，经过转换后可以返回零个、一个或多个元素
filter	过滤函数，对传入的数据进行判断，不符合条件的数据会被过滤
keyBy	根据指定的 Key 进行分组
reduce	对数据进行聚合操作
aggregations	聚合操作，如 sum、min、max 等
union	合并多个流，新的流会包含所有流中的数据
connect	和 union 类似，但是只能连接两个流，并且两个流的数据类型可以不同
split	根据规则把一个数据流切分为多个流
select	和 split 配合使用，选择切分后的流

1. union

union 算子的功能是合并多个流，新的流会包含所有流中的数据，但合并的每个流中的数据类型必须一致。下面的示例代码演示了如何使用 union 算子，其中使用了前面创建的单并行度数据源 MyNoParalleSource。

```java
import org.apache.flink.api.common.functions.RichMapFunction;
import org.apache.flink.streaming.api.datastream.DataStream;
import org.apache.flink.streaming.api.datastream.DataStreamSource;
import org.apache.flink.streaming.api.environment.StreamExecutionEnvironment;

public class FlinkDataStreamUnionDemo {
    public static void main(String[] args) throws Exception {
        StreamExecutionEnvironment sEnv =
                            StreamExecutionEnvironment.getExecutionEnvironment();

        // 创建数据源
        DataStreamSource<Long> source1 = sEnv.addSource(new MyNoParalleSource());
        DataStreamSource<Long> source2 = sEnv.addSource(new MyNoParalleSource());

        // union 算子：可以连接多个流，但是流中的数据类型必须一致
        DataStream<Long> data = source1.union(source2);

        // 输出 union 操作后的结果
        data.map(new RichMapFunction<Long, Long>() {

                @Override
                public Long map(Long value) throws Exception {
                    System.out.println(" 收到的数据是 :" + value);
```

```
                    return value;
            }
    });
    sEnv.execute("FlinkDataStreamUnionDemo");
    }
}
```

2. connect

connect 算子和 union 算子类似，但是只能连接两个流，并且两个流的数据类型可以不同。union 算子可以针对两个流中的数据分别进行处理。在下面的示例代码中，数据源 source1 中的数据类型是 Long，而数据源 source2 中的数据类型是 String。使用 connect 算子后，可以分别对不同的数据类型进行处理。

```java
import org.apache.flink.api.common.functions.RichMapFunction;
import org.apache.flink.streaming.api.datastream.DataStream;
import org.apache.flink.streaming.api.datastream.DataStreamSource;
import org.apache.flink.streaming.api.environment.StreamExecutionEnvironment;
import org.apache.flink.streaming.api.functions.co.CoMapFunction;

public class FlinkDataStreamConnectDemo {
    public static void main(String[] args) throws Exception {
        //connect：只能连接两个流，并且流的数据类型可以不同
        // 可以针对两个流中的数据分别进行处理
        StreamExecutionEnvironment sEnv =
                            StreamExecutionEnvironment.getExecutionEnvironment();

        // 创建数据源
        DataStreamSource<Long> source1 = sEnv.addSource(new MyNoParalleSource());
        DataStream<String> source2 = sEnv.addSource(new MyNoParalleSource())
                                    .map(new RichMapFunction<Long, String>(){
            @Override
            public String map(Long value) throws Exception {
                return "String" + value;
            }
        });

        // 连接两个流：可以针对这两个流进行不同的处理
        source1.connect(source2).map(new CoMapFunction<Long, String, Object>() {

            @Override
            public Object map1(Long value) throws Exception {
                return " 对 Integer 进行处理：" + value;
            }

            @Override
            public Object map2(String value) throws Exception {
                return " 对 String 进行处理：" + value;
```

```
            }
    }).print();

    sEnv.execute("FlinkDataStreamConnectDemo");
    }
}
```

3. split 和 select

split 算子可以根据规则把一个数据流切分为多个流。因为在实际工作中，数据流中可能包含多种类型的数据，需要针对不同类型的数据进行不同的处理，所以就可以根据一定的规则把一个数据流切分成多个数据流，再配合使用 select 算子，这样每个数据流就可以使用不同的处理逻辑进行处理。完整的示例代码如下：

```java
import java.util.ArrayList;
import org.apache.flink.streaming.api.collector.selector.OutputSelector;
import org.apache.flink.streaming.api.datastream.DataStreamSource;
import org.apache.flink.streaming.api.environment.StreamExecutionEnvironment;

public class FlinkDataStreamSplitSelectDemo {

    public static void main(String[] args) throws Exception {
        StreamExecutionEnvironment sEnv =
                        StreamExecutionEnvironment.getExecutionEnvironment();
        DataStreamSource<Long> source1 = sEnv.addSource(new MyNoParalleSource());

        // 根据规则把奇偶数分开，并选择所有的偶数
        source1.split(new OutputSelector<Long>() {
            @Override
            public Iterable<String> select(Long value) {
                // 定义一个 List，保存 value 的标签
                ArrayList<String> selector = new ArrayList<String>();

                // 给 value 打上标签，可以有多个标签
                if(value % 2 == 0) {
                    // 偶数
                    selector.add("even");
                }else {
                    // 奇数
                    selector.add("odd");
                }

                return selector;
            }
        }).select("even").print();

        sEnv.execute("FlinkDataStreamSplitSelectDemo");
    }
}
```

12.4.3　DataStream Sink

经过 DataStream Transformation 转换的数据，可以通过 DataStream Sink 保存到对应的目的地中。例如，使用 writeAsText 可以将数据以字符串形式逐行写入对应的文件系统，通过 print 可以将数据直接输出到标准输出中。

Flink 中也提供了很多 Connector，方便开发人员在 DataStream Source 和 DataStream Sink 中使用。有些 Connector 只能作为 Source 或 Sink 使用；而有些 Connector 既可以作为 Source，也可以作为 Sink 使用。常见的 Connector 有 Apache Kafka (Source/Sink)、Apache Cassandra (Sink)、Elasticsearch (Sink)、Hadoop FileSystem (Sink)、RabbitMQ (Source/Sink)、Apache ActiveMQ (Source/Sink)、Redis (Sink)。

下面以 RedisSink 为例演示如何使用 DataStream Sink。这里需要在开发工程中添加如下依赖。

```xml
<dependency>
    <groupId>org.apache.bahir</groupId>
    <artifactId>flink-connector-redis_2.11</artifactId>
    <version>1.0</version>
</dependency>
```

改造之前的 StreamWordCountJavaDemo 程序，将统计结果写入 Redis 中，代码如下：

```java
// 输出到 Redis
FlinkJedisPoolConfig conf = new FlinkJedisPoolConfig.Builder()
                                            .setHost("bigdata111")
                                            .setPort(6379).build();
// 创建 Redis Sink
RedisSink<Tuple2<String, Integer>> sink =
        new RedisSink<Tuple2<String, Integer>>
        (conf,new RedisMapper<Tuple2<String, Integer>>() {

    @Override
    public RedisCommandDescription getCommandDescription() {
        // 返回一个 Hash 集合来保存数据
        return new RedisCommandDescription(RedisCommand.HSET, "myflinkresult");
    }

    @Override
    public String getKeyFromData(Tuple2<String, Integer> data) {
        // 将单词设置为 Key
        return data.f0;
    }

    @Override
    public String getValueFromData(Tuple2<String, Integer> data) {
        // 将统计结果设置为 Value
        return String.valueOf(data.f1);
    }
});

// 加入 sink
result.addSink(sink);
```

启动 Netcat 和 Redis，并执行程序，观察 Redis 中的结果，如图 12.29 所示。

```
1 bigdata111    +
127.0.0.1:6379> keys *
1) "myflinkresult"
127.0.0.1:6379> hgetall myflinkresult
 1) "love"
 2) "2"
 3) "I"
 4) "1"
 5) "and"
 6) "1"
 7) "Beijing"
 8) "1"
 9) "China"
10) "1"
127.0.0.1:6379>
```

```
root@bigdata111:~
[root@bigdata111 ~]# nc -l -p 1234
I love Beijing and love China
```

图 12.29　集成 Flink 与 Redis 的输出结果

12.4.4　窗口与时间

Flink DataStream API 提供了两种基本类型的窗口，分别是 Time Window 和 Count Window；另外，Flink DataStream API 也支持用户自定义实现窗口。一般来说，窗口就是针对无边界数据流设置一个有限的集合，把无边界数据流变成有边界数据流的一种方式，然后在有边界数据流的基础上进行数据操作。

下面的示例代码分别演示了如何使用 DataStream API 创建 Time Window 和 Count Window。

1. Time Window 示例

下面的示例代码每隔 30s 会将过去 10s 的数据执行 WordCount 统计。这里窗口的大小是 10s，而窗口滑动的距离是 30s。

```java
import org.apache.flink.api.common.functions.FlatMapFunction;
import org.apache.flink.api.java.tuple.Tuple2;
import org.apache.flink.streaming.api.datastream.DataStreamSource;
import org.apache.flink.streaming.api.environment.StreamExecutionEnvironment;
import org.apache.flink.streaming.api.windowing.time.Time;
import org.apache.flink.util.Collector;

public class TimeWindowDemo {
    public static void main(String[] args) throws Exception {
        StreamExecutionEnvironment sEnv =
                StreamExecutionEnvironment.getExecutionEnvironment();
        DataStreamSource<String> source = sEnv.socketTextStream("bigdata111", 1234);

        source.flatMap(new FlatMapFunction<String, Tuple2<String, Integer>>() {

            @Override
            public void flatMap(String value, Collector<Tuple2<String, Integer>> out)
```

```
                    throws Exception {
                String[] words = value.split(" ");
                for(String w:words) {
                    out.collect(new Tuple2<String, Integer>(w,1));
                }
            }
        }
    }).keyBy(0)
        .timeWindow(Time.seconds(30), Time.seconds(10))
        .sum(1).print();

        sEnv.execute("TimeWindowDemo");
    }
}
```

2. Count Window 示例

下面的示例代码将每 5 个数据统计过去 10 个数据的和。这里窗口的大小是 10 个数据，而窗口滑动的距离是 5 个数据。

```
import org.apache.flink.api.java.tuple.Tuple2;
import org.apache.flink.streaming.api.environment.StreamExecutionEnvironment;

public class CountWindowDemo {
    public static void main(String[] args) throws Exception {
        StreamExecutionEnvironment sEnv =
            StreamExecutionEnvironment.getExecutionEnvironment();
        sEnv.fromElements(Tuple2.of(1, 1),
                        Tuple2.of(1, 2),
                        Tuple2.of(1, 3),
                        Tuple2.of(1, 4),
                        Tuple2.of(1, 5),
                        Tuple2.of(1, 6),
                        Tuple2.of(1, 7),
                        Tuple2.of(1, 8),
                        Tuple2.of(1, 9),
                        Tuple2.of(1, 10))
        .keyBy(0)
        .countWindow(10, 5)
        .sum(1)
        .print();
        sEnv.execute("CountWindowDemo");
    }
}
```

在流式计算中还有一个很重要的概念——时间。Flink DataStream 中的时间与现实世界中的时间并不完全一致，主要分为 3 种，分别是 Event Time（事件时间）、Ingestion Time（摄入时间）和 Processing Time（处理时间）。

（1）Event Time：事件发生时的时间，属于事件属性，由数据本身携带。一般来说，Event Time 可以通过从每个事件中获取事件的时间戳得到。Event Time 取决于数据本身，应用程序需要指定如何生成 Event Time。

（2）Ingestion Time：事件进入 Flink 计算引擎的时间。Ingestion Time 晚于 Event Time。

（3）Processing Time：事件被 Flink 执行引擎处理时的系统时间。如果流式计算程序在 Processing Time 上运行，则所有基于时间的操作都将使用当时机器的系统时间。Processing Time 晚于 Ingestion Time。

上述 3 种时间的关系如图 12.30 所示。

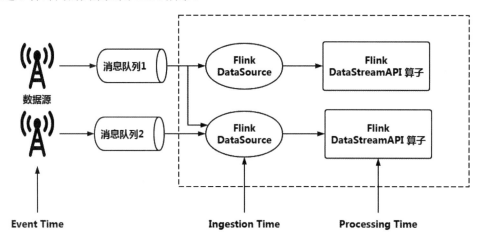

图 12.30　Flink 中 3 种时间的关系

可以通过下面的代码设置事件处理的时间语义。

```
// 设置 Event Time
sEnv.setStreamTimeCharacteristic(TimeCharacteristic.EventTime);

// 设置 Ingestion Time
sEnv.setStreamTimeCharacteristic(TimeCharacteristic.IngestionTime);

// 设置 Processing Time
sEnv.setStreamTimeCharacteristic(TimeCharacteristic.ProcessingTime);
```

12.4.5　水位线

如果设置事件处理的时间语义是 Event Time，就需要考虑如何处理乱序数据。因为数据从数据源产生，经过网络到 Flink 的 Source，最后到 Flink 的算子，是需要一个时间过程的。由于网络会造成延时等原因，会导致乱序数据的产生。尤其是在接收 Kafka 多个分区的数据进行窗口计算时，必须要有一个机制保证一个特定的时间达到后，能够正确触发窗口的执行。这个特别的机制就是水位线（Watermark）机制。水位线机制主要在 Flink 中执行窗口计算时对乱序事件进行处理。

　　由于在窗口计算时数据可能会延迟，因此水位线的本质可以理解成一个延迟触发窗口计算的机制。在正常情况下，如果时间窗口内的数据全部到达，就可以对该窗口内的所有数据执行计算操作；如果部分数据延迟到达窗口，则需要等待该窗口中的数据全部到达后才能开始处理。在这种情况下，使用水位线机制就能够保证乱序数据达到时也能正确地触发窗口，并得到正确的结果。

　　水位线的计算公式如下：

　　　　水位线 = 进入 Flink 的最大的事件时间（max Event Time）- 指定的延迟时间（t）

　　窗口触发的条件是：如果窗口的停止时间等于或小于水位线，那么该窗口会被执行触发。

　　下面通过一个具体示例说明水位线的工作过程，如图 12.31 所示。

时间窗口

Event Time		到达的 Event Time	Flink 的 max Event Time	水位线	水位线是否大于窗口的停止时间	是否触发计算	计算的事件
0~10s	1	1	1	-2	否	否	
	3	3	3	0	否	否	
	5	5	5	2	否	否	
	6	6	6	3	否	否	
	11	11	11	8	否	否	
	7	7	11	8	否	否	
	15	15	15	12	是	是	1, 3, 5, 6, 7
	8	8	15	12	是	是	1, 3, 5, 6, 7, 8

图 12.31　水位线的工作过程

　　假设系统的延时时间是 3s，而当前的时间窗口是 0~10s，如图 12.31 左边的表格所示。在图 12.31 右边的表格中统计以下数据：到达的 Event Time、Flink 的 max Event Time、水位线、水位线是否大于窗口的停止时间、是否触发计算和计算的事件。

　　下面分析几组数据。

　　（1）当 Event Time 为 1 的事件到达时，到达的 Event Time 为 1，Flink 的 max Event Time 也是 1。由于假设延时 3s，根据水位线的计算公式，得到当前水位线的值是 -2。由于不满足触发窗口计算的条件，因此这时不会执行窗口计算。

　　（2）当 Event Time 为 3 的事件到达时，到达的 Event Time 为 3，Flink 的 max Event Time 也是 3。由于假设延时 3s，根据水位线的计算公式，得到当前水位线的值是 0。由于此时不满足触发窗口计算的条件，因此这时不会执行窗口计算。

　　（3）直到 Event Time 为 15 的事件到达时，到达的 Event Time 为 15，Flink 的 max Event Time 也是 15。由于假设延时 3s，根据水位线的计算公式，得到当前水位线的值是 12。由于窗口的结束时间为第 10s，因此此时水位线满足触发窗口计算的条件。这时会触发窗口执行计算，把事件 1、事件 3、事件 5、事件 6 和事件 7 包含在窗口中。

　　这里需要注意的是 Event Time 为 11 和 15 的事件。由于这两个事件并不属于该时间窗口，因此在执行该窗口（0~10s）的计算时并不会包含这两个事件。

了解了水位线的工作机制后，下面介绍设置水位线的核心代码，主要分为以下两步。

（1）正确设置事件处理的时间语义，一般都采用 Event Time，代码如下：

```
sEnv.setStreamTimeCharacteristic(TimeCharacteristic.EventTime);
```

（2）指定生成水位线的机制，包括延时处理的时间和 EventTime 对应的字段，代码如下：

```
.assignTimestampsAndWatermarks(
WatermarkStrategy.<StationLog>forBoundedOutOfOrderness(Duration.ofSeconds(3))
    .withTimestampAssigner(new SerializableTimestampAssigner<StationLog>() {
        @Override
        public long extractTimestamp(StationLog element, long recordTimestamp){
            // 指定 EventTime 对应的字段
            return element.getCallTime();
        }
    })
)
```

下面通过一个具体示例演示如何使用水位线。

这里的需求是：按基站每 3s 统计过去 5s 内通话时间最长的记录。测试数据一共有 5 个字段，分别是基站 ID、主叫方、被叫方、通话时长和呼叫发起的时间。测试数据如下：

```
station1,18688822219,18684812319,10,1595158485855
station5,13488822219,13488822219,50,1595158490856
station5,13488822219,13488822219,50,1595158495856
station5,13488822219,13488822219,50,1595158500856
station5,13488822219,13488822219,50,1595158505856
station2,18464812121,18684812319,20,1595158507856
station3,18468481231,18464812121,30,1595158510856
station5,13488822219,13488822219,50,1595158515857
station2,18464812121,18684812319,20,1595158517857
station4,18684812319,18468481231,40,1595158521857
station0,18684812319,18688822219,0,1595158521857
station2,18464812121,18684812319,20,1595158523858
station6,18608881319,18608881319,60,1595158529858
station3,18468481231,18464812121,30,1595158532859
station4,18684812319,18468481231,40,1595158536859
station2,18464812121,18684812319,20,1595158538859
station1,18688822219,18684812319,10,1595158539859
station5,13488822219,13488822219,50,1595158544859
station4,18684812319,18468481231,40,1595158548859
station3,18468481231,18464812121,30,1595158551859
station1,18688822219,18684812319,10,1595158552859
station3,18468481231,18464812121,30,1595158555859
station0,18684812319,18688822219,0,1595158555859
station2,18464812121,18684812319,20,1595158557859
station4,18684812319,18468481231,40,1595158561859
```

（1）开发 StationLog，用于封装基站数据，代码如下：

```
public class StationLog {
    private String stationID;          // 基站 ID
    private String from;               // 主叫方
    private String to;                 // 被叫方
    private long duration;             // 通话时长
    private long callTime;             // 呼叫发起的时间

    public StationLog(String stationID, String from,
                        String to, long duration,
                        long callTime) {
        this.stationID = stationID;
        this.from = from;
        this.to = to;
        this.duration = duration;
        this.callTime = callTime;
    }
    public String getStationID() {
        return stationID;
    }
    public void setStationID(String stationID) {
        this.stationID = stationID;
    }
    public long getCallTime() {
        return callTime;
    }
    public void setCallTime(long callTime) {
        this.callTime = callTime;
    }
    public String getFrom() {
        return from;
    }
    public void setFrom(String from) {
        this.from = from;
    }

    public String getTo() {
        return to;
    }
    public void setTo(String to) {
        this.to = to;
    }
    public long getDuration() {
        return duration;
    }
    public void setDuration(long duration) {
        this.duration = duration;
    }
}
```

（2）WaterMarkDemo 用于完成计算。需要注意的是，为了方便，这里设置任务的并行度为 1，代码如下：

```java
import java.time.Duration;
import org.apache.flink.api.common.eventtime.SerializableTimestampAssigner;
import org.apache.flink.api.common.eventtime.WatermarkStrategy;
import org.apache.flink.api.common.functions.FilterFunction;
import org.apache.flink.api.common.functions.FlatMapFunction;
import org.apache.flink.api.common.functions.ReduceFunction;
import org.apache.flink.api.java.functions.KeySelector;
import org.apache.flink.streaming.api.TimeCharacteristic;
import org.apache.flink.streaming.api.datastream.DataStreamSource;
import org.apache.flink.streaming.api.environment.StreamExecutionEnvironment;
import org.apache.flink.streaming.api.functions.windowing.ProcessWindowFunction;
import org.apache.flink.streaming.api.windowing.time.Time;
import org.apache.flink.streaming.api.windowing.windows.TimeWindow;
import org.apache.flink.util.Collector;

// 每隔 3s 将过去 5s 内通话时间最长的通话日志输出
public class WaterMarkDemo {
    public static void main(String[] args) throws Exception {
        // 得到 Flink 流式处理的运行环境
        StreamExecutionEnvironment env =
                StreamExecutionEnvironment.getExecutionEnvironment();
        env.setStreamTimeCharacteristic(TimeCharacteristic.EventTime);
        env.setParallelism(1);
        // 设置周期性地产生水位线的时间间隔
        // 当数据流很大时，如果每个事件都产生水位线，会影响性能
        env.getConfig().setAutoWatermarkInterval(100);        // 默认为 100ms

        // 得到输入流
        DataStreamSource<String> stream = env.socketTextStream("bigdata111", 1234);
        stream.flatMap(new FlatMapFunction<String, StationLog>() {

            public void flatMap(String data, Collector<StationLog> output)
            throws Exception {
                String[] words = data.split(",");
                output.collect(new StationLog(words[0], words[1],words[2],
                                    Long.parseLong(words[3]),
                                    Long.parseLong(words[4])));
            }
        }).filter(new FilterFunction<StationLog>() {

            @Override
            public boolean filter(StationLog value) throws Exception {
                return value.getDuration() > 0?true:false;
            }
        }).assignTimestampsAndWatermarks(
        WatermarkStrategy.<StationLog>forBoundedOutOfOrderness(Duration.ofSeconds(3))
            .withTimestampAssigner(new SerializableTimestampAssigner<StationLog>() {
```

```
                    @Override
                    public long extractTimestamp(StationLog element,
                                                long recordTimestamp) {
                        // 指定 EventTime 对应的字段
                        return element.getCallTime();
                    }
                })
        ).keyBy(new KeySelector<StationLog, String>(){
            @Override
            public String getKey(StationLog value) throws Exception {
                return value.getStationID();                // 按照基站分组
            }}
        ).timeWindow(Time.seconds(5),Time.seconds(3))       // 设置时间窗口
        .reduce(new MyReduceFunction(),new MyProcessWindows()).print();

        env.execute();
    }
}
// 用于如何处理窗口中的数据，即找到窗口内通话时间最长的通话记录
class MyReduceFunction implements ReduceFunction<StationLog> {
    @Override
    public StationLog reduce(StationLog value1, StationLog value2)
                                        throws Exception {
        // 找到通话时间最长的通话记录
        return value1.getDuration() >= value2.getDuration()? value1: value2;
    }
}
// 窗口处理完成后，输出结果
class MyProcessWindows
extends ProcessWindowFunction<StationLog, String, String, TimeWindow> {
    @Override
    public void process(String key,
    ProcessWindowFunction<StationLog, String, String, TimeWindow>.Context context,
            Iterable<StationLog> elements, Collector<String> out) throws Exception {
        StationLog maxLog = elements.iterator().next();

        StringBuffer sb = new StringBuffer();
        sb.append(" 窗口范围是 :").append(context.window().getStart())
                            .append("----")
                                .append(context.window().getEnd())
                                .append("\n");;
        sb.append(" 基站 ID: ").append(maxLog.getStationID()).append("\t")
          .append(" 呼叫时间: ").append(maxLog.getCallTime()).append("\t")
          .append(" 主叫号码: ").append(maxLog.getFrom()).append("\t")
          .append(" 被叫号码: ").append(maxLog.getTo()).append("\t")
          .append(" 通话时长: ").append(maxLog.getDuration()).append("\n");
        out.collect(sb.toString());
    }
}
```

（3）在 Netcat 中输入测试数据，并启动应用程序，输出结果如图 12.32 所示。

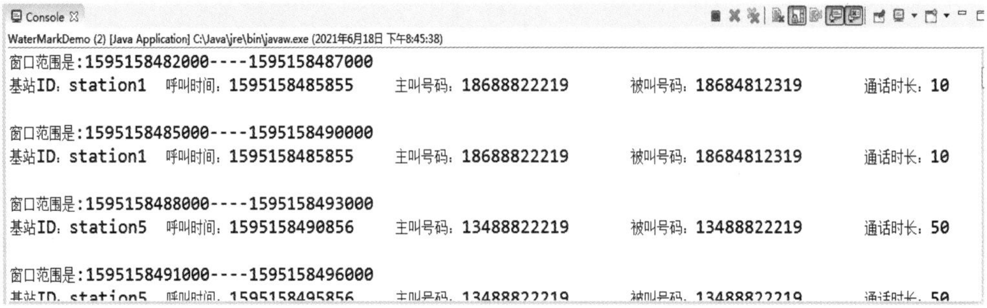

```
Console
WaterMarkDemo (2) [Java Application] C:\Java\jre\bin\javaw.exe (2021年6月18日 下午8:45:38)
窗口范围是:1595158482000----1595158487000
基站ID: station1  呼叫时间: 1595158485855    主叫号码: 18688822219    被叫号码: 18684812319    通话时长: 10

窗口范围是:1595158485000----1595158490000
基站ID: station1  呼叫时间: 1595158485855    主叫号码: 18688822219    被叫号码: 18684812319    通话时长: 10

窗口范围是:1595158488000----1595158493000
基站ID: station5  呼叫时间: 1595158490856    主叫号码: 13488822219    被叫号码: 13488822219    通话时长: 50

窗口范围是:1595158491000----1595158496000
基站ID: station5  呼叫时间: 1595158495856    主叫号码: 13488822219    被叫号码: 13488822219    通话时长: 50
```

图 12.32　WaterMarkDemo 的输出结果

第 13 章 大数据计算引擎 Flink 进阶

第 12 章已经介绍了大数据计算引擎 Flink 的基础知识，本章将继续深入讲解 Flink 在实际使用过程中的一些特性，以及 Flink 中如何对状态进行管理。Flink 与 Spark 一样，也提供了数据分析模块，即 Flink Table API 和 Flink SQL API。本章将通过大量的示例代码展示如何使用这些 API 接口开发相应的应用程序。

13.1 Flink 的高级特性

13.1.1 Flink 的并行度分析

一个 Flink 程序由多个任务组成，如 Source 任务、Transformation 任务和 Sink 任务，最终这些任务将由 TaskManager 上的 Task Slot 执行。某个任务由多个并行的 Task Slot 同时执行，这时该任务的并行实例数目称为该任务的并行度，如图 13.1 所示。

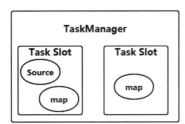
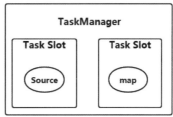

图 13.1　任务的并行度

在图 13.1 中，Source 任务的并行度为 2，而 map 操作的并行度为 3。一个任务的并行度可以从 4 个层次指定。

1. Operator Level（算子层次）

一个算子、数据源和 Sink 的并行度可以通过调用 setParallelism () 方法指定，代码如下：

```
DataSet<Tuple2<String, Integer>> result = source.flatMap(
        new FlatMapFunction<String, Tuple2<String, Integer>>() {

    @Override
    public void flatMap(String value, Collector<Tuple2<String, Integer>> out)
            throws Exception {
        // 拆分单词
        String[] words = value.split(" ");
```

```
        for(String w:words) {
            out.collect(new Tuple2<String, Integer>(w,1));
        }
    }
}).groupBy(0).sum(1).setParallelism(3);
```

2. ExecutionEnvironment Level（执行环境层次）

执行环境的默认并行度可以通过调用 setParallelism () 方法指定。如果该执行环境中的所有
Source、Transformation 和 Sink 默认，将使用执行环境的默认并行度，代码如下：

```
ExecutionEnvironment env = ExecutionEnvironment.getExecutionEnvironment();
env.setParallelism(3);
```

3. Client Level（客户端层次）

在提交 Flink 程序时，可以通过使用 -p 参数在客户端级别设定程序默认的并行度，代码如下：

```
bin/flink run -p 10 WordCount-java.jar
```

4. System Level（系统层次）

在系统级别，可以通过设置配置文件 flink-conf.yaml 中的 parallelism.default 属性指定所有执行
环境的默认并行度。由于是在系统级别进行设置的，因此运行在该 Flink 集群系统中的所有程序都
将默认采用该并行度。

13.1.2 Flink 的分布式缓存

Flink 提供了一个分布式缓存，可以使用户在并行函数中很方便地读取本地文件。这种功能类
似于 Hadoop 中的 MapJoin，因此适用于连接一张大表和一张小表的情况。图 13.2 为 Flink 分布式
缓存的过程机制。

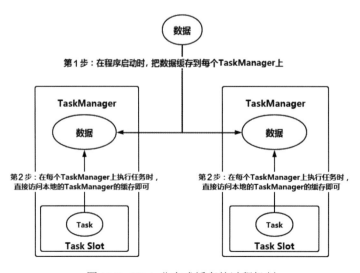

图 13.2 Flink 分布式缓存的过程机制

下面的代码在启动阶段将 HDFS 中的数据缓存到了每个 TaskManager 上，从而在执行处理时，可直接读取本地缓存的数据。通过这样的方式，可以提高程序的执行效率。

```java
import java.io.File;
import java.util.List;

import org.apache.commons.io.FileUtils;
import org.apache.flink.api.common.functions.RichMapFunction;
import org.apache.flink.api.java.DataSet;
import org.apache.flink.api.java.ExecutionEnvironment;
import org.apache.flink.configuration.Configuration;

public class DistributedCacheDemo {
    public static void main(String[] args) throws Exception {
        // 创建一个方位接口的对象: DataSet API
        ExecutionEnvironment env = ExecutionEnvironment.getExecutionEnvironment();

        // 注册需要缓存的数据
        // 路径可以是 HDFS, 也可以是本地
        // 如果是 HDFS, 需要包含 HDFS 的依赖
        env.registerCachedFile("d:\\data.txt", "localfile");

        // 执行一个简单的计算
        DataSet<Integer> source = env.fromElements(1,2,3,4,5,6,7,8,9,10);
        // 需要使用 RichMapFunction 的 open 方法, 在初始化时读取缓存的数据文件
        source.map(new RichMapFunction<Integer, String>() {
            private String shareData = "";

            @Override
            public void open(Configuration parameters) throws Exception {
                // 读取分布式缓存的数据
                File file = getRuntimeContext().getDistributedCache().
                getFile("localfile");
                // 读取文件的内容
                List<String> lines = FileUtils.readLines(file);
                // 得到数据
                shareData = lines.get(0);
            }

            @Override
            public String map(Integer value) throws Exception {
                return shareData + "\t" + value;
            }
        }).print();
    }
}
```

13.1.3 广播变量

由于在每个 TaskManager 上都可能有多个 Task Slot 并行执行任务，因此使用广播变量可以保证在每个 TaskManager 上只保存一个只读的缓存变量，该变量可以运行在集群中的任何节点，而不需要多次传递给集群节点。可以把广播变量理解为集群中的一个公共的共享变量。例如，可以将一个 DataSet 集合作为广播变量进行广播，这样不同的任务在节点上都可以获取到，而该集合在每个节点上也只会保存一份。需要注意的是，由于广播变量缓存于每个节点的内存，因此数据集不能太大；另外，广播变量在初始化广播出去以后不支持修改，这样才能保证每个节点的数据都是一致的。

图 13.3 为没有使用广播变量和使用广播变量的区别。

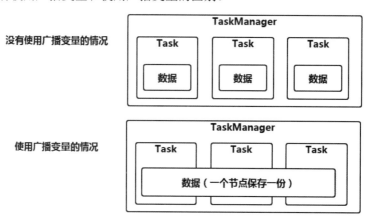

图 13.3　没有使用广播变量和使用广播变量的区别

下面的示例代码展示了如何使用广播变量。

```java
import java.util.ArrayList;
import java.util.HashMap;
import java.util.List;

import org.apache.flink.api.common.functions.MapFunction;
import org.apache.flink.api.common.functions.RichMapFunction;
import org.apache.flink.api.java.DataSet;
import org.apache.flink.api.java.ExecutionEnvironment;
import org.apache.flink.api.java.tuple.Tuple2;
import org.apache.flink.configuration.Configuration;

// 这里通过姓名获取人的年龄，将人的信息作为广播变量进行广播
public class BroadCastDemo {

    public static void main(String[] args) throws Exception {
        ExecutionEnvironment env = ExecutionEnvironment.getExecutionEnvironment();
```

```
// 创建需要广播的数据
List<Tuple2<String, Integer>> people = new ArrayList<Tuple2<String,Integer>>();
people.add(new Tuple2<String, Integer>("Tom",23));
people.add(new Tuple2<String, Integer>("Mary",20));
people.add(new Tuple2<String, Integer>("Mike",26));
DataSet<Tuple2<String, Integer>> peopleData = env.fromCollection(people);

DataSet<HashMap<String,Integer>> broadCast =
            peopleData.map(new MapFunction<Tuple2<String,Integer>,
                                HashMap<String, Integer>>() {
    public HashMap<String, Integer> map(Tuple2<String, Integer> value)
            throws Exception {
        HashMap<String, Integer> res = new HashMap<String, Integer>();
        res.put(value.f0, value.f1);
        return res;
    }
});

// 创建数据源
DataSet<String> source = env.fromElements("Tom","Mike","Mary");
DataSet<String> result = source.map(new RichMapFunction<String, String>() {
    // 定义变量，保存广播变量
    HashMap<String, Integer> allMap = new HashMap<String, Integer>();

    @Override
    public void open(Configuration parameters) throws Exception {
        // 可以在这里实现一些初始化功能，在 open 方法中获取广播变量数据
        super.open(parameters);
        List<HashMap<String,Integer>> data = getRuntimeContext()
                        .getBroadcastVariable("broadCastData");
        for(HashMap<String,Integer> d:data){
            allMap.putAll(d);
        }
    }

    @Override
    public String map(String value) throws Exception {
        // 根据姓名从广播变量中获取年龄
        Integer age = allMap.get(value);
        return "姓名：" + value + "\t 年龄：" + age;
    }
}).withBroadcastSet(broadCast, "broadCastData");
result.print();
    }
}
```

程序输出结果如图 13.4 所示。

图 13.4   BroadCastDemo 的输出结果

13.1.4   累加器与计数器

Flink 的累加器（Accumulator）类似于 MapReduce Counter，程序可以在 Flink 任务的算子中操作累加器的值，但是只能在任务执行结束之后才能获得累加器的最终结果。由于 Flink 是一个分布式计算引擎，因此使用累加器可以保证在全局范围内数据的一致性。计数器（Counter）是累加器的一个实现方式，具体分为 IntCounter、LongCounter 和 DoubleCounter。

首先通过下面的示例代码演示如果不使用累加器会出现什么问题。

```java
import org.apache.flink.api.common.functions.RichMapFunction;
import org.apache.flink.api.java.DataSet;
import org.apache.flink.api.java.ExecutionEnvironment;

public class NoAccumulatorDemo {
    public static void main(String[] args) throws Exception {
        // 访问接口：ExecutionEnvironment
        ExecutionEnvironment env = ExecutionEnvironment.getExecutionEnvironment();

        // 数据源
        DataSet<String> source = env.fromElements("Tom","Mary","Mike","Jone");

        // 统计集合中的个数
        DataSet<Integer> result = source.map(new RichMapFunction<String, Integer>() {
            private int total = 0;

            @Override
            public Integer map(String value) throws Exception {
                // 计数
                total ++;
                return total;
            }
        }).setParallelism(1);
        result.print();
    }
}
```

　　上述代码的功能是统计 DataSet 集合中元素的个数。第 23 行代码设置任务的并行度为 1，这时执行程序可以得到正确的结果，如图 13.5 所示。

图 13.5　不使用累加器且并行度为 1 的输出结果

　　如果将第 23 行代码的并行度设置为一个大于 1 的数字，如 3，这时统计的结果就会有误，如图 13.6 所示。

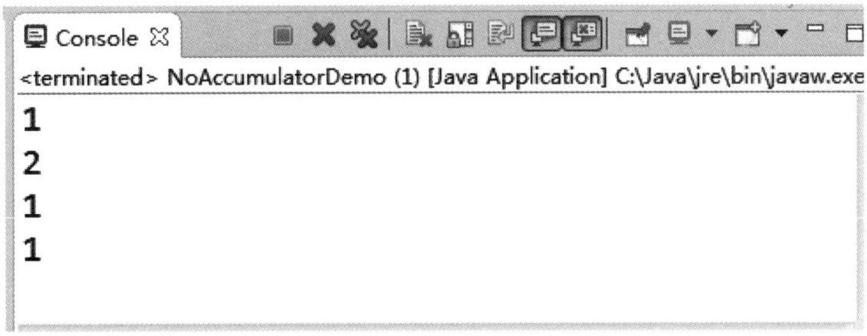

图 13.6　不使用累加器且并行度为 3 的输出结果

　　造成结果不正确的原因是设置了任务的并行度为 3，等同于有 3 个任务的实例在同时计数，最终导致数据不一致。可以使用累加器的方式解决此问题，代码如下：

```java
import org.apache.flink.api.common.JobExecutionResult;
import org.apache.flink.api.common.accumulators.IntCounter;
import org.apache.flink.api.common.functions.RichMapFunction;
import org.apache.flink.api.java.DataSet;
import org.apache.flink.api.java.ExecutionEnvironment;
import org.apache.flink.configuration.Configuration;

public class AccumulatorDemo {
    public static void main(String[] args) throws Exception {
        // 访问接口：ExecutionEnvironment
        ExecutionEnvironment env = ExecutionEnvironment.getExecutionEnvironment();

        // 数据源
        DataSet<String> source = env.fromElements("Tom","Mary","Mike","Jone");

        // 统计集合中的个数
        DataSet<Integer> result = source.map(new RichMapFunction<String, Integer>() {
```

```
                       // 定义一个累加器，注册到任务中
                       private IntCounter intCount = new IntCounter();

                       @Override
                       public void open(Configuration parameters) throws Exception {
                            // 将累加器注册到任务
                            this.getRuntimeContext().addAccumulator("myaccumulator",
                            intCount);
                       }

                       @Override
                       public Integer map(String value) throws Exception {
                            // 具体任务中操作累加器
                            this.intCount.add(1);
                            return 0;
                       }
                   }).setParallelism(3);

                   result.writeAsText("d:\\result.txt");

                   // 获取累加器的值
                   JobExecutionResult finalResult = env.execute("AccumulatorDemo");
                   int total = finalResult.getAccumulatorResult("myaccumulator");
                   System.out.println("结果是: " + total);


              }
          }
```

第 33 行代码设置任务的并行度为 3，执行程序将得到正确的结果，即"结果是：4"。此时即使修改任务的并行度，程序的输出结果也不会发生变化。

13.2 状态的管理与恢复

Flink 在执行流式计算处理时，与 Spark Streaming 一样可以进行状态的管理。状态是内存中的值，如果系统出现了宕机，状态的值将会丢失。Flink 可以通过检查点的方式把状态保存到后端的存储中，以便于计算出现问题时实现任务的重启。

13.2.1 状态

状态（State）一般是指具体的 Keyed State 或 Operator State。默认情况下，Flink 将状态的数据保存在 Java 的堆内存中。状态可以被记录，在任务执行失败的情况下，可以通过状态恢复任务的执行。Flink 中有以下两种基本类型的状态。

1. Keyed State

Keyed State 是基于 KeyedStream 的状态，它需要与特定的 Key 绑定。对应 KeyedStream 流上的

每一个 Key 都会有一个对应的 State。该类型的状态保存的数据结构可以分为 4 种类型，见表 13.1。

表 13.1 Keyed State 的数据类型

数据类型	说　明
ValueState<T>	类型为 T 的单值状态。该状态与对应的 Key 绑定。可以通过 update 方法更新状态值，通过 value 方法获取状态值
ListState<T>	Key 上的状态值为一个列表。可以通过 add 方法向列表中添加值，也可以通过 get 方法返回一个 Iterable<T> 遍历状态值
ReducingState<T>	状态通过传入的 reduceFunction，每次调用 add 方法添加值时会调用 reduceFunction，最后合并到一个单一的状态值
MapState<UK, UV>	状态值为一个 map 集合，通过 put 或 putAll 方法添加元素

下面通过一个具体示例演示如何使用 Keyed State，该示例将执行每 3 个数据的求和操作。在该示例中，需要维护求和的状态，当达到 3 个数据后，需要重新开始计数。由于程序只需要得到每 3 个数据的和，因此可以使用 ValueState 记录状态的结果，完整代码如下：

```
import org.apache.flink.api.common.functions.RichFlatMapFunction;
import org.apache.flink.api.common.state.ValueState;
import org.apache.flink.api.common.state.ValueStateDescriptor;
import org.apache.flink.api.common.typeinfo.TypeHint;
import org.apache.flink.api.common.typeinfo.TypeInformation;
import org.apache.flink.api.java.tuple.Tuple2;
import org.apache.flink.configuration.Configuration;
import org.apache.flink.runtime.state.filesystem.FsStateBackend;
import org.apache.flink.streaming.api.environment.StreamExecutionEnvironment;
import org.apache.flink.util.Collector;

public class CountWindowDemo {

    public static void main(String[] args) throws Exception {
        // 创建访问接口：StreamExecutionEnvironment
        StreamExecutionEnvironment sEnv =
                StreamExecutionEnvironment.getExecutionEnvironment();

        sEnv.fromElements(Tuple2.of(1, 1),
                        Tuple2.of(1, 2),
                        Tuple2.of(1, 3),
                        Tuple2.of(1, 4),
                        Tuple2.of(1, 5),
                        Tuple2.of(1, 6),
                        Tuple2.of(1, 7),
                        Tuple2.of(1, 8),
                        Tuple2.of(1, 9))
```

```
            .keyBy(0)
            .flatMap(new MyFlatMapFuction())
            .print().setParallelism(1);
        sEnv.execute("CountWindowDemo");
    }
}

// 进行状态的管理，完成每 3 个数据进行求和
class MyFlatMapFuction extends RichFlatMapFunction<Tuple2<Integer,Integer>,
                                                  Tuple2<Integer,Integer>>{

    // 定义状态值
    // 第 1 个 Integer 表示计数器，第 2 个 Integer 表示求和结果
    private ValueState<Tuple2<Integer, Integer>> state;

    @Override
    public void open(Configuration parameters) throws Exception {
        // 对状态进行初始化
        ValueStateDescriptor<Tuple2<Integer, Integer>> description =
                new ValueStateDescriptor<Tuple2<Integer,Integer>>
                    (// 状态的名字
                     "mystate",
                     // 状态的类型
                    TypeInformation.of(new TypeHint<Tuple2<Integer,
                    Integer>>(){}),
                     // 状态的默认值
                     Tuple2.of(0, 0));

        state = this.getRuntimeContext().getState(description);
    }

    @Override
    public void flatMap(Tuple2<Integer, Integer> value,
                    Collector<Tuple2<Integer, Integer>> out)
                        throws Exception {
        // 进行状态管理

        // 获取当前的状态值
        Tuple2<Integer, Integer> current = state.value();

        // 进行累加
        current.f0 += 1;                    // 计数器加 1
        current.f1 += value.f1;        // 累加

        // 更新状态
        state.update(current);

        // 判断是否达到了 3 个值
```

```
            if(current.f0 >= 3) {
                // 清空状态，重新开始计数
                // 输出之前的计算结果
                out.collect(new Tuple2<Integer, Integer>(value.f0,current.f1));
                state.clear();
            }
        }
    }
```

执行任务程序，输出结果如图 13.7 所示。

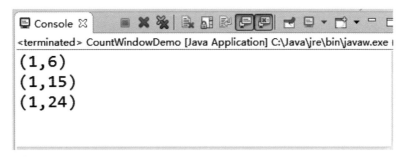

图 13.7　CountWindowDemo 的输出结果

2. Operator State

这种类型的状态与 Operator 绑定，但与 Key 无关。整个 Operator 只对应一个状态，用于保存状态的数据结构。例如，Flink 中的 Kafka Connector 就使用了 Operator State，因为在 Kafka Connector 中会保存该实例消费 Kafka Topic 的分区与偏移量的对应关系信息。

13.2.2　检查点与后端存储

状态是存储在内存中的值，为了保证状态的容错性，Flink 可以通过检查点对状态进行持久化的保存。检查点是 Flink 实现容错机制最核心的功能，通过检查点可以周期性地将状态的数据保存起来，从而生成状态的快照。当 Flink 程序意外崩溃，重新运行程序时可以有选择地从这些快照中进行恢复，从而修正因为故障带来的程序数据异常。

在应用程序代码级别可以启用检查点的配置，下面的代码将每隔 1000ms 执行一个检查点。

```
StreamExecutionEnvironment sEnv =
        StreamExecutionEnvironment.getExecutionEnvironment();
sEnv.enableCheckpointing(1000);
```

启用检查点后，状态在执行持久化保存时默认会保存在 TaskManager 的内存中。Flink 支持 3 种不同的后端存储方式用于状态的持久化操作，见表 13.2。

表 13.2　Flink 检查点的后端存储方式

后端存储方式	说　　明
MemoryStateBackend	状态数据保存在 Java 的堆内存中，当执行检查点时，会将状态数据保存到 TaskManager 的内存中。这种方式不建议在生产环境中使用
FsStateBackend	状态数据保存在 TaskManager 的内存中，执行检查点时，会把状态数据保存到相应的文件系统中，如 HDFS。这种方式比较适合在生产中使用
RocksDBStateBackend	RocksDB 是一个为更快速存储而生的、可嵌入的持久型的 Key-Value 存储数据库。这种方式克服了状态受内存限制的缺点，同时又能持久化到远端系统中。RocksDBStateBackend 与 FsStateBackend 一样，比较适合在生产中使用

可以通过以下两种不同的级别配置 Flink 检查点的后端存储方式。

1. 应用程序代码级别

```
sEnv.setStateBackend(new FsStateBackend("HDFS 的路径 "));
```

或者

```
new MemoryStateBackend()
```

或者

```
new RocksDBStateBackend(filebackend, true);
```

2. Flink 系统级别

通过修改 Flink 的配置文件 flink-conf.yaml，也能实现检查点后端存储的配置。

```
#==============================================================================
# Fault tolerance and checkpointing
#==============================================================================

# The backend that will be used to store operator state checkpoints if
# checkpointing is enabled.
# Supported backends are 'jobmanager', 'filesystem', 'rocksdb',
# or the <class-name-of-factory>.
#
# state.backend: filesystem

# Directory for checkpoints filesystem, when using any of the default bundled state backends.
#
# state.checkpoints.dir: hdfs://namenode-host:port/flink-checkpoints
```

这里的核心配置参数是 state.backend 和 state.checkpoints.dir。例如，使用 HDFS 作为检查点的后端存储，代码如下：

```
state.backend: filesystem
state.checkpoints.dir: hdfs://bigdata111:9000/flink/checkpoints
```

其中，state.backend 的值可以是下面几种。

（1）jobmanager：表示使用 MemoryStateBackend。

（2）filesystem：表示使用 FsStateBackend。

（3）rocksdb：表示使用 RocksDBStateBackend。

13.2.3　重启策略

有了检查点的支持，当任务执行失败时，Flink 就可以使用不同的重启策略重启失败的任务。用户可以在应用程序的代码级别或者在系统级别通过修改配置文件 flink-conf.yaml 指定使用哪一种重启策略。Flink 常用的重启策略有固定间隔（Fixed Delay）、失败率（Failure Rate）、无重启（No Restart）。

📢 注意：

> 如果没有启动检查点，则需要使用无重启策略；当启用了检查点后，将默认使用固定间隔策略。

以下是在应用程序代码级别和系统级别配置 Flink 的重启策略。

（1）在应用程序代码级别配置 Flink 的重启策略。

```
sEnv.setRestartStrategy(RestartStrategies.fixedDelayRestart(
  3,          // 尝试重启的次数
  Time.of(10, TimeUnit.SECONDS)         // 每次重启的间隔
));
```

（2）在系统级别配置 Flink 的重启策略。

```
restart-strategy: fixed-delay
restart-strategy.fixed-delay.attempts: 3
restart-strategy.fixed-delay.delay: 10 s
```

13.3　开发 Flink Table API 和 SQL API

与 Hadoop 的 Hive 和 Spark SQL 类似，在 Flink 的生态圈体系中也提供了两个关系型操作的 API：Table API 和 SQL API。

（1）Flink Table API 是用于 Scala 和 Java 语言的查询 API，允许以非常直观的方式组合关系运算符的查询，如 select、filter 和 join。

（2）Flink SQL API 支持的是实现了标准 SQL 的 Apache Calcite。通过这套接口，能够使用 SQL 语句处理 DataSet 数据流和 DataStream 数据流。

要使用 Table API 和 SQL API，需要将以下依赖引入项目。

1. Java 版本的依赖

```xml
<dependency>
    <groupId>org.apache.flink</groupId>
    <artifactId>flink-table-api-java-bridge_2.11</artifactId>
    <version>1.11.0</version>
    <scope>provided</scope>
</dependency>

<dependency>
    <groupId>org.apache.flink</groupId>
    <artifactId>flink-table-planner_2.11</artifactId>
    <version>1.11.0</version>
    <scope>provided</scope>
</dependency>

<dependency>
    <groupId>org.apache.flink</groupId>
    <artifactId>flink-table-planner-blink_2.11</artifactId>
    <version>1.11.0</version>
    <scope>provided</scope>
</dependency>
```

2. Scala 版本的依赖

```xml
<dependency>
  <groupId>org.apache.flink</groupId>
  <artifactId>flink-table-api-scala-bridge_2.11</artifactId>
  <version>1.11.0</version>
  <scope>provided</scope>
</dependency>

<dependency>
    <groupId>org.apache.flink</groupId>
    <artifactId>flink-table-planner_2.11</artifactId>
    <version>1.11.0</version>
    <scope>provided</scope>
</dependency>

<dependency>
    <groupId>org.apache.flink</groupId>
    <artifactId>flink-table-planner-blink_2.11</artifactId>
    <version>1.11.0</version>
    <scope>provided</scope>
</dependency>
```

13.3.1　开发 Flink Table API

本小节通过具体的代码示例演示如何使用 Flink Table API 进行批处理的离线计算和流处理的实时计算。

（1）使用 Flink Table API 开发 Java 版本的批处理 WordCount，代码如下：

```java
import org.apache.flink.api.common.functions.FlatMapFunction;
import org.apache.flink.api.java.DataSet;
import org.apache.flink.api.java.ExecutionEnvironment;
import org.apache.flink.table.api.Table;
import org.apache.flink.table.api.bridge.java.BatchTableEnvironment;
import org.apache.flink.util.Collector;

public class WordCountBatchTableAPI {
    public static void main(String[] args) throws Exception {
        ExecutionEnvironment env = ExecutionEnvironment.getExecutionEnvironment();
        BatchTableEnvironment tEnv = BatchTableEnvironment.create(env);
        DataSet<String> text = env.fromElements("I love Beijing",
                                                "I love China",
                                                "Beijing is the capital of China");
        DataSet<WordCount> input = text.flatMap(new MySplitter());
        Table table = tEnv.fromDataSet(input);
        Table data = table.groupBy("word").select("word, frequency.sum as frequency");
        DataSet<WordCount> result = tEnv.toDataSet(data, WordCount.class);
        result.print();
    }
    public static class MySplitter implements FlatMapFunction<String, WordCount> {
        public void flatMap(String value, Collector<WordCount> out)
                    throws Exception {
            for (String word: value.split(" ")) {
                out.collect(new WordCount(word,1));
            }
        }
    }

    public static class WordCount {
        public String word;
        public long frequency;
        public WordCount() {}
        public WordCount(String word, long frequency) {
            this.word = word;
            this.frequency = frequency;
        }
        @Override
        public String toString() {
            return "WordCount Result: " + word + " " + frequency;
        }
    }
}
```

（2）使用 Flink Table API 开发 Java 版本的流处理 WordCount，代码如下：

```java
import org.apache.flink.api.common.functions.FlatMapFunction;
import org.apache.flink.streaming.api.datastream.DataStream;
import org.apache.flink.streaming.api.datastream.DataStreamSource;
import org.apache.flink.streaming.api.environment.StreamExecutionEnvironment;
import org.apache.flink.table.api.EnvironmentSettings;
import org.apache.flink.table.api.Table;
import org.apache.flink.table.api.bridge.java.StreamTableEnvironment;
import org.apache.flink.util.Collector;

public class WordCountStreamTableAPI {
    public static void main(String[] args) throws Exception {
        StreamExecutionEnvironment env =
                    StreamExecutionEnvironment.getExecutionEnvironment();

        // 得到 Table 的运行环境
        StreamTableEnvironment stEnv = StreamTableEnvironment.create(env);

        // 得到输入流
        DataStreamSource<String> source = env.socketTextStream("bigdata111", 1234);
        DataStream<WordWithCount> input = source.flatMap(
                        new FlatMapFunction<String, WordWithCount>() {
            public void flatMap(String data, Collector<WordWithCount> output)
                            throws Exception {
                String[] words = data.split(" ");
                for(String word:words){
                    output.collect(new WordWithCount(word,1));
                }
            }
        });
        Table table = stEnv.fromDataStream(input,"word,frequncy");
        Table result = table.groupBy("word").select("word,frequncy.sum")
                            .as("word","frequncy");

        stEnv.toRetractStream(result, WordWithCount.class).print();
        env.execute();
    }

    public static class WordWithCount{
        public String word;
        public int frequncy;
        public WordWithCount(){}
        public WordWithCount(String word,int frequncy){
            this.word = word;
            this.frequncy = frequncy;
        }
        @Override
```

```
        public String toString() {
            return "WordCount [word=" + word + ", frequncy=" + frequncy + "]";
        }
    }
}
```

（3）使用 Flink Table API 开发 Scala 版本的批处理 WordCount，代码如下：

```
import org.apache.flink.api.scala._
import org.apache.flink.table.api._
import org.apache.flink.table.api.bridge.scala.BatchTableEnvironment

object WordCountBatchTable {
  def main(args: Array[String]): Unit = {
    val env = ExecutionEnvironment.getExecutionEnvironment

    val tEnv = BatchTableEnvironment.create(env)

    val text = env.fromElements("I love Beijing",
                                "I love China",
                                "Beijing is the capital of China")
    val input = text.flatMap(_.split(" ")).map(word => WordCount(word,1))

    // 使用隐式转换将 DataSet 转换为 Table
    val table = tEnv.fromDataSet(input)

    val data = table.groupBy("word").select("word, frequency.sum as frequency");

    tEnv.toDataSet[WordCount](data).print()
  }
}
case class WordCount(word:String,frequency:Integer)
```

（4）使用 Flink Table API 开发 Scala 版本的流处理 WordCount，代码如下：

```
import org.apache.flink.streaming.api.scala.StreamExecutionEnvironment
import org.apache.flink.table.api.TableEnvironment
import org.apache.flink.api.scala._
import org.apache.flink.table.api.bridge.scala.StreamTableEnvironment

object WordCountStreamTable {
  def main(args: Array[String]): Unit = {
    // 获取运行环境
    val env: StreamExecutionEnvironment =
              StreamExecutionEnvironment.getExecutionEnvironment

    val tEnv = StreamTableEnvironment.create(env)
```

```scala
    // 连接 socket，获取输入数据
    val source = env.socketTextStream("bigdata111",1234)

    // 注意：必须要添加这一行隐式转换，否则下面的 flatMap 方法执行时会报错
    import org.apache.flink.api.scala._

    // 生成 DataStream，并通过隐式转换生成表
    val dataStream = source.flatMap(line => line.split(" "))
                          .map(w => WordCount(w,1))
    val table = tEnv.fromDataStream(dataStream)
    val data = table.groupBy("word").select("word,frequency.sum")
                   .as("word", "frequency")

    // 执行查询并输出
    val result = tEnv.toRetractStream[WordCount](data)
    result.print
    env.execute()
  }
  case class WordCount(word: String, frequency: Integer)
}
```

13.3.2　开发 Flink SQL API

在进行数据分析处理时，经常使用 SQL 语句。下面的代码演示了如何使用 Flink SQL API 进行批处理的离线计算和流处理的实时计算。

（1）使用 Flink SQL API 开发 Java 版本的批处理 WordCount，代码如下：

```java
import org.apache.flink.api.common.functions.FlatMapFunction;
import org.apache.flink.api.common.functions.MapFunction;
import org.apache.flink.api.java.DataSet;
import org.apache.flink.api.java.ExecutionEnvironment;
import org.apache.flink.api.java.tuple.Tuple2;
import org.apache.flink.table.api.Table;
import org.apache.flink.table.api.bridge.java.BatchTableEnvironment;
import org.apache.flink.util.Collector;

public class WordCountBatchSQL {
    public static void main(String[] args) throws Exception {
        // 设置运行环境
        ExecutionEnvironment env = ExecutionEnvironment.getExecutionEnvironment();
        BatchTableEnvironment tEnv = BatchTableEnvironment.create(env);
        // 准备数据
        DataSet<String> text = env.fromElements("I love Beijing",
                                                "I love China",
                                                "Beijing is the capital of China");
        DataSet<WordCount> input = text.flatMap(new MySplitter());
```

```
        // 注册表
        tEnv.registerDataSet("WordCount", input, "word,frequency");

        // 执行 SQL 并输出
        Table table = tEnv.sqlQuery(
        "select word,sum(frequency) as frequency from WordCount group by word");
        DataSet<WordCount> result = tEnv.toDataSet(table, WordCount.class);
        result.print();
    }
    public static class MySplitter implements FlatMapFunction<String, WordCount> {
        public void flatMap(String value, Collector<WordCount> out) throws Exception {
            for (String word : value.split(" ")) {
                out.collect(new WordCount(word,1));
            }
        }
    }
    public static class WordCount {
        public String word;
        public long frequency;
        public WordCount() {}
        public WordCount(String word, long frequency) {
            this.word = word;
            this.frequency = frequency;
        }
        @Override
        public String toString() {
            return word + " " + frequency;
        }
    }
}
```

（2）使用 Flink SQL API 开发 Java 版本的流处理 WordCount，代码如下：

```
import org.apache.flink.api.common.functions.FlatMapFunction;
import org.apache.flink.streaming.api.datastream.DataStream;
import org.apache.flink.streaming.api.datastream.DataStreamSource;
import org.apache.flink.streaming.api.environment.StreamExecutionEnvironment;
import org.apache.flink.table.api.Table;
import org.apache.flink.table.api.TableEnvironment;
import org.apache.flink.table.api.bridge.java.StreamTableEnvironment;
import org.apache.flink.util.Collector;

public class WordCountStreamSQL {
    public static void main(String[] args) throws Exception {
        StreamExecutionEnvironment env =
                    StreamExecutionEnvironment.getExecutionEnvironment();
        // 得到 Table 的运行环境
        StreamTableEnvironment stEnv = StreamTableEnvironment.create(env);
```

```
        // 得到输入流
        DataStreamSource<String> source = env.socketTextStream("bigdata111", 1234);
        DataStream<WordWithCount> input = source.flatMap(
         new FlatMapFunction<String, WordWithCount>() {
            public void flatMap(String data, Collector<WordWithCount> output)
                        throws Exception {
                String[] words = data.split(" ");
                or(String word:words){
                    output.collect(new WordWithCount(word,1));
                }
            }
        });
        Table table = stEnv.fromDataStream(input,"word,frequncy");
        Table result = stEnv.sqlQuery("select word,sum(frequncy) as frequncy from
                                " + table + " group by word");
        stEnv.toRetractStream(result, WordWithCount.class).print();
        env.execute();
    }

    public static class WordWithCount{
        public String word;
        public int frequncy;
        public WordWithCount(){}
        public WordWithCount(String word,int frequncy){
            this.word = word;
            this.frequncy = frequncy;
        }
        @Override
        public String toString() {
            return "WordCount [word=" + word + ", frequncy=" + frequncy + "]";
        }
    }
}
```

（3）使用 Flink SQL API 开发 Scala 版本的批处理 WordCount，代码如下：

```scala
import org.apache.flink.api.scala._
import org.apache.flink.table.api.TableEnvironment
import org.apache.flink.table.api.bridge.scala.BatchTableEnvironment

object WordCountBatchSQLAPI {
  def main(args: Array[String]): Unit = {
    val env = ExecutionEnvironment.getExecutionEnvironment

    val tEnv = BatchTableEnvironment.create(env)

    val text = env.fromElements("I love Beijing",
                                "I love China",
```

```
                                "Beijing is the capital of China")
    val input = text.flatMap(_.split(" ")).map(word => WordCount(word, 1))
    val table = tEnv.fromDataSet(input)

    // 注册表
    tEnv.registerTable("mytable", table)
    val result = tEnv.sqlQuery(
                        "select word, sum(frequency) from mytable group by word")
    tEnv.toDataSet[WordCount](result).print()
  }
  case class WordCount(word: String, frequency: Integer)
}
```

（4）使用 Flink SQL API 开发 Scala 版本的批处理 WordCount，代码如下：

```
import org.apache.flink.streaming.api.scala.StreamExecutionEnvironment
import org.apache.flink.table.api.TableEnvironment
import org.apache.flink.api.scala._
import org.apache.flink.table.api.bridge.scala.StreamTableEnvironment

object WordCountStreamSQL {
  def main(args: Array[String]): Unit = {
    // 获取运行环境
    val env: StreamExecutionEnvironment =
            StreamExecutionEnvironment.getExecutionEnvironment

    val tEnv = StreamTableEnvironment.create(env)

    // 连接 socket，获取输入数据
    val source = env.socketTextStream("bigdata111",1234)

    // 注意：必须要添加这一行隐式转换，否则下面的 flatMap 方法执行时会报错
    import org.apache.flink.api.scala._
    // 生成 DataStream，并注册 DataStream
    val dataStream = source.flatMap(line => line.split(" "))
                            .map(w => WordCount(w,1))
    tEnv.registerDataStream("mytable", dataStream)

    // 执行查询并输出
    val data = tEnv.sqlQuery(
            "select word,sum(frequency) as frequency from mytable group by word")

    // 执行查询并输出
    val result = tEnv.toRetractStream[WordCount](data)
    result.print
    env.execute()
  }
    case class WordCount(word: String, frequency: Integer)
}
```

第 14 章　分布式协调服务 ZooKeeper

ZooKeeper 是分布式的、开放源码的应用程序协调服务，是 Google 的 Chubby 开源的实现，是大数据体系中的重要组件。它是一个为分布式应用提供一致性服务的软件，提供的功能包括配置维护、域名服务、分布式同步、组服务等。

例如，Hadoop 使用 ZooKeeper 的事件处理确保整个集群只有一个活跃的 NameNode 存储配置信息等，从而实现系统的 HA 功能；HBase 使用 ZooKeeper 的事件处理确保整个集群只有一个 HMaster 察觉 HRegionServer 联机和宕机以及存储访问控制列表等，从而实现 HBase 的 HA 功能。

14.1　ZooKeeper 集群基础

14.1.1　ZooKeeper 集群的架构

图 14.1 为一个典型的 ZooKeeper 集群的架构。

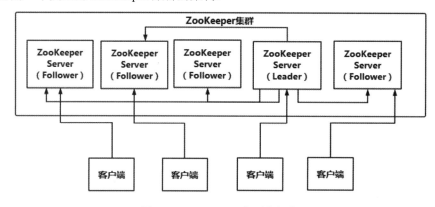

图 14.1　ZooKeeper 集群的架构

客户端可以连接到每个 Server，每个 Server 的数据完全相同，每个 Follower（跟随者）和 Leader（领导者）都有连接，接收 Leader 的数据更新操作并将 Leader 更新的数据同步到 Follower 中，以实现数据同步和一致性。Server 记录事务日志和快照到持久存储的过程。如果 ZooKeeper 集群中过半数的 Server 可用，则整体服务就可以使用。Leader 只有一个，宕机之后，就会重新选择一个 Leader。

14.1.2　ZooKeeper 集群中的角色

通过图14.1 可以看出，ZooKeeper 集群中主要有以下几种角色：Leader、Follower 和 Client（客户端），另外还有 Observer（观察者）。

这些角色的作用如下。

（1）Leader：主要负责更新集群的信息、处理客户端的请求、发起投票和进行决议。整个 ZooKeeper 集群中只有一个 Leader，所以存在单点故障问题。ZooKeeper 集群本身具有选举机制，当 Leader 宕机后，会自动选举一个新的 Leader。

（2）Follower：处理非事务的客户端请求，并将事务请求转发给 Leader。另外，在 Leader 的选举过程中，Follower 会参与集群的投票。

（3）Client：可以是 Java 程序，也可以是 ZooKeeper 自带的命令行工具。其主要作用就是发起事务与非事务操作请求，并发送给服务器端。

（4）Observer：同步 Leader 状态，不参与投票过程。它的存在是为了提高集群的读写效率，并处理非事务请求。

14.2　部署 ZooKeeper

ZooKeeper 安装部署模式分为 Standalone 模式和集群模式。Standalone 模式比较简单，多用于开发和测试，其只需要一台虚拟机就可以完成搭建。如果处于生产环境，建议搭建 ZooKeeper 的集群模式，这时需要三台虚拟机进行搭建。另外，ZooKeeper 集群中的节点具有不同的角色：Leader 和 Follower。将 ZooKeeper 部署完成后，即可通过具体的 Java 代码操作 ZooKeeper。

14.2.1　ZooKeeper 的核心配置文件

ZooKeeper 有一个核心的配置文件，即 conf 目录下的 zoo.cfg 文件。但是需要注意，在默认情况下并没有该文件，用户需要根据 ZooKeeper 的 Sample 文件自己生成该文件。

下面对 Zoo.cfg 文件中的配置参数进行说明，以方便后续配置。Zoo.cfg 文件的内容如下：

```
# The number of milliseconds of each tick
tickTime=2000
# The number of ticks that the initial
# synchronization phase can take
initLimit=10
# The number of ticks that can pass between
# sending a request and getting an acknowledgement
syncLimit=5
# the directory where the snapshot is stored.
# do not use /tmp for storage, /tmp here is just
# example sakes.
dataDir=/tmp/zookeeper
# the port at which the clients will connect
clientPort=2181
# the maximum number of client connections.
# increase this if you need to handle more clients
# maxClientCnxns=60
```

```
#
# Be sure to read the maintenance section of the
# administrator guide before turning on autopurge.
#
# http://zookeeper.apache.org/doc/current/zookeeperAdmin.html#sc_maintenance
#
# The number of snapshots to retain in dataDir
# autopurge.snapRetainCount=3
# Purge task interval in hours
# Set to "0" to disable auto purge feature
# autopurge.purgeInterval=1
```

其中每个参数的具体含义如下：

（1）tickTime：ZooKeeper 中的一个时间单元。ZooKeeper 中的所有时间都以该时间单元为基础进行整数倍配置。例如，session 的最小超时时间是 $2 \times$ tickTime。

（2）initLimit：Follower 在启动过程中会从 Leader 同步所有最新数据，然后确定自己能够对外服务的起始状态。Leader 允许 Follower 在 initLimit 时间内完成该工作。通常情况下，读者不用太关注该参数的设置。如果 ZooKeeper 集群的数据量确实很大，Follower 在启动时从 Leader 上同步数据的时间也会相应变长，在这种情况下有必要适当调大该参数。

（3）syncLimit：在运行过程中，Leader 负责与 ZooKeeper 集群中的所有机器进行通信，如通过一些心跳检测机制检测机器的存活状态。如果在该参数设定的时间内，Leader 没有接收到 Follower 的心跳（响应），则认为该 Follower 已经不在线。需要注意的是，不要把该参数设置得过大，否则可能会掩盖一些问题。

（4）dataDir：ZooKeeper 存储快照文件 snapshot 的目录。默认情况下，事务日志也会存储在这里。建议同时配置参数 dataLogDir，事务日志的写性能直接影响 ZooKeeper 性能。可以把该参数指向的目录理解为 ZooKeeper 存储数据的目录。需要注意的是，该参数的默认值是 /tmp 目录，所以在生产环境中一定要修改该参数的值。

（5）clientPort：客户端连接 ZooKeeper Server 的端口，即对外服务端口，一般设置为 2181。

（6）maxClientCnxns：单个客户端与单台服务器之间的连接数的限制是 IP 级别的，默认是 60。如果将其设置为 0，那么表明不作任何限制。应注意该限制的使用范围，其仅仅是单台客户端机器与单台 ZooKeeper 服务器之间的连接数限制，而不是针对指定客户端 IP，也不是 ZooKeeper 集群的连接数限制，也不是单台 ZooKeeper 对所有客户端的连接数限制。

（7）autopurge.purgeInterval：从 ZooKeeper 3.4.0 开始，ZooKeeper 提供了自动清理事务日志和快照文件功能。该参数指定了清理频率，单位是 h，需要配置为 1 或更大的整数。该参数的默认值是 0，表示不开启自动清理功能。

（8）autopurge.snapRetainCount：和上面的参数搭配使用，指定了需要 ZooKeeper 保留的文件数目，默认保留 3 个。

除了上面的配置参数以外，ZooKeeper 还有扩展参数，下面介绍这些扩展参数及它们的含义。

（1）globalOutstandingLimit：默认值是 1000。如果有大量 Client，会造成 ZooKeeper Server 对请求的处理速度小于 Client 的提交请求的速度，导致 Server 端大量请求 queue 滞留而发生 OOM 错

误（Out of Memory Error）。此参数控制 Server 最大持有未处理请求的个数。

（2）preAllocSize：为了避免大量磁盘检索，ZooKeeper 对 log 文件进行空间预分配，默认为 64MB。每当剩余空间小于 4KB 时，ZooKeeper 将会对 log 文件再次预分配。

（3）snapCount：默认值为 100000，在新增 log 条数达到 snapCount/2 + Random.nextInt (snapCount/2) 时，将对 ZooKeeper 中存储的数据执行快照，将内存中 DataTree 反序为快照文件数据，同时 log 计数置为 0，以此循环。执行快照的过程中，同时也伴随 log 的新文件创建。snapCount 参数让每个 Server 创建快照的时机随机且可控，避免所有的 Server 同时创建快照。

（4）traceFile：请求跟踪文件，如果设置了此参数，所有请求将会被记录在 traceFile 文件中。此参数的配置会带来一定的性能问题。

（5）ClientPortAddress：是 ZooKeeper 3.3.0 以后引入的参数，用于指定侦听 clientPort 的地址。此参数是可选的，默认是 clientPort 绑定到所有 IP 上。在物理 Server 具有多个网络接口时，可以设置特定的 IP。

（6）minSessionTimeout：在 ZooKeeper 3.3.0 中引入的新参数，默认值是 2×tickTime，也是 Server 允许的会话超时最小值。如果该参数值设置得过小，将采用默认值。

（7）maxSessionTimeout：在 ZooKeeper 3.3.0 中引入的新参数，默认值是 20×tickTime，也是 Server 允许的会话超时最大值。

14.2.2　部署 ZooKeeper 的 Standalone 模式

本小节将在 bigdata111 虚拟机上部署 ZooKeeper 的 Standalone 模式，使用的 ZooKeeper 版本是 zookeeper-3.4.10.tar.gz。

（1）将安装包解压至 /root/training 目录，命令如下：

```
tar -zxvf zookeeper-3.4.10.tar.gz -C ~/training/
```

（2）设置 ZooKeeper 环境变量，编辑文件 ~/.bash_profile，命令如下：

```
ZOOKEEPER_HOME=/root/training/zookeeper-3.4.10
export ZOOKEEPER_HOME

PATH=$ZOOKEEPER_HOME/bin:$PATH
export PATH
```

（3）生效 ZooKeeper 环境变量，命令如下：

```
source ~/.bash_profile
```

（4）生成 zoo.cfg 文件，命令如下：

```
cd ~/training/zookeeper-3.4.10/conf/
mv zoo_sample.cfg zoo.cfg
```

（5）编辑 zoo.cfg 文件，修改后的文件内容如下：

```
# The number of ticks that can pass between
# sending a request and getting an acknowledgement
syncLimit=5
# the directory where the snapshot is stored.
# do not use /tmp for storage, /tmp here is just
# example sakes.
dataDir=/root/training/zookeeper-3.4.10/tmp
# the port at which the clients will connect
clientPort=2181
# the maximum number of client connections.
# increase this if you need to handle more clients
# maxClientCnxns=60
#
# Be sure to read the maintenance section of the
# administrator guide before turning on autopurge.
#
# http://zookeeper.apache.org/doc/current/zookeeperAdmin.html#sc_maintenance
#
# The number of snapshots to retain in dataDir
# autopurge.snapRetainCount=3
# Purge task interval in hours
# Set to "0" to disable auto purge feature
# autopurge.purgeInterval=1

server.1=bigdata111:2888:3888
```

这里主要修改了两个参数，即 dataDir 和 server.1。

① dataDir 用于指定 ZooKeeper 数据存储的路径，在生产环境中需要重新设置。这里将其修改为 /root/training/zookeeper-3.4.10/tmp。因为该参数的默认值是 Linux 的 /tmp 目录，一旦 Linux 重启，/tmp 下面的内容将自动删除，所以在生产环境中一定要修改该参数的值。

② server.1 用于指定 ZooKeeper 集群中的 Server 节点。由于现在部署的是 Standalone 模式，集群中只存在一个 ZooKeeper Server，因此这里只设置了一个 Server 地址，即 bigdata111:2888:3888。其中，bigdata111 表示前面部署的其中一台虚拟机；端口 2888 表示集群内 Server 节点通信的端口，Leader 将监听此端口；端口 3888 用于选举 Leader。当 ZooKeeper 集群的 Leader 宕机后，ZooKeeper 集群会通过此端口选举一个新的 Leader。

（6）进入参数 dataDir 指定的目录下，即 /root/training/zookeeper-3.4.10/tmp，创建 myid 文件，并在 myid 文件中输入 1。1 表示 server.1 的 ZooKeeper 节点在集群中的哪个主机上。

（7）执行命令 zkServer.sh start，启动 ZooKeeper Server，命令如下：

```
[root@bigdata111 conf]# zkServer.sh start
ZooKeeper JMX enabled by default
Using config: /root/training/zookeeper-3.4.10/bin/../conf/zoo.cfg
Starting zookeeper ... STARTED
```

（8）执行命令 zkServer.sh status，查看 ZooKeeper Server 的状态，命令如下：

```
[root@bigdata111 conf]# zkServer.sh status
ZooKeeper JMX enabled by default
Using config: /root/training/zookeeper-3.4.10/bin/../conf/zoo.cfg
Mode: standalone
```

（9）也可以通过执行 jps 命令查看 Java 的后台进程信息，命令如下：

```
[root@bigdata111 conf]# jps
41894 Jps
41832 QuorumPeerMain
```

这里的 QuorumPeerMain 进程就是对应的 ZooKeeper Server 进程。至此，ZooKeeper Standalone 模式即部署完成，此时即可使用 ZooKeeper 提供的 CLI 命令行工具操作 ZooKeeper。直接启动 ZooKeeper 的客户端，默认将连接到本机的 2181 端口，命令如下：

```
[root@bigdata111 conf]# zkCli.sh
```

也可以通过 -server 参数指定连接的主机和端口，命令如下：

```
zkCli.sh -server bigdata111:2181
```

登录 ZooKeeper 客户端后，可以执行 help 命令查看所有可用的操作命令，具体如下。下面将通过具体示例演示如何使用 ZooKeeper 的操作命令。

```
[zk: bigdata111:2181(CONNECTED) 0] help
ZooKeeper -server host:port cmd args
    stat path [watch]
    set path data [version]
    ls path [watch]
    delquota [-n|-b] path
    ls2 path [watch]
    setAcl path acl
    setquota -n|-b val path
    history
    redo cmdno
    printwatches on|off
    delete path [version]
    sync path
    listquota path
    rmr path
    get path [watch]
    create [-s] [-e] path data acl
    addauth scheme auth
    quit
    getAcl path
    close
    connect host:port
```

（1）创建节点，命令如下：

```
[zk: bigdata111:2181(CONNECTED) 33] create /node1 helloworld
Created /node1
[zk: bigdata111:2181(CONNECTED) 34]
```

这里在 ZooKeeper 的根节点下创建了 node1 节点，node1 节点上的数据是 helloworld。

（2）查看当前节点列表，命令如下：

```
[zk: bigdata111:2181(CONNECTED) 34] ls /
[zookeeper, node1]
[zk: bigdata111:2181(CONNECTED) 35]
```

（3）查看节点状态，命令如下：

```
[zk: bigdata111:2181(CONNECTED) 35] stat /node1
cZxid = 0x14
ctime = Fri Sep 18 06:56:28 EDT 2020
mZxid = 0x14
mtime = Fri Sep 18 06:56:28 EDT 2020
pZxid = 0x14
cversion = 0
dataVersion = 0
aclVersion = 0
ephemeralOwner = 0x0
dataLength = 10
numChildren = 0
[zk: bigdata111:2181(CONNECTED) 36]
```

其中参数说明如下：

① cZxid 和 ctime：表示创建时的事务 id 和时间。

② mZxid 和 mtime：表示最后一次更新时的事务 id 和时间。

③ pZxid：表示当前节点的子节点列表最后一次被修改时的事务 id。引起子节点列表变化的两种情况是删除子节点和新增子节点。

（4）查看节点数据内容，命令如下：

```
[zk: bigdata111:2181(CONNECTED) 36] get /node1
helloworld
cZxid = 0x14
ctime = Fri Sep 18 06:56:28 EDT 2020
mZxid = 0x14
mtime = Fri Sep 18 06:56:28 EDT 2020
pZxid = 0x14
cversion = 0
dataVersion = 0
aclVersion = 0
ephemeralOwner = 0x0
dataLength = 10
numChildren = 0
```

（5）退出 ZooKeeper 客户端，命令如下：

```
[zk: bigdata111:2181(CONNECTED) 38] quit
Quitting...
2020-09-18 07:01:33,519 [myid:] - INFO  [main:ZooKeeper@684] - Session:
0x174a0bdebaa0003 closed
2020-09-18 07:01:33,531 [myid:] - INFO  [main-EventThread:ClientCnxn$Event-
Thread@519] - EventThread shut down for session: 0x174a0bdebaa0003
```

14.2.3　部署 ZooKeeper 的集群模式

本小节将在 bigdata112、bigdata113、bigdata114 虚拟机上部署 ZooKeeper 的集群模式。首先在 bigdata112 上进行配置，然后通过 scp 命令将配置好的 ZooKeeper 目录复制到 bigdata113 和 bigdata114 上，具体步骤如下。

（1）修改 bigdata112 上的 zoo.cfg 文件，完整的内容如下：

```
# The number of milliseconds of each tick
tickTime=2000
# The number of ticks that the initial
# synchronization phase can take
initLimit=10
# The number of ticks that can pass between
# sending a request and getting an acknowledgement
syncLimit=5
# the directory where the snapshot is stored.
# do not use /tmp for storage, /tmp here is just
# example sakes.
dataDir=/root/training/zookeeper-3.4.10/tmp
# the port at which the clients will connect
clientPort=2181
# the maximum number of client connections.
# increase this if you need to handle more clients
# maxClientCnxns=60
#
# Be sure to read the maintenance section of the
# administrator guide before turning on autopurge.
#
# http://zookeeper.apache.org/doc/current/zookeeperAdmin.html#sc_maintenance
#
# The number of snapshots to retain in dataDir
# autopurge.snapRetainCount=3
# Purge task interval in hours
# Set to "0" to disable auto purge feature
# autopurge.purgeInterval=1

server.1=bigdata112:2888:3888
server.2=bigdata113:2888:3888
server.3=bigdata114:2888:3888
```

　　这里在配置文件中增加了两个 ZooKeeper 节点，即 server.2 和 server.3，它们分别位于 bigdata113 和 bigdata114 上。

　　（2）在 bigdata112 虚拟机上进入参数 dataDir 指定的目录，即 /root/training/zookeeper-3.4.10/tmp。创建 myid 文件，并在 myid 文件中输入 1。

　　（3）在 bigdata112 虚拟机上把配置好的 ZooKeeper 目录复制到 bigdata113 和 bigdata114 上，命令如下：

```
cd /root/training
scp -r zookeeper-3.4.10/ root@bigdata113:/root/training
scp -r zookeeper-3.4.10/ root@bigdata114:/root/training
```

　　在执行 scp 命令时，需要远程连接主机，并输入远端主机的 root 用户的密码。如果配置了免密码登录，这里则不需要输入密码，如下所示：

```
[root@bigdata112 training]# scp -r zookeeper-3.4.10/ root@bigdata113:/root/training
The authenticity of host bigdata113(192.168.157.113)' can't be established.
ECDSA key fingerprint is SHA256:9ezjqGdBFdeuu3/hTzuChA8BwGxAYyEQ+mNeyrn5fj4.
ECDSA key fingerprint is MD5:60:3a:71:17:61:fd:5b:81:a1:84:fb:78:78:db:83:8a.
Are you sure you want to continue connecting (yes/no)? yes
Warning: Permanently added 'bigdata113,192.168.157.113 (ECDSA) to the list of known hosts.
root@bigdata113 password:
```

　　（4）在 bigdata113 和 bigdata114 上设置 ZooKeeper 的环境变量，编辑文件 ~/.bash_profile，命令如下：

```
ZOOKEEPER_HOME=/root/training/zookeeper-3.4.10
export ZOOKEEPER_HOME

PATH=$ZOOKEEPER_HOME/bin:$PATH
export PATH
```

　　（5）在 bigdata113 和 bigdata114 上生效 ZooKeeper 的环境变量，命令如下：

```
source ~/.bash_profile
```

　　（6）将 bigdata113 上的 myid 文件的内容修改为 2，将 bigdata114 上的 myid 文件的内容修改为 3，如图 14.2 所示。

图 14.2　修改 bigdata113 和 bigdata114 的 myid 文件内容

（7）在每台主机上执行 zkServer.sh start 命令，启动 ZooKeeper 集群，如图 14.3 所示。

图 14.3　启动 ZooKeeper 集群

（8）在每台主机上执行 zkServer.sh status 命令，查看 ZooKeeper 集群中每个节点的状态，如图 14.4 所示。

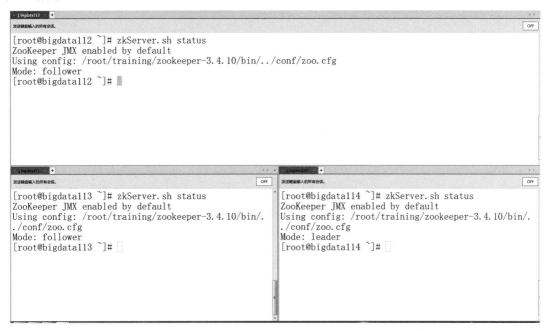

图 14.4　查看 ZooKeeper 集群的节点状态

由图 14.4 可以看出，ZooKeeper 集群通过选举机制将 bigdata114 上的 Server 选举为 Leader，而 bigdata112 和 bigdata113 上的 Server 为 Follower。

ZooKeeper 集群部署完成后，即可使用 ZooKeeper 的命令工具进行操作，其用法与 ZooKeeper Standalone 模式下的用法完全一样，这里不再赘述。

14.2.4   测试 ZooKeeper 集群

ZooKeeper 集群比较重要的功能是节点之间的数据同步与 Leader 的选举机制，下面对此进行测试。

1. 测试 ZooKeeper 集群的数据同步功能

在每个节点上启动 zkCli.sh 的命令行工具，并在 bigdata112 上创建一个节点，在 bigdata113 和 bigdata114 中进行查看，如图 14.5 所示。

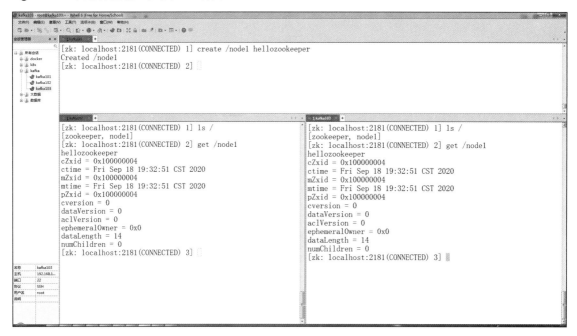

图 14.5   ZooKeeper 集群的数据同步

由图 14.5 可以看出，在 bigdata112 上创建了一个节点 /node1，并保存了数据 hellozookeeper，该新创建的节点和数据将会自动同步到 bigdata113 和 bigdata114。

2. 测试 ZooKeeper 集群的选举机制

集群当前的 Server 状态如图 14.6 所示。

图 14.6　ZooKeeper 集群当前的 Server 状态

由图 14.6 可以看出，bigdata114 上的 Server 是 Leader 状态，通过下面的方式可以结束 bigdata114 上的 ZooKeeper 进程。

```
[root@bigdata114~]# jps
1572 QuorumPeerMain
1720 Jps
[root@bigdata114~]# kill -9 1572
```

其中，1572 是 ZooKeeper Server 的进程号。

重新查看 ZooKeeper 中的 Server 状态，在每个节点上执行 zkServer.sh status，如图 14.7 所示。

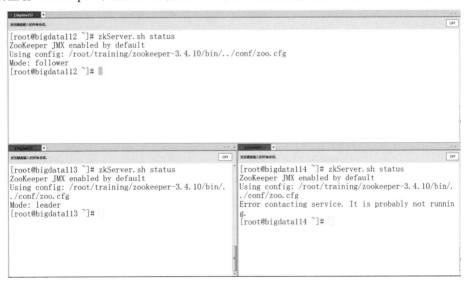

图 14.7　ZooKeeper 集群的选举结果

通过观察，可以发现 bigdata114 上的 ZooKeeper 已不能访问。但是，ZooKeeper 集群利用本身的选举机制将 bigdata113 上的 ZooKeeper 选举成了 Leader，而 bigdata112 上的 ZooKeeper 依然是 Follower 状态。

14.3　ZooKeeper 集群的功能特性

14.3.1　ZooKeeper 的节点类型

ZooKeeper 的节点类型有两个维度，一个维度表示永久的还是临时的，另一个维度表示是否有序。因此，ZooKeeper 的节点类型可组合成如下 4 种。

（1）持久节点（PERSISTENT）：在节点创建后就一直存在，直到有删除操作主动清除该节点，否则不会因为创建该节点的客户端会话失效而消失。

（2）持久顺序节点（PERSISTENT_SEQUENTIAL）：基本特性和持久节点一致，区别是在 ZK 中，每个父节点会为其第一级子节点维护一份顺序，会记录每个子节点创建的先后顺序。基于这个特性，在创建子节点时，可以设置该属性，那么在创建节点过程中，ZooKeeper 会自动为给定节点名加上一个数字后缀，作为新的节点名。该数字后缀的范围是整型的最大值。在创建节点时只需传入节点 "/test_"，ZooKeeper 即可自动在 "test_" 后面补充数字。

（3）临时节点（EPHEMERAL）：和持久节点不同，临时节点的生命周期和客户端会话绑定，即如果客户端会话失效，那么该节点就会自动被清除。需要注意的是，这里提到的是会话失效，而非连接断开，另外，在临时节点下不能创建子节点。

📢 注意：

> 当客户端会话失效后，所产生的节点不会立即消失，需要过一段时间，大概是 10s。本机操作生成节点后，在服务器端用命令查看当前的节点数目，会发现客户端会话已经失效，但是产生的节点还在。

（4）临时顺序节点（EPHEMERAL_SEQUENTIAL）：属于临时节点，但有顺序，客户端会话结束节点就消失。

在 Java 程序中，可以搭建 Maven 工程操作 ZooKeeper。Maven 工程 pom 文件中的依赖信息如下：

```
<dependencies>
    <dependency>
        <groupId>junit</groupId>
        <artifactId>junit</artifactId>
        <version>3.8.1</version>
        <scope>test</scope>
    </dependency>

    <dependency>
        <groupId>org.apache.curator</groupId>
        <artifactId>curator-framework</artifactId>
        <version>4.0.0</version>
```

```
    </dependency>

    <dependency>
        <groupId>org.apache.curator</groupId>
        <artifactId>curator-recipes</artifactId>
        <version>4.0.0</version>
    </dependency>

    <dependency>
        <groupId>org.apache.curator</groupId>
        <artifactId>curator-client</artifactId>
        <version>4.0.0</version>
    </dependency>
    <dependency>
        <groupId>org.apache.zookeeper</groupId>
        <artifactId>zookeeper</artifactId>
        <version>3.4.6</version>
    </dependency>

    <dependency>
        <groupId>com.google.guava</groupId>
        <artifactId>guava</artifactId>
        <version>16.0.1</version>
    </dependency>
</dependency>

</dependencies>
```

下面的 Java 代码示例创建了不同类型的 ZooKeeper 节点。其中，第 12 行代码连接的是 ZooKeeper 集群中的一个节点，这里也可以连接 ZooKeeper 的集群。如果要连接 ZooKeeper 集群，则应将集群中的节点用逗号分隔。

```java
import org.apache.curator.RetryPolicy;
import org.apache.curator.framework.CuratorFramework;
import org.apache.curator.framework.CuratorFrameworkFactory;
import org.apache.curator.retry.ExponentialBackoffRetry;
import org.apache.zookeeper.CreateMode;

public class ZooKeeperDemo {

    public static void main(String[] args) throws Exception {
        RetryPolicy policy = new ExponentialBackoffRetry(1000, 10);
        CuratorFramework cf = CuratorFrameworkFactory.builder()
                            .connectString("bigdata111:2181")
                            .retryPolicy(policy)
                            .build();

        cf.start();

        // 持久节点
        cf.create().forPath("/path01");
```

```
                // 持久顺序节点，这种节点会根据当前已存在的节点数自动加 1
                cf.create().withMode(CreateMode.PERSISTENT_SEQUENTIAL).forPath("/node-");
                cf.create().withMode(CreateMode.PERSISTENT_SEQUENTIAL).forPath("/node-");
                cf.create().withMode(CreateMode.PERSISTENT_SEQUENTIAL).forPath("/node-");

                // 临时节点
                // 如果客户端 session 超时，这类节点就会被自动删除
                cf.create().withMode(CreateMode.EPHEMERAL).forPath("/path03");

                // 临时顺序节点
                cf.create().withMode(CreateMode.EPHEMERAL_SEQUENTIAL).forPath("/temp-");
                cf.create().withMode(CreateMode.EPHEMERAL_SEQUENTIAL).forPath("/temp-");
                cf.create().withMode(CreateMode.EPHEMERAL_SEQUENTIAL).forPath("/temp-");

                // 由于存在临时节点，该行代码是为了查看临时节点的效果
                Thread.sleep(10000);

                cf.close();
        }
}
```

14.3.2 ZooKeeper 的 Watcher 机制

ZooKeeper 作为一款成熟的分布式协调框架，观察是其很重要的一个功能。观察者会订阅一些感兴趣的主题，这些主题一旦发生变化，就会自动通知这些观察者。ZooKeeper 的观察机制是一个轻量级的设计，因为它采用了一种推拉结合的模式，一旦服务端感知主题改变，那么只会发送一个事件类型和节点信息给关注的客户端，而不会包括具体的变更内容，这就是"推"部分；收到变更通知的客户端需要自己去拉变更的数据，这就是"拉"部分。

大数据组件，如 HDFS，会将集群信息注册到 ZooKeeper 集群中，并由 ZooKeeper 进行观察和监听。如果当前集群中发生了变化，如某个节点宕机或出现故障，这些信息就会被 ZooKeeper 感知，从而进行相应的处理。

下面的代码示例演示了 ZooKeeper 的观察机制，该示例监听 ZooKeeper 节点 /testwatcher 的变化。

```
import org.apache.curator.RetryPolicy;
import org.apache.curator.framework.CuratorFramework;
import org.apache.curator.framework.CuratorFrameworkFactory;
import org.apache.curator.framework.recipes.cache.NodeCache;
import org.apache.curator.framework.recipes.cache.NodeCacheListener;
import org.apache.curator.framework.recipes.cache.PathChildrenCache;
import org.apache.curator.framework.recipes.cache.PathChildrenCache.StartMode;
import org.apache.curator.framework.recipes.cache.PathChildrenCacheEvent;
import org.apache.curator.framework.recipes.cache.PathChildrenCacheListener;
import org.apache.curator.retry.ExponentialBackoffRetry;

public class ZKWatcher {
```

```
public static void main(String[] args) throws Exception {
    RetryPolicy policy = new ExponentialBackoffRetry(1000, 10);
    CuratorFramework cf = CuratorFrameworkFactory.builder()
                    .connectString("bigdata111:2181")
                    .retryPolicy(policy)
                    .build();
    cf.start();
    // 监听该目录
    cf.create().forPath("/testwatcher");

    PathChildrenCache pathChildrenCache =
            new PathChildrenCache(cf,"/testwatcher",true);

    // 注册监听器
    pathChildrenCache.getListenable()
                .addListener(new PathChildrenCacheListener() {

    public void childEvent(CuratorFramework client, PathChildrenCacheEvent event)
                    throws Exception {
        switch (event.getType()){
            case CHILD_ADDED:
                System.out.println("新增子节点: " + event.getData().getPath());
                break;
            case CHILD_UPDATED:
                System.out.println("子节点数据变化: " + event.getData().getPath());
                break;
            case CHILD_REMOVED:
                System.out.println("删除子节点: " + event.getData().getPath());
                break;
            default:break;
        }
    }
    });
    pathChildrenCache.start();

    // 测试监听机制
    Thread.sleep(1000);
    cf.create().forPath("/testwatcher/childnode");
    Thread.sleep(1000);
    cf.setData().forPath("/testwatcher/childnode","Hello World".getBytes());
    Thread.sleep(1000);
    cf.delete().forPath("/testwatcher/childnode");
    Thread.sleep(1000);
    cf.delete().forPath("/testwatcher");

    pathChildrenCache.close();
    cf.close();
    }
}
```

14.3.3   ZooKeeper 的分布式锁

可以利用 ZooKeeper 的不能重复创建一个节点的特性实现一个分布式锁，其和 Redis 实现分布式锁类似，但也有差异，因为 ZooKeeper 中分布式锁的本质是一个临时节点。

利用 ZooKeeper 的分布式特性，可以实现一个"秒杀"场景。图 14.8 为基于 ZooKeeper 的"秒杀"系统。

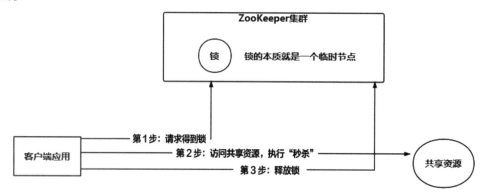

图 14.8   基于 ZooKeeper 的"秒杀"系统

在图 14.8 所示系统中，当客户端应用程序要访问共享资源，执行"秒杀"时，首先必须请求 ZooKeeper 集群得到相应的锁，只有得到锁的客户端应用，才能进行第 2 步操作，访问共享资源，从而执行"秒杀"。如果客户端在第 1 步没有得到锁的信息，当前线程就会被阻塞，直到成功请求到锁的信息。由于在目前的架构中 ZooKeeper 集群只定义了一把锁，因此在同一个时刻只有一个客户端可以成功请求到锁，其他客户端都需要等待，即在当前的"秒杀"系统中，同一个时刻只支持一个客户端的"秒杀"。当前客户端执行完"秒杀"后，需要将锁的信息释放，还给 ZooKeeper 集群，以便后续的客户端能够继续请求锁的信息。

下面的代码完整地演示了上述过程。

```java
import org.apache.curator.RetryPolicy;
import org.apache.curator.framework.CuratorFramework;
import org.apache.curator.framework.CuratorFrameworkFactory;
import org.apache.curator.framework.recipes.locks.InterProcessMutex;
import org.apache.curator.retry.ExponentialBackoffRetry;

public class TestDistributedLock {

    private static int number = 10;
    private static void getNumber(){
        System.out.println("\n\n******* 开始"秒杀"方法    ************");
        System.out.println(" 当前值: " + number);
        number --;

        try{
```

```
            Thread.sleep(2000);
        } catch (InterruptedException e) {
            //TODO Auto-generated catch block
            e.printStackTrace();
        }
        System.out.println("******* 结束 "秒杀" 方法    ***********\n\n");
    }

    public static void main(String[] args) {
        // 定义每次重试的机制
        RetryPolicy policy = new ExponentialBackoffRetry(1000, 10);
        CuratorFramework cf = CuratorFrameworkFactory.builder()
                            .connectString("bigdata111:2181")
                            .retryPolicy(policy)
                            .build();

        cf.start();
        // 定义 ZooKeeper 的锁
        final InterProcessMutex lock = new InterProcessMutex(cf, "/mylock");

        // 启动 10 个客户端模拟 "秒杀" 场景
        for(int i=0;i<10;i++){
            new Thread(new Runnable() {

                public void run() {

                    try {
                        lock.acquire();// 请求锁的信息

                        getNumber();// 执行 "秒杀" 的业务逻辑
                    } catch (Exception e) {
                        //TODO Auto-generated catch block
                        e.printStackTrace();
                    }finally{
                        try{
                            lock.release(); // 释放锁的信息
                        } catch (Exception e) {
                            //TODO Auto-generated catch block
                            e.printStackTrace();
                        }
                    }
                }
            }).start();
        }
    }
}
```

14.3.4　ZooKeeper 在大数据体系架构中的作用

大数据生态体系架构需要 ZooKeeper 的支持。ZooKeeper 进行集群的管理，其主要作用就是实现大数据的 HA 功能。前面已经介绍过，大数据体系中的很多架构是主从架构，而主从架构都存在单点故障问题。在实际的生产环境中，Master 主节点应当保证 7×24h 工作。如果系统中只存在一个 Master 节点，那么当该 Master 主节点宕机后，就会导致集群无法正常工作。这时就需要多个 Master 节点，而其中一个 Master 是 Active 状态，其他 Master 是 StandBy 状态。当 Active 的 Master 无法提供正常的功能时，需要有一种选举机制，把 StandBy 的 Master 变成 Active 状态，从而保证集群的正常工作和运行。这里提到的选举机制由 ZooKeeper 提供。所以，在大数据体系架构中，ZooKeeper 的作用非常重要。

后面将重点以 HDFS 的 HA 为例介绍如何基于 ZooKeeper 实现 HDFS 的 HA。因为整个大数据体系架构中，HDFS 的 HA 最复杂，所以只要掌握了 HDFS HA，其他大数据组件的 HA 就会非常容易理解了。

14.4　基于 ZooKeeper 实现 HDFS 的 HA

14.4.1　HDFS HA 的架构

图 14.9 为基于 ZooKeeper 的 HDFS HA 架构。

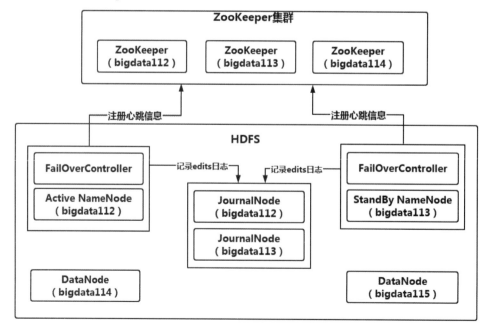

图 14.9　基于 ZooKeeper 的 HDFS HA 架构

在 HDFS HA 的架构中引入了双 NameNode 的架构，通过将两个 NameNode 分别配置为 Active 和 StandBy 状态解决了 HDFS 的单点故障问题。Standby NameNode 作为 Active NameNode 的热备份，能够在 NameNode 发生宕机或故障时，通过 ZooKeeper 的选举机制自动切换为 Active NameNode。

为了实现 HA 的主备切换，整个架构中还增加了 FailOverController。它与 ZooKeeper 进行通信，将 NameNode 的心跳信息注册到 ZooKeeper 中。如果 Active NameNode 发生故障，ZooKeeper 无法通过 FailOverController 接收到心跳信息，ZooKeeper 则会找到另外一个 FailOverController，从而进行 NameNode 的切换。

架构中的 JournalNode 实现主备 NameNode 元数据操作信息同步。元信息主要包括 fsimage 信息和 edits 信息，而其中最重要的就是 edits 信息。为什么在 HA 架构中需要使用 JournalNode 单独维护元信息，而不能由 NameNode 进行维护呢？这是因为 NameNode 存在单点故障问题，如果 NameNode 所在的主机宕机，就无法访问到 HDFS 的元信息。因此，需要使用两个以上的 JournalNode 对 HDFS 的元信息进行单独维护和管理。

14.4.2　部署 HDFS HA

由于在 HA 架构中包含的节点比较多，因此在进行实际部署时需要做好集群的规划。图 14.9 中一共使用了 4 个节点部署 HDFS HA，它们分别是 bigdata112、bigdata113、bigdata114 和 bigdata115。由于 Hadoop 默认包含 HDFS 和 YARN，因此在部署 HDFS HA 时，也可以同时部署 YARN 的 HA。每个节点上部署的服务见表 14.1。

表 14.1　Hadoop HA 的部署架构

主 机 名	部署的服务			
bigdata112	NameNode	ResourceManager	ZooKeeper	JournalNode
bigdata113	NameNode	ResourceManager	ZooKeeper	JournalNode
bigdata114	DataNode	NodeManager	ZooKeeper	
bigdata115	DataNode	NodeManager		

前面的章节已经完成了 ZooKeeper 集群的部署，这里直接从 Hadoop 的部署开始进行介绍。

（1）准备工作。在之前部署过的 Hadoop 的全分布模式基础上，每个节点增加以下两个环境变量。

```
export HDFS_JOURNALNODE_USER=root
export HDFS_ZKFC_USER=root
```

（2）修改 bigdata112 节点上的 hadoo-env.sh 文件，代码如下：

```
export JAVA_HOME=/root/training/jdk1.8.0_181
```

（3）修改 bigdata112 节点上的 core-site.xml 文件，代码如下：

```
<configuration>
    <!-- 指定 HDFS 的 nameservice 为 ns1 -->
    <property>
            <name>fs.defaultFS</name>
            <value>hdfs://ns1</value>
    </property>

    <!-- 指定 Hadoop 临时目录 -->
    <property>
            <name>hadoop.tmp.dir</name>
            <value>/root/training/hadoop-3.1.2/tmp</value>
    </property>

    <!-- 指定 ZooKeeper 地址 -->
    <property>
            <name>ha.zookeeper.quorum</name>
            <value>bigdata112:2181,bigdata113:2181,bigdata114:2181</value>
    </property>
</configuration>
```

（4）修改 bigdata112 节点上的 hdfs-site.xml 文件，代码如下：

```
<configuration>
    <!-- 指定 HDFS 的 nameservice 为 ns1，需要和 core-site.xml 文件中的保持一致 -->
    <property>
        <name>dfs.nameservices</name>
        <value>ns1</value>
    </property>

    <!-- ns1 下面有两个 NameNode，分别是 nn1、nn2 -->
    <property>
        <name>dfs.ha.namenodes.ns1</name>
        <value>nn1,nn2</value>
    </property>

    <!-- nn1 的 RPC 通信地址 -->
    <property>
        <name>dfs.namenode.rpc-address.ns1.nn1</name>
        <value>bigdata112:9000</value>
    </property>
    <!-- nn1 的 HTTP 通信地址 -->
    <property>
        <name>dfs.namenode.http-address.ns1.nn1</name>
        <value>bigdata112:9870</value>
    </property>

    <!-- nn2 的 RPC 通信地址 -->
```

```
<property>
    <name>dfs.namenode.rpc-address.ns1.nn2</name>
    <value>bigdata113:9000</value>
</property>
<!-- nn2 的 HTTP 通信地址 -->
<property>
    <name>dfs.namenode.http-address.ns1.nn2</name>
    <value>bigdata113:9870</value>
</property>

<!-- 指定 NameNode 的日志在 JournalNode 上的存放位置 -->
<property>
    <name>dfs.namenode.shared.edits.dir</name>
    <value>qjournal://bigdata112:8485;bigdata113:8485;/ns1</value>
</property>
<!-- 指定 JournalNode 在本地磁盘存放数据的位置 -->
<property>
    <name>dfs.journalnode.edits.dir</name>
    <value>/root/training/hadoop-3.1.2/journal</value>
</property>

<!-- 开启 NameNode 失败自动切换 -->
<property>
    <name>dfs.ha.automatic-failover.enabled</name>
    <value>true</value>
</property>

<!-- 配置失败自动切换实现方式 -->
<property>
    <name>dfs.client.failover.proxy.provider.ns1</name>
    <value>org.apache.hadoop.hdfs.server.namenode.ha.ConfiguredFailoverProxy-
    Provider</value>
</property>

<!-- 配置隔离机制方法，多个机制用换行分割，即每个机制暂用一行 -->
<!-- 如果没有隔离机制，会造成 DataNode 脑裂问题 -->
<property>
    <name>dfs.ha.fencing.methods</name>
    <value>
        sshfence
        shell(/bin/true)
    </value>
</property>

<!-- 使用 sshfence 隔离机制时需要 SSH 免登录 -->
<property>
    <name>dfs.ha.fencing.ssh.private-key-files</name>
    <value>/root/.ssh/id_rsa</value>
```

```
    </property>

    <!-- 配置 sshfence 隔离机制超时时间 -->
    <property>
        <name>dfs.ha.fencing.ssh.connect-timeout</name>
        <value>30000</value>
    </property>
</configuration>
```

（5）修改 bigdata112 节点上的 mapred-site.xml 文件，代码如下：

```
<configuration>
    <property>
            <name>mapreduce.framework.name</name>
            <value>yarn</value>
    </property>
</configuration>
```

（6）修改 bigdata112 节点上的 yarn-site.xml 文件，代码如下：

```
<configuration>
    <!-- 开启 RM 高可靠 -->
    <property>
        <name>yarn.resourcemanager.ha.enabled</name>
        <value>true</value>
    </property>

    <!-- 指定 RM 的 cluster id -->
    <property>
        <name>yarn.resourcemanager.cluster-id</name>
        <value>yrc</value>
    </property>

    <!-- 指定 RM 的名字 -->
    <property>
        <name>yarn.resourcemanager.ha.rm-ids</name>
        <value>rm1,rm2</value>
    </property>

    <!-- 分别指定 RM 的地址 -->
    <property>
        <name>yarn.resourcemanager.hostname.rm1</name>
        <value>bigdata112</value>
    </property>
    <property>
        <name>yarn.resourcemanager.hostname.rm2</name>
        <value>bigdata113</value>
    </property>
```

```
    <!-- 指定 ZooKeeper 集群地址 -->
    <property>
        <name>yarn.resourcemanager.zk-address</name>
        <value>bigdata112:2181,bigdata113:2181,bigdata114:2181</value>
    </property>

    <property>
        <name>yarn.nodemanager.aux-services</name>
        <value>mapreduce_shuffle</value>
    </property>
</configuration>
```

（7）修改 bigdata112 节点上的 workers 文件，命令如下：

```
bigdata114
bigdata115
```

（8）将 bigdata112 上配置好的 Hadoop 复制到其他节点，命令如下：

```
scp -r /root/training/hadoop-3.1.2/ root@bigdata113:/root/training/
scp -r /root/training/hadoop-3.1.2/ root@bigdata114:/root/training/
scp -r /root/training/hadoop-3.1.2/ root@bigdata115:/root/training/
```

（9）在 bigdata112、bigdata113 和 bigdata114 上启动 ZooKeeper 集群。

（10）在 bigdata112 和 bigdata113 上启动 JournalNode，命令如下：

```
hadoop-daemon.sh start journalnode
```

（11）在 bigdata112 上格式化 HDFS，命令如下：

```
hdfs namenode -format
```

（12）将 bigdata112 上的 $HADOOP_HOME/tmp 复制到 bigdata113 的对应目录下，命令如下：

```
scp -r /root/training/hadoop-3.1.2/tmp/dfs/ root@bigdata113:/root/training/
hadoop-3.1.2/tmp
```

（13）格式化 ZooKeeper，命令如下：

```
hdfs zkfc -formatZK
```

ZooKeeper 格式化成功后，将输出如下日志。

```
20/07/13 00:34:33 INFO ha.ActiveStandbyElector: Successfully created /hadoop-
ha/ns1 in ZK.
```

（14）在 bigdata112 上启动 Hadoop 集群，命令如下：

```
start-all.sh
```

（15）整个集群在启动过程中输出的日志如下：

```
Starting namenodes on [bigdata112 bigdata113]
Last login: Fri Sep 27 00:18:38 CST 2020 on pts/0
Starting datanodes
Last login: Fri Sep 27 00:19:37 CST 2020 on pts/0
Starting journal nodes [bigdata112 bigdata113]
Last login: Fri Sep 27 00:19:40 CST 2020 on pts/0
bigdata113: journalnode is running as process 1297.  Stop it first.
bigdata112: journalnode is running as process 1294.  Stop it first.
Starting ZK Failover Controllers on NN hosts [bigdata112 bigdata113]
Last login: Fri Sep 27 00:19:50 CST 2020 on pts/0
Starting resourcemanagers on [ bigdata112 bigdata113]
Last login: Fri Sep 27 00:19:52 CST 2020 on pts/0
Starting nodemanagers
Last login: Fri Sep 27 00:20:00 CST 2020 on pts/0
```

通过输出的日志可以看到，在 bigdata112 和 bigdata113 上启动了两个 NameNode、两个 JournalNode 和两个 ResourceManager，而整个系统的架构与图 14.9 完全一致。

14.4.3 测试 HDFS HA

在部署好 HDFS HA 的架构后，可以进行简单的测试。首先可以通过 jps 命令查看每个节点上的后台进程，如图 14.10 所示。

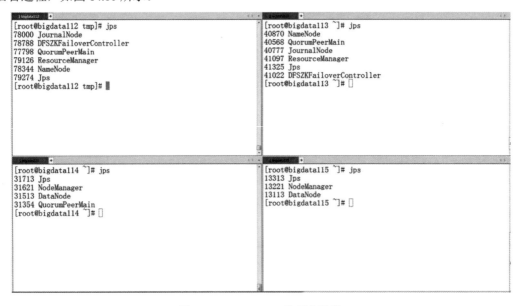

图 14.10 HDFS HA 的后台进程

接下来可以打开 bigdata112 上 NameNode 的 Web Console 界面，如图 14.11 所示。

图 14.11　bigdata112 上 NameNode 的 Web Console

由图 14.11 可以看到 bigdata112 上的 NameNode 是 Active 状态。接下来访问 bigdata113 上的 NameNode，可以看到 bigdata113 上的 NameNode 是 StandBy 状态，如图 14.12 所示。

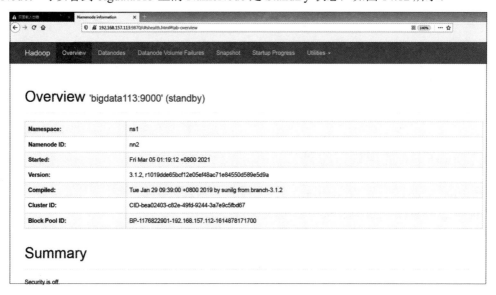

图 14.12　bigdata113 上 NameNode 的 Web Console

从图 14.10 中可以看出 bigdata112 上的 NameNode 进程号是 78344。在 bigdata112 上执行 kill 命令结束该进程，模拟宕机过程，命令如下：

```
kill -9 78344
```

这时再次访问 bigdata112 上 NameNode 的 Web Console，将无法正常访问。刷新 bigdata113 上 NameNode 的 Web Console，将会看到其状态由原来的 StandBy 变为 Active，说明 ZooKeeper 完成了 HA 的切换，如图 14.13 所示。

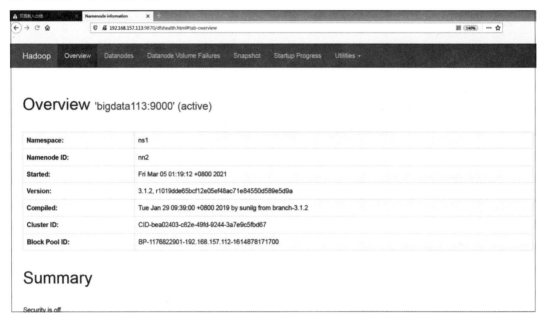

图 14.13   bigdata113 完成 HA 的切换

14.5   部署 Spark 与 Flink 的 HA

14.5.1   Spark HA 的架构与部署

与 Hadoop 不同的是，在 Spark 中 HA 的实现方式有两种，分别是基于文件系统的单点恢复和基于 ZooKeeper 的 StandBy Master，下面分别对其进行介绍。

1. 基于文件系统的单点恢复

基于文件系统的单点恢复主要用于开发或测试环境，在单机环境中用于实现 Master 节点的故障恢复。当 Spark 提供目录保存 Spark Application 和 Worker 的注册信息，并将它们的恢复状态写入该目录时，一旦 Master 发生故障，就可以通过重新启动 Master 进程（sbin/start-master.sh）恢复已运行的 Spark Application 和 Worker 的注册信息。

基于文件系统的单点恢复主要是在 spark-en.sh 里增加对 SPARK_DAEMON_JAVA_OPTS 的设置，相应的配置参数见表 14.2。

表 14.2　Spark 基于文件系统 HA 的配置参数

配 置 参 数	参 考 值
spark.deploy.recoveryMode	设置为 FILESYSTEM，开启单点恢复功能。其默认值为 NONE
spark.deploy.recoveryDirectory	Spark 保存恢复状态的目录

可以在 bigdata111 单节点上的伪分布模式下进行配置，以下是一个参考的配置。

```
export SPARK_DAEMON_JAVA_OPTS="-Dspark.deploy.recoveryMode=FILESYSTEM -Dspark.
deploy.recoveryDirectory=/root/training/spark-3.0.0-bin-hadoop3.2/recovery"
```

配置完成后，可以进行简单的测试，用于模拟在单机环境下 Master 节点宕机后的效果，以下是具体的测试步骤。

（1）在 bigdata111 上启动 Spark 集群，命令如下：

```
sbin/start-all.sh
```

（2）在 bigdata111 上启动 Spark Shell，命令如下：

```
bin/spark-shell --master spark://bigdata111:7077
```

（3）在 bigdata111 上停止 Master，命令如下：

```
stop-master.sh
```

（4）观察 bigdata111 上的输出结果，可以看到 Master 节点已经无法连接。

```
scala> 17/07/09 00:05:46 WARN StandaloneAppClient$ClientEndpoint:Connection to
spark82:7077 failed; waiting for master to reconnect...
17/07/09 00:05:46 WARN StandaloneSchedulerBacked: Disconnected from Spark
cluster Waiting for reconnection...
17/07/09 00:05:46 WARN StandaloneAppClient$ClientEndpoint: Connection to
spark82; 7077 failed; waiting for master to reconnect...
```

（5）在 bigdata111 上重启 Master，这时上面的 Spark Shell 又可以重新连接到 Master 进行工作，命令如下：

```
sbin/start-master.sh
```

2. 基于 ZooKeeper 的 StandBy Master

这种方式的 HA 与 HDFS HA 的原理完全一致。ZooKeeper 提供了 Leader Election 机制，利用该机制可以保证虽然集群存在多个 Master，但是只有一个是 Active 状态，其他都是 Standby 状态。当 Active 的 Master 出现故障时，另一个 Standby Master 会被选举出来。由于集群的信息，包括 Worker、Driver 和 Application 的信息都已经持久化到 ZooKeeper，因此在切换过程中只会影响新 Job 的提交，对于正在进行的 Job 没有任何影响。基于 ZooKeeper 的 Spark HA 架构如图 14.14 所示。

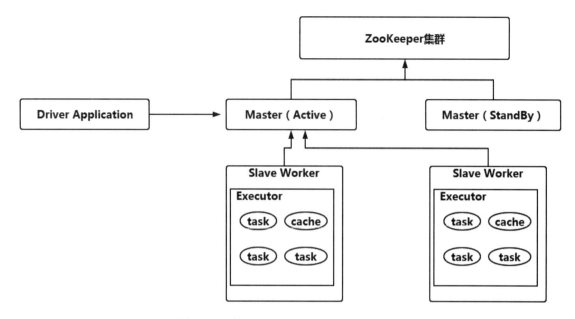

图 14.14　基于 ZooKeeper 的 Spark HA 架构

基于 ZooKeeper 的 StandBy Master 也主要是在 spark-en.sh 里增加对 SPARK_DAEMON_JAVA_ OPTS 的设置，相应的配置参数见表 14.3。

表 14.3　Spark 基于 ZooKeeper HA 的配置参数

配置参数	参 考 值
spark.deploy.recoveryMode	设置为 ZOOKEEPER，开启单点恢复功能。其默认值为 NONE
spark.deploy.zookeeper.url	ZooKeeper 集群的地址
spark.deploy.zookeeper.dir	Spark 信息在 ZooKeeper 中的保存目录，默认为 /spark

由于 Spark Master 现在由 ZooKeeper 管理，因此不再需要指定 Master 的信息。在 spark-en.sh 文件中将该部分的语句注释掉，修改完成后 spark-env.sh 的配置信息如下：

```
export JAVA_HOME=/root/training/jdk1.8.0_181
#export SPARK_MASTER_HOST=bigdata112
#export SPARK_MASTER_PORT=7077
export SPARK_DAEMON_JAVA_OPTS="-Dspark.deploy.recoveryMode=ZOOKEEPER -Dspark.
deploy.zookeeper.url=bigdata112:2181,bigdata113:2181,bigdata114:2181 -Dspark.
deploy.zookeeper.dir=/spark"
```

可以在 bigdata112 和 bigdata113 上进行如上配置，然后在这两个节点上各自启动一个 Master，其状态分别是 Alive（Active）和 StandBy。当 Alive 的 Master 发生宕机时，会自动切换到 StandBy 的 Master 上，如图 14.15 所示。

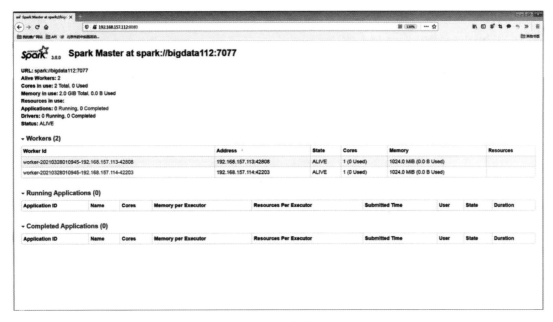

图 14.15　bigdata112 上的 Alive Master

在 bigdata113 上手动启动一个 Master，如图 14.16 所示，命令如下：

```
sbin/start-master.sh
```

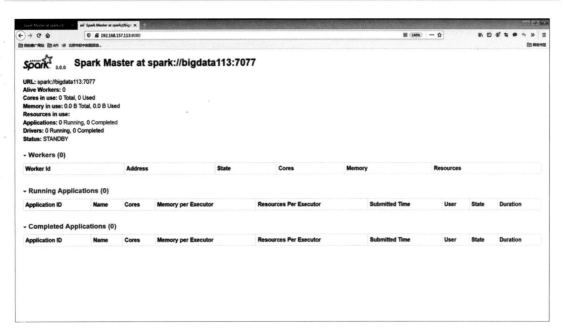

图 14.16　bigdata113 上的 StandBy Master

也可以在每台虚拟机上执行 jps 命令，查看后台的进程，可以看到在 bigdata112 和 bigdata113 上各有一个 Master 进程，如图 14.17 所示。

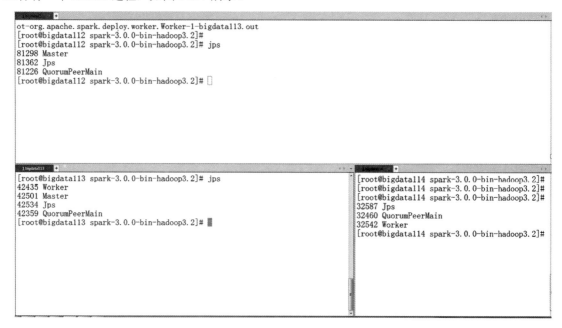

图 14.17　Spark HA 的后台进程

如果这时使用 kill 命令结束 bigdata112 上的 Master 进程，一段时间后 bigdata113 上的 Master 进程会通过 ZooKeeper 自动变成 Alive 状态，如图 14.18 所示。

图 14.18　bigdata113 上的 Alive Master

14.5.2　Flink HA 的架构与部署

在 Standalone 模式下，可以基于 ZooKeeper 实现其 HA 的特性。其基本思想是：集群在任何时候都有一个 Active 的 JobManager 和多个 StandBy 的 JobManager。Active 的 JobManager 和 StandBy 的 JobManager 之间没有本质区别，当 Active 的 JobManager 出现宕机时，StandBy 的 JobManager 会通过 ZooKeeper 接管整个 Flink 集群的管理，成为 Active 的 JobManager。这样就保证了没有单点故障，实现了高可用的架构。这样的切换过程对客户端是透明的，客户端应用可以正常运行。图 14.19 为 Flink HA 的切换过程。

图 14.19　Flink HA 的切换过程

那么如何部署 Flink 的 HA 环境呢？表 14.4 为 Flink HA 的配置参数，可以看到 Flink HA 除了需要 ZooKeeper 的支持外，还需要有 HDFS 的支持。这是因为在整个 HA 过程中，Flink 会将集群的部分元信息写到 HDFS 上。这里使用的是在 bigdata111 上配置的伪分布模式的 HDFS，并且在 bigdata112 和 bigdata113 各自启动一个 Master。

表 14.4　Flink HA 的配置参数

参 数 文 件	参 数 名	参 考 值
flink-conf.yaml	high-availability	zookeeper
	high-availability.zookeeper.quorum	ZK 的地址和端口，逗号分隔
	high-availability.storageDir 用于存储 Flink 的元信息	hdfs://bigdata111:9000/flink/recovery
	high-availability.zookeeper.path.root（可选）	/flink
	high-availability.cluster-id（可选）	/cluster_one
masters	bigdata112:8081 bigdata113:8081	
zoo.cfg	server.1=bigdata112:2888:3888 server.2=bigdata113:2888:3888 server.3=bigdata114:2888:3888	

配置完成后，首先启动 HDFS 和 ZooKeeper，然后在 bigdata112 上启动 Flink 集群，如图 14.20 所示。

```
[root@bigdata112 flink-1.11.0]# bin/start-cluster.sh
Starting HA cluster with 2 masters.
Starting standalonesession daemon on host bigdata112.
Starting standalonesession daemon on host bigdata113.
Starting taskexecutor daemon on host bigdata113.
Starting taskexecutor daemon on host bigdata114.
[root@bigdata112 flink-1.11.0]#
```

图 14.20　启动 Flink HA

可以看到这里启动了 2 个 Master 进程，分别在 bigdata112 和 bigdata113 上。接下来通过 jps 命令查看每台主机的后台进程，如图 14.21 所示。

```
[root@bigdata112 flink-1.11.0]# jps
96769 QuorumPeerMain
96192 SecondaryNameNode
96432 ResourceManager
97301 Jps
97223 StandaloneSessionClusterEntrypoint
95933 NameNode
[root@bigdata112 flink-1.11.0]#
```

```
[root@bigdata113 ~]# jps
52400 QuorumPeerMain
52163 DataNode
53034 TaskManagerRunner
52731 StandaloneSessionClusterEntrypoint
52268 NodeManager
53101 Jps
[root@bigdata113 ~]#
```

```
[root@bigdata114 ~]# jps
39153 DataNode
39783 Jps
39258 NodeManager
39723 TaskManagerRunner
39391 QuorumPeerMain
[root@bigdata114 ~]#
```

图 14.21　Flink HA 的后台进程

下面分别访问 bigdata112 和 bigdata113 上的 Flink Web Console，并查看 TaskManager 的信息，如图 14.22 和图 14.23 所示。

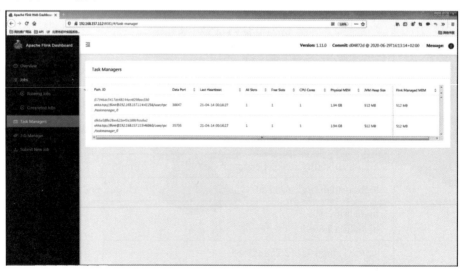

图 14.22　bigdata112 上的 Flink Web Console 和 TaskManager 的信息

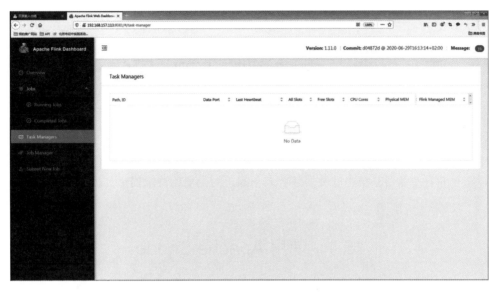

图 14.23 bigdata113 上的 Flink Web Console 和 TaskManager 的信息

可 以 看 出 bigdata112 上 的 JobManager 是 Master 和 TaskManager 都 由 bigdata112 管 理；而 bigdata113 上的 JobManager 没有任何 TaskManager 信息。如果使用 kill 命令结束 bigdata112 上的 JobManager，一段时间后 bigdata113 上的 JobManager 会成为新的 Master，而 TaskManager 将会自动切换到 bigdata113 上的 JobManager，如图 14.24 所示。

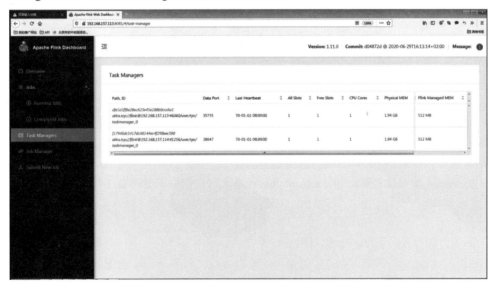

图 14.24 Flink 完成 HA 切换

最后需要说明的是，如果使用的是 Flink on YARN 模式，这时 Flink HA 的实现实际上是基于 YARN HA 方式。

第 15 章　大数据的 ETL 采集框架

业务系统的数据经过抽取、清洗转换之后，需要加载到数据仓库中，这里的数据仓库可以是离线数据仓库，也可以是实时数据仓库。ETL 是进行大数据处理的第一步，也是构建大数据平台过程中非常重要的步骤。企业实际业务系统的数据可能是非常零散的，并且标准不统一。通过 ETL 的过程可以将企业各个业务系统中的数据整合到一起，为企业的决策提供分析依据（ETL 的介绍见 1.1.3 小节）。

15.1　使用 Apache Sqoop

Sqoop（下载地址为 https://attic.apache.orglprofectsl sqoop.html）是一款开源工具，主要用于在 Hadoop（Hive）与传统的数据库（Oracle、MySQL 等）间传递数据，可以将一个关系型数据库（如 MySQL、Oracle、Postgres 等）中的数据导入 Hadoop 的 HDFS 中，也可以将 HDFS 中的数据导入关系型数据库中。Sqoop 基于 MapReduce 完成数据交换，因此在使用 Sqoop 之前需要部署 Hadoop 环境。另外，由于 Sqoop 交换的是关系型数据库中的数据，因此底层需要 JDBC 驱动的支持。

Sqoop 项目开始于 2009 年，最早作为 Hadoop 的一个第三方模块存在，后来为了让使用者能够快速部署，也为了让开发人员能够更快速地迭代开发，Sqoop 独立成为一个 Apache 项目。

15.1.1　准备实验环境

Apache Sqoop 的安装部署比较简单，直接将 Sqoop 的安装包解压后即可使用。前面提到 Sqoop 底层需要 JDBC 的支持，因此需要将对应关系型数据库的 JDBC Driver 复制到 Sqoop 的 lib 目录下。可以在 bigdata111 的虚拟主机上完成 Sqoop 的安装和部署，这里采集之前部署好的 MySQL 数据库中的数据。其具体步骤如下：

（1）将 Sqoop 的安装包解压到 /root/training 目录，这里使用的版本是 1.4.7，命令如下：

```
tar -zxvf sqoop-1.4.7.bin__hadoop-2.6.0.tar.gz -C ~/training/
```

（2）为了方便操作，对 Sqoop 的目录进行重命名，命令如下：

```
cd ~/training/
mv sqoop-1.4.7.bin__hadoop-2.6.0/ sqoop/
```

（3）将 MySQL 的 JDBC Driver 复制到 Sqoop 的 lib 目录下，命令如下：

```
cp mysql-connector-java-5.1.43-bin.jar ~/training/sqoop/lib/
```

（4）为了方便执行 Sqoop 的命令，可以设置 Sqoop 相应的环境变量，命令如下：

```
vi ~/.bash_profile
```

输入：

```
SQOOP_HOME=/root/training/sqoop
export SQOOP_HOME

PATH=$SQOOP_HOME/bin:$PATH
export PATH
```

保存退出，并生效环境变量，命令如下：

```
source ~/.bash_profile
```

（5）启动 Hadoop 环境，命令如下：

```
start-all.sh
```

（6）登录 MySQL 数据库，执行下面的脚本，建立测试数据。

```
create database if not exists demo;
use demo;

create table emp
(empno int primary key,
 ename varchar(10),
 job varchar(10),
 mgr int,
 hiredate varchar(10),
 sal int,
 comm int,
 deptno int);

create table dept
(deptno int primary key,
 dname varchar(10),
 loc varchar(10)
);

insert into emp values(7369,'SMITH','CLERK',7902,'1980/12/17',800,0,20);
insert into emp values(7499,'ALLEN','SALESMAN',7698,'1981/2/20',1600,300,30);
insert into emp values(7521,'WARD','SALESMAN',7698,'1981/2/22',1250,500,30);
insert into emp values(7566,'JONES','MANAGER',7839,'1981/4/2',2975,0,20);
insert into emp values(7654,'MARTIN','SALESMAN',7698,'1981/9/28',1250,1400,30);
```

```
insert into emp values(7698,'BLAKE','MANAGER',7839,'1981/5/1',2850,0,30);
insert into emp values(7782,'CLARK','MANAGER',7839,'1981/6/9',2450,0,10);
insert into emp values(7788,'SCOTT','ANALYST',7566,'1987/4/19',3000,0,20);
insert into emp values(7839,'KING','PRESIDENT',-1,'1981/11/17',5000,0,10);
insert into emp values(7844,'TURNER','SALESMAN',7698,'1981/9/8',1500,0,30);
insert into emp values(7876,'ADAMS','CLERK',7788,'1987/5/23',1100,0,20);
insert into emp values(7900,'JAMES','CLERK',7698,'1981/12/3',950,0,30);
insert into emp values(7902,'FORD','ANALYST',7566,'1981/12/3',3000,0,20);
insert into emp values(7934,'MILLER','CLERK',7782,'1982/1/23',1300,0,10);

insert into dept values(10,'ACCOUNTING','NEW YORK');
insert into dept values(20,'RESEARCH','DALLAS');
insert into dept values(30,'SALES','CHICAGO');
insert into dept values(40,'OPERATIONS','BOSTON');
```

（7）验证测试数据是否创建成功，结果如图 15.1 所示。

```
show tables;
select * from dept;
select * from emp;
```

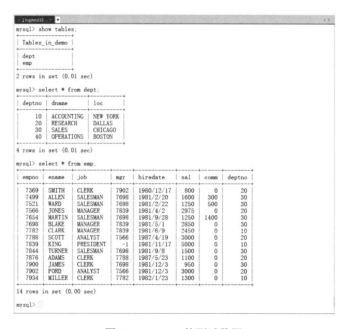

图 15.1   Sqoop 的测试数据

15.1.2   Sqoop 的操作命令

通过执行 sqoop help 命令可以列出 Sqoop 的操作命令，如图 15.2 所示，这些命令的说明见表 15.1。

```
[root@bigdata111 ~]# sqoop help
Warning: /root/training/sqoop/../hcatalog does not exist! HCatalog jobs will fail.
Please set $HCAT_HOME to the root of your HCatalog installation.
Warning: /root/training/sqoop/../accumulo does not exist! Accumulo imports will fail.
Please set $ACCUMULO_HOME to the root of your Accumulo installation.
Error: Could not find or load main class org.apache.hadoop.hbase.util.GetJavaProperty
2021-04-22 12:14:25,442 INFO sqoop.Sqoop: Running Sqoop version: 1.4.7
usage: sqoop COMMAND [ARGS]

Available commands:
  codegen            Generate code to interact with database records
  create-hive-table  Import a table definition into Hive
  eval               Evaluate a SQL statement and display the results
  export             Export an HDFS directory to a database table
  help               List available commands
  import             Import a table from a database to HDFS
  import-all-tables  Import tables from a database to HDFS
  import-mainframe   Import datasets from a mainframe server to HDFS
  job                Work with saved jobs
  list-databases     List available databases on a server
  list-tables        List available tables in a database
  merge              Merge results of incremental imports
  metastore          Run a standalone Sqoop metastore
  version            Display version information

See 'sqoop help COMMAND' for information on a specific command.
[root@bigdata111 ~]#
```

图 15.2　Sqoop 的操作命令

表 15.1　Sqoop 的操作命令

命　　令	说　　明
codegen	将关系型数据库表映射为一个 Java 文件、Java Class 类及生成相关的 jar 包
create-hive-table	生成与关系型数据库表的表结构对应的 Hive 表
eval	快速使用 SQL 语句对关系型数据库进行操作，这可以使在使用 import 这种工具进行数据导入时，预先了解相关的 SQL 语句是否正确，并能将结果显示在控制台
export	从 HDFS 中导入数据到关系型数据库中
help	显示 Sqoop 的帮助信息
import	将数据库表的数据导入 HDFS
import-all-tables	将数据库中所有的表的数据导入 HDFS
import-mainframe	功能类似于 import-all-tables
job	生成一个 Sqoop 的任务，生成的任务并不执行，除非使用相关命令执行该任务
list-databases	输出关系型数据库所有的数据库名
list-tables	输出关系型数据库某一数据库的所有表名
merge	将 HDFS 中不同目录下的数据合在一起，并存放在指定的目录中
metastore	记录 Sqoop Job 的元数据信息
version	输出 Sqoop 版本信息

15.1.3　使用 Sqoop 完成数据交换

本小节将通过具体的操作案例演示如何使用 Sqoop 完成与关系型数据库 MySQL 的数据交换。

（1）使用 Sqoop 执行一个简单的查询。这里查询 10 号部门的员工姓名、职位、工资和部门号，结果如图 15.3 所示。

```
sqoop eval --connect jdbc:mysql://localhost:3306/demo?useSSL=false \
--username root --password Welcome_1 --query \
"select ename,job,sal,deptno from emp where deptno=10"
```

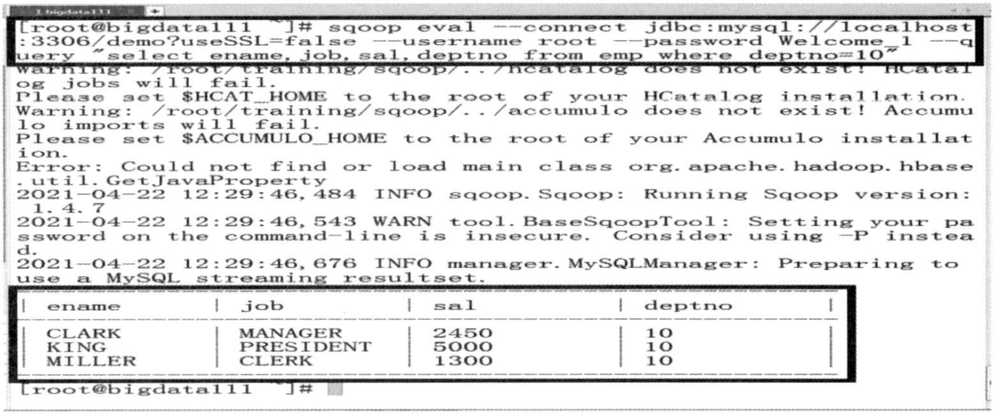

图 15.3　使用 Sqoop 执行 SQL 查询

（2）根据 MySQL 数据库中的表结构生成对应的 Java Class，命令如下：

```
sqoop codegen --connect jdbc:mysql://localhost:3306/demo?useSSL=false \
--username root --password Welcome_1 --table emp
```

输出的日志如下所示：

```
 2021-04-22 14:34:42,491 INFO orm.CompilationManager: HADOOP_MAPRED_HOME is /
root/training/hadoop-3.1.2
 Note: /tmp/sqoop-root/compile/2abad54ace6665327b12e83a02b14a8f/emp.java uses or
overrides a deprecated API.
 Note: Recompile with -Xlint:deprecation for details.
 2021-04-22 14:34:45,173 INFO orm.CompilationManager: Writing jar file: /tmp/
sqoop-root/compile/2abad54ace6665327b12e83a02b14a8f/emp.jar
```

执行成功后，会自动将 /tmp 目录下生成的 emp.java 复制至当前目录，部分代码如下：

```
public class emp extends SqoopRecord  implements DBWritable, Writable {
  private final int PROTOCOL_VERSION = 3;
  public int getClassFormatVersion() {return PROTOCOL_VERSION;}
  public static interface FieldSetterCommand {
```

```
    void setField(Object value);
  }
  protected ResultSet __cur_result_set;

  private Map<String, FieldSetterCommand> setters =
                    new HashMap<String, FieldSetterCommand>();

  private void init0() {
    setters.put("empno", new FieldSetterCommand() {
      @Override
      public void setField(Object value) {
        emp.this.empno = (Integer)value;
      }
    });
    setters.put("ename", new FieldSetterCommand() {
      @Override
```

这里可以看到 emp 类实现了 Writable 接口，按照开发 MapReduce 程序的要求，该类可以作为 MapReduce 的 Key 或 Value。

（3）根据 MySQL 数据库中的表结构生成对应的 Hive 表结构，命令如下：

```
export HADOOP_CLASSPATH=$HADOOP_CLASSPATH:$HIVE_HOME/lib/*

sqoop create-hive-table --connect jdbc:mysql://localhost:3306/demo?useSSL=false \
--username root --password Welcome_1 --table emp --hive-table emphive
```

查看 Hive 中的表结构，如图 15.4 所示。

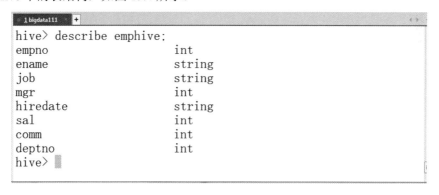

图 15.4　Hive 中的表结构

（4）将 MySQL 数据库中的 emp 表导入 HDFS，命令如下：

```
sqoop import --connect jdbc:mysql://localhost:3306/demo?useSSL=false \
--username root --password Welcome_1 --table emp --target-dir /myempdata
```

查看 HDFS 目录的内容，如图 15.5 所示。

```
[root@bigdata111 ~]# hdfs dfs -ls /myempdata
Found 5 items
-rw-r--r--   1 root supergroup          0 2021-04-22 15:12 /myempdata/_SUCCESS
-rw-r--r--   1 root supergroup         89 2021-04-22 15:12 /myempdata/part-m-00000
-rw-r--r--   1 root supergroup         89 2021-04-22 15:12 /myempdata/part-m-00001
-rw-r--r--   1 root supergroup        179 2021-04-22 15:12 /myempdata/part-m-00002
-rw-r--r--   1 root supergroup        258 2021-04-22 15:12 /myempdata/part-m-00003
[root@bigdata111 ~]# hdfs dfs -cat /myempdata/part-m-00000
7369, SMITH, CLERK, 7902, 1980/12/17, 800, 0, 20
7499, ALLEN, SALESMAN, 7698, 1981/2/20, 1600, 300, 30
[root@bigdata111 ~]#
```

图 15.5　HDFS 目录的内容

（5）将 HDFS 的数据导出到 MySQL 数据库中。

① 在 MySQL 中创建对应的表，语句如下：

```
create table mynewemp like emp;
```

② 执行导入，命令如下：

```
sqoop export --connect jdbc:mysql://localhost:3306/demo?useSSL=false \
--username root --password Welcome_1 \
--table mynewemp --export-dir /myempdata
```

在 MySQL 中验证数据是否导入，如图 15.6 所示。

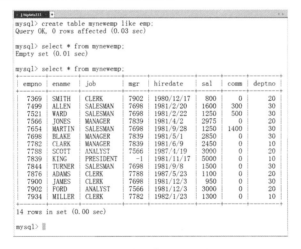

图 15.6　验证数据是否导入

（6）将 MySQL 数据库中的所有表导入 HDFS，命令如下：

```
sqoop import-all-tables --connect jdbc:mysql://localhost:3306/demo?useSSL=false \
--username root --password Welcome_1
```

执行完成后，默认将导入 HDFS 的 /user/root 目录，如图 15.7 所示。

```
[root@bigdata111 ~]# hdfs dfs -ls /user/root
Found 3 items
drwxr-xr-x   - root supergroup          0 2021-04-22 15:22 /user/root/dept
drwxr-xr-x   - root supergroup          0 2021-04-22 15:22 /user/root/emp
drwxr-xr-x   - root supergroup          0 2021-04-22 15:23 /user/root/mynewemp
[root@bigdata111 ~]#
```

图 15.7 MySQL 数据库导入 HDFS

（7）列出 MySQL 中所有的数据库，如图 15.8 所示。

```
sqoop list-databases --connect jdbc:mysql://localhost:3306/demo?useSSL=false \
--username root --password Welcome_1
```

```
[root@bigdata111 ~]# sqoop list-databases --connect jdbc:mysql://localhost:3306/demo?useSSL=fals
e \
> --username root --password Welcome_1
Warning: /root/training/sqoop/../hcatalog does not exist! HCatalog jobs will fail.
Please set $HCAT_HOME to the root of your HCatalog installation.
Warning: /root/training/sqoop/../accumulo does not exist! Accumulo imports will fail.
Please set $ACCUMULO_HOME to the root of your Accumulo installation.
Error: Could not find or load main class org.apache.hadoop.hbase.util.GetJavaProperty
2021-04-22 15:27:21,740 INFO sqoop.Sqoop: Running Sqoop version: 1.4.7
2021-04-22 15:27:21,778 WARN tool.BaseSqoopTool: Setting your password on the command-line is in
secure. Consider using -P instead.
2021-04-22 15:27:21,912 INFO manager.MySQLManager: Preparing to use a MySQL streaming resultset.
information_schema
demo
hive
mysql
performance_schema
sys
[root@bigdata111 ~]#
```

图 15.8 列出 MySQL 中所有的数据库

（8）列出 MySQL 数据库中所有的表，如图 15.9 所示。

```
sqoop list-tables --connect jdbc:mysql://localhost:3306/demo?useSSL=false \
--username root --password Welcome_1
```

```
[root@bigdata111 ~]# sqoop list-tables --connect jdbc:mysql://localhost:3306/demo?useSSL=false \
> --username root --password Welcome_1
Warning: /root/training/sqoop/../hcatalog does not exist! HCatalog jobs will fail.
Please set $HCAT_HOME to the root of your HCatalog installation.
Warning: /root/training/sqoop/../accumulo does not exist! Accumulo imports will fail.
Please set $ACCUMULO_HOME to the root of your Accumulo installation.
Error: Could not find or load main class org.apache.hadoop.hbase.util.GetJavaProperty
2021-04-22 15:28:24,358 INFO sqoop.Sqoop: Running Sqoop version: 1.4.7
2021-04-22 15:28:24,399 WARN tool.BaseSqoopTool: Setting your password on the command-line is in
secure. Consider using -P instead.
2021-04-22 15:28:24,529 INFO manager.MySQLManager: Preparing to use a MySQL streaming resultset.
dept
emp
mynewemp
[root@bigdata111 ~]#
```

图 15.9 列出 MySQL 数据库中所有的表

（9）将 MySQL 表的数据导入 HBase。

① 启动 HBase，进入 HBase Shell，创建表，命令如下：

```
create 'emp','empinfo'
```

② 执行导入，命令如下：

```
sqoop import --connect jdbc:mysql://localhost:3306/demo?useSSL=false \
--username root --password Welcome_1 --table emp --columns empno,ename,sal,deptno \
--hbase-table emp --hbase-row-key empno --column-family empinfo
```

📢 注意：

> Sqoop 导入数据到 HBase 时，HBase 的版本不能太高，建议使用 HBase 1.3.6。

15.2　使用 Apache Flume

Apache Flume 支持采集各类数据发送方产生的日志信息，并且可以将采集到的日志信息写到各种数据接收方。其核心是把数据从数据源（Source）收集过来，再将收集到的数据送到指定的目的地（Sink）。为了保证输送过程一定成功，在送到目的地之前，Flume 会先缓存数据（Channel），等数据真正到达目的地后，再删除自己缓存的数据。

15.2.1　Apache Flume 的体系架构

Flume 分布式系统中的核心角色是 Agent。Agent 本身是一个 Java 进程，一般运行在日志收集节点。Flume 采集系统就是由一个个 Agent 连接起来形成的。每一个 Agent 相当于一个数据传递员，内部有以下 3 个组件。

（1）Source：采集源，用于与数据源对接，以获取数据。

（2）Sink：下沉地，采集数据的传送目的地，用于向下一级 Agent 传递数据或向最终存储系统传递数据。

（3）Channel：Agent 内部的数据传输通道，用于从 Source 将数据传递到 Sink。

在整个数据传输过程中，流动的是 Event，Event 是 Flume 内部数据传输的最基本单元，也是事务的基本单位。Event 将传输的数据进行封装，如果是文本文件，通常是一行记录。Event 从 Source 流向 Channel，再到 Sink，其本身是一个字节数组，并且可以携带 headers 的头信息。Event 代表着一个数据的最小完整单元，从外部数据源来，向外部的目的地去。一个完整的 Event 包括 Event headers、Event body、Event 信息，其中 Event 信息就是 Flume 收集到的日记记录。

Flume 的体系架构如图 15.10 所示。

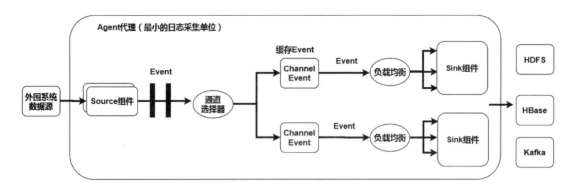

图 15.10　Flume 的体系架构

下面列出了一些常见的组件类型。

1. Source 组件

Source 组件主要用于采集外围系统的数据，如日志信息等。常见的 Source 组件见表 15.2。

表 15.2　常见的 Source 组件

Source 组件	说　明
Avro Source	监听 Avro 端口，从 Avro 客户端接收 Event。Avro 是一个数据序列化系统，用于支持大批量数据交换的应用
Thrift Source	与 Avro Source 基本一致。Thrift 是一种 RPC 常用的通信协议，可以定义 RPC 方法和数据结构，用于生成不同语言的客户端代码和服务端代码
Exec Source	设定一个 UNIX（Linux）命令，通过该命令不断输出数据
JMS Source	从 JMS（Java Message Service，Java 消息服务）系统中读取数据
Spooling Directory Source	监测配置的目录下新增的文件，并将文件中的数据读取出来
Kafka Source	接收 Kafka 发送来的消息数据。Kafka Source 将作为 Kafka 的消费者使用
NetCat TCP Source NetCat UDP Source	NetCat 是一个非常简单的 UNIX 工具，可以读、写 TCP 或 UDP 网络连接中的数据。在 Flume 中的 NetCat 支持 Flume 与 NetCat 整合，Flume 可以使用 NetCat 读取网络中的数据
HTTP Source	有些应用程序环境可能不能部署 Flume，此时可以使用 HTTP Source 将数据接收到 Flume 中。HTTP Source 可以通过 HTTP Post 接收 Event
Custom Source	Flume 允许开发人员自定义 Source

2. Channel 组件

Channel 组件主要用于缓存 Source 组件采集到的数据信息。常见的 Channel 组件见表 15.3。

表 15.3 常见的 Channel 组件

Channel 组件	说　　明
Memory Channel	将 Source 接收到的 Event 保存在 Java Heap 的内存中。如果允许数据少量丢失，则推荐使用
JDBC Channel	将 Source 接收到的 Event 存储在持久化存储库中，即存储在数据库中。这是一个支持持久化的 Channel，对于可恢复性非常重要的流程来说是理想的选择
Kafka Channel	将 Source 接收到的 Event 存储在 Kafka 消息系统的集群中。Event 能及时被其他 Flume 的 Sink 使用，即使当 Agent 或 Kafka Broker 崩溃时，因为 Kafka 提供高可用性和高可靠性的特性
File Channel	类似于 JDBC Channel，区别是将 Source 接收到的 Event 存储在文件系统中
Spillable Memory Channel	将 Source 接收到的 Event 存储在内存队列和磁盘中。该 Channel 目前正在试验中，不建议在生产环境中使用
Pseudo Transaction Channel	只用于单元测试，不在生产环境中使用
Custom Channel	Flume 允许开发人员自定义 Channel

3. Sink 组件

Sink 组件主要用于将 Channel 组件缓存的数据信息写到外部的持久化存储介质上，如 HDFS、HBase、Kafka 等。常见的 Sink 组件见表 15.4。

表 15.4 常见的 Sink 组件

Sink 组件	说　　明
HDFS Sink	将事件写入 HDFS 中。HDFS Sink 支持创建文本文件和序列化文件，对这两种格式都支持压缩
Hive Sink	将包含分割文本或 JSON 数据的 Event 直接传送到 Hive 表或分区中，当一系列 Event 提交到 Hive 时，它们可以立即被 Hive 查询到
Logger Sink	记录指定级别的日志，通常用于调试
Avro Sink	和 Avro Source 搭配使用，是实现复杂流动的基础
Thrift Sink	将 Event 转换为 Thrift Event，从配置好的 Channel 中批量获取 Event 数据，并发送到配置好的主机地址上
IRC Sink	IRC Sink 从 Channel 中获取 Event 消息，并推送 Event 消息到配置好的 IRC（Internet Relay Chat，一种互联网中继聊天协议）目的地
File Roll Sink	在本地文件系统中存储事件，每隔指定时长生成文件，保存这段时间内收集到的日志信息
Null Sink	直接丢弃 Channel 中接收到的所有 Event
HBase Sink	将 Channel 中的 Event 写到 HBase 中
ElasticSearch Sink	将 Channel 中的 Event 写到 ElasticSearch 搜索引擎中

续表

Sink 组件	说　　明
Kafka Sink	将 Channel 中的 Event 数据导出到一个 Kafka Topic 中，这时 Kafka Sink 将作为 Kafka 集群消息的生产者（Producer）使用
HTTP Sink	从 Channel 中获取 Event 数据，并使用 HTTP 协议的 Post 请求将这些 Event 数据发送到远端的 HTTP Server 上。Event 的数据内容将作为 Post 请求的 body 发送
Custom Sink	如果以上内置的 Sink 都不能满足需求，Flume 允许开发人员自己开发 Sink

后续章节会详细介绍每种类型组件的详细用法，这里先给出一个简单的示例，其具体的 Agent 配置信息如下：

```
# 定义 Agent 名称，Source、Channel、Sink 的名称
a1.sources = r1
a1.channels = c1
a1.sinks = k1

# 具体定义 Source
a1.sources.r1.type = netcat
a1.sources.r1.bind = localhost
a1.sources.r1.port = 1234

# 具体定义 Channel
a1.channels.c1.type = memory
a1.channels.c1.capacity = 1000
a1.channels.c1.transactionCapacity = 100

# 具体定义 Sink
a1.sinks.k1.type = logger

# 组装 Source、Channel、Sink
a1.sources.r1.channels = c1
a1.sinks.k1.channel = c1
```

在该 Agent 中定义了一个 Netcat Source，用于从本机的 1234 端口接收 Event 消息，并缓存到 Memory Channel 中，最终通过 Logger Sink 将接收到的 Event 输出到终端，将配置文件保存到 /root/training/flume/myagent 目录下的 a1.conf 文件中。这里的 /root/training/flume/ 目录是 Flume 的安装目录。

15.2.2　Apache Flume 的安装和部署

从 Flume 的官方网站（网址为 http://flume.apache.org/download.html）上下载和安装 Flume，这里使用的版本是 apache-flume-1.9.0-bin.tar.gz。读者可以按照以下步骤进行 Flume 的安装和部署，总体上比较简单。

（1）直接在 kafka101 的主机上进行配置，由于之前已经配置好了 JDK 的环境，这里直接将 Flume 的安装包解压到 /root/training/ 目录下，命令如下：

```
tar -zxvf apache-flume-1.9.0-bin.tar.gz -C ~/training/
```

（2）重命名解压缩的文件夹为 Flume，方便以后更新维护，命令如下：

```
cd /root/training
mv apache-flume-1.9.0-bin/ flume/
```

（3）进入 Flume 下的 conf 文件夹，将文件 flume-env.sh.template 重命名为 flume-env.sh，命令如下：

```
cd /root/training/flume/conf/
mv flume-env.sh.template flume-env.sh
```

（4）修改 flume-env.sh 中的 JAVA. HOME 配置参数，命令如下：

```
vi flume-env.sh
export JAVA_HOME=/root/training/jdk1.8.0_181
```

（5）保存退出，并验证 Flume 的版本，命令如下：

```
cd /root/training/flume
bin/flume-ng version
```

图 15.11 为 Flume 配置完成后的版本信息。

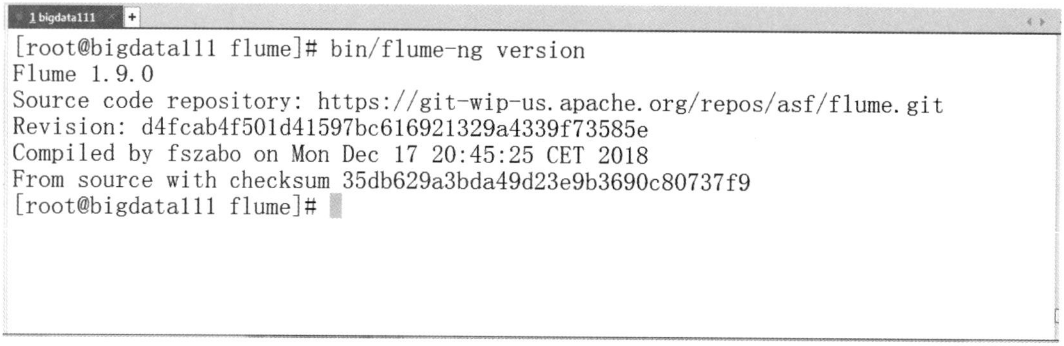

```
1 bigdata111    +
[root@bigdata111 flume]# bin/flume-ng version
Flume 1.9.0
Source code repository: https://git-wip-us.apache.org/repos/asf/flume.git
Revision: d4fcab4f501d41597bc616921329a4339f73585e
Compiled by fszabo on Mon Dec 17 20:45:25 CET 2018
From source with checksum 35db629a3bda49d23e9b3690c80737f9
[root@bigdata111 flume]#
```

图 15.11　Flume 配置完成后的版本信息

Flume 安装部署完成后，即可演示在 15.2.1 小节中配置好的 Agent（a1.conf）的运行效果。

（1）进入 Flume 的安装目录，执行下面的语句，启动 Agent，如图 15.12 所示。

```
bin/flume-ng agent -n a1 -f myagent/a1.conf -c conf -Dflume.root.logger=INFO,console
```

```
ChannelFactory. java:42)] Creating instance of channel c1 type memory
2020-10-07 07:03:43,323 (conf-file-poller-0) [INFO - org.apache.flume.node.AbstractConfigurationProvider.loadChann
els(AbstractConfigurationProvider.java:205)] Created channel c1
2020-10-07 07:03:43,324 (conf-file-poller-0) [INFO - org.apache.flume.source.DefaultSourceFactory.create(DefaultSo
urceFactory.java:41)] Creating instance of source r1, type netcat
2020-10-07 07:03:43,339 (conf-file-poller-0) [INFO - org.apache.flume.sink.DefaultSinkFactory.create(DefaultSinkFa
ctory.java:42)] Creating instance of sink: k1, type: logger
2020-10-07 07:03:43,344 (conf-file-poller-0) [INFO - org.apache.flume.node.AbstractConfigurationProvider.getConfig
uration(AbstractConfigurationProvider.java:120)] Channel c1 connected to [r1, k1]
2020-10-07 07:03:43,354 (conf-file-poller-0) [INFO - org.apache.flume.node.Application.startAllComponents(Applicat
ion.java:162)] Starting new configuration:{ sourceRunners:{r1=EventDrivenSourceRunner: { source:org.apache.flume.s
ource.NetcatSource{name:r1,state:IDLE} }} sinkRunners:{k1=SinkRunner: { policy:org.apache.flume.sink.DefaultSinkPr
ocessor@1324d905 counterGroup:{ name:null counters:{} } }} channels:{c1=org.apache.flume.channel.MemoryChannel{nam
e: c1}} }
2020-10-07 07:03:43,360 (conf-file-poller-0) [INFO - org.apache.flume.node.Application.startAllComponents(Applicat
ion.java:169)] Starting Channel c1
2020-10-07 07:03:43,361 (conf-file-poller-0) [INFO - org.apache.flume.node.Application.startAllComponents(Applicat
ion.java:184)] Waiting for channel: c1 to start. Sleeping for 500 ms
2020-10-07 07:03:43,422 (lifecycleSupervisor-1-2) [INFO - org.apache.flume.instrumentation.MonitoredCounterGroup.r
egister(MonitoredCounterGroup.java:119)] Monitored counter group for type: CHANNEL, name: c1: Successfully registe
red new MBean.
2020-10-07 07:03:43,422 (lifecycleSupervisor-1-2) [INFO - org.apache.flume.instrumentation.MonitoredCounterGroup.s
tart(MonitoredCounterGroup.java:95)] Component type: CHANNEL, name: c1 started
2020-10-07 07:03:43,861 (conf-file-poller-0) [INFO - org.apache.flume.node.Application.startAllComponents(Applicat
ion.java:196)] Starting Sink k1
2020-10-07 07:03:43,864 (conf-file-poller-0) [INFO - org.apache.flume.node.Application.startAllComponents(Applicat
ion.java:207)] Starting Source r1
2020-10-07 07:03:43,899 (lifecycleSupervisor-1-1) [INFO - org.apache.flume.source.NetcatSource.start(NetcatSource.
java:155)] Source starting
2020-10-07 07:03:43,921 (lifecycleSupervisor-1-1) [INFO - org.apache.flume.source.NetcatSource.start(NetcatSource.
java:166)] Created serverSocket:sun.nio.ch.ServerSocketChannelImpl[/127.0.0.1:1234]
```

图 15.12　启动 Agent

输出的日志的最后一行如下：

```
Created serverSocket:sun.nio.ch.ServerSocketChannelImpl[/127.0.0.1:1234]
```

可以看到 Flume 已经成功在本机的 1234 端口上创建了 Socket Server，这时只要有消息从本机的 1234 端口上发送过来，就可以被 Flume 的 Source 捕获。

（2）单独启动一个 Netcat 命令终端，运行在本机的 1234 端口上，如图 15.13 所示。

```
nc 127.0.0.1 1234
```

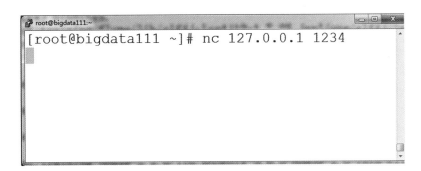

图 15.13　启动 Netcat

（3）在 Netcat 中输入内容，这里输入 Hello Flume，按 Enter 键，观察 Flume 命令行窗口的变化，如图 15.14 所示。

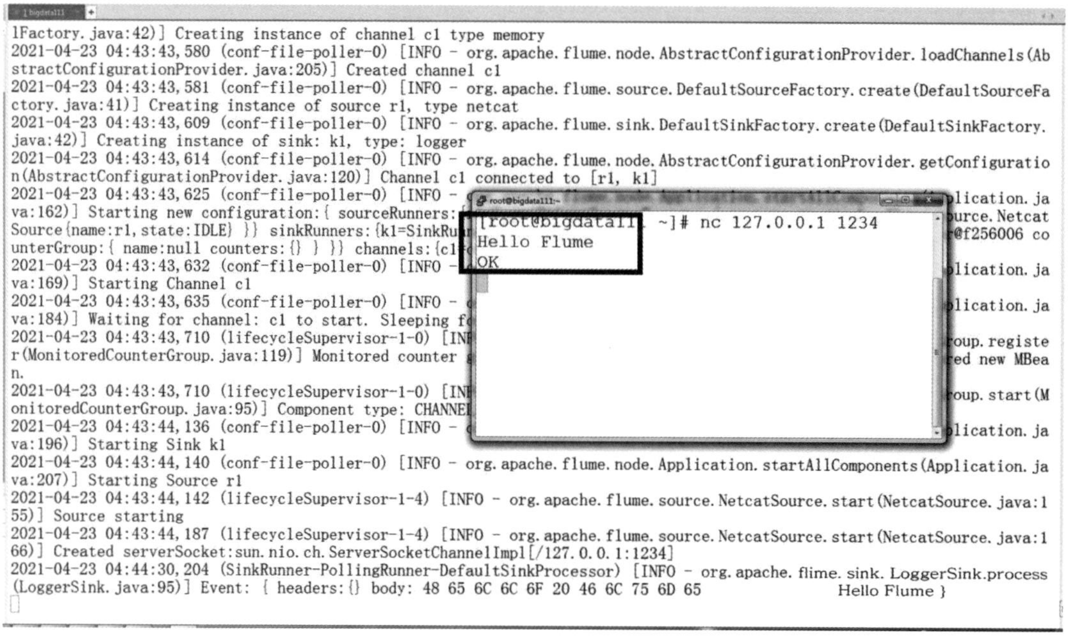

图 15.14 Flume 采集 Netcat 的数据

可以看到在 Flume 终端的日志中输出了如下信息。

```
[INFO - org.apache.flume.sink.LoggerSink.process(LoggerSink.java:95)]
Event: {headers:{} body: 48 65 6C 6C 6F 20 46 6C 75 6D 65 Hello Flume}
```

即 Flume 通过 Netcat Source 采集到了相应的数据信息，并直接输出在 Flume 的命令行终端中。

15.2.3 Flume 的 Source 组件

15.2.1 小节中已经简要介绍了 Flume 中的一些 Source 组件类型，本小节对这些 Source 组件进行详细的讨论，并给出相应的配置信息。

1. Avro Source

Avro Source 监听 Avro 端口，内部启动一个 Avro 服务器，用于接收来自 Avro Client 的请求，并且将接收数据存储到 Channel 中。

Avro Source 的配置信息如下：

```
a1.sources = r1
a1.channels = c1
a1.sources.r1.type = avro
a1.sources.r1.channels = c1
a1.sources.r1.bind = 0.0.0.0
a1.sources.r1.port = 4141
```

2. Thrift Source

Thrift Source 监听 Thrift 端口，接收来自 Thrift Client 的请求。当与另一 Flume Agent 上的内置 Thrift Sink 配对时，Thrift Source 可以创建分层集合拓扑。

```
a1.sources = r1
a1.channels = c1
a1.sources.r1.type = thrift
a1.sources.r1.channels = c1
a1.sources.r1.bind = 0.0.0.0
a1.sources.r1.port = 4141
```

3. Exec Source

可以使用 Exec Source 采集一个文件最新写入的内容。Exec Source 在启动时，通过给定的 UNIX 命令执行数据的采集，同时该 UNIX 命令进程会连续产生标准的输出数据。如果该进程退出，则 Source 也退出，并不再产生数据。

```
a1.sources = r1
a1.channels = c1
a1.sources.r1.type = exec
a1.sources.r1.command = tail -f /root/training/kafka_2.11-2.4.0/logs/server.log
a1.sources.r1.channels = c1
```

4. JMS Source

JMS Source 能从 Queue 或 Topic 等 JMS 模型中读取消息。JMS Source 提供了可配置的批处理数目、消息选择器、用户名 / 密码及从消息到 Event 的转换器。

```
a1.sources = r1
a1.channels = c1
a1.sources.r1.type = jms
a1.sources.r1.channels = c1
a1.sources.r1.initialContextFactory = org.apache.activemq.jndi.
ActiveMQInitialContextFactory
a1.sources.r1.connectionFactory = GenericConnectionFactory
a1.sources.r1.providerURL = tcp://mqserver:61616
a1.sources.r1.destinationName = BUSINESS_DATA
a1.sources.r1.destinationType = QUEUE
```

5. Spooling Directory Source

可以使用 Spooling Directory Source 监听一个目录的变化，如系统的日志目录 logs/ 等。因为 Spooling Directory Source 可以监控一个指定的目录，如果出现新的文件，就会解析文件中的 Event，当文件被完全写进 Channel 以后，文件会被重命名，表示已经完成。但是，如果出现下列问题，Spooling Directory Source 组件会出错并停止进程。

（1）文件在已经被放入 Source 组件中后又被写入。

（2）文件名被重用。

为防止出现以上错误，文件被放入 spooling 目录时最好加上特定的标记，如时间戳。

```
a1.channels = ch-1
a1.sources = src-1
a1.sources.src-1.type = spooldir
a1.sources.src-1.channels = ch-1
a1.sources.src-1.spoolDir = /root/training/kafka_2.11-2.4.0/logs
a1.sources.src-1.fileHeader = true
```

6. Kafka Source

Kafka Source 将作为 Kafka 消息的消费者使用。Kafka Source 是从 Kafka Topics 中读取消息的消费者。如果有多个 Kafka Sources，可以将它们配置为同一个消费组，那么每个 Source 会读取 Topics 中的唯一的一组分区。

7. NetCat TCP Source 与 NetCat UDP Source

类似于 NetCat 的 Source，当执行命令 nc -k -l [port] 时，该类型的 Source 监听给定的端口号并将每一行文本转换为 Event。

8. HTTP Source

使用 HTTP Source，Flume 启动后会拉起一个 Web 服务监听指定的 IP 和端口。对于一些应用环境，不能部署 Flume 及其依赖项，可以在代码中通过 HTTP 协议将数据接收到 Flume 中。

```
a1.sources = r1
a1.channels = c1
a1.sources.r1.type = http
a1.sources.r1.port = 5140
a1.sources.r1.channels = c1
a1.sources.r1.handler = org.example.rest.RestHandler
a1.sources.r1.handler.nickname = random props
a1.sources.r1.HttpConfiguration.sendServerVersion = false
a1.sources.r1.ServerConnector.idleTimeout = 300
```

9. Custom Source

Flume 允许开发人员自定义 Source 组件的类型。一个用户自定义 Source 的程序代码及其相关的依赖都必须包含在 Agent 的 Classpath 中。这样当 Flume Agent 启动时，就可以找到相关的运行信息。

15.2.4 Flume 的 Channel 组件

Flume 中的 Channel 组件用于缓存 Source 组件采集的数据信息，在 15.2.1 小节中已经列举了一些常见的 Channel。本小节对这些 Channel 组件进行详细介绍，并给出相应的配置信息。

1. Memory Channel

Memory Channel 即基于内存的 Channel，实际就是将 Event 存放于内存中一个固定大小的队列。其优点是速度快，缺点是可能丢失数据。

```
a1.channels = c1
a1.channels.c1.type = memory
a1.channels.c1.capacity = 10000
a1.channels.c1.transactionCapacity = 10000
a1.channels.c1.byteCapacityBufferPercentage = 20
a1.channels.c1.byteCapacity = 800000
```

2. JDBC Channel

JDBC Channel 将 Event 存放于一个支持 JDBC 连接的数据库中，目前官方推荐的是 Derby 库。其优点是数据可以恢复。

```
a1.channels = c1
a1.channels.c1.type = jdbc
```

3. Kafka Channel

Kafka Channel 可以被多个场景使用。

（1）当有 Flume Source 和 Flume Sink 时，Kafka Channel 为 Event 提供可靠和高可用的 Channel。

（2）当有 Flume Source 和 Interceptor 拦截器，但是没有 Flume Sink 时，Kafka Channel 允许写 Flume Event 到 Kafka Topic。

（3）当有 Flume Sink，但是没有 Flume 的 Source（这是一种低延迟、容错的方式）时，将从 Kafka 发送 Event 到 Flume Sink，如 HDFS、HBase 或者 Solr。

```
a1.channels.channel1.type = org.apache.flume.channel.kafka.KafkaChannel
a1.channels.channel1.kafka.bootstrap.servers = bigdata111:9092,bigdata111:9093
a1.channels.channel1.kafka.topic = channel1
a1.channels.channel1.kafka.consumer.group.id = flume-consumer
```

4. File Channel

File Channel 在磁盘上指定一个目录用于存放 Event，同时也可以指定目录的大小。其优点是数据可恢复；相对于 Memory Channel 来说，缺点是要频繁地读取磁盘，速度较慢。

```
a1.channels = c1
a1.channels.c1.type = file
a1.channels.c1.checkpointDir = /mnt/flume/checkpoint
a1.channels.c1.dataDirs = /mnt/flume/data
```

5. Spillable Memory Channel

Spillable Memory Channel 将 Event 存放在内存和磁盘上，内存作为主要存储，当内存达到一定临界点时会溢写到磁盘上。其中和了 Memory Channel 和 File Channel 的优缺点。

```
a1.channels = c1
a1.channels.c1.type = SPILLABLEMEMORY
a1.channels.c1.memoryCapacity = 10000
a1.channels.c1.overflowCapacity = 1000000
a1.channels.c1.byteCapacity = 800000
a1.channels.c1.checkpointDir = /mnt/flume/checkpoint
a1.channels.c1.dataDirs = /mnt/flume/data
```

15.2.5 Flume 的 Sink 组件

Flume 通过 Source 组件采集数据源的数据，并缓存到 Channel 中，最后通过 Flume 的 Sink 组件将采集到的 Event 数据存入目的地。Flume Sink 支持多种类型，本小节对这些 Sink 组件进行详细介绍，并给出相应的配置信息。

1. HDFS Sink

HDFS Sink 将事件写入 HDFS。目前 HDFS Sink 支持创建文本文件和序列化文件，对这两种格式都支持压缩。使用 HDFS Sink 要求 Hadoop 必须已经安装好，以便 Flume 可以通过 Hadoop 提供的 jar 包与 HDFS 进行通信。

```
# 具体定义 Sink
a1.sinks.k1.type = hdfs
a1.sinks.k1.hdfs.path = hdfs://bigdata111:9000/flume/%Y%m%d
a1.sinks.k1.hdfs.filePrefix = events-
a1.sinks.k1.hdfs.fileType = DataStream

# 不按照条数生成文件
a1.sinks.k1.hdfs.rollCount = 0
#HDFS 上的文件达到 128MB 时生成一个文件
a1.sinks.k1.hdfs.rollSize = 134217728
#HDFS 上的文件达到 60s 生成一个文件
a1.sinks.k1.hdfs.rollInterval = 60
```

2. Hive Sink

Hive Sink 将包含分割文本或 JSON 数据的 Event 直接传送到 Hive 表或分区中，使用 Hive 事务写 Event。当一系列 Event 提交到 Hive 时，它们可以立即被 Hive 查询到。

```
a1.channels = c1
a1.channels.c1.type = memory
a1.sinks = k1
a1.sinks.k1.type = hive
a1.sinks.k1.channel = c1
a1.sinks.k1.hive.metastore = thrift://127.0.0.1:9083
a1.sinks.k1.hive.database = logsdb
a1.sinks.k1.hive.table = weblogs
a1.sinks.k1.hive.partition = asia,%{country},%y-%m-%d-%H-%M
a1.sinks.k1.useLocalTimeStamp = false
a1.sinks.k1.round = true
a1.sinks.k1.roundValue = 10
a1.sinks.k1.roundUnit = minute
a1.sinks.k1.serializer = DELIMITED
a1.sinks.k1.serializer.delimiter = "\t"
a1.sinks.k1.serializer.serdeSeparator = '\t'
a1.sinks.k1.serializer.fieldnames =id,,msg
```

使用 Hive Sink 时需要在 Hive 中事先建立下面的表结构。

```
create table weblogs (id int, msg string)
partitioned by (continent string, country string, time string)
clustered by (id) into 5 buckets
stored as orc;
```

3. Logger Sink

Logger Sink 记录指定级别（如 INFO、DEBUG、ERROR 等）的日志，通常用于调试，将数据直接输出到终端。Logger Sink 在 --conf（-c）参数指定的目录下有 log4j 的配置文件。

4. Avro Sink

Avro Sink 和 Avro Source 配置使用，是实现复杂流动的基础。

```
a1.channels = c1
a1.sinks = k1
a1.sinks.k1.type = avro
a1.sinks.k1.channel = c1
a1.sinks.k1.hostname = 10.10.10.10
a1.sinks.k1.port = 4545
```

5. Thrift Sink

Flume Event 发送到 Sink 后转换为 Thrift Event，并发送到配置好的主机地址和端口。从 Channel 中按照配置好的大小批量获取 Event。

```
a1.channels = c1
a1.sinks = k1
a1.sinks.k1.type = thrift
a1.sinks.k1.channel = c1
a1.sinks.k1.hostname = 10.10.10.10
a1.sinks.k1.port = 4545
```

6. IRC Sink

IRC Sink 从连接的 Channel 获取消息和推送消息到配置的 IRC 目的地。

```
a1.channels = c1
a1.sinks = k1
a1.sinks.k1.type = irc
a1.sinks.k1.channel = c1
a1.sinks.k1.hostname = irc.yourdomain.com
a1.sinks.k1.nick = flume
```

7. File Roll Sink

File Roll Sink 在本地系统中存储事件，每隔指定时长生成文件，保存这段时间内收集到的日志信息。

```
a1.channels = c1
a1.sinks = k1
a1.sinks.k1.type = file_roll
a1.sinks.k1.channel = c1
a1.sinks.k1.sink.directory = /var/log/flume
```

8. Null Sink

Null Sink 表示当接收到 Channel 的 Event 数据时，将直接丢弃所有 Event。

```
a1.channels = c1
a1.sinks = k1
a1.sinks.k1.type = null
a1.sinks.k1.channel = c1
```

9. HBase Sinks

HBase Sink 写数据到 HBase。

```
a1.channels = c1
a1.sinks = k1
a1.sinks.k1.type = hbase
a1.sinks.k1.table = foo_table
a1.sinks.k1.columnFamily = bar_cf
a1.sinks.k1.serializer = org.apache.flume.sink.hbase.RegexHbaseEventSerializer
a1.sinks.k1.channel = c1
```

10. ElasticSearch Sink

ElasticSearch Sink 写数据到 ElasticSearch 集群。

```
a1.channels = c1
a1.sinks = k1
a1.sinks.k1.type = elasticsearch
a1.sinks.k1.hostNames = 127.0.0.1:9200,127.0.0.2:9300
a1.sinks.k1.indexName = foo_index
a1.sinks.k1.indexType = bar_type
a1.sinks.k1.clusterName = foobar_cluster
a1.sinks.k1.batchSize = 500
a1.sinks.k1.ttl = 5d
a1.sinks.k1.serializer = org.apache.flume.sink.elasticsearch.
ElasticSearchDynamicSerializer
a1.sinks.k1.channel = c1
```

11. Kafka Sink

Kafka Sink 可以导出数据到一个 Kafka topic。在第 16 章会详细讲解。

12. HTTP Sink

HTTP Sink 会从 Channel 获取 Event，并使用 HTTP POST 请求发送这些 Event 到远程服务，Event 内容作为 POST body 发送。

```
a1.channels = c1
a1.sinks = k1
a1.sinks.k1.type = http
a1.sinks.k1.channel = c1
a1.sinks.k1.endpoint = http://localhost:8080/someuri
a1.sinks.k1.connectTimeout = 2000
a1.sinks.k1.requestTimeout = 2000
a1.sinks.k1.acceptHeader = application/json
a1.sinks.k1.contentTypeHeader = application/json
a1.sinks.k1.defaultBackoff = true
a1.sinks.k1.defaultRollback = true
a1.sinks.k1.defaultIncrementMetrics = false
a1.sinks.k1.backoff.4XX = false
a1.sinks.k1.rollback.4XX = false
a1.sinks.k1.incrementMetrics.4XX = true
a1.sinks.k1.backoff.200 = false
a1.sinks.k1.rollback.200 = false
a1.sinks.k1.incrementMetrics.200 = true
```

13. Custom Sink

如果以上内置的 Sink 都不能满足需求，用户可以自己开发 Sink。按照 Flume 要求写一个类实现相应接口，将类打包成 jar 包放置到 Flume 的 lib 目录下，在配置文件中通过类的全路径名加载 Sink。

15.2.6　Flume 采集日志综合示例

本小节将给出一个完整的示例，演示如何通过 Flume 采集日志数据，并最终保存到 HDFS。下面是完整的 Agent（配置文件为 a2.conf）的配置信息。

```
#bin/flume-ng agent -n a2 -f myagent/a2.conf -c conf -Dflume.root.logger=INFO,console
# 定义 Agent 名称，Source、Channel、Sink 的名称
a2.sources = r1
a2.channels = c1
a2.sinks = k1

# 具体定义 Source
a2.sources.r1.type = spooldir
a2.sources.r1.spoolDir = /root/training/logs

# 定义拦截器，为消息添加时间戳
a2.sources.r1.interceptors = i1
a2.sources.r1.interceptors.i1.type= org.apache.flume.interceptor.
TimestampInterceptor$Builder

# 具体定义 Channel
a2.channels.c1.type = memory
a2.channels.c1.capacity = 10000
```

```
a2.channels.c1.transactionCapacity = 100

# 具体定义 Sink
a2.sinks.k1.type = hdfs
a2.sinks.k1.hdfs.path = hdfs://192.168.157.111:9000/flume/%Y%m%d
a2.sinks.k1.hdfs.filePrefix = events-
a2.sinks.k1.hdfs.fileType = DataStream

# 不按照条数生成文件
a2.sinks.k1.hdfs.rollCount = 0
#HDFS 上的文件达到 128MB 时生成一个文件
a2.sinks.k1.hdfs.rollSize = 134217728
#HDFS 上的文件达到 60s 生成一个文件
a2.sinks.k1.hdfs.rollInterval = 60

# 组装 Source、Channel、Sink
a2.sources.r1.channels = c1
a2.sinks.k1.channel = c1
```

　　这里通过 spoolDir 的 Source 采集目录 /root/training/logs。如果该目录下有日志产生，将会由 Flume 采集到，并最终根据当前时间在 HDFS 上生成对应的目录进行保存。

　　执行下面的语句，启动 Agent，如图 15.15 所示。

```
bin/flume-ng agent -n a2 -f myagent/a2.conf -c conf -Dflume.root.logger=INFO,console
```

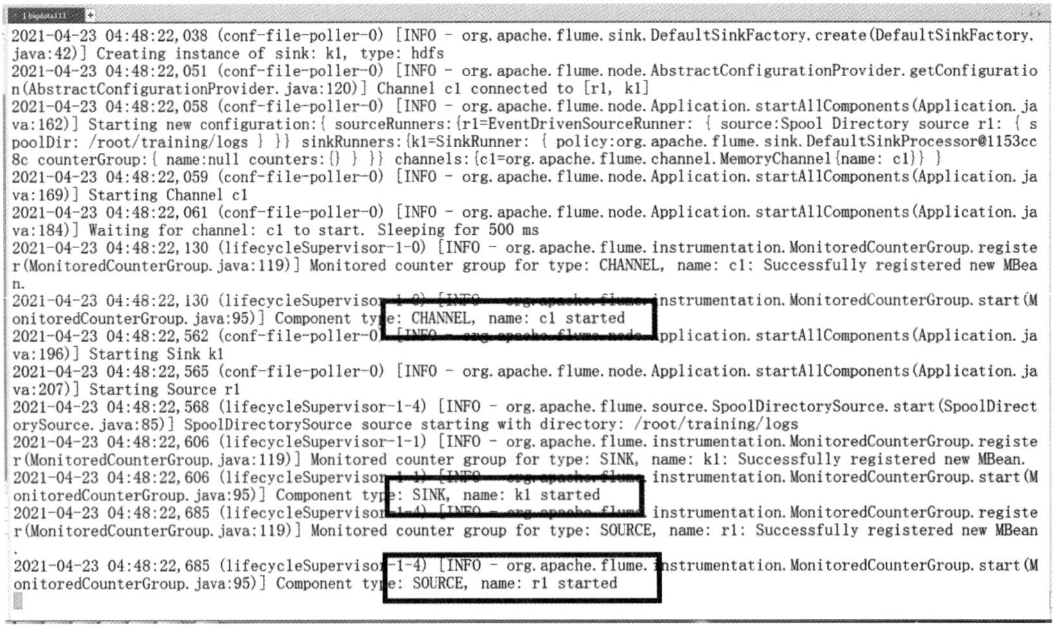

图 15.15　启动 Flume 的 Agent

通过输出的日志可以看出，Flume 分别启动了 Source 组件、Channel 组件和 Sink 组件，日志如下：

```
Component type: SOURCE, name: r1 started
Component type: CHANNEL, name: c1 started
Component type: SINK, name: k1 started
```

现在创建日志采集的目录 /root/training/logs，并在目录中模拟产生一些日志文件，命令如下：

```
mkdir -p /root/training/logs
cd training/hadoop-3.1.2/logs/
cp * /root/training/logs
```

这里把 Hadoop 产生的所有日志复制到 /root/training/logs 目录下，从而模拟日志产生的过程，观察 Flume 的窗口输出的日志信息，如图 15.16 所示。

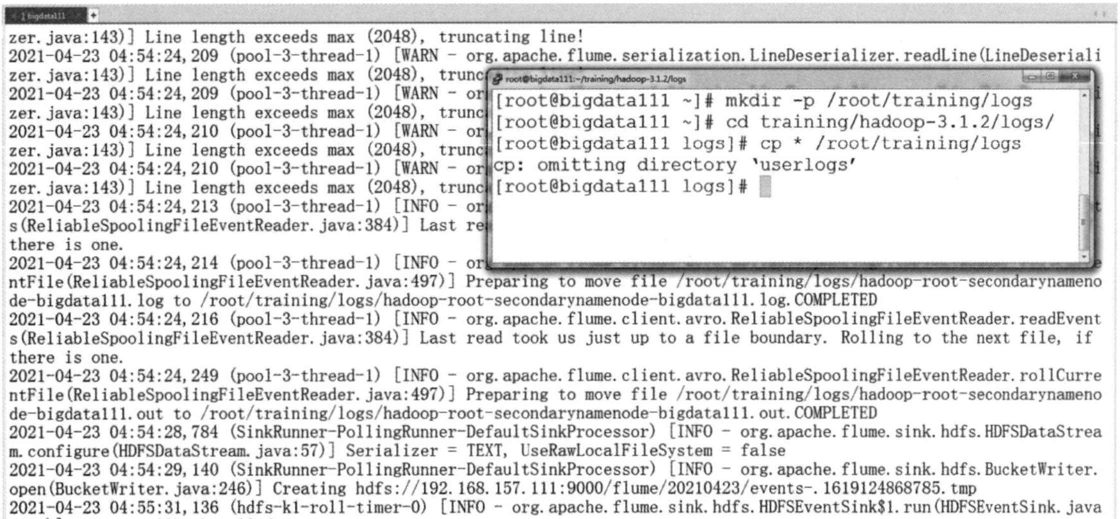

图 15.16　Flume 采集日志输出到 HDFS

通过输出的日志可以看出，最终 Flume 将采集到的日志输出到了 HDFS，生成了一个名为 events-.1619124868785 的文件，该文件位于 HDFS 的 /flume/20210423/ 目录下。打开 HDFS 的 Web Console 进行验证，如图 15.17 所示。

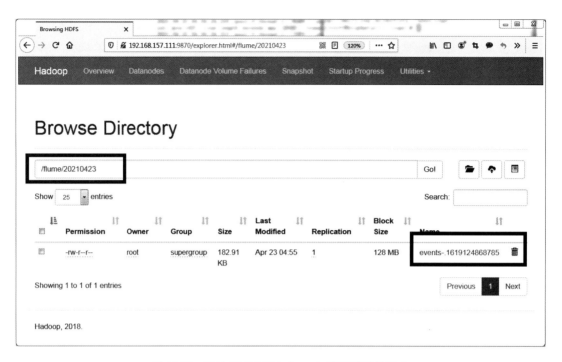

图 15.17　通过 HDFS Web Console 查看采集的日志

第 16 章　消息系统 Kafka

Kafka 是由 Apache 软件基金会开发的一个开源流处理平台，用 Scala 和 Java 语言编写。Kafka 是一种高吞吐量的分布式发布订阅消息系统，可以处理消费者在网站中的所有动作流数据。这种动作（网页浏览、搜索和其他用户的行动）是现代网络上的许多社会功能的一个关键因素。这些数据通常根据吞吐量的要求而通过处理日志和日志聚合来解决。

Kafka 的诞生是为了解决 LinkedIn 的数据管道问题。起初 LinkedIn 采用 ActiveMQ 进行数据交换，在 2010 年前后，ActiveMQ 远远无法满足 LinkedIn 对数据传递系统的要求，经常由于各种缺陷导致消息阻塞或服务无法正常访问，为了解决这个问题，LinkedIn 决定研发自己的消息传递系统。当时 LinkedIn 的首席架构师 Jay Kreps 组织团队进行消息传递系统的研发，进而有了现在的 Kafka 消息系统。

16.1　消息系统概述

维基百科中对消息系统的解释如下：

> 消息系统提供了一种异步通信协议，这意味着消息的发送者和接收者不需要同时与消息保持联系，发送者发送的消息会存储在消息系统中，直到接收者拿到它。

一般把消息的发送者称为生产者（Producer），把消息的接收者称为消费者（Consumer）。注意上述定义中的"异步"，通常生产者的生产速度和消费者的消费速度是不相等的。如果两个程序始终保持同步沟通，那势必会有一方存在空等时间；如果两个程序持续运行，消费者的平均速度一定要大于生产者，否则消息囤积会越来越多。当然，如果消费者没有时效性需求，也可以把消息囤积在消息系统中，集中进行消费。

根据生产者和消费者的作用范围不同，一般可以把消息系统分为 3 类。

（1）第 1 类是在一个应用程序内部（进程之间或者线程之间），生产者负责生产，将生产的结果放到缓冲区（如共享数组），消费者从缓冲区取出消费，这个缓冲区称为消息系统，或者消息队列。

（2）第 2 类也算第 1 类的特例，就像用户经常把操作系统和应用程序区别对待一样，操作系统要处理无数繁杂的事物，各进程、线程之间的数据交换少不了消息系统（消息队列）的支持。

（3）第 3 类是通用意义上的消息系统，这类系统主要作用于不同应用，特别是跨机器和跨平台，这令数据的交换更加广泛，一般一款独立的消息系统除了实现消息的传递外，还提供了相应的可靠性、事务、分布式等特性，将生产者、消费者从中解耦。

在了解了消息系统的基本概念后，下面通过一个示例（银行系统）说明消息系统的典型应用架构，如图 16.1 所示。

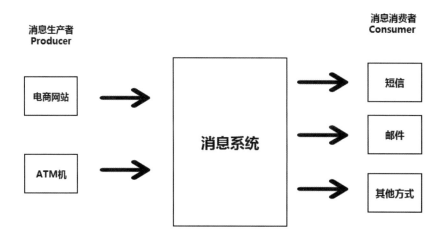

图 16.1   消息系统的典型应用架构

当用户在电商网站上消费后，或者从银行的 ATM 机上取钱后，银行都会给用户发送消息通知。这时就可以把电商网站和 ATM 机看作银行消息系统的消息生产者。当用户消费银行账户的存款后，生产者就会产生一个消息发送到银行的消息系统中，并由该消息系统进行处理，从而通过不同的方式通知用户，如短信、邮件或其他方式。这时就可以把这些通知方式看作银行消息系统的消息消费者，它们负责接收由消息系统转发处理的消息。

通过以上示例可知，一个消息系统的基本组成包括消息生产者、消息消费者和消息服务器（Broker）。

16.2   消息系统的分类

消息系统的消息通信有两种不同的方式：具有依时性的同步消息机制和与时间无关的异步消息机制。消息传送中间件有许多不同类型，它们分别能够支持一种基本方式的消息通信，有时可以支持两种方式。

从消息的传递方式来看，又可以把消息系统中的消息划分为队列（Queue）和主题（Topic）。Kafka 支持的消息传递方式是主题类型的消息。

16.2.1   同步消息机制与异步消息机制

1. 同步消息机制

同步消息机制中，两个通信服务之间必须进行同步，而且两个服务必须都是正常的且一直处于运行状态，随时做好通信准备，发送程序在向接收程序发送消息后，阻塞自身与其他应用的通信进程，等待接收程序的返回消息，然后继续执行下一个业务。

图 16.2 为同步消息系统的典型架构。

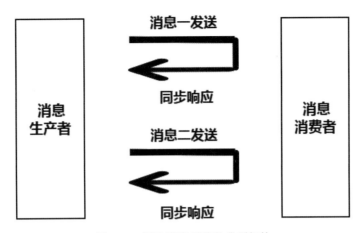

图 16.2　同步消息系统的典型架构

2. 异步消息机制

异步消息机制中，两个通信应用之间可以不用同时在线等待，任何一方只处理自己的业务而不用等待对方的响应，即发送程序在向接收程序发送消息后，不用等待接收程序的返回消息，可以继续执行下一个业务。

图 16.3 为异步消息系统的典型架构。

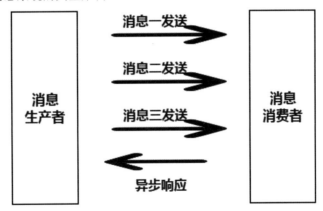

图 16.3　异步消息系统的典型架构

下面通过具体示例说明同步消息机制和异步消息机制的区别。

首先介绍同步消息机制示例。如果 A 已经付款，这时 A 如果没有收到支付成功的状态提示，就会一直处于等待状态，直到系统反馈一个消息，要么是支付成功，要么是支付失败，然后 A 才会进行后续操作。

然后介绍异步消息机制示例。例如，A 给 B 发送一封电子邮件，A 并不需要知道 B 是否收到，A 只需把自己的信息传达出去即可，这样的场景就是异步消息。

异步消息机制有一些关键优势，其具有灵活性和更高的可用性，系统对信息采取行动的压力较小，或者以某种方式作出响应。另外，一个系统被关闭不会影响另一个系统。例如，你可以给他人发送数千封电子邮件，但并不需要对方回复。另一方面，异步消息机制允许更多的并行性，由于进程不会阻塞，因此它可以在消息传输时进行一些计算。异步消息机制的缺点是缺乏直接性，即没有直接的相互作用。

16.2.2　队列与主题

队列类型的消息，也可以称为点对点传递消息。通过该消息传递模型，一个应用程序（消息生产者）可以向另外一个应用程序（消息消费者）发送消息。在此传递模型中，消息目的地类型是队列。消息首先被传送至消息服务器端特定的队列中，然后从此队列中将消息传送至对此队列进行监听的某个消费者。同一个队列可以关联多个消息生产者和消息消费者，但一条消息仅能传递给一个消息消费者。如果多个消息消费者正在监听队列上的消息，消息服务器将根据"先来者优先"的原则确定由哪个消息消费者接收下一条消息；如果没有消息消费者监听队列，消息将保留在队列中，直至消息消费者连接到队列为止。这种消息传递模型是传统意义上的懒模型或轮询模型。在此模型中，消息不是自动推动给消息消费者的，而是由消息消费者从队列中请求获得。

主题类型的消息，也可以称为发布与订阅消息。通过该消息传递模型，应用程序能够将一条消息发送给多个消息消费者。在此传递模型中，消息目的地类型是主题。消息首先由消息生产者发布至消息服务器特定的主题中，然后由消息服务器将消息传送至所有已订阅此主题的消费者。在该模型中，消息会自动广播，消息消费者无须通过主动请求或轮询主题的方法获得新的消息。

图 16.4 为主题消息系统的典型架构。

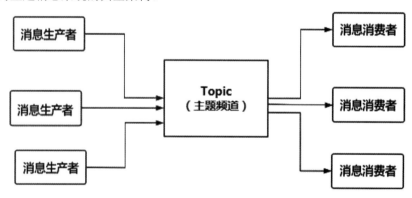

图 16.4　主题消息系统的典型架构

16.3　Kafka 的体系架构

学习 Kafka 消息系统，最重要的是掌握其核心架构及其运行机制。本节将详细介绍 Kafka 的核心架构和基本概念，并在此基础上介绍 Kafka 的安装与部署。

Kafka 消息系统是一个典型的分布式系统，其组成部分包括 Producer、Consumer、Broker 及分布式协调服务 ZooKeeper。图 16.5 为 Kafka 的体系架构。

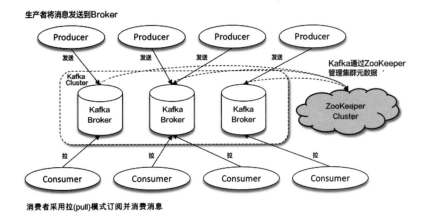

图 16.5　Kafka 的体系架构

下面介绍 Kafka 中的部分术语，这些术语对于学习并掌握 Kafka 的内容非常重要。

（1）Broker：Kafka 集群包含一个或多个服务器，这种服务器被称为 Broker。

（2）Topic：每条发布到 Kafka 集群的消息都有一个类别，该类别被称为 Topic（可以理解为队列或目录）。物理上不同 Topic 的消息分开存储，逻辑上一个 Topic 的消息虽然保存于一个或多个 Broker 上，但用户只需指定消息的 Topic 即可生产或消费数据，而不必关心数据存于何处。

（3）Partition（分区）：Partition 是物理上的概念（可以理解为文件夹），每个 Topic 包含一个或多个 Partition，即同一个分区可能存在多个副本。

（4）Producer：负责发布消息到 Kafka Broker。

（5）Consumer：向 Kafka Broker 读取消息的客户端。

（6）Consumer Group（消费者组）：每个 Consumer 属于一个特定的 Consumer Group（可为每个 Consumer 指定 Group Name，若不指定 Group Name，则属于默认的 Group）。

16.3.1　Broker

Broker 是消息的代理，Producer 向 Broker 中的指定 Topic 写消息，Consumer 从 Broker 中拉取指定 Topic 的消息，然后进行业务处理，Broker 相当于一个代理保存消息的中转站。

另外，Broker 没有副本机制，一旦 Broker 宕机，该 Broker 的消息都将不可用。Consumer 可以回溯到任意位置重新从 Broker 中进行消息的消费，当 Consumer 发生故障时，可以选择最小的 offset(id) 重新读取消费消息。

16.3.2　Topic、Partition 与副本

Kafka 中的消息以 Topic 为单位进行归类，Producer 负责将消息发送到特定的 Topic，而 Consumer 负责订阅 Topic 进行消费。Topic 可以分为多个 Partition，一个 Partition 只属于单个 Topic。Topic 和 Partition 的关系如下：

（1）同一 Topic 下的不同 Partition 包含的消息不同。

（2）消息被追加到 Partition 日志文件时，会分配一个特定的偏移量（offset）。offset 是消息在分区中的唯一标识，Kafka 通过它来保证消息在 Partition 的顺序性。

（3）offset 不跨分区，即 Kafka 保证的是 Partition 有序而不是 Topic 有序。

图 16.6 为 Topic 与 Partition 的关系。

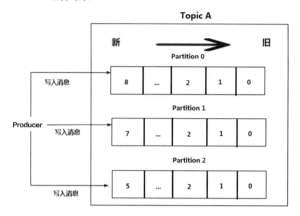

图 16.6　Topic 与 Partition 的关系

在该示例中，Topic A 有 3 个分区。消息由 Producer 顺序追加到每个 Partition 日志文件的尾部。Kafka 中的 Partition 可以分布在不同的 Kafka Broker 上，从而支持负载均衡和容错功能。也就是说，Topic 是一个逻辑单位，它可以横跨在多个 Broker 上。

在 Kafka 中，每个 Topic 可以有多个 Partition，每个 Partition 又可以有多个副本。在多个副本中，只有一个是 Leader，而其他的都是 Follower，且仅有 Leader 副本可以对外提供服务。多个Follower 副本通常存放在和 Leader 副本不同的 Broker 中。通过这样的机制实现了高可用，当某台机器宕机后，其他 Follower 副本也能迅速"转正"，开始对外提供服务。这就是 Kafka 的容错功能。

图 16.7 为 Kafka Partition 的副本机制。

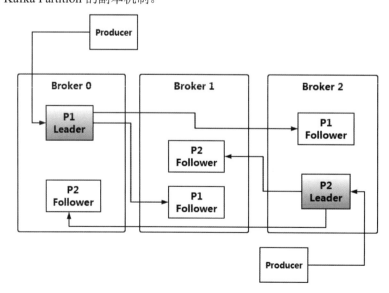

图 16.7　Kafka Partition 的副本机制

图 16.7 中创建了一个 Topic，该 Topic 由两个 Partition 组成：P1 和 P2。由图 16.7 可以看出，每个 Partition 的副本为 3，即每个 Partition 有 3 个副本。通过前面的介绍，可知每个 Partition 中都将有 Leader 副本负责对外提供服务。

16.3.3　Producer

Producer 将消息序列化之后，发送到对应 Topic 的指定 Partition 上。整个 Producer 客户端由两个线程协调运行，这两个线程分别为主线程和发送线程（Sender 线程）。Producer 有 3 种方式可以发送消息。实际上，Producer 发送的动作都是一致的，不由使用者决定。这 3 种方式的区别在于对消息是否正常到达的处理。具体如下。

（1）fire-and-forget：把消息发送给 Broker 之后不关心其是否正常到达。大多数情况下，消息会正常到达，即使出错，Producer 也会自动重试。但是如果出错了，对于服务器而言是察觉不到的。这种方式适用于可丢失消息、对吞吐量要求大的场景，如用户点击日志上报。

（2）同步发送：使用 send 方法发送一条消息，它会返回一个 Future，调用 get 方法可以阻塞当前线程，等待返回。这种方法适用于对消息可靠性要求高的场景，如支付，要求消息不可丢失，如果丢失，则阻断业务（或回滚）。

（3）异步发送：使用 send 方法发送一条消息时指定回调函数，在 Broker 返回结果时调用。该回调函数可以进行错误日志的记录，或者重试。这种方式牺牲了一部分可靠性，但是吞吐量比同步发送高很多。

图 16.8 为 Kafka Producer 的执行过程。

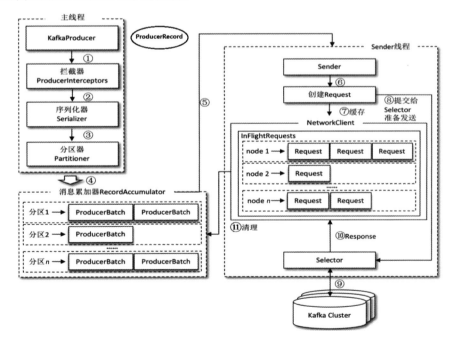

图 16.8　Kafka Producer 的执行过程

整个 Producer 客户端由两个线程协调运行，这两个线程分别为主线程和发送线程。

（1）在主线程中，由 KafkaProducer 创建消息，通过可能的拦截器、序列化器和分区器的作用之后缓存到消息累加器（RecordAccumulator，也称消息收集器）中。

（2）发送线程负责从 RecordAccumulator 中获取消息并将其发送到 Kafka 中。

从创建一个 KafkaProducer 对象开始，接下来创建一个 ProducerRecord 对象。ProducerRecord 对象是 Kafka 中的一个核心类，代表 Producer 发送到 Kafka 服务器端的一个消息对象，即一个 Key-Value 对。ProducerRecord 对象中包含如下信息。

（1）Kafka 服务器端的主题名称（Topic Name）。

（2）Topic 中可选的分区号。

（3）时间戳。

（4）其他 Key-Value 对。

其中，最重要的就是 Kafka 服务器端的主题名称。

ProducerRecord 创建成功后，需要经过拦截器、序列化器将其转换为字节数组后才能在网络上传输，然后消息到达分区器。分区器的作用是根据发送过程中指定的有效的分区号将 ProducerRecord 发送到该分区中；如果没有指定 Topic 中的分区号，则会根据 Key 进行 Hash 运算，将 ProducerRecord 映射到一个对应的分区。

ProducerRecord 将默认采用当前的时间作为时间，用户在创建 ProducerRecord 时提供一个时间戳。Kafka 最终使用的时间戳取决于 Topic 的配置，Topic 时间戳的配置主要有两种，见表 16.1。

表 16.1　Topic 时间戳的配置

配　　置	说　　明
CreateTime	使用生产者中产生的时间戳作为 Kafka 最终的时间戳
LogAppendTime	生产者记录中的时间戳将消息添加到其日志中时，将由 Kafka Broker 重写

ProducerRecord 在经过主线程后，最终由发送线程发送到 Kafka 服务器端。Kafka Broker 在收到消息时会返回一个响应，如果写入成功，会返回一个 RecordMetaData 对象，其包含 Topic 和 Partition 信息，以及记录在分区里的偏移量，上面两种时间戳类型也会返回给用户；如果写入失败，会返回一个错误。Producer 收到错误信息之后会尝试重新发送消息，几次之后如果仍然失败，就返回错误消息。

16.3.4　Consumer 与 Consumer Group

Consumer 就是 Kafka 集群消费数据的客户端。单个 Consumer 模型如图 16.9 所示。

单个 Consumer 模型存在一些问题。如果 Kafka 上游生产的数据很快，超过了单个消费者的消费速度，就会导致数据堆积。要解决该问题，就只能加强 Consumer 的消费能力，即使用 Consumer Group。

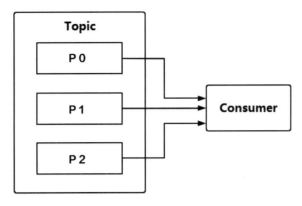

图 16.9　单个 Consumer 模型

Consumer Group 其实就是一组 Consumer 的集合。Consumer 以 Consumer Group 的方式工作，即一个 Consumer Group 由一个或者多个 Consumer 组成，它们共同消费一个 Topic 中的消息。在同一个时间点上，Topic 中的 Partition 只能由一个组中的一个 Consumer 进行消费，而同一个 Partition 可以被不同组中的 Consumer 进行消费，如图 16.10 所示。

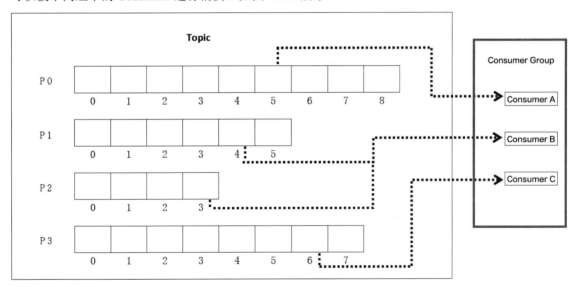

图 16.10　Consumer Group

图 16.10 中的 Consumer Group 由 3 个 Consumer 组成，并且 Topic 由 4 个 Partition 组成。其中，Consumer A 消费读取一个 Partition，Consumer B 消费读取两个 Partition，而 Consumer C 也消费读取一个 Partition。在这种情况下，Consumer 可以通过水平扩展方式同时读取大量的消息。另外，如果一个 Consumer 读取失败，那么其他的 Group 成员会自动负载均衡读取之前失败的 Consumer 读取的 Partition。

Consumer Group 中的消息消费模型有两种，即推送模式（push）和拉取模式（pull）。

1. 消息的推送模式

消息的推送模式需要记录 Consumer 的消费状态。当把一条消息推送给 Consumer 后，需要维护消息的状态，如标记这条消息已经被消费，这种方式无法很好地保证消息被处理。如果要保证消息被处理，则在发送完消息后，需要将其状态设置为"已发送"；而收到 Consumer 的确认消息后，才将其状态更新为"已消费"。这需要记录所有消息的消费状态，显然这种方式不可取。这种方式还存在一个明显的缺点，即消息被标记为"已消费"后，其他的 Consumer 将不能再进行消费。

2. 消息的拉取模式

由于消息的推送模式存在一定的缺点，因此 Kafka 采用消息的拉取模式消费消息。由每个 Consumer 自己维护自己的消费状态，并且每个 Consumer 互相独立地顺序拉取每个分区的消息。Consumer 通过偏移量的信息控制从 Kafka 中消费的消息，如图 16.11 所示。

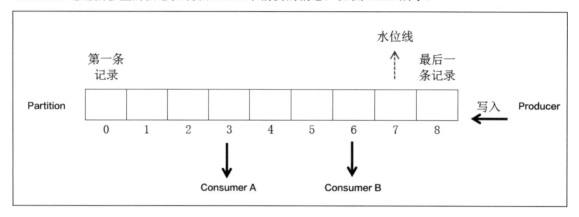

图 16.11   消息的拉取模式

这种由 Consumer 通过偏移量进行消费控制的优点在于，Consumer 可以按照任意顺序消费消息。例如，Consumer 可以通过重置偏移量信息，重新处理之前已经消费过的消息；或者直接跳转到某一个偏移量位置，并开始消费。

这里需要特别说明的是，当 Producer 最新写入的消息还没有达到备份数量时，即新写入的消息还没有达到冗余度要求时，其对 Consumer 是不可见的。Consumer 只能消费到水位线的位置，如图 16.11 所示。

另外，Consumer 如果已经将消息进行了消费，Kafka 并不会立即删除消息，而是会将所有消息进行保存，即持久化保存到 Kafka 的消息日志中。不管消息有没有被消费，用户都可以通过设置保留时间清理过期的消息数据。

16.4   安装部署 Kafka

Kafka 的部署方式分为 3 种，即单机单 Broker 模式、单机多 Broker 模式（Kafka 伪集群模式）和多机多 Broker 模式（Kafka 集群模式）。其中，前两种模式都是在一台虚拟机主机上进行搭建，主要用于开发和测试；在生产环境下，应该部署真正的 Kafka 集群模式，即多机多 Broker 模式。

Kafka 的核心配置文件是 config 目录下的 server.properties 文件。该文件的完整内容如下，其中每个参数的含义会在 16.4.5 小节进行详细介绍。

```
############################ Server Basics ############################

# The id of the broker. This must be set to a unique integer for each broker.
broker.id=0

############################ Socket Server Settings

# The address the socket server listens on. It will get the value returned from
# java.net.InetAddress.getCanonicalHostName() if not configured.
#   FORMAT:
#     listeners = listener_name://host_name:port
#   EXAMPLE:
#     listeners = PLAINTEXT://your.host.name:9092
# listeners=PLAINTEXT://:9092

# Hostname and port the broker will advertise to producers and consumers. If not set,
# it uses the value for "listeners" if configured.  Otherwise, it will use the value
# returned from java.net.InetAddress.getCanonicalHostName().
# advertised.listeners=PLAINTEXT://your.host.name:9092

# Maps listener names to security protocols, the default is for them to be the
  same. See the config documentation for more details
# listener.security.protocol.map=PLAINTEXT:PLAINTEXT,SSL:SSL,SASL_PLAINTEXT:
  SASL_PLAINTEXT,SASL_SSL:SASL_SSL

# The number of threads that the server uses for receiving requests from the
  network and sending responses to the network
num.network.threads=3

# The number of threads that the server uses for processing requests, which may
  include disk I/O
num.io.threads=8

# The send buffer (SO_SNDBUF) used by the socket server
socket.send.buffer.bytes=102400

# The receive buffer (SO_RCVBUF) used by the socket server
socket.receive.buffer.bytes=102400

# The maximum size of a request that the socket server will accept (protection against OOM)
socket.request.max.bytes=104857600



############################ Log Basics ############################
```

```
# A comma separated list of directories under which to store log files
log.dirs=/tmp/kafka-logs

# The default number of log partitions per topic. More partitions allow greater
# parallelism for consumption, but this will also result in more files across
# the brokers.
num.partitions=1

# The number of threads per data directory to be used for log recovery at startup
  and flushing at shutdown.
# This value is recommended to be increased for installations with data dirs located
  in RAID array.
num.recovery.threads.per.data.dir=1

############################# Internal Topic Settings #############################
# The replication factor for the group metadata internal topics "__consumer_offsets"
  and "__transaction_state"
# For anything other than development testing, a value greater than 1 is recommended
  to ensure availability such as 3.
offsets.topic.replication.factor=1
transaction.state.log.replication.factor=1
transaction.state.log.min.isr=1

############################# Log Flush Policy #############################

# Messages are immediately written to the filesystem but by default we only fsync() to sync
# the OS cache lazily. The following configurations control the flush of data to disk.
# There are a few important trade-offs here:
# 1. Durability: Unflushed data may be lost if you are not using replication.
# 2. Latency: Very large flush intervals may lead to latency spikes when the flush
  does occur as there will be a lot of data to flush.
# 3. Throughput: The flush is generally the most expensive operation, and a small
  flush interval may lead to excessive seeks.
# The settings below allow one to configure the flush policy to flush data after a period
  of time or
# every N messages(or both). This can be done globally and overridden on a per-topic basis.

# The number of messages to accept before forcing a flush of data to disk
#log.flush.interval.messages=10000

# The maximum amount of time a message can sit in a log before we force a flush
#log.flush.interval.ms=1000

############################# Log Retention Policy #############################

# The following configurations control the disposal of log segments. The policy can
# be set to delete segments after a period of time, or after a given size has accumulated.
# A segment will be deleted whenever *either* of these criteria are met. Deletion
```

```
    always happens
# from the end of the log.

# The minimum age of a log file to be eligible for deletion due to age
log.retention.hours=168

# A size-based retention policy for logs. Segments are pruned from the log
  unless the remaining
# segments drop below log.retention.bytes. Functions independently of log.
  retention.hours.
#log.retention.bytes=1073741824

# The maximum size of a log segment file. When this size is reached a new log
  segment will be created.
log.segment.bytes=1073741824

# The interval at which log segments are checked to see if they can be deleted according
# to the retention policies
log.retention.check.interval.ms=300000


############################# Zookeeper #############################

# Zookeeper connection string (see zookeeper docs for details).
# This is a comma separated host:port pairs, each corresponding to a zk
# server. e.g. "127.0.0.1:3000,127.0.0.1:3001,127.0.0.1:3002".
# You can also append an optional chroot string to the urls to specify the
# root directory for all kafka znodes.
zookeeper.connect=localhost:2181

# Timeout in ms for connecting to zookeeper
zookeeper.connection.timeout.ms=6000


############# Group Coordinator Settings ################

# The following configuration specifies the time, in milliseconds, that the
  GroupCoordinator will delay the initial consumer rebalance.
# The rebalance will be further delayed by the value of group.initial.rebalance.
  delay.ms as new members join the group, up to a maximum of max.poll.interval.ms.
# The default value for this is 3 seconds.
# We override this to 0 here as it makes for a better out-of-the-box experience for
  development and testing.
# However, in production environments the default value of 3 seconds is more suitable
  as this will help to avoid unnecessary, and potentially expensive, rebalances during
  application startup.
group.initial.rebalance.delay.ms=0
```

16.4.1　部署单机单 Broker

图 16.12 所示为 Kafka 单机单 Broker 模式，bigdata111 的虚拟主机上部署了一个 Broker，用于接收和转发生产者发布的消息。由于在这种模式下只存在一个 Broker，因此会存在单点故障问题，即 Broker 本身或 Broker 所在的主机宕机后，都会造成 Kafka 无法正常工作，所以其只能用于开发和测试环境。

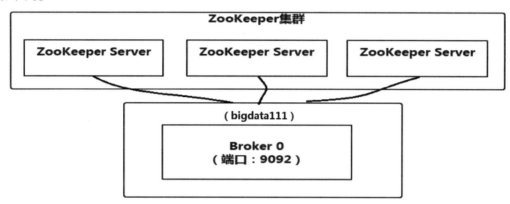

图 16.12　Kafka 单机单 Broker 模式

（1）将压缩包解压至 /root/training 目录，命令如下：

```
tar -zxvf kafka_2.11-2.4.0.tgz -C /root/training/
```

（2）进入 Kafka 的 config 目录，并修改 server.properties 文件。这里为了方便管理，复制一份该配置文件，命令如下：

```
cd /root/training/kafka_2.11-2.4.0/config/
cp server.properties server0.properties
vi server0.properties
```

（3）需要修改的参数如下：

```
broker.id=0
log.dirs=/root/training/kafka_2.11-2.4.0/logs/broker0
zookeeper.connect=bigdata111:2181
```

其中参数说明如下：

① broker.id 表示 Broker 的 ID。在一个 Kafka 集群中，不同的 Broker 应该具有不同的 ID，不能重复。

② log.dirs 表示 Kafka 日志数据的存放地址，如果有多个地址，应用逗号分割。这里为了便于管理，为每个 Broker 单独创建一个目录来存储这一个 Broker 对应的日志数据。

③ zookeeper.connect 表示连接的 ZooKeeper 集群的地址。这里使用之前在 bigdata111 上部署好的 Standalone 模式的 ZooKeeper。

（4）创建 broker 0 日志存储的目录，命令如下：

```
mkdir /root/training/kafka_2.11-2.4.0/logs/broker0
```

（5）启动 Kafka Broker，命令如下：

```
bin/kafka-server-start.sh config/server0.properties &
```

启动成功后，将输出图 16.13 所示的日志信息。

```
1 kafka101

[2020-09-19 05:21:09,938] INFO [ProducerId Manager 0]: Acquired new producerId block
(brokerId:0,blockStartProducerId:1000,blockEndProducerId:1999) by writing to Zk with
path version 2 (kafka.coordinator.transaction.ProducerIdManager)
[2020-09-19 05:21:09,975] INFO [TransactionCoordinator id=0] Starting up. (kafka.coor
dinator.transaction.TransactionCoordinator)
[2020-09-19 05:21:09,996] INFO [TransactionCoordinator id=0] Startup complete. (kafka
.coordinator.transaction.TransactionCoordinator)
[2020-09-19 05:21:10,009] INFO [Transaction Marker Channel Manager 0]: Starting (kafk
a.coordinator.transaction.TransactionMarkerChannelManager)
[2020-09-19 05:21:10,062] INFO [ExpirationReaper-0-AlterAcls]: Starting (kafka.server
.DelayedOperationPurgatory$ExpiredOperationReaper)
[2020-09-19 05:21:10,151] INFO [/config/changes-event-process-thread]: Starting (kafk
a.common.ZkNodeChangeNotificationListener$ChangeEventProcessThread)
[2020-09-19 05:21:10,288] INFO [SocketServer brokerId=0] Started data-plane processor
s for 1 acceptors (kafka.network.SocketServer)
[2020-09-19 05:21:10,289] INFO Kafka version: 2.4.0 (org.apache.kafka.common.utils.Ap
pInfoParser)
[2020-09-19 05:21:10,290] INFO Kafka commitId: 77a89fcf8d7fa018 (org.apache.kafka.com
mon.utils.AppInfoParser)
[2020-09-19 05:21:10,290] INFO Kafka startTimeMs: 1600507270288 (org.apache.kafka.com
mon.utils.AppInfoParser)
[2020-09-19 05:21:10,291] INFO [KafkaServer id=0] started (kafka.server.KafkaServer)
```

图 16.13　Kafka Broker 启动成功的日志信息

也可以通过 Java 的 jps 命令查看后台的 Java 进程信息，如图 16.14 所示。

```
1 bigdata111

[root@bigdata111 kafka_2.11-2.4.0]# jps
51504 Kafka
51431 QuorumPeerMain
51899 Jps
[root@bigdata111 kafka_2.11-2.4.0]#
```

图 16.14　Kafka 的后台进程信息

其中，51504 进程就是 Kafka Broker 对应的进程，而 51431 进程就是前面配置好的 ZooKeeper 进程。

16.4.2　部署单机多 Broker

图 16.15 所示为 Kafka 单机多 Broker 模式，bigdata111 的虚拟主机上部署了两个 Broker，分别

运行在 9092 端口和 9093 端口。由于在这种模式下只存在一台主机，因此也存在单点故障问题，即 Broker 所在的主机宕机后，会造成 Kafka 无法正常工作。如果是两个 Broker 中的其中一个出现了问题，则整个 Kafka 依然可以正常工作。由于这种模式并不是真正的集群，因此其只能用于开发和测试环境。

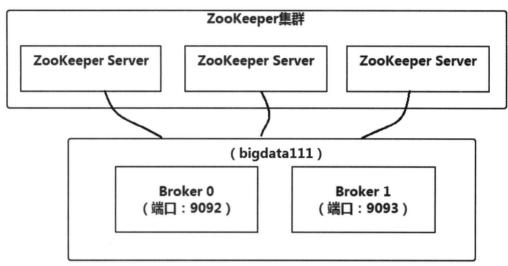

图 16.15　Kafka 单机多 Broker 模式

（1）在 Kafka 的 config 目录手动复制一个新的 server.properties 文件，命令如下：

```
cp server.properties server1.properties
```

（2）创建 broker 1 日志存储的目录，命令如下：

```
mkdir /root/training/kafka_2.11-2.4.0/logs/broker1
```

（3）修改 server1.properties 文件，内容如下：

```
broker.id=1
port=9093
log.dirs=/root/training/kafka_2.11-2.4.0/logs/broker1
zookeeper.connect=bigdata111:2181
```

📢 注意：

参数 port 需要手动添加。

（4）启动 Kafka Broker，命令如下：

```
bin/kafka-server-start.sh config/server1.properties &
```

启动成功后，将输出图 16.16 所示的日志信息。

```
nator. transaction. TransactionCoordinator)
[2020-09-19 05:33:45,949] INFO [TransactionCoordinator id=1] Startup complete. (kafka. c
oordinator. transaction. TransactionCoordinator)
[2020-09-19 05:33:45,961] INFO [Transaction Marker Channel Manager 1]: Starting (kafka.
coordinator. transaction. TransactionMarkerChannelManager)
[2020-09-19 05:33:45,985] INFO [ExpirationReaper-1-AlterAcls]: Starting (kafka. server. D
elayedOperationPurgatory$ExpiredOperationReaper)
[2020-09-19 05:33:46,034] INFO [/config/changes-event-process-thread]: Starting (kafka.
common. ZkNodeChangeNotificationListener$ChangeEventProcessThread)
[2020-09-19 05:33:46,114] INFO [SocketServer brokerId=1] Started data-plane processors
for 1 acceptors (kafka. network. SocketServer)
[2020-09-19 05:33:46,116] INFO Kafka version: 2.4.0 (org. apache. kafka. common. utils. AppI
nfoParser)
[2020-09-19 05:33:46,116] INFO Kafka commitId: 77a89fcf8d7fa018 (org. apache. kafka. commo
n. utils. AppInfoParser)
[2020-09-19 05:33:46,116] INFO Kafka startTimeMs: 1600508026115 (org. apache. kafka. commo
n. utils. AppInfoParser)
[2020-09-19 05:33:46,118] INFO [KafkaServer id=1] started (kafka. server. KafkaServer)
```

图 16.16　Kafka 单机多 Broker 启动成功的日志信息

也可以通过 Java 的 jps 命令查看后台的 Java 进程，可以看到两个 Kafka Broker 的进程，如图 16.17 所示。

```
[root@bigdata111 kafka_2.11-2.4.0]# jps
51504 Kafka
52368 Kafka
51431 QuorumPeerMain
52762 Jps
[root@bigdata111 kafka_2.11-2.4.0]#
```

图 16.17　Kafka 的后台进程信息

16.4.3　部署多机多 Broker

图 16.18 所示为 Kafka 多机多 Broker 模式，在 bigdata111 和 bigdata112 的虚拟主机上分别部署了 Broker。这种模式是真正的 Kafka 集群模式，并提供高可用的特性，可以用于真正的生产环境中。

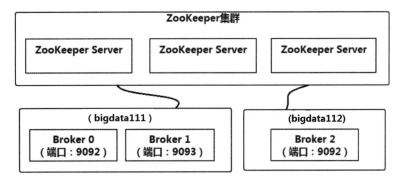

图 16.18　Kafka 多机多 Broker 模式

只需按照之前单机环境下的相同方式，在 bigdata112 上重新部署一个 Kafka 节点，并修改 server.properties 参数即可。配置参数的内容如下：

```
broker.id=2
log.dirs=/root/training/kafka_2.11-2.4.0/logs/broker2
zookeeper.connect=bigdata111:2181
```

图 16.19 为最终部署成功的进程信息。

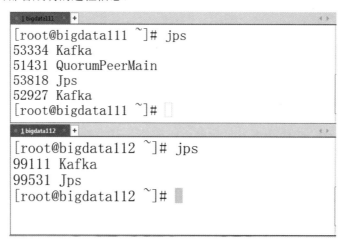

图 16.19　Kafka 多机多 Broker 模式的进程信息

从图 16.19 中可以看出，在 bigdata111 上有两个 Kafka 的 Broker，而 bigdata112 上只有一个 Kafka 的 Broker。

16.4.4　使用命令行测试 Kafka

至此，Kafka 集群搭建完成。本小节进行简单测试，将创建一个 Topic，并使用 Kafka 提供的命令工具发送消息和接收消息。

（1）创建一个名为 mytopic1 的 Topic，命令如下：

```
bin/kafka-topics.sh --create --zookeeper bigdata111:2181 \
--replication-factor 2 --partitions 3 --topic mytopic1
```

其中参数说明如下：

① --zookeeper：用于指定 ZooKeeper 的地址。如果是多个 ZooKeeper 地址，可以使用逗号分隔。

② --replication-factor：用于指定 Partition 的副本数。这里设置的副本数为 2，表示同一个 Partition 有两个副本。

③ --partitions：用于指定该 Topic 包含的 Partition 数。这里设置的 Partition 数为 3，表示该 Topic 由 3 个分区组成。

④ --topic：用于指定 Topic 的名字。

（2）使用下面的命令启动 Producer，发送消息。

```
bin/kafka-console-producer.sh --broker-list bigdata111:9092 --topic mytopic1
```

（3）使用下面的命令启动 Consumer，接收消息。由于 Kafka 支持的是 Topic 广播类型的消息，因此可以多启动几个 Consumer，如图 16.20 所示。

```
bin/kafka-console-consumer.sh --bootstrap-server bigdata111:9092 --topic mytopic1
```

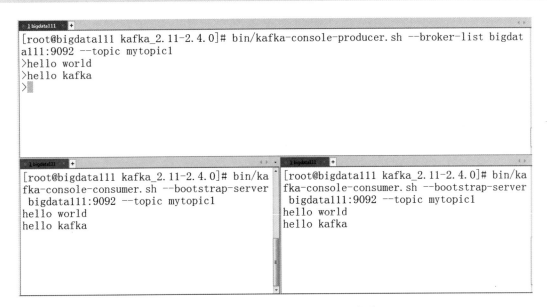

图 16.20　测试 Kafka 的消息发送与接收

这里启动了一个 Producer 和两个 Consumer，并在 Producer 中发出了两条消息，在两个 Consumer 中可以看到这两条消息已被同时接收到。

（4）下面介绍一些特殊方式的接收命令。

① 从开始位置消费，命令如下：

```
bin/kafka-console-consumer.sh --bootstrap-server bigdata111:9092 \
--from-beginning --topic topicName
```

② 显示 Key 消费，命令如下：

```
bin/kafka-console-consumer.sh --bootstrap-server bigdata111:9092 \
--property print.key=true --topic mytopic1
```

16.4.5　Kafka 配置参数详解

在 16.4.4 小节配置部署了 Kafka 集群的各种模式。Kafka 的核心配置文件是 server.properties，本小节即对该配置文件中的每个参数进行详细说明。

（1）broker.id：每一个 Broker 在集群中的唯一表示，要求是正数。当该服务器的 IP 地址发生改变时，broker.id 没有变化，不会影响 Consumer 的消息情况。

（2）num.network.threads：Broker 处理消息的最大线程数，一般情况下不需要修改。

（3）num.io.threads：Broker 处理磁盘 I/O 的线程数，数值应该大于用户的硬盘数。

（4）socket.send.buffer.bytes：Socket 的发送缓冲区，Socket 的调优参数为 SO_SNDBUFF。

（5）socket.receive.buffer.bytes：Socket 的接收缓冲区，Socket 的调优参数为 SO_RCVBUFF。

（6）socket.request.max.bytes：Socket 请求的最大数值，防止 Server OOM。Socket. message. max.bytes 必然要小于 socket.request.max.bytes，会被 Topic 创建时的指定参数覆盖。

（7）log.dirs：Kafka 数据的存放地址。如果有多个地址，则用逗号分隔，如 "/data/kafka-logs-1, /data/kafka-logs-2"。

（8）num.partitions：每个 Topic 的分区个数。若在 Topic 创建时没有指定该参数，则会被 Topic 创建时的指定参数覆盖。

（9）num.recovery.threads.per.data.dir：在日志恢复启动和关闭时每个数据目录的线程的数量，默认为 1。

（10）offsets.topic.replication.factor、transaction.state.log.replication.factor、transaction.state.log. min.isr：内部主题的设置。对于除了开发测试之外的其他任何事物，group 元数据内部 Topic 的复制因子为 "__consumer_offsets" 和 "__transaction_state"，建议值大于 1，以确保可用性。

（11）log.retention.hours：日志保存时间（hours|minutes），默认为 7 天（168h）。如果超过该时间，会根据 policy 处理数据。

（12）log.segment.bytes：控制日志 segment 文件的大小，超出该大小则追加到一个新的日志 segment 文件中（-1 表示没有限制）。

（13）log.retention.check.interval.ms：日志片段文件的检查周期，查看它们是否达到了设置的删除策略（log.retention.hours 或 log.retention.bytes）。

（14）zookeeper.connect：ZooKeeper 集群的地址，可以是多个，多个之间用逗号分隔。

（15）zookeeper.connection.timeout.ms：指定多久 Consumer 更新 offset 到 ZooKeeper 中。

📢 注意：

> offset 更新时是基于 time 的而不是基于每次获得的消息。在更新 ZooKeeper 时发生异常并重启后，将可能收到已经收到过的消息。

（16）group.initial.rebalance.delay.ms：这是一个新增的参数。对于用户来说，这个改进最直接的效果就是新增了一个 Broker 配置：group.initial.rebalance.delay.ms，默认是 3s。用户需要在 server. properties 文件中自行将其修改为想要配置的值。在实际使用时，如果预估所有 Consumer Group 成员加入需要在 10s 内完成，那么就可以设置该参数为 10 000。

16.4.6　Kafka 在 ZooKeeper 中保存的数据

Kafka 在 ZooKeeper 中保存的信息如图 16.21 所示。

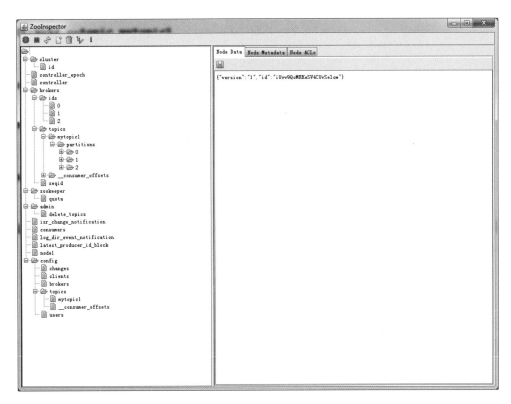

图 16.21　Kafka 在 ZooKeeper 中保存的信息

这里使用了一个 ZooKeeper 的客户端工具：ZooInspector（下载地址为 https://issues.apache.org/jira/secure/attachment/12436620/ZooInspector.zip）。这是一个利用 Java 开发的 ZooKeeper 客户端工具，利用该工具可以方便地管理 ZooKeeper 中节点的信息。

关于 Kafka 在 ZooKeeper 中存储的信息，这里只对其主要部分进行说明，见表 16.2。

表 16.2　Kafka 在 ZooKeeper 中存储的信息

信　　息	说　　明
/brokers/ids	Broker 注册信息
/brokers/topics/[topic] /brokers/topics/[topic]/partitions/[0...N]	Topic 与 Partition 的注册信息
/controller_epoch	此值为一个数字，Kafka 集群中的第一个 Broker 第一次启动时为 1，以后只要集群中 Center Controller（中央控制器）所在 Broker 变更或挂掉，就会重新选举新的 Center Controller，每次 Center Controller 变更，controller_epoch 值就会加 1
/consumers/[groupId]/ids/[consumerIdString]	Consumer 注册信息。每个 Consumer 都有一个唯一的 ID（ConsumerId 可以通过配置文件指定，也可以由系统生成），此 ID 用来标记 Consumer 信息

16.5　开发 Kafka 应用程序

Apache Kafka 是一个吞吐量巨大的消息系统，它是用 Scala 语言编写的，同时也支持 Java 语言。可以通过搭建 Maven 的工程开发对应的应用程序，需要在 Maven 的 pom.xml 文件中添加的依赖如下：

```xml
<dependency>
    <groupId>org.apache.kafka</groupId>
    <artifactId>kafka-clients</artifactId>
    <version>2.4.0</version>
</dependency>
```

16.5.1　开发 Java 版本的客户端程序

1. Producer 程序

```java
01  import java.util.Properties;
02  import java.util.Scanner;
03  import org.apache.kafka.clients.producer.KafkaProducer;
04  import org.apache.kafka.clients.producer.Producer;
05  import org.apache.kafka.clients.producer.ProducerRecord;
06
07  public class ProducerDemo {
08
09      public static void main(String[] args) throws InterruptedException {
10          Properties props = new Properties();
11          props.put("bootstrap.servers", "bigdata111:9092");
12          props.put("acks", "all");
13
14          props.put("retries", 0);
15          props.put("batch.size", 16384);
16          props.put("linger.ms", 1);
17          props.put("buffer.memory", 33554432);
18
19          props.put("key.serializer",
20                  "org.apache.kafka.common.serialization.StringSerializer");
21          props.put("value.serializer",
22                  "org.apache.kafka.common.serialization.StringSerializer");
23
24          Producer<String, String> producer = new KafkaProducer<String, String>(props);
25          for(int i=0;i<10;i++) {
26              producer.send(new ProducerRecord<String, String>
27                      ("mytopic1", "key"+i, "value"+i));
28              Thread.sleep(1000);
29          }
30          producer.close();
31      }
32  }
```

其中代码说明如下：

（1）第 12 行代码：表示 Producer 需要 Server 端在接收到消息后进行反馈确认的尺度，主要用于消息的可靠性传输。

① acks=0：表示 Producer 不需要来自 Server 的确认。

② acks=1：表示 Server 端将消息保存后即可发送 ack，而不必等到其他 Follower 角色都收到该消息。

③ acks=all（或者 acks=-1）：表示 Server 端将等待所有的副本都被接收后才发送 ack。

（2）第 14 行代码：表示 Producer 发送失败后重试的次数。

（3）第 15 行代码：表示当多条消息发送到同一个 Partition 时，Producer 批量发送消息的大小。批量发送可以减少 Producer 到 Server 端的请求数，有助于提高 Client 端和 Server 端的性能。

（4）第 16 行代码：表示默认情况下缓冲区的消息会被立即发送到 Server 端，即使缓冲区的空间并没有被用完。可以将该值设置为大于 0，这样发送者将等待一段时间后再向 Server 端发送请求，以实现每次请求可以尽可能多地发送批量消息。

（5）第 17 行代码：表示 Producer 缓冲区的大小，保存的是还未来得及发送到 Server 端的消息。如果 Producer 的发送速度大于消息被提交到 Server 端的速度，该缓冲区将被耗尽。

（6）第 19~22 行代码：表示使用何种序列化方式将用户提供的 Key 和 Vaule 值序列化成字节。

2. Consumer 程序

```
01    import java.time.Duration;
02    import java.util.Arrays;
03    import java.util.Properties;
04
05    import org.apache.kafka.clients.consumer.ConsumerRecord;
06    import org.apache.kafka.clients.consumer.ConsumerRecords;
07    import org.apache.kafka.clients.consumer.KafkaConsumer;
08
09    public class ConsumerDemo {
10        public static void main(String[] args) {
11            Properties props = new Properties();
12            props.put("bootstrap.servers", "bigdata111:9092");
13            props.put("group.id", "mygroup");
14            props.put("enable.auto.commit", "true");
15            props.put("auto.commit.interval.ms", "1000");
16            props.put("key.deserializer",
17                        "org.apache.kafka.common.serialization.StringDeserializer");
18            props.put("value.deserializer",
19                        "org.apache.kafka.common.serialization.StringDeserializer");
20
21            KafkaConsumer<String, String> consumer =
22                            new KafkaConsumer<String, String>(props);
23
24            consumer.subscribe(Arrays.asList("mytopic1"));
25            while (true) {
26                ConsumerRecords<String, String> records =
```

```
27                              consumer.poll(Duration.ofMillis(100));
28
29                 for (ConsumerRecord<String, String> record : records)
30                  System.out.println(" 收到消息: "+ record.key() + "\t"
31                                          + record.value());
32            }
33        }
34    }
```

其中代码说明如下：

（1）第 13 行代码：表示 Kafka 使用 Consumer Group 的概念允许多个 Consumer 共同消费和处理同一个 Topic 中的消息。分组中 Consumer 成员是动态维护的，如果一个 Consumer 处理失败，那么之前分配给它的 Partition 将被重新分配给分组中的其他 Consumer；同样，如果分组中加入了新的 Consumer，也将触发整个 Partition 的重新分配，每个 Consumer 将尽可能地分配到相同数目的 Partition，以达到新的均衡状态。

（2）第 14 行代码：用于配置消费者是否自动提交消费进度。

（3）第 15 行代码：用于配置自动提交消费进度的时间。

（4）第 16～19 行代码：表示使用何种序列化方式将用户提供的 Key 和 Vaule 值序列化成字节。

16.5.2　开发 Scala 版本的客户端程序

1. Producer 应用程序

```scala
import org.apache.kafka.clients.producer.KafkaProducer
import java.util.Properties
import org.apache.kafka.clients.producer.ProducerRecord
import org.apache.kafka.clients.producer.RecordMetadata
import org.apache.kafka.clients.producer.ProducerConfig

object DemProducer {
  def main(args: Array[String]): Unit = {
   val props = new Properties
   props.put("bootstrap.servers", "bigdata111:9092")
   props.put("acks", "all");
   props.put("retries", "0")
        props.put("batch.size", "16384")
        props.put("linger.ms", "1")
        props.put("buffer.memory", "33554432")

        props.put("key.serializer",
                "org.apache.kafka.common.serialization.StringSerializer");
        props.put("value.serializer",
                "org.apache.kafka.common.serialization.StringSerializer");

        val producer = new KafkaProducer[String,String](props)
```

```
        var i = 0
        while(i< 10){
            producer.send(new ProducerRecord("mytopic1",
                                        "scala_key"+i,
                                        "scala_value"+i))
            i = i+1
            Thread.sleep(1000)
        }
        producer.close()
    }
}
```

其中的参数含义与 Java 版的 Producer 参数设置的含义一致，读者可参考 16.5.1 小节中的相应
参数说明。

2. Consumer 应用程序

```
import java.util.Properties
import org.apache.kafka.clients.consumer.KafkaConsumer
import java.util.Arrays
import java.time.Duration
import org.apache.kafka.clients.consumer.ConsumerRecord

object DemoConsumer {
  def main(args: Array[String]): Unit = {
    val props = new Properties
    props.put("bootstrap.servers", "bigdata111:9092")

    props.put("group.id", "mygroup");
    props.put("enable.auto.commit", "true");
    props.put("auto.commit.interval.ms", "1000");
    props.put("key.deserializer",
            "org.apache.kafka.common.serialization.StringDeserializer");
    props.put("value.deserializer",
            "org.apache.kafka.common.serialization.StringDeserializer");

    val consumer = new KafkaConsumer(props)
    consumer.subscribe(Arrays.asList("mytopic1"));
    while (true) {
      val records = consumer.poll(Duration.ofMillis(100));
      val its = records.iterator()

        while(its.hasNext()){
          val message = its.next()
            System.out.println("收到消息: "+ message.key() +
                                    "\t" + message.value())
        }
    }
    consumer.close()
  }
}
```

其中的参数含义与 Java 版的 Consumer 参数设置的含义一致，读者可参考 16.5.1 小节中的相应参数说明。

16.5.3 发布订阅自定义消息

前面提到，Kafka Producer 发送的消息必须经过序列化。实现序列化可以简单地总结为两步，第一步是继承序列化 Serializer 接口；第二步是实现接口方法，将指定数据类型序列化成 byte[] 或将 byte[] 反序列化成指定数据类型。本小节即实现自己的序列化 / 反序列化方式。

实现 Java 对象的序列化有很多种方式。这里介绍基于 FastJson 的序列化方式。FastJson 是一个 Java 库，可以将 Java 对象转换为 JSON 格式，也可以将 JSON 字符串转换为 Java 对象。要使用 FastJson，可以在 Java Maven 工程的 pom.xml 文件中加入以下依赖。

```
<dependency>
    <groupId>com.alibaba</groupId>
    <artifactId>fastjson</artifactId>
    <version>1.2.68</version>
</dependency>
```

下面通过一个具体示例演示如何使用 FastJson 对一个 Java 对象进行序列化，并将其作为 Kafka Producer 的消息发送到 Kafka 消息集群上。这里使用表 16.3 所列的员工数据进行测试。

表 16.3 员工数据

字　　段	类　　型	说　　明
empno	int	员工号
ename	String	员工姓名
job	String	员工职位
mgr	int	员工经理的员工号
hiredate	String	入职日期
sal	int	月薪
comm	int	奖金
deptno	int	部门号

下面展示了 Employee.java 的完整代码，为了方便输出结果，还重写了 Employee 类的 toString 方法。

```
public class Employee {

    private int empno;
    private String ename;
    private String job;
```

```java
    private int mgr;
    private String hiredate;
    private int sal;
    private int comm;
    private int deptno;

    public Employee() {

    }

    @Override
    public String toString() {
        return "Employee [empno=" + empno + ", ename=" + ename + ", "
                + "job=" + job + ", mgr=" + mgr + ", hiredate="
                + "" + hiredate + ", sal=" + sal + ", comm="
                + "" + comm + ", deptno=" + deptno + "]";
    }

    public int getEmpno() {
        return empno;
    }

    public void setEmpno(int empno) {
        this.empno = empno;
    }

    public String getEname() {
        return ename;
    }

    public void setEname(String ename) {
        this.ename = ename;
    }

    public String getJob() {
        return job;
    }

    public void setJob(String job) {
        this.job = job;
    }

    public int getMgr() {
        return mgr;
    }

    public void setMgr(int mgr) {
        this.mgr = mgr;
```

```
    }

    public String getHiredate() {
        return hiredate;
    }

    public void setHiredate(String hiredate) {
        this.hiredate = hiredate;
    }

    public int getSal() {
        return sal;
    }

    public void setSal(int sal) {
        this.sal = sal;
    }

    public int getComm() {
        return comm;
    }

    public void setComm(int comm) {
        this.comm = comm;
    }

    public int getDeptno() {
        return deptno;
    }

    public void setDeptno(int deptno) {
        this.deptno = deptno;
    }
}
```

为了对 Employee 对象进行序列化，创建一个 EmployeeJSONSerializer 类并使用 FastJson 将其序列化成一个 JSON 对象，完整的代码如下：

```
import org.apache.kafka.common.serialization.Serializer;

import com.alibaba.fastjson.JSON;

public class EmployeeJSONSerializer implements Serializer<Employee> {

    @Override
    public byte[] serialize(String topic, Employee data) {
        return JSON.toJSONBytes(data);
    }
}
```

创建一个 EmployeeProducer，发送 Employee 对象到 Kafka 集群的 Broker 上，代码如下：

```java
import java.util.Properties;

import org.apache.kafka.clients.producer.KafkaProducer;
import org.apache.kafka.clients.producer.Producer;
import org.apache.kafka.clients.producer.ProducerConfig;
import org.apache.kafka.clients.producer.ProducerRecord;

public class EmployeeProducer {

    public static void main(String[] args) throws Exception {
        Properties props = new Properties();
        props.setProperty(ProducerConfig.BOOTSTRAP_SERVERS_CONFIG,
                "bigdata111:9092");
        props.setProperty(ProducerConfig.KEY_SERIALIZER_CLASS_CONFIG,
                "org.apache.kafka.common.serialization.StringSerializer");
        props.setProperty(ProducerConfig.VALUE_SERIALIZER_CLASS_CONFIG,
                "EmployeeJSONSerializer");

        // 创建 Producer
        Producer<String, Employee> producer =
                new KafkaProducer<String, Employee>(props);
        for(int i=0;i<10;i++) {
            Employee emp = new Employee();

            emp.setEmpno(i);                        // 设置员工号
            emp.setEname("Ename" + i);              // 设置员工姓名
            emp.setJob("Job" + i);                  // 设置员工职位
            emp.setMgr(1000+i);                     // 设置员工经理的员工号
            emp.setHiredate("2020-12-01");          // 设置入职日期
            emp.setSal(6000);                       // 设置月薪
            emp.setComm(2000);                      // 设置奖金
            emp.setDeptno(10);                      // 设置部门号

            producer.send(new ProducerRecord<String, Employee>(
                    "mytopic1",
                    String.valueOf(emp.getEmpno()),
                    emp));

            // 每 2s 发送一个 Employee 对象
            Thread.sleep(2000);
        }
        producer.close();
    }
}
```

创建 EmployeeConsumer，用于消费消息，程序运行结果如图 16.22 所示。

图 16.22　EmployeeConsumer 的运行结果

EmployeeConsumer 的完整代码如下：

```java
import java.time.Duration;
import java.util.Arrays;
import java.util.Properties;

import org.apache.kafka.clients.consumer.Consumer;
import org.apache.kafka.clients.consumer.ConsumerConfig;
import org.apache.kafka.clients.consumer.ConsumerRecord;
import org.apache.kafka.clients.consumer.ConsumerRecords;
import org.apache.kafka.clients.consumer.KafkaConsumer;

public class EmployeeConsumer {

    public static void main(String[] args) {
        Properties props = new Properties();

        // 指定 Kafka Broker 的地址
        props.setProperty(ConsumerConfig.BOOTSTRAP_SERVERS_CONFIG,
                    "bigdata111:9092");

        // 指定 Key 的反序列化方式
```

```
        props.setProperty(ConsumerConfig.KEY_DESERIALIZER_CLASS_CONFIG,
            "org.apache.kafka.common.serialization.StringDeserializer");

        // 使用自定义的 JSON 反序列化机制
        props.setProperty(ConsumerConfig.VALUE_DESERIALIZER_CLASS_CONFIG,
            "EmployeeJSONDeserializer");

        // 指定 Consumer Group
        props.setProperty(ConsumerConfig.GROUP_ID_CONFIG,
            "mygroup1");

        // 创建 Consumer
        Consumer<String, Employee> consumer =
                    new KafkaConsumer<String, Employee>(props);
        consumer.subscribe(Arrays.asList("mytopic1"));

        while(true) {
            ConsumerRecords<String, Employee> records =
                    consumer.poll(Duration.ofSeconds(1000));

            for(ConsumerRecord<String, Employee> r:records) {
                System.out.println(" 收到员工对象: "+
                                        r.key()+"\t"+r.value());
            }
        }
    }
}
```

上述代码中使用了一个 EmployeeJSONDeserializer 的反序列化器，其完整代码如下：

```
import org.apache.kafka.common.serialization.Deserializer;
import com.alibaba.fastjson.JSON;

public class EmployeeJSONDeserializer
    implements Deserializer<Employee> {

    @Override
    public Employee deserialize(String topic, byte[] data) {
        return JSON.parseObject(data,Employee.class);
    }

}
```

16.6　Kafka 核心原理解析

16.6.1　消息的持久化

消息由 Kafka Broker 接收后会进行持久化操作，以便在 Consumer 不可用时保存消息。Apache Kafka 的底层依然是基于 Java 实现的，而 Java 的磁盘 I/O 操作存在以下两个问题。

（1）存储缓存对象会严重影响性能。

（2）堆内存数据的增加会导致 Java 的垃圾回收速度越来越慢。

尽管传统的磁盘 I/O 操作会很慢，但是磁盘线性写入的性能远远大于随机写入的性能。因为底层的操作系统对磁盘的线性写入进行了大量优化，在某些情况下甚至比随机的内存读写更快，所以 Kafka 在进行消息持久化操作时，操作写日志文件采用磁盘的线性写入方式，从而解决了传统的磁盘写操作慢的问题。这里的持久化需要从读和写两方面进行考虑。

（1）写操作：将数据顺序追加到日志文件中。

（2）读操作：根据 offset 的偏移量从日志文件中读取数据。

通过这样的方式，Kafka 将具有以下优点。

（1）实现了读写分离，数据大小不对性能产生影响。

（2）硬盘空间相对于内存空间容量限制更小。

（3）访问磁盘采用线性方式，具有速度更快、更稳定的优点。

一个 Topic 被分成多个 Partition，每个 Partition 在存储层面是一个 append-only 日志文件，属于一个 Partition 的消息都会被直接追加到日志文件尾部，每条消息在文件中的位置称为 offset，这一过程如图 16.6 所示。

前面创建的 mytopic1 具有 3 个 Partition，且每个 Partition 的冗余度为 2。到其对应的日志目录下进行查看，可以看到 0 号 Partition 有两个，分别在 broker0 和 broker1 上，如图 16.23 所示。

```
[root@bigdata111 broker0]# clear
[root@bigdata111 broker0]# cd ../broker0/
[root@bigdata111 broker0]# ls mytopic1-*
mytopic1-0:
00000000000000000000.index    00000000000000000000.timeindex
00000000000000000000.log      leader-epoch-checkpoint

mytopic1-2:
00000000000000000000.index    00000000000000000000.timeindex
00000000000000000000.log      leader-epoch-checkpoint
[root@bigdata111 broker0]# cd ../broker1/
[root@bigdata111 broker1]# ls mytopic1-*
mytopic1-0:
00000000000000000000.index    00000000000000000000.timeindex
00000000000000000000.log      leader-epoch-checkpoint

mytopic1-1:
00000000000000000000.index    00000000000000000000.timeindex
00000000000000000000.log      leader-epoch-checkpoint
[root@bigdata111 broker1]#
```

图 16.23　Kafka 的日志目录

Kafka 日志分为 index 与 log 文件，这两个文件总是成对出现，但它们存储的信息不一样。其中，index 文件存储元数据，即索引文件；log 文件存储消息，即数据文件。

索引文件元数据指向对应数据文件中消息的偏移量。例如，"1,128"指数据文件的第 1 条数据，偏移地址为 128；而物理地址（在索引文件中指定）+ 偏移量可以定位到消息。

可以使用 Kafka 自带的工具 kafka.tools.DumpLogSegments 查看 log 日志文件中的数据信息。首先查看该工具的帮助信息，如下所示：

```
bin/kafka-run-class.sh kafka.tools.DumpLogSegments --help
This tool helps to parse a log file and dump its contents to the console, useful
for debugging a seemingly corrupt log segment.
Option                          Description
------                          -----------
--deep-iteration                if set, uses deep instead of shallow iteration.
                                Automatically set if print-data-log is enabled.
--files<String: file1, file2,...>  REQUIRED: The comma separated list of data and
                                index log files to be dumped.
--help                          Print usage information.
--index-sanity-check            if set, just checks the index sanity without
                                 printing its content. This is the same check
                                 that is executed on broker startup to determine
                                 if an index needs rebuilding or not.
--key-decoder-class [String]    if set, used to deserialize the keys. This class
                                  should implement kafka.serializer.Decoder trait.
                                Custom jar should be available in kafka/libs
                                directory.
                                (default: kafka.serializer.StringDecoder)
--max-message-size<Integer:size> Size of largest message. (default: 5242880)
--offsets-decoder               if set, log data will be parsed as offset data
                                     from the __consumer_offsets topic.
--print-data-log                if set, printing the messages content when
                                    dumping data logs. Automatically set if
                                    any decoder option is specified.
--transaction-log-decoder       if set, log data will be parsed as
                                    transaction metadata from the
                                    __transaction_state topic.
--value-decoder-class [String]  if set, used to deserialize the messages.
                                This class should implement kafka.
                                serializer.Decoder trait. Custom jar
                                should be available in kafka/libs
                                directory. (default: kafka.serializer.
                                StringDecoder)
--verify-index-only             if set, just verify the index log without
                                    printing its content.
--version                       Display Kafka version.
[root@bigdata111 kafka_2.11-2.4.0]#
```

通过使用 --files 参数指定要导出的日志文件。如果需要导出多个日志文件的数据，可以使用逗号进行分隔。

```
bin/kafka-run-class.sh kafka.tools.DumpLogSegments --files \
logs/broker0/mytopic1-0/00000000000000000000.log --print-data-log
```

其中，参数 --print-data-log 的功能是在导出日志消息数据时，将日志文件的数据输出到屏幕上，如图 16.24 所示。

```
1 Dumping logs/broker0/mytopic1-0/00000000000000000000.log
2 Starting offset: 0
3 baseOffset: 0 lastOffset: 0 count: 1 baseSequence: -1 lastSequence: -1 p
4 | offset: 0 CreateTime: 1589796084450 keysize: -1 valuesize: 5 sequence:
5 baseOffset: 1 lastOffset: 1 count: 1 baseSequence: -1 lastSequence: -1 p
6 | offset: 1 CreateTime: 1589955515316 keysize: -1 valuesize: 11 sequence
7 baseOffset: 2 lastOffset: 2 count: 1 baseSequence: -1 lastSequence: -1 p
8 | offset: 2 CreateTime: 1589955676344 keysize: 7 valuesize: 4 sequence:
9 baseOffset: 3 lastOffset: 3 count: 1 baseSequence: -1 lastSequence: -1 p
0 | offset: 3 CreateTime: 1589955680346 keysize: 7 valuesize: 4 sequence:
1 baseOffset: 4 lastOffset: 4 count: 1 baseSequence: -1 lastSequence: -1 p
```

图 16.24　Kafka 的日志文件

16.6.2　消息的传输保障

Kafka Partition 的副本机制保障了 Kafka 消息的高可用性。在目前版本的 Kafka 中提供了 Partition 级别的副本策略，可以通过调节副本的相关参数实现高可用容错的目的。那么消息的 Producer 在向 Kafka Server 端发送消息时，如何既保证消息的可靠传输，又保证 Consumer 的消费呢？本小节将介绍 Kafka 消息的传输保障。

1. Producer 的 ack 机制

当 Producer 向 Server 端 Partition 的 Leader 发送数据时，可以通过 acks 参数设置数据可靠性的级别，其有 3 个取值，见表 16.4。

表 16.4　数据可靠性的级别

级　别	说　明
1（默认）	Producer 在 Server 端 Partition 的 Leader 成功收到数据并得到确认后再发送下一条数据，也就是说，只要 Leader 的 Partition 成功接收到了数据，就可看作 Producer 成功发送了数据。这种方式存在数据丢失的可能性。如果 Partition Leader 所在的节点出现了宕机，则会丢失数据，因为这时 Partition 的 Follower 副本还没有完成与 Leader 的数据同步
0	Producer 不用等待来自 Server 端 Broker 的确认而继续发送下一条消息。这种情况下数据传输效率最高，但是数据可靠性最低，因为 Producer 发送数据后并不知道 Server 端是否成功接收到了数据消息。所以，这种参数设置一般不建议在生产环境中使用
all	Producer 发送完消息数据后，需要等待 Server 端 Topic Partition 的所有副本都完成了与 Leader 的数据同步后，才算成功发送数据消息。很明显，在这种方式下，Kafka 的性能最差，但是可靠性最高

下面的代码使用了 all 参数获取最高的消息传输可靠性。

```
Properties props = new Properties();
props.put(ProducerConfig.BOOTSTRAP_SERVERS_CONFIG, "bigdata111:9092");
props.put(ProducerConfig.KEY_SERIALIZER_CLASS_CONFIG,
          "org.apache.kafka.common.serialization.StringSerializer");
props.put(ProducerConfig.VALUE_SERIALIZER_CLASS_CONFIG,
          "org.apache.kafka.common.serialization.StringSerializer");

props.put(ProducerConfig.ACKS_CONFIG, "all");

Producer<String, String> producer = new KafkaProducer<String, String>(props);
```

2. Consumer 与高水位线

Producer 将消息成功发送到了 Server 端，并将日志数据添加到了 Partition 最后。那么 Consumer 在消费消息时，能够读取到 Partition 中的哪些消息数据呢？要解决这个问题，就需要知道什么是高水位线（High Watermark）。高水位线等于 Topic 的 Partition 中每个副本对应的最小 LEO（Log End Offset，表示 Topic 的 Partition 的每个副本日志中最后一条消息的位置）值。Kafka 的高水位线如图 16.25 所示。

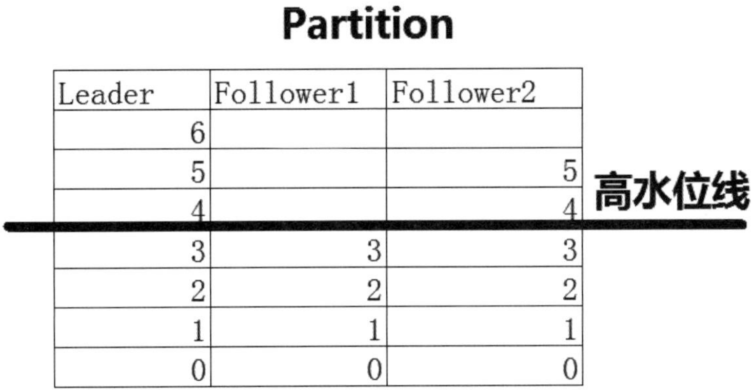

Partition

Leader	Follower1	Follower2	
6			
5		5	**高水位线**
4		4	
3	3	3	
2	2	2	
1	1	1	
0	0	0	

图 16.25　Kafka 的高水位线

图 16.25 中的 Partition 有 3 个副本。通过前面的介绍我们都知道，Leader 副本负责 Partition 的读 / 写操作，可以看到 Leader 目前的 LEO 是 6。两个 Follower 从 Leader 上同步数据，Follower1 的 LEO 是 3，而 Follower2 的 LEO 是 5。取所有副本中最小的 LEO 值 3，这就是该 Partition 的高水位线。

由于每个 Partition 的副本都是自己的 LEO，因此 Consumer 在消费消息时，最多只能消费到高水位线所在的位置。通过这样的机制，当 Producer 写入新的消息后，Consumer 是不能够立即消费的。Leader 会等待该消息被所有副本都同步后，再去更新高水位线的位置，这样 Consumer 才能消费 Producer 新写入的消息。这样就保证了如果 Leader 所在的 Broker 出现了宕机，Kafka 选举出新的 Leader 后，该消息仍然可以从新选举的 Leader 中获取。

16.6.3　Leader 的选举

Kafka 没有采用常见的多数选举方式进行副本的 Leader 选举，而是在 ZooKeeper 上针对每个 Topic 维护一个 ISR（In-Sync Replica，已同步的副本）列表集合。如果副本不在 ISR 列表中，则表示其还没有完成与 Leader 的同步，也就没有被选举的资格。也就是说，只有在该 ISR 列表中的副本才有资格成为 Leader。

在进行 Leader 选举时，首先选举 ISR 中的第一个副本，如果第一个副本选举不成功，接着选举第二个副本，依次类推。ISR 中的是同步副本，消息最完整且各个节点都一样。Kafka 的选举机制相对比较简单，就是采用 ISR 列表的顺序选举。假设某个 Topic 的 Partition 有 N 个副本，Kafka 可以容忍 $N-1$ 个 Leader 宕机或者不可用。

需要说明的是，如果 ISR 列表中的副本都不可用，Kafka 则会从不在 ISR 列表中的副本中选举一个 Leader，这时就可能导致数据不一致。

为了方便说明该机制，下面创建一个新的 Topic：mytopic2，它有两个 Partition，并且每个 Partition 的副本数为 3，命令如下：

```
bin/kafka-topics.sh --create --zookeeper bigdata111:2181 \
--replication-factor 3 --partitions 2 --topic mytopic2
```

通过 --describe 指令查看 Topic 的详细信息，命令如下：

```
bin/kafka-topics.sh --zookeeper bigdata111:2181 --describe --topic mytopic2
Topic:mytopic2      PartitionCount:2      ReplicationFactor:3      Configs:
Topic:mytopic2      Partition:0           Leader:0 Replicas:0,1,2 Isr:0,1,2
Topic:mytopic2      Partition:1           Leader:1 Replicas:1,2,0 Isr:1,2,0
```

以 Partition 1 为例，当前的 Leader 是 1 号副本，并且在 ISR 列表中有（1,2,0）号副本。如果 1 号副本的 Leader 宕机，则会顺序选择 2 号副本作为新的 Leader；如果 2 号副本又出现了故障，则会选举 0 号副本作为 Leader。

下面进行一个简单的测试，使用 kill -9 命令结束 1 号 Broker，即 1 号副本出现了宕机，再使用 --describe 指令查看 Topic 的详细信息。如图 16.26 所示，以 Partition 1 为例，当 1 号副本出现宕机时，Kafka 会自动按照 ISR 列表中的顺序，选举 2 号副本作为 Partition 1 的 Leader。

```
[root@bigdata111 kafka_2.11-2.4.0]# jps
61552 QuorumPeerMain
62117 Kafka
64086 Jps
62519 Kafka
[root@bigdata111 kafka_2.11-2.4.0]# kill -9 62519
[root@bigdata111 kafka_2.11-2.4.0]# bin/kafka-topics.sh --zookeeper \
> bigdata111:2181 --describe --topic mytopic2
Topic: mytopic2 PartitionCount: 2        ReplicationFactor: 3    Configs:
        Topic: mytopic2 Partition: 0     Leader: 0       Replicas: 0,1,2 Isr: 0,2
        Topic: mytopic2 Partition: 1     Leader: 2       Replicas: 1,2,0 Isr: 2,0
[root@bigdata111 kafka_2.11-2.4.0]#
```

图 16.26　Leader 的选举

16.6.4　日志的清理

Apache Kafka 是一个基于日志的消息处理系统。一个 Topic 可以有若干个 Partition，而 Partition 是数据管理的基本单元。一个 Partition 的数据文件可以存储在若干个独立磁盘目录中。每个 Partition 的日志文件存储时又会被分成多个 Segment，而 Segment 是日志清理的基本单元。需要注意的是，当前正在使用的 Segment 不会被清理。以 Segment 为单位，每一个 Partition 的日志都会被分为两部分：已清理的部分和未清理的部分。同时，未清理的部分又分为可以清理的部分和不可以清理的部分。

Kafka 通过日志的压缩提供保留较为细粒度的日志记录，这种压缩方式有别于基于粗粒度的压缩方式和基于时间的压缩方式。

通过 Server 端的参数 log.cleanup.policy 设置 Kafka 的日志清理策略，此参数默认值为 delete，即采用日志删除的清理策略。如果要采用日志压缩的清理策略，就需要将 log.cleanup.policy 设置为 compact，并且需要将 log.cleaner.enable（默认值为 true）设定为 true。另外，通过将 log.cleanup.policy 参数设置为 "delete,compact"，可以同时支持日志删除和日志压缩两种策略。

日志清理的粒度可以控制到 Topic 级别，与 log.cleanup.policy 参数对应的 Topic 级别的参数为 cleanup.policy。

当 Kafka 日志信息需要执行清理时，Kafka 日志管理器中会有一个专门的周期性日志删除任务检测不符合保留条件的日志文件，并执行相应的删除或压缩操作，从而达到日志清理的目的。通过设置 Server 端参数 log.retention.check.interval.ms 设置该周期性任务的检查间隔，默认值为 300 000ms，即 5min。

既然 Kafka 要周期性地检查日志的保留条件，那么什么样的日志可以保留下来呢？目前 Kafka 支持 3 种保留策略，分别是基于时间的保留策略、基于日志大小的保留策略和基于日志起始偏移量的保留策略。

1. 基于时间的保留策略

在该日志保留策略下，周期性执行的日志删除任务会检查当前日志文件中是否有保留时间超过设定的阈值，从而寻找可删除的日志文件内容。该阈值可以通过 Server 端参数 log.retention.hours、log.retention.minutes 及 log.retention.ms 进行配置。其中，log.retention.ms 的优先级最高，log.retention.minutes 次之，log.retention.hours 最低。

下面列出了在 Kafka 的 conf 目录下的 server.properties 参数文件中有关日志保留的相关参数说明。

```
######### Log Retention Policy #########

# The following configurations control the disposal of log segments.
# The policy can be set to delete segments after a period of time,
# after a given size has accumulated.A segment will be deleted
# whenever *either* of these criteria are met. Deletion always happens
# from the end of the log.

# The minimum age of a log file to be eligible for deletion due to age
```

```
# log.retention.hours=168

# A size-based retention policy for logs. Segments are pruned from
# the log unless the remaining segments drop below log.retention.bytes.
# Functions independently of log.retention.hours.
# log.retention.bytes=1073741824

# The maximum size of a log segment file. When this size is reached a
# new log segment will be created.
# log.segment.bytes=1073741824

# The interval at which log segments are checked to see if they can
# be deleted according to the retention policies
# log.retention.check.interval.ms=300000
```

从配置文件中可以看出，默认情况下只配置了 log.retention.hours 参数，其值为 168，表示默认情况下日志分段文件的保留时间为 7 天。

2. 基于日志大小的保留策略

在该日志保留策略下，周期性执行的日志检查任务会检查当前日志的大小是否超过设定的阈值（Retention Size），从而寻找 Kafka 中可被执行删除的日志分段的文件集合（Deletable Segments）。日志保留的大小阈值可以通过 Server 端参数 log.retention.bytes 进行配置，其默认值为 -1，表示无穷大。通过查看 server.properties 配置文件，可以看到该参数已被注释掉，即采用默认值 -1。

```
# A size-based retention policy for logs. Segments are pruned from
# the log unless the remaining segments drop below log.retention.bytes.
# Functions independently of log.retention.hours.
# log.retention.bytes=1073741824
```

📢 注意：

> log.retention.bytes 配置的是日志文件的总大小，而不是单个日志分段的大小，一个日志文件包含多个日志分段。

3. 基于日志起始偏移量的保留策略

一般情况下，日志文件的起始偏移量 logStartOffset 等于第一个日志分段的 baseOffset。但这并不是绝对的，日志文件的起始偏移量 logStartOffset 可以通过 DeleteRecordsRequest 请求、日志的清理和截断等操作修改，如图 16.27 所示。

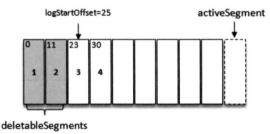

图 16.27　起始偏移量 logStartOffset

基于日志起始偏移量的删除策略的判断依据是某日志分段的下一个日志分段的起始偏移量 baseOffset 是否小于等于 logStartOffset，若是，则可以删除此日志分段。参考图 16.27，假设 logStartOffset 等于 25，日志分段 1 的起始偏移量为 0，日志分段 2 的起始偏移量为 11，日志分段 3 的起始偏移量为 23，那么可以通过如下步骤删除日志分段的文件集合 deletableSegments。

（1）从头开始遍历每个日志分段，日志分段 1 的下一个日志分段的起始偏移量为 11，小于 logStartOffset，故将日志分段 1 加入 deletableSegments。

（2）日志分段 2 的下一个日志偏移量的起始偏移量为 23，也小于 logStartOffset，故将日志分段 2 也加入 deletableSegments。

（3）日志分段 3 的下一个日志偏移量在 logStartOffset 的右侧，故从日志分段 3 开始的所有日志分段都不会被加入 deletableSegments。

16.7　集成 Kafka

16.7.1　Flume 与 Kafka

Flume 是一个高可用的、高可靠的、分布式的海量日志采集、聚合和传输的系统，支持在日志系统中定制各类数据发送方，用于收集数据；同时，Flume 可对数据进行简单处理，并写到各种数据接收方（可定制）。

在一个典型的实时计算系统中，Flume 可作为 ETL 工具实时采集数据源的数据，同时可作为 Kafka 消息的 Producer，将采集的数据发送到 Kafka 中，这一过程如图 16.28 所示。

图 16.28　实时计算的典型架构

这种方式完整的 Agent 配置信息如下：

```
# 定义 Agent 名称，Source、Channel、Sink 的名称
a2.sources = r1
a2.channels = c1
a2.sinks = k1

# 具体定义 Source
a2.sources.r1.type = spooldir
a2.sources.r1.spoolDir = /root/training/logs

# 定义拦截器，为消息添加时间戳
a2.sources.r1.interceptors = i1
a2.sources.r1.interceptors.i1.type = org.apache.flume.interceptor.
TimestampInterceptor$Builder
```

```
#具体定义 Channel
a2.channels.c1.type = memory
a2.channels.c1.capacity = 10000
a2.channels.c1.transactionCapacity = 100

a2.sinks.k1.channel = c1
a2.sinks.k1.type = org.apache.flume.sink.kafka.KafkaSink
a2.sinks.k1.kafka.topic = mytopic1
a2.sinks.k1.kafka.bootstrap.servers = bigdata111:9092
a2.sinks.k1.kafka.flumeBatchSize = 20
a2.sinks.k1.kafka.producer.acks = 1
a2.sinks.k1.kafka.producer.linger.ms = 1
a2.sinks.k1.kafka.producer.compression.type = snappy

#组装 Source、Channel、Sink
a2.sources.r1.channels = c1
a2.sinks.k1.channel = c1
```

下面进行测试，验证当 Flume 采集到数据后是否能发送到 Kafka 中，最终在 Kafka Consumer 的终端上输出相应的数据信息。

（1）创建目录 /root/training/logs。该目录下如果有新的数据产生，数据将被 Flume 的 Source 采集，命令如下：

```
mkdir /root/training/logs
```

（2）创建 a2.conf 配置文件，输入上面的配置信息，并保存退出，命令如下：

```
vi /root/training/flume/myagent/a2.conf
```

（3）启动 Flume 的 Agent，命令如下：

```
cd /root/training/flume
bin/flume-ng agent -n a2 -f myagent/a2.conf -c conf -Dflume.root.logger=INFO,console
```

图 16.29 为 Flume Agent 的启动过程。

```
        ssl.endpoint.identification.algorithm = https
        ssl.key.password = null
        ssl.keymanager.algorithm = SunX509
        ssl.keystore.location = null
        ssl.keystore.password = null
        ssl.keystore.type = JKS
        ssl.protocol = TLS
        ssl.provider = null
        ssl.secure.random.implementation = null
        ssl.trustmanager.algorithm = PKIX
        ssl.truststore.location = null
        ssl.truststore.password = null
        ssl.truststore.type = JKS
        transaction.timeout.ms = 60000
        transactional.id = null
        value.serializer = class org.apache.kafka.common.serialization.ByteArraySerializer

2020-10-08 00:09:43,492 (lifecycleSupervisor-1-0) [INFO - org.apache.flume.instrumentation.MonitoredCounterGroup.r
egister(MonitoredCounterGroup.java:119)] Monitored counter group for type: SOURCE, name: r1: Successfully register
ed new MBean.
2020-10-08 00:09:43,492 (lifecycleSupervisor-1-0) [INFO - org.apache.flume.instrumentation.MonitoredCounterGroup.s
tart(MonitoredCounterGroup.java:95)] Component type: SOURCE, name: r1 started
2020-10-08 00:09:43,624 (lifecycleSupervisor-1-1) [INFO - org.apache.kafka.common.utils.AppInfoParser$AppInfo.<ini
t>(AppInfoParser.java:109)] Kafka version : 2.0.1
2020-10-08 00:09:43,624 (lifecycleSupervisor-1-1) [INFO - org.apache.kafka.common.utils.AppInfoParser$AppInfo.<ini
t>(AppInfoParser.java:110)] Kafka commitId : fa14705e51bd2ce5
2020-10-08 00:09:43,626 (lifecycleSupervisor-1-1) [INFO - org.apache.flume.instrumentation.MonitoredCounterGroup.r
egister(MonitoredCounterGroup.java:119)] Monitored counter group for type: SINK, name: k1: Successfully registered
 new MBean.
2020-10-08 00:09:43,626 (lifecycleSupervisor-1-1) [INFO - org.apache.flume.instrumentation.MonitoredCounterGroup.s
tart(MonitoredCounterGroup.java:95)] Component type: SINK, name: k1 started
```

图 16.29　Flume Agent 的启动过程

（4）启动 Kafka 集群，打开一个 Kafka Consumer 的终端，命令如下：

```
bin/kafka-console-consumer.sh --bootstrap-server bigdata111:9092 --topic mytopic1
```

（5）重新打开一个新的 Linux 命令终端，复制一个文件到 /root/training/logs。观察 Kafka Consumer 命令行终端的变化，如图 16.30 所示。

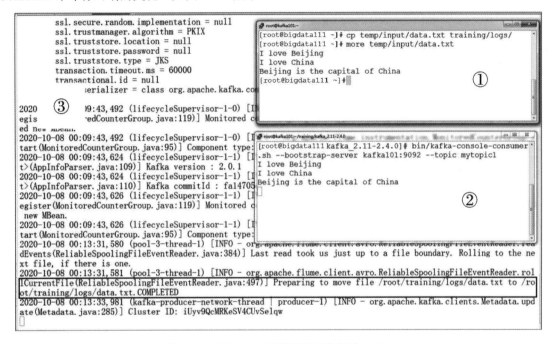

图 16.30　将 Flume 采集的数据发送给 Kafka

图 16.30 中的窗口①～③的说明如下。

窗口①：模拟数据的产生。这里使用的测试数据是以下 3 句话。

```
I love Beijing
I love China
Beijing is the capital of China
```

窗口②：Kafka Consumer 的命令行终端。

窗口③：Flume 后台输出的日志信息。

可以看出，在窗口①中将测试数据复制至目录 /root/training/logs，模拟数据的产生；可以在窗口③中看到 Flume 成功采集到了数据，如图 16.30 中方框所示；在窗口②中输出了采集到的内容。

16.7.2　Kafka 与 Spark Streaming

Spark Streaming 是基于小批处理的流式计算引擎，通常利用 Spark Core 或者与 Spark SQL 一起处理数据。在实际的流式实时处理架构中，通常将 Spark Streaming 和 Kafka 进行集成，作为整个大数据处理架构的核心环节之一。针对不同的 Spark 和 Kafka 版本，集成处理数据的方式分为两种：基于 Receiver 的方式和直接读取方式。

需要将以下依赖加入之前创建好的 Scala 工程中。

```
<dependency>
    <groupId>org.apache.spark</groupId>
    <artifactId>spark-streaming-kafka-0-8_2.11</artifactId>
    <version>2.1.1</version>
</dependency>
```

1. 基于 Receiver 的方式

Receiver 是使用 Kafka 高级 Consumer API 实现的。与所有接收器一样，从 Kafka 通过 Receiver 接收的数据存储在 Spark Executor 的内存中，由 Spark Streaming 启动的 Job 处理数据。然而，在默认配置下，这种方式可能会因为底层的失败而丢失数据。如果要启用高可靠机制，确保零数据丢失，应启用 Spark Streaming 的预写日志机制（Write Ahead Log）。该机制会同步地将接收到的 Kafka 数据保存到分布式文件系统（如 HDFS）的预写日志中，以便底层节点发生故障时也可以使用预写日志中的数据进行恢复。

基于 Receiver 的方式的工作原理如图 16.31 所示。

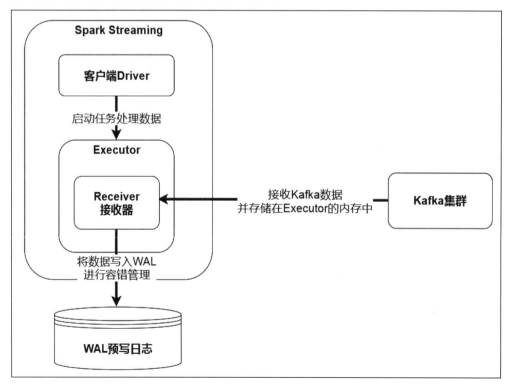

图 16.31　基于 Receiver 的方式的工作原理

其完整的代码如下：

```scala
import org.apache.spark.SparkConf
import org.apache.spark.streaming.kafka.KafkaUtils
import org.apache.spark.streaming.Seconds
import org.apache.spark.streaming.StreamingContext
import org.apache.log4j.Logger
import org.apache.log4j.Level

object KafkaWordCount {
  def main(args: Array[String]) {
    Logger.getLogger("org.apache.spark").setLevel(Level.ERROR)
    Logger.getLogger("org.eclipse.jetty.server").setLevel(Level.OFF)

    val conf = new SparkConf()
                    .setAppName("SparkFlumeNGWordCount")
                    .setMaster("local[2]")

    val ssc = new StreamingContext(conf, Seconds(10))

    // 创建 Topic 名称，1 表示一次从该 Topic 中获取一条记录
    val topics = Map("mytopic1" ->1)

    // 创建 Kafka 的输入流，指定 ZooKeeper 的地址
    val kafkaStream = KafkaUtils.createStream(ssc,
                                              "bigdata111:2181",
                                              "mygroup",
                                              topics)

    // 处理每次接收到的数据
    val lineDStream = kafkaStream.map(e => {
      new String(e.toString())
    })

    // 直接输出结果
    lineDStream.print()

    ssc.start()
    ssc.awaitTermination();
  }
}
```

上述代码使用了 Spark Streaming 中的 Receiver 接收 Kafka 发送来的数据，并将数据直接输出到屏幕上，如图 16.32 所示。

图 16.32　运行基于 Receiver 的方式的应用程序

2. 直接读取方式

与基于 Receiver 的方式接收数据不同，这种方式定期地从 Kafka 的 Topic+Partition 中查询最新的偏移量，再根据定义的偏移量范围在每个 Batch 中处理数据。当作业需要处理的数据来临时，Spark 通过调用 Kafka 的简单 Consumer API 读取一定范围的数据。

直接读取方式的工作原理如图 16.33 所示。

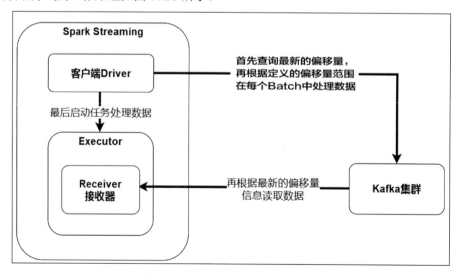

图 16.33　直接读取方式的工作原理

其完整的代码如下：

```
import kafka.serializer.StringDecoder
import org.apache.spark.SparkConf
import org.apache.spark.streaming.Seconds
import org.apache.spark.streaming.StreamingContext
import org.apache.spark.streaming.kafka.KafkaUtils
import org.apache.log4j.Logger
import org.apache.log4j.Level

object DirectKafkaWordCount {
  def main(args: Array[String]) {
    Logger.getLogger("org.apache.spark").setLevel(Level.ERROR)
    Logger.getLogger("org.eclipse.jetty.server").setLevel(Level.OFF)

    val conf = new SparkConf()
                    .setAppName("SparkFlumeNGWordCount")
                    .setMaster("local[2]")
    val ssc = new StreamingContext(conf, Seconds(10))

    // 创建 Topic 名称，1 表示一次从该 Topic 中获取一条记录
    val topics = Set("mytopic1")
    // 指定 Kafka 的 Broker 地址
    val kafkaParams = Map[String, String](
                    "metadata.broker.list" -> "bigdata111:9092")

    // 创建 DStream，接收 Kafka 的数据
    val kafkaStream =
        KafkaUtils
        .createDirectStream[String,String,StringDecoder,StringDecoder](ssc,
                                                      kafkaParams,
                                                      topics)

    // 处理每次接收到的数据
    val lineDStream = kafkaStream.map(e => {
      new String(e.toString())
    })
    // 输出结果
    lineDStream.print()

    ssc.start()
    ssc.awaitTermination();
  }
}
```

　　上述代码使用 Spark Streaming 的直接读取方式接收 Kafka 发送来的数据，并将数据直接输出到屏幕上，如图 16.34 所示。

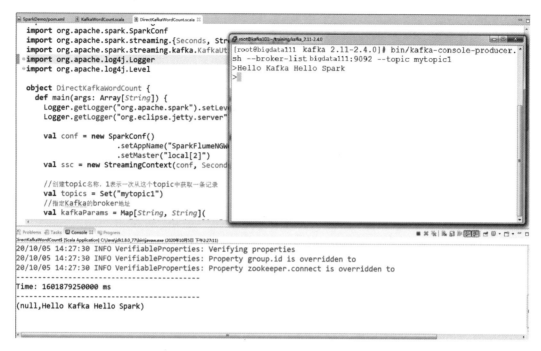

图 16.34   运行基于直接读取方式的应用程序

📢 **注意:**

> 直接读取方式的优点在于因为没有接收器,所以不需要预先写入日志,执行效率更高。因此,在实际的大规模数据处理过程中,推荐使用直接读取方式消费 Kafka 中的数据。

16.7.3   Kafka 与 Flink DataStream

Apache Flink 是新一代的分布式流式数据处理框架,其统一的处理引擎既可以处理批数据,也可以处理流式数据。在实际场景中,Flink 利用 Apache Kafka 作为上下游的输入 / 输出十分常见,本小节即给出一个可运行的实际示例来集成两者。

前面提到,Kafka 可以作为 Connector 连接到 Flink 中,并且 Kafka 既可以作为 Flink 的 Source Connector,也可以作为 Sink Connector。为了在 Flink 中集成 Kafka,需要添加以下依赖信息。

```
<dependency>
    <groupId>org.apache.flink</groupId>
    <artifactId>flink-connector-kafka_2.11</artifactId>
    <version>1.11.2</version>
</dependency>
```

1. 将 Kafka 作为 Flink 的 Source Connector

在 Java 工程中添加了相应的依赖信息后,开发如下 Java 代码,完成 Flink 和 Kafka 的集成,这时 Kafka 将作为 Flink 的 Source Connector 使用。当 Kafka 接收到 Producer 产生的消息后，将转发给 Flink。从另一个角度看，这时的 Flink 将作为 Kafka 的 Consumer 使用。

```java
import java.util.Properties;

import org.apache.flink.api.common.serialization.SimpleStringSchema;
import org.apache.flink.streaming.api.environment.StreamExecutionEnvironment;
import org.apache.flink.streaming.connectors.kafka.FlinkKafkaConsumer;
import org.apache.kafka.clients.consumer.ConsumerConfig;

public class FlinkWithKafka {

    public static void main(String[] args) throws Exception {
        // 创建访问接口：StreamExecutionEnvironment
        StreamExecutionEnvironment sEnv = StreamExecutionEnvironment
                                    .getExecutionEnvironment();

        // 配置Kafka
        Properties props = new Properties();
        props.setProperty(ConsumerConfig.BOOTSTRAP_SERVERS_CONFIG,
                        "bigdata111:9092");
        props.setProperty(ConsumerConfig.GROUP_ID_CONFIG,
                        "mygroup");

        // 创建一个Consumer客户端
        FlinkKafkaConsumer<String> source = new FlinkKafkaConsumer<String>
                                    ("mytopic1",
                                        new SimpleStringSchema(),
                                        props);

        sEnv.addSource(source).print();

        sEnv.execute("FlinkWithKafka");
    }
}
```

其对应的 Scala 代码如下：

```scala
import java.util.Properties
import org.apache.flink.streaming.connectors.kafka.FlinkKafkaConsumer
import org.apache.flink.api.common.serialization.SimpleStringSchema
import org.apache.flink.streaming.api.scala.StreamExecutionEnvironment
import org.apache.flink.streaming.api.scala._

object FlinkWithKafkaSource {
  def main(args: Array[String]): Unit = {
    val env: StreamExecutionEnvironment = StreamExecutionEnvironment
                                    .getExecutionEnvironment
```

```
val properties = new Properties()
// 指定 Kakfa 的 Broker 地址。如果有多个 Broker, 可以使用逗号分隔
properties.setProperty("bootstrap.servers", "bigdata111:9092")
//only required for Kafka 0.8
// 指定 ZooKeeper 的地址。如果是 ZooKeeper 集群, 可以使用逗号分隔
properties.setProperty("zookeeper.connect", "bigdata111:2181")
// 指定 Kakfa 的 Consumer Group 的信息
properties.setProperty("group.id", "test")

// 创建 FlinkKakfaConsumer
val source = new FlinkKafkaConsumer[String]
            ("mytopic1", new SimpleStringSchema(), properties)

// 添加 Kafka Source 接收消息, 并直接输出
env.addSource(source).print()

// 执行任务
env.execute("FlinkWithKafka");
    }
}
```

下面进行一个简单的测试。

（1）启动 Kafka 的 kafka-console-producer.sh, 作为消息的 Producer 发送消息, 命令如下：

```
bin/kafka-console-producer.sh --broker-list bigdata111:9092 --topic mytopic1
```

（2）这里以 Java 为例, 在 IDE 环境中启动应用程序, 如图 16.35 所示。

```
FlinkWithKafka.java ⊠
 1 package demo;
 2
 3 import java.util.Properties;
 4
 5 import org.apache.flink.api.common.serialization.SimpleStringSchema;
 6 import org.apache.flink.streaming.api.environment.StreamExecutionEnvironment;
 7 import org.apache.flink.streaming.connectors.kafka.FlinkKafkaConsumer;
 8 import org.apache.kafka.clients.consumer.ConsumerConfig;
 9
10 public class FlinkWithKafka {
11
12     public static void main(String[] args) throws Exception {
13         // 创建访问接口: StreamExecutionEnvironment
14         StreamExecutionEnvironment sEnv = StreamExecutionEnvironment.getExecutionEnvironment();
15
16         // 配置 Kafka
17         Properties props = new Properties();
18         props.setProperty(ConsumerConfig.BOOTSTRAP_SERVERS_CONFIG, "bigdata111:9092");
19         props.setProperty(ConsumerConfig.GROUP_ID_CONFIG, "mygroup");
20
21         // 创建一个 Consumer 客户端
22         FlinkKafkaConsumer<String> source = new FlinkKafkaConsumer<String>
23                                   ("mytopic1", new SimpleStringSchema(), props);
24
25         sEnv.addSource(source).print();
26
27         sEnv.execute("FlinkWithKafka");
28     }
29 }
```

图 16.35　Flink Kafka Source Connector 应用程序

（3）在 Kafka Producer 的命令行中输入"Hello flink and kafka"，可以看到在 Flink 程序中成功接收到了发送的消息，如图 16.36 所示。

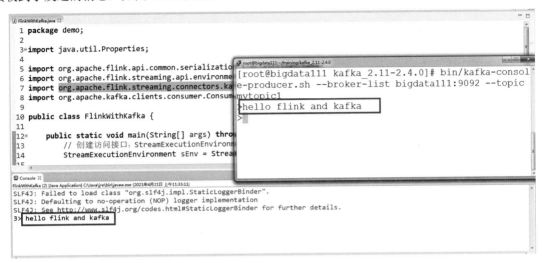

图 16.36　Flink Source Connector 接收 Kafka 的消息

2. 将 Kafka 作为 Flink 的 Sink Connector

这时 Kafka 将作为 Flink 的 Sink Connector 使用。Flink 处理数据后，会通过 Kafka Sink Connector 输出到 Kafka，这时 Flink 将作为 Kafka 的 Producer 使用。

下面展示了相应的 Java 代码。这段测试代码的功能是生成一个 DataStream<String> 的数据流，并把其中的每个单词转换成大写，再输出到 Kafka 的 Sink 中。

```java
import java.util.Properties;

import org.apache.flink.api.common.functions.MapFunction;
import org.apache.flink.streaming.api.datastream.DataStreamSource;
import org.apache.flink.streaming.api.environment.StreamExecutionEnvironment;
import org.apache.flink.streaming.connectors.kafka.FlinkKafkaProducer;
import org.apache.flink.streaming.util.serialization.SimpleStringSchema;

public class FlinkWithKafkaSink {

    public static void main(String[] args) throws Exception {
        Properties props = new Properties();

        // 指定 Kakfa 的 Broker 地址。如果有多个 Broker，可以使用逗号分隔
        props.setProperty("bootstrap.servers", "bigdata111:9092");
        // 指定 ZooKeeper 的地址。如果是 ZooKeeper 集群，可以使用逗号分隔
        props.setProperty("zookeeper.connect", "bigdata111:2181");

        // 创建 Kafka Sink Connector
```

```
            FlinkKafkaProducer<String> producer =
                    new FlinkKafkaProducer<String>
                    ("mytopic1", new SimpleStringSchema(), props);

            StreamExecutionEnvironment env = StreamExecutionEnvironment
                                            .getExecutionEnvironment();
            // 创建一个 DataStreamSource
            DataStreamSource<String> dataStream =
                    env.fromElements("Hello","World","Kafka");

            // 处理数据，并添加 Kafka Sink Connector
            dataStream.map(new MapFunction<String, String>() {

                @Override
                public String map(String value) throws Exception {
                    // 将字符串转换成大写
                    return value.toUpperCase();
                }
            }).addSink(producer);

            env.execute("FlinkWithKafkaSink");
    }
}
```

其对应的 Scala 代码如下：

```
import org.apache.flink.api.common.serialization.SimpleStringSchema
import org.apache.flink.streaming.api.scala.StreamExecutionEnvironment
import org.apache.flink.streaming.api.scala._
import org.apache.flink.streaming.connectors.kafka.FlinkKafkaProducer

object FlinkWithKafkaSink {
  def main(args: Array[String]): Unit = {
    // 创建 FlinkKafkaProducer
    val sink = new FlinkKafkaProducer("bigdata111:9092",     // Kafka Broker 的地址
                                      "mytopic1",             // topic 的信息
                                      new SimpleStringSchema())  // 数据序列化的方式


    val env: StreamExecutionEnvironment = StreamExecutionEnvironment
                                            .getExecutionEnvironment

    // 创建一个 DataStreamSource
    val dataStream = env.fromElements("Hello","World","Kafka")

    // 将单词转换成大写，并输出到 Kafka Sink Connector 中
    dataStream.map(_.toUpperCase()).addSink(sink)

    // 执行任务
    env.execute("FlinkWithKafka");
  }
}
```

下面进行一个简单的测试。

（1）启动 Kafka Consumer Console，命令如下：

```
bin/kafka-console-consumer.sh --bootstrap-server bigdata111:9092 --topic mytopic1
```

（2）在 IDE 环境中启动应用程序，并观察 Kafka Console 命令的输出结果，如图 16.37 所示，可以看到 Kafka 中成功接收到了 Flink Sink Connector 发送来的消息。

图 16.37　Flink Sink Connector 接收 Kafka 的消息